해양수산부 주관
한국산업인력공단 시행

최신판

자격증series : 사마만의 證시리즈
證: [증거 증],
밝히다. 깨닫다.
최고의 실력을 證명하다.

2 수산물품질관리사

품질관리실무 와 등급판정

김봉호 편저

- 수산물품질관리실무와
  수산물등급판정실무
- 2단편집(포인트 TIP으로 쪽집게 적중!)
- 총 4단계별 실전예상문제 **380**제
- 기출문제 적용!

사마출판
booksama.com

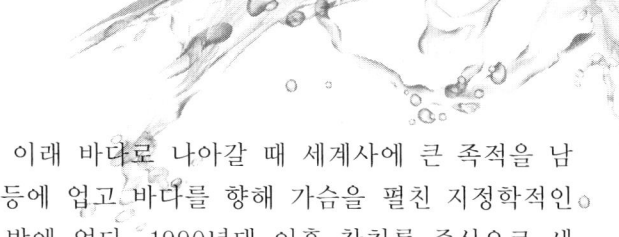

　21세기는 해양주권의 시대이다. 유사 이래 바다로 나아갈 때 세계사에 큰 족적을 남긴 민족들이 많다. 우리나라는 대륙을 등에 업고 바다를 향해 가슴을 펼친 지정학적인 위치로 하여 운명적으로 해양국가일수 밖에 없다. 1990년대 이후 참치를 중심으로 세계 어업의 중심국가로 성장해온 우리나라가 그에 걸맞은 해양수산입국의 정책과 비전을 가지고 있는 지 반문할 때이다.

　더욱이 1982년 유엔해양법협약에서 타결된 200해리 배타적경제수역에 대한 연안국의 배타적 주권이 인정됨으로써 타국 어선이 배타적 경제수역(EEZ) 안에서 조업을 하기 위해서는 연안국의 허가를 받아야 하게 되었고, 자국의 어업자원을 보호하고 국력의 자원으로 삼으려는 국제적 움직임이 활발해지고 있다.

　2015년 새롭게 발족하게 된 해양수산부는 그 정체성을 확보했는지도 아직은 의구심이 드는 이때 제1회 수산물품질관리사 시험이 시작되었다.

　식량자원은 농업분야 뿐만 아니라 어업분야에서도 그 중요성이 높으며, 자원의 고갈이라는 지구의 문제와 맞서면서도 자국 이익의 보호를 우선시하는 국제적 흐름을 어떻게 하면 슬기롭게 헤쳐 나갈 것인가가 당면의 과제로 떠올랐다.

　본 편저자는 새롭게 닻을 올린 수산물품질관리사 제도가 우리나라의 어업발전에 기여하고, 국제간 힘의 싸움에서 슬기롭게 대처할 수 있는 인력의 양성이라는 측면에서 꼭 성공하는 제도가 되어주길 기대해 마지 않는다.

　아직 수산물 분야의 학문적 성과나 그 결과가 사회 곳곳에서 나타나고 있지 못한 현실 앞에서, 나름대로 본서를 사용하는 학습자들에게 최선의 지침서가 되도록 심혈을 기울이긴 했지만 나름 아쉬운 부분이 한 두가지가 아니다. 향후 본서에 대한 여러 고언을 받아들여 더 향상된 교재가 될 수 있도록 최선을 다해 나갈 것을 약속드리면서 본서를 사용하는 모든 이에게 행운이 있기를 바랍니다.

편저자 일동

차 례

✔ 제 1장 | 농수산물품질관리법령
  01 수산물의 표준규격 및 품질인증 / 13
  02 수산물 이력추적관리 / 25

✔ 제 2장 | 원산지표시에 관한 법률
  01 총칙 / 85
  02 원산지 표시 / 86
  03 보칙 / 114
  04 벌칙 / 115

✔ 제 3장 | 수확 후 품질관리 기술
  01 개요 / 131
  02 수산물의 특성 / 131
  03 수산물의 수확 후 변화 및 선도 / 140
  04 저장의 의의 / 154
  05 어체의 처리 / 180
  06 수산물 포장관리 / 182

✔ 제 4장 | 수산물 저온 유통 및 활어 수송
  01 콜드체인시스템 / 209
  02 시간 - 온도 허용한도 / 203
  03 활어의 수송 / 205

✔ 제 5장 | 수산물 가공　　　　　　　　　/ 209

- ✔ **제 6장** | 수산물의 위생관리　　　　 / 259

- ✔ **제 7장** | 수산물유통관리　　　　　 / 273

- ✔ **제 8장** | 수산물 마케팅 및 거래　　 / 295

- ✔ **제 9장** | 수산물 정밀검사 기술
    - 01 수분 / 359
    - 02 염분(몰 Mohr법) / 360
    - 03 염분(회화법) / 361
    - 04 일반세균수 / 362
    - 05 수은 / 364
    - 06 복어독 / 367
    - 07 대장균군 / 369
    - 08 마비성패독 / 373

- ✔ **제 10장** | 수산특산물　　　　　　 / 389

- ✔ **부록1** |
    - 1단계 문제 Excercise / 395
    - 2단계 문제 [확인학습] / 447
    - 3단계 문제 [표준규격/검사] / 455
    - 4단계 실전모의고사 / 467

- ✔ **부록2** |
    - 기출문제 / 475

수산물품질관리사 시험시행 안내

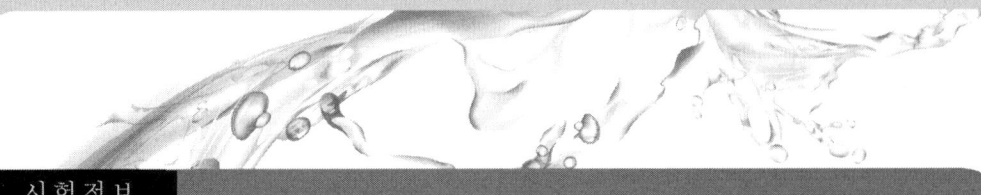

✓ 자격정보

- **자 격 명** : 수산물품질관리사(Fishery Products Quality Manager)
- **자격개요** : 수산물의 적절한 품질관리를 통하여 안정성을 확보하고, 상품성을 향상하며 공정하고 투명한 거래를 유도하기 위한 전문인력을 확보하기 위함
- **수행직무**
    - 수산물의 등급판정
    - 수산물의 생산 및 수확 후 품질관리 기술지도
    - 수산물의 출하 시기 조절 및 품질관리 기술지도
    - 수산물의 선별 저장 및 포장시설 등의 운영관리
- **검정절차**

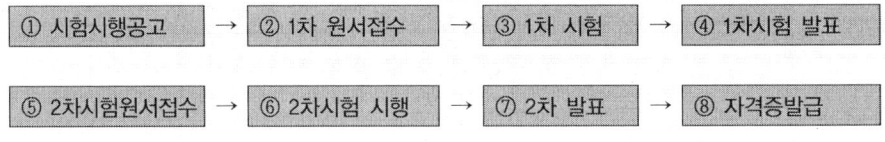

- **소관부처** : 해양수산부 수출가공진흥과
- **시행기관** : 한국산업인력공단
- **관계법령** : 농수산물품질관리법

① 시험과목 및 시험시간

구 분	시험과목	문항수	시험시간	시험방법
제1차 시험	① 수산물품질관리 관련법령* ② 수산물유통론 ③ 수확후 품질관리론 ④ 수산일반	100문항	120분	객관식 4지 택일형
제2차 시험	① 수산물품질관리실무 ② 수산물등급판정실무	30문항	100분	단답형, 서술형

※ 주1) 수산물품질관리 관련법령은 농수산물품질관리법령, 농수산물유통 및 가격안정에 관한 법령, 농수산물의 원산지 표시에 관한 법령, 친환경농어업 육성 및 유기식품 등의 관리·지원에 관한 법령이 포함됨

② 출제영역

◦ 수산물품질관리사 1차 시험 출제영역

시험과목	주요영역
수산물품질관리 관련법령	1. 농수산물품질관리 법령 2. 농수산물 유통 및 가격안정에 관한 법령 3. 농수산물의 원산지 표시에 관한 법령 4. 친환경농어업 육성 및 유기식품 등의 관리·지원에 관한 법률
수산물유통론	1. 수산물유통 개요 2. 수산물 유통기구 및 유통경로 3. 주요 수산물 유통경로 4. 수산물 거래 5. 수산물 유통경제 6. 수산물 마케팅 7. 수산물 유통정보와 정책
수확 후 품질관리론	1. 원료 품질관리 개요 2. 저장 3. 선별 및 포장 4. 가공 5. 위생관리
수산일반	1. 수산업 개요 2. 수산자원 및 어업 3. 선박운항 4. 수산 양식관리 5. 수산업 관리제도

∘ 수산물품질관리사 2차 시험 출제영역

시험과목	주요영역
수산물품질관리실무	1. 농수산물품질관리 법령
	2. 수확 후 품질관리 기술
	3. 수산물 유통관리
수산물등급판정실무	1. 수산물 표준규격
	2. 품질검사

③ 응시자격

∘ 응시자격 : 제한 없음[농수산물품질관리법시행령 제40조의4]
  - 단, 수산물품질관리사의 자격이 취소된 날부터 2년이 지나지 아니한 자는 응시할 수 없음[농수산물품질관리법 제107조]

④ 합격자 결정

∘ 제1차 시험[농수산물품질관리법시행령 제40조의4]
  - 각 과목 100점을 만점으로 하여 각 과목 40점 이상의 점수를 획득한 사람 중 평균점수가 60점 이상인 사람을 합격자로 결정
∘ 제2차 시험[농수산물품질관리법시행령 제40조의4]
  - 제1차 시험에 합격한 사람을 대상으로 100점을 만점으로 하여 60점 이상인 사람을 합격자로 결정

⑤ 응시수수료 및 접수방법

- 응시수수료[농수산물품질관리법시행규칙 제136조의2]
  ∘ 제1차 시험 : 20,000원
  ∘ 제2차 시험 : 33,000원
- 접수방법
  ∘ 인터넷 온라인접수만 가능하며 전자결재(신용카드, 계좌이체, 가상계좌)이용

⑥ 합격자발표 및 자격증발급

- **합격자발표**
  - 한국산업인력공단 큐넷 수산물품질관리사 홈페이지와 자동안내전화로 합격자 발표
- **자격증 발급**
  - 국립수산물품질관리원에서 자격증 신청 및 발급업무 수행

> ★ 기타 시험세부사항은 추후 공지되는 「수산물품질관리사 자격시험공고문」을 참고하시기 바라며, 궁금하신 사항은 한국산업인력공단 HRD고객만족센터(☎ 1644-8000)으로 문의하시기 바랍니다.

MEMO

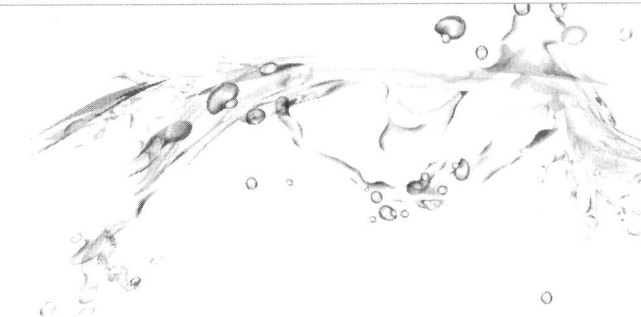

PERFECT! 수 산 물 품 질 관 리 사 대 비

수산물품질관리실무와
등급판정실무

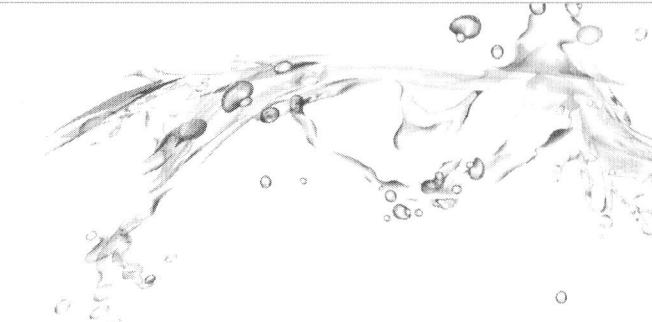

MEMO

○ 수산물품질관리실무

제1장 | 농수산물품질관리법령

01 수산물의 표준규격 및 품질인증

① 표준규격의 의미

① 포장규격과 등급규격의 제정
농림축산식품부장관 또는 해양수산부장관은 농수산물(축산물은 제외한다. 이하 이 조에서 같다)의 상품성을 높이고 유통능률을 향상시키며 공정한 거래를 실현하기 위하여 농수산물의 포장규격과 등급규격(이하 "표준규격"이라 한다)을 정할 수 있다.

② 표준규격품의 표시
표준규격에 맞는 농수산물(이하 "표준규격품"이라 한다)을 출하하는 자는 포장 겉면에 표준규격품의 표시를 할 수 있다.

③ 표준규격의 제정기준, 제정절차 및 표시방법 등에 필요한 사항은 농림축산식품부령 또는 해양수산부령으로 정한다.

표준규격의 제정 등(시행규칙)

1) 표준규격의 제정
① 법 제5조제1항에 따른 농수산물(축산물은 제외한다. 이하 이 조 및 제7조에서 같다)의 표준규격은 포장규격 및 등급규격으로 구분한다.

② 포장규격
제1항에 따른 포장규격은 「산업표준화법」 제12조에 따른 한국산업표준(이하 "한국산업표준"이라 한다)에 따른다. 다만, 한국산업표준이 제정되어 있지 아니하거나 한국산업표준과 다르게 정할 필요가 있다고 인정되는 경우에는 보관·수송 등 유통 과정의 편리성, 폐기물 처리문제를 고려하여 다음 각 호의 항목에 대하여 그 규격을 따로 정할 수 있다.
 1. 거래단위
 2. 포장치수
 3. 포장재료 및 포장재료의 시험방법

1회 기출문제

수산업법에서 정의하고 있는 수산업은?

① 어업, 양식어업, 조선업
② 어업, 어획물운반업, 수산물가공업
③ 양식어업, 해운업, 원양어업
④ 수산물가공업, 연안여객선업, 내수면어업

▶ ②

4. 포장방법
5. 포장설계
6. 표시사항
7. 그 밖에 품목의 특성에 따라 필요한 사항

③ 등급규격

제1항에 따른 등급규격은 품목 또는 품종별로 그 특성에 따라 고르기, 크기, 형태, 색깔, 신선도, 건조도, 결점, 숙도(熟度) 및 선별상태 등에 따라 정한다.

④ 시험의 의뢰

국립농산물품질관리원장, 국립수산물품질관리원장 또는 산림청장은 표준규격의 제정 또는 개정을 위하여 필요하면 전문연구기관 또는 대학 등에 시험을 의뢰할 수 있다.

2) **표준규격의 고시**

국립농산물품질관리원장, 국립수산물품질관리원장 또는 산림청장은 제5조에 따라 표준규격을 제정, 개정 또는 폐지하는 경우에는 그 사실을 고시하여야 한다.

3) 표준규격품의 출하 및 표시방법 등

① 농림축산식품부장관, 해양수산부장관, 특별시장·광역시장·도지사·특별자치도지사(이하 "시·도지사"라 한다)는 농수산물을 생산, 출하, 유통 또는 판매하는 자에게 표준규격에 따라 생산, 출하, 유통 또는 판매하도록 권장할 수 있다.

② 표준규격품의 표시사항

법 제5조제2항에 따라 표준규격품을 출하하는 자가 표준규격품임을 표시하려면 해당 물품의 포장 겉면에 "표준규격품"이라는 문구와 함께 다음 각 호의 사항을 표시하여야 한다.

1. 품목
2. 산지
3. 품종. 다만, 품종을 표시하기 어려운 품목은 국립농산물품질관리원장, 국립수산물품질관리원장 또는 산림청장이 정하여 고시하는 바에 따라 품종의 표시를 생략할 수 있다.
4. 생산 연도(곡류만 해당한다)
5. 등급
6. 무게(실중량). 다만, 품목 특성상 무게를 표시하기 어려운 품목은 국립농산물품질관리원장, 국립수산물품질관리원장 또는 산림청장이 정하여 고시하는 바에 따라 개수(마릿수) 등의 표시를 단일하게 할 수 있다.
7. 생산자 또는 생산자단체의 명칭 및 전화번호

수산물 표준규격(국립수산물품질관리원고시)

제1조(목적)
이 고시는 「농수산물품질관리법」 제5조, 같은 법 시행령 제42조제6항제2호 및 같은 법 시행규칙 제5조부터 제7조까지에 따라 수산물의 포장규격과 등급규격에 관하여 필요한 세부사항을 규정함으로써 수산물의 상품성 제고와 유통능률 향상 및 공정한 거래 실현에 기여함을 목적으로 한다.

제2조(정의) 이 고시에서 사용하는 용어의 뜻은 다음과 같다.
1. "표준규격품"이란 이 고시에서 정한 포장규격 및 등급규격에 맞게 출하하는 수산물을 말한다. 다만, 등급규격이 제정되어 있지 않은 품목은 포장규격에 맞게 출하하는 수산물을 말한다.
2. "포장규격"이란 포장치수, 포장재료, 포장방법, 포장설계 및 표시사항 등을 말한다.
3. "등급규격"이란 수산물의 품종별 특성에 따라 형태, 크기, 색택, 신선도, 건조도 또는 선별상태 등 품질구분에 필요한 항목을 설정하여 특, 상, 보통으로 정한 것을 말한다.
4. "거래단위"란 수산물의 거래시 사용하는 거래단량의 무게 또는 마릿수를 말한다.
5. "포장치수"란 포장재 바깥쪽의 길이, 너비, 높이를 말한다.
6. "겉포장"이란 수산물의 수송을 주목적으로 한 포장을 말한다.
7. "속포장"이란 수산물의 품질을 유지하기 위해 사용한 겉포장 속에 들어있는 포장을 말한다.
8. "포장재료"란 수산물을 포장하는데 사용하는 재료로써 식품위생법 등 관계 법령에 적합한 골판지, 그물망, 폴리프로필렌(PP), 폴리에틸렌(PE), 발포 폴리스티렌(PS) 등을 말한다.

제3조(거래단위)
① 수산물의 표준거래단위는 3kg, 5kg, 10kg, 15kg 및 20kg을 기본으로 한다. 다만, 형태적 특성 및 시장 유통여건을 고려한 품목별 표준거래단위는 별표 1과 같다.
② 표준거래단위 이외의 거래단위는 거래 당사자간의 협의 또는 시장 유통여건에 따라 사용할 수 있다.

제4조(포장치수)
1. 별표 2에서 정하는 수산물의 표준포장치수
2. 한국산업표준 KS(이하 "KS"라 한다) T 1002에서 정한 수송포장 계열치수 T-11형 팰릿(1,100mm×1,100mm) 및 T-12형 팰릿(1,200mm×1,000mm)의 평면 적재효율이 90% 이상인 것. 이 경우 높이는 해당

수산물의 포장이 가능한 적정 높이로 한다.
3. 별표 5에서 정하는 수산물의 종류별 포장규격(포장규격이 정해져 있는 품목에 한정한다)

제5조(포장치수의 허용범위)
① 골판지상자, 발포 폴리스틸렌상자(PS)의 포장치수 중 길이, 너비의 허용범위는 ±2.5%로 한다.
② PP(폴리프로필렌) 또는 PE(폴리에틸렌), HDPE(고밀도폴리에틸렌)의 길이, 너비, 높이의 허용범위는 ±0.7%로 한다.
③ 그물망, 직물제포대(PP대), 폴리에틸렌대(PE대)의 포장치수의 허용범위는 길이의 ±10%, 너비의 ±10㎜, 지대의 경우에는 각각 길이·너비의 ±5㎜로 한다.
④ 속포장의 규격은 사용자가 적정하게 정하여 사용할 수 있다.

제6조(포장재료 및 포장재료의 시험방법)
① 포장재료 및 포장재료의 시험방법은 별표 3에서 정하는 기준에 따른다.
② 포장재료의 압축·인장강도 및 직조밀도 등에서 별표 3에서 정하는 기준과 동등 이상의 강도와 품질이 인정되는 경우 공인검정기관 성적서 제출 등을 통해 국립수산물품질관리원장의 확인을 받아 사용할 수 있다.

제7조(포장방법)
포장은 내용물이 흘러나오지 않도록 하여야 하며, 내용물이 보이도록 개방형으로 포장하는 경우에는 적재하는데 용이하여야 한다. 다만, 별표 5와 같이 포장방법이 달리 정해진 품목은 그 규정에 따른다.

제8조(포장설계)
① 골판지 상자의 포장설계는 KS T1006(골판지상자형식)에 따른다.
② 별표 5에서 정한 품목의 포장설계는 별지 그림에서 정한 바에 따른다.

제9조(표시방법)
표준규격품의 표시방법은 별표 4에 따른다.

제10조(등급규격)
① 수산물 종류별 등급규격은 별표 5와 같다.
② 등급규격이 정하여진 품목중 발포 폴리스틸렌상자(PS) 포장이 가능한 품목은 별표 2에서 정한 포장규격을 사용할 수 있다.

제11조(표준규격의 특례)
① 포장규격 또는 등급규격이 제정되어 있지 않은 품목은 유사 품목의 포장규격 또는 등급규격을 적용할 수 있다.
② 북어, 굴비 등과 같은 수산가공품을 표준규격품으로 표시하여 출하할 경우에는 별표5의 2.수산가공품(냉동품 포함)의 등급규격과 포

기출문제연구

수산물 표준규격의 정의이다. 괄호 안에 올바른 용어를 답란에 쓰시오.

- (①)이란 거래단위, 포장치수, 포장재료, 포장방법, 포장설계 및 표시사항 등을 말한다.
- (②)이란 수산물의 품종별 특성에 따라 형태, 크기, 색택, 신선도, 건조도 또는 선별상태 등 품질구분에 필요한 항목을 설정하여 특, 상, 보통으로 정한 것을 말한다.

➡ ① 포장규격 ② 등급규격

장규격 및 표시사항을 적용할 수 있다.

❷ 수산물의 품질인증

1) 품질인증제도의 실시

① 해양수산부장관은 수산물의 품질을 향상시키고 소비자를 보호하기 위하여 품질인증제도를 실시한다.

② 품질인증 신청

제1항에 따른 품질인증(이하 "품질인증"이라 한다)을 받으려는 자는 해양수산부령으로 정하는 바에 따라 해양수산부장관에게 신청하여야 한다. 다만, 다음 각 호의 어느 하나에 해당하는 자는 품질인증을 신청할 수 없다.

○ 품질인증신청 결격 사유
  1. 제16조에 따라 품질인증이 취소된 후 1년이 지나지 아니한 자
  2. 제119조 또는 제120조를 위반하여 벌금 이상의 형이 확정된 후 1년이 지나지 아니한 자

③ 품질인증품의 표시

품질인증을 받은 자는 품질인증을 받은 수산물(이하 "품질인증품"이라 한다)의 포장·용기 등에 해양수산부령으로 정하는 바에 따라 품질인증품임을 표시할 수 있다.

④ 품질인증의 기준·절차·표시방법 및 대상품목의 선정 등에 필요한 사항은 해양수산부령으로 정한다.

2) 품질인증의 유효기간 등

① 품질인증의 유효기간

품질인증의 유효기간은 품질인증을 받은 날부터 2년으로 한다. 다만, 품목의 특성상 달리 적용할 필요가 있는 경우에는 4년의 범위에서 해양수산부령으로 유효기간을 달리 정할 수 있다.

> **품질인증의 유효기간(시행규칙)**
>
> 법 제15조제1항 단서에서 "품목의 특성상 달리 적용할 필요가 있는 경우"란 생산에서 출하될 때까지의 기간이 1년 이상인 경우를 말한

기출문제연구

수산시장에서 컨설팅을 담당하고 있는 수산물품질관리사는 3개의 판매상(A~C)이 취급하는 품목별 포장방법에서 수산물 표준규격에 맞지 않는 품목을 발견하였다. 다음 중 포장방법이 표준규격과 다른 판매상을 모두 고르시오.

○ A판매상: 북어를 10마리씩 화학사로 묶은 후 골판지 상자 속에 담아 상자의 뚜껑을 덮어 포장하였다.
○ B판매상: 새우젓을 1kg 단위로 플라스틱용기에 충전하여 뚜껑을 닫은후 PVC 수축 포장을 했다.
○ C판매상: 골판지 상자에 굴비를 10마리씩 엮은 굴비 두름을 편평히 한후 뚜껑을 덮어 포장 후 손잡이를 조립했다.

▶A판매상, B판매상

북어(10마리 포장) : 내용물을 PE 속포장에 넣은 후 상하 20mm이상 떨어진 곳을 열봉합하여 골판지 상자 속에 담아 상자의 뚜껑을 덮는다.

새우젓 : 유리용기에 내용물을 충전하고 뚜껑을 닫은 후 PVC 수축포장한다.

굴비(10마리 포장) : 골판지 상자에 엮은 굴비 두름을 편평히 한 후 뚜껑을 덮고 손잡이를 조립한다.

다. 이 경우 유효기간은 3년 또는 4년으로 하되 생산에 필요한 기간을 고려하여 국립수산물품질관리원장이 정하여 고시한다.
※ 품목별 유효기간
1. 뱀장어, 굴, 김, 미역, 다시마 : 3년
2. 전복 : 4년

② 품질인증의 유효기간을 연장받으려는 자는 유효기간이 끝나기 전에 해양수산부령으로 정하는 바에 따라 해양수산부장관에게 연장신청을 하여야 한다.
③ 해양수산부장관은 제2항에 따른 신청을 받은 경우 제14조제4항에 따른 품질인증의 기준에 맞다고 인정되면 제1항에 따른 유효기간의 범위에서 유효기간을 연장할 수 있다.

3) 품질인증의 취소

해양수산부장관은 품질인증을 받은 자가 다음 각 호의 어느 하나에 해당하면 품질인증을 취소할 수 있다. 다만, 제1호에 해당하면 품질인증을 취소하여야 한다.
1. 거짓이나 그 밖의 부정한 방법으로 인증을 받은 경우
2. 제14조제4항에 따른 품질인증의 기준에 현저하게 맞지 아니한 경우
3. 정당한 사유 없이 제31조제1항에 따른 품질인증품 표시의 시정명령, 해당 품목의 판매금지 또는 표시정지 조치에 따르지 아니한 경우
4. 업종전환·폐업 등으로 인하여 품질인증품을 생산하기 어렵다고 판단되는 경우

기출문제연구

농수산물품질관리법상 수산물 품질인증의 유효기간은 품질인증을 받은 날부터 2년으로 한다. 다만, 품목의 특성상 생산에서 출하될 때까지의 1년 이상인 경우 국립수산물품질관리원장이 따로 정한다. 다음 중 수산물과 수산특산물의 품질인증에 관한 세부실시요령에서 규정한 바에 따라 생산에 필요한 기간을 고려하여 유효기간을 정하는 품목을 보기에서 모두 골라 답란에 쓰시오.

〈보기〉
뱀장어, 무지개송어, 다시마, 전복, 꽃게, 우렁쉥이

▶ 뱀장어, 다시마, 전복

농수산물 품질관리법 시행규칙
(품질인증의 기준·절차·표시방법 및 대상품목의 선정 등)
제28조(수산물의 품질인증 대상품목)
법 제14조제1항에 따른 품질인증(이하 "품질인증"이라 한다) 대상품목은 식용을 목적으로 생산한 수산물로 한다.
제29조(품질인증의 기준)
① 품질인증을 받기 위해서는 다음 각 호의 기준을 모두 충족해야 한다.
　1. 해당 수산물이 그 산지의 유명도가 높거나 상품으로서의 차별화가 인정되는 것일 것

    2. 해당 수산물의 품질 수준 확보 및 유지를 위한 생산기술과 시설·자재를 갖추고 있을 것
    3. 해당 수산물의 생산·출하 과정에서의 자체 품질관리체제와 유통 과정에서의 사후관리체제를 갖추고 있을 것
② 제1항에 따른 기준의 세부적인 사항은 국립수산물품질관리원장이 정하여 고시한다.

> 품질인증의 세부기준(국립수산물품질관리원장 고시)
> ① 「농수산물품질관리법 시행규칙」(이하 "규칙"이라 한다) 제29조제2항에 따른 수산물의 품질인증세부기준은 품목별 품질기준과 공장심사 기준으로 한다.
> ② 제1항에 따른 품목별 품질기준은 별표 1과 같다.
> ③ 제1항에 따른 공장심사 기준은 별표 2와 같고, 심사결과 다음 각 호의 기준에 적합해야 한다.
>   1. 전체 항목 중 "수"로 평가된 항목이 5개 이상이어야 함.
>   2. 전체 항목 중 "미"로 평가된 항목이 2개 이하이어야 함.
>   3. 전체 항목 중 "양"으로 평가된 항목이 없어야 함.

③ 국립수산물품질관리원장은 제1항에 따른 품질인증의 기준을 정하기 위한 자료 조사 및 그 시안(試案)의 작성을 다음 각 호의 어느 하나에 해당하는 기관 또는 연구소에 의뢰할 수 있다.
    1. 해양수산부 소속 기관
    2. 「정부출연연구기관 등의 설립·운영 및 육성에 관한 법률」 또는 「과학기술분야 정부출연연구기관 등의 설립·운영 및 육성에 관한 법률」에 따른 식품 관련 전문연구기관
    3. 「고등교육법」 제2조에 따른 학교 또는 그 연구소

제30조(품질인증의 신청)
법 제14조제2항에 따라 수산물에 대하여 품질인증을 받으려는 자는 별지 제12호서식의 수산물 품질인증 (연장)신청서에 다음 각 호의 서류를 첨부하여 국립수산물품질관리원장 또는 법 제17조에 따라 품질인증기관으로 지정받은 기관(이하 "품질인증기관"이라 한다)의 장에게 제출하여야 한다.
    1. 신청 품목의 생산계획서
    2. 신청 품목의 제조공정 개요서 및 단계별 설명서

제31조(품질인증 심사 절차)
① 심사일정의 통보
    국립수산물품질관리원장 또는 품질인증기관의 장은 제30조에 따른 품질인증의 신청을 받은 경우에는 심사일정을 정하여 그 신청인

에게 통보하여야 한다.
② 심사반의 구성 및 심사
　국립수산물품질관리원장 또는 품질인증기관의 장은 필요한 경우 그 소속 심사담당자와 신청인의 업체 소재지를 관할하는 특별자치도지사·시장·군수·구청장이 추천하는 공무원으로 심사반을 구성하여 품질인증의 심사를 하게 할 수 있다. 〉
③ 심사 대상
　생산자집단이 수산물의 품질인증을 신청한 경우에는 생산자집단 구성원 전원에 대하여 각각 심사를 하여야 한다. 다만, 국립수산물품질관리원장이 필요하다고 인정하여 고시하는 경우에는 국립수산물품질관리원장이 정하는 방법에 따라 일부 구성원을 선정하여 심사할 수 있다.
④ 품질인증
　국립수산물품질관리원장 또는 품질인증기관의 장은 제29조에 따른 품질인증의 기준에 적합한지를 심사한 후 적합한 경우에는 품질인증을 하여야 한다.
⑤ 부적합 판정 및 보완
　국립수산물품질관리원장 또는 품질인증기관의 장은 제4항에 따른 심사를 한 결과 부적합한 것으로 판정된 경우에는 지체 없이 그 사유를 분명히 밝혀 신청인에게 알려주어야 한다. 다만, 그 부적합한 사항이 10일 이내에 보완할 수 있다고 인정되는 경우에는 보완기간을 정하여 신청인으로 하여금 보완하도록 한 후 품질인증을 할 수 있다.
⑥ 품질인증의 심사를 위한 세부적인 절차 및 방법 등에 관하여 필요한 사항은 국립수산물품질관리원장이 정하여 고시한다.

제32조(품질인증품의 표시사항 등)
① 법 제14조제3항에 따른 수산물 품질인증 표시는 별표 7과 같다.
② 품질인증의 표시항목별 인증방법
　법 제14조제4항에 따른 수산물의 품질인증의 표시항목별 인증방법은 다음 각 호와 같다.
　1. 산지: 해당 품목이 생산되는 시·군·구(자치구의 구를 말한다. 이하 같다)의 행정구역 명칭으로 인증하되, 신청인이 강·해역 등 특정지역의 명칭으로 인증받기를 희망하는 경우에는 그 명칭으로 인증할 수 있다.
　2. 품명: 표준어로 인증하되, 그 명칭이 명확하지 아니한 경우 또는 소비자가 식별하는 데 지장이 없다고 인정되는 경우에는 해당 품목의 생태·형태·용도 등에 따라 산지에서 관행적으로 사용되는 명칭으로 인증할 수 있다.

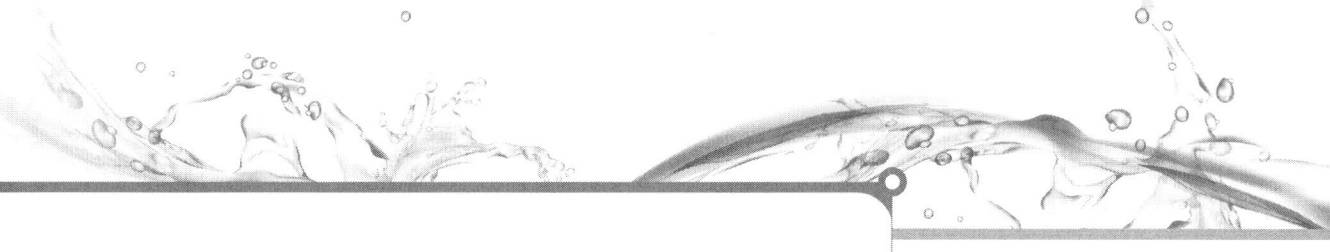

    3. 생산자 또는 생산자집단: 명칭(법인의 경우에는 명칭과 그 대표자의 성명을 포함한다)·주소 및 전화번호
    4. 생산조건: 자연산과 양식산으로 인증한다.
③ 품질인증의 표시
    제1항 및 제2항에 따른 품질인증의 표시를 하려는 자는 품질인증을 받은 수산물의 포장·용기의 겉면에 소비자가 알아보기 쉽도록 표시하여야 한다. 다만, 포장하지 아니하고 판매하는 경우에는 해당 물품에 꼬리표를 부착하여 표시할 수 있다.
제33조(품질인증서의 발급 등)
① 국립수산물품질관리원장 또는 품질인증기관의 장은 수산물의 품질인증을 한 경우에는 별지 제13호서식의 수산물 품질인증서를 발급한다.
② 제1항에 따라 수산물 품질인증서를 발급받은 자는 품질인증서를 잃어버리거나 품질인증서가 손상된 경우에는 별지 제14호서식의 수산물 품질인증 재발급신청서에 손상된 품질인증서를 첨부(품질인증서가 손상되어 재발급받으려는 경우만 해당한다)하여 국립수산물품질관리원장 또는 품질인증기관의 장에게 제출하여야 한다.

4) 품질인증 관련 보고 및 점검 등

① 해양수산부장관은 품질인증을 위하여 필요하다고 인정하면 품질인증기관 또는 품질인증을 받은 자에 대하여 그 업무에 관한 사항을 보고하게 하거나 자료를 제출하게 할 수 있으며 관계 공무원에게 사무소 등에 출입하여 시설·장비 등을 점검하고 관계 장부나 서류를 조사하게 할 수 있다.
② 제1항에 따른 점검이나 조사에 관하여는 제13조제2항 및 제3항을 준용한다.
③ 제1항에 따라 점검이나 조사를 하는 관계 공무원에 관하여는 제13조제4항을 준용한다.

❸ 수산물의 품질인증기관

1) 품질인증기관의 지정 등

① 품질인증기관의 지정
    해양수산부장관은 수산물의 생산조건, 품질 및 안전성에 대한

기출문제연구

농수산물품질관리법령상 수산물 품질인증의 표시항목별 인증방법을 설명한 것이다. ( )에 알맞은 용어를 < 보기 >에서 찾아 쓰시오.

〈보기〉
지정해역, 산지, 생산조건, 공정도, 품명, 판매자

  1. (①) : 해당 품목이 생산되는 시·군·구(자치구의 구를 말한다)의 행정구역 명칭으로 인증하되, 신청인이 강·해역 등 특정지역의 명칭으로 인증받기를 희망하는 경우에는 그 명칭으로 인증할 수 있다.
  2. (②) : 표준어로 인증하되, 그 명칭이 명확하지 아니한 경우 또는 소비자가 식별하는 데 지장이 없다고 인정되는 경우에는 해당 품목의 생태·형태·용도 등에 따라 산지에서 관행적으로 사용되는 명칭으로 인증할 수 있다.
  3. 생산자 또는 생산자 집단: 명칭(법인의 경우에는 명칭과 그 대표자의 성명을 포함한다)·주소 및 전화번호
  4. (③) : 자연산과 양식산으로 인증한다.

▶ ① 산지 ② 품명 ③ 생산조건

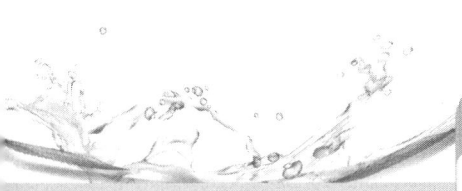

심사·인증을 업무로 하는 법인 또는 단체로서 해양수산부장관의 지정을 받은 자(이하 "품질인증기관"이라 한다)로 하여금 제14조부터 제16조까지의 규정에 따른 품질인증에 관한 업무를 대행하게 할 수 있다.

② 자금의 지원

해양수산부장관, 특별시장·광역시장·도지사·특별자치도지사(이하 "시·도지사"라 한다) 또는 시장·군수·구청장(자치구의 구청장을 말한다. 이하 같다)은 어업인 스스로 수산물의 품질을 향상시키고 체계적으로 품질관리를 할 수 있도록 하기 위하여 제1항에 따라 품질인증기관으로 지정받은 다음 각 호의 단체 등에 대하여 자금을 지원할 수 있다.

1. 수산물 생산자단체(어업인 단체만을 말한다)
2. 수산가공품을 생산하는 사업과 관련된 법인(「민법」 제32조에 따른 법인만을 말한다)

③ 품질인증기관의 신청 등

품질인증기관으로 지정을 받으려는 자는 품질인증 업무에 필요한 시설과 인력을 갖추어 해양수산부장관에게 신청하여야 하며, 품질인증기관으로 지정받은 후 해양수산부령으로 정하는 중요 사항이 변경되었을 때에는 변경신고를 하여야 한다. 다만, 제18조에 따라 품질인증기관의 지정이 취소된 후 2년이 지나지 아니한 경우에는 신청할 수 없다.

④ 해양수산부장관은 제3항 본문에 따른 변경신고를 받은 날부터 10일 이내에 신고수리 여부를 신고인에게 통지하여야 한다.

⑤ 해양수산부장관이 제4항에서 정한 기간 내에 신고수리 여부 또는 민원 처리 관련 법령에 따른 처리기간의 연장을 신고인에게 통지하지 아니하면 그 기간(민원 처리 관련 법령에 따라 처리기간이 연장 또는 재연장된 경우에는 해당 처리기간을 말한다)이 끝난 날의 다음 날에 신고를 수리한 것으로 본다.

⑥ 품질인증기관의 지정 기준, 절차 및 품질인증 업무의 범위 등에 필요한 사항은 해양수산부령으로 정한다.

2) 품질인증기관의 지정 취소 등

① 해양수산부장관은 품질인증기관이 다음 각 호의 어느 하나

에 해당하면 그 지정을 취소하거나 6개월 이내의 기간을 정하여 품질인증 업무의 전부 또는 일부의 정지를 명할 수 있다. 다만, 제1호부터 제4호까지 및 제6호 중 어느 하나에 해당하면 품질인증기관의 지정을 취소하여야 한다. (2회기출, 농수산물품질관리법령상 해양수산부장관이 품질인증기관의 지정취소를 반드시 해야 하는 3가지 경우를 서술하시오.)

1. 거짓이나 그 밖의 부정한 방법으로 품질인증기관으로 지정받은 경우
2. 업무정지 기간 중 품질인증 업무를 한 경우
3. 최근 3년간 2회 이상 업무정지처분을 받은 경우
4. 품질인증기관의 폐업이나 해산·부도로 인하여 품질인증 업무를 할 수 없는 경우
5. 제17조제3항 본문에 따른 변경신고를 하지 아니하고 품질인증 업무를 계속한 경우
6. 제17조제6항의 지정기준에 미치지 못하여 시정을 명하였으나 그 명령을 받은 날부터 1개월 이내에 이행하지 아니한 경우
7. 제17조제6항의 업무범위를 위반하여 품질인증 업무를 한 경우
8. 다른 사람에게 자기의 성명이나 상호를 사용하여 품질인증 업무를 하게 하거나 품질인증기관지정서를 빌려준 경우
9. 품질인증 업무를 성실하게 수행하지 아니하여 공중에 위해를 끼치거나 품질인증을 위한 조사 결과를 조작한 경우
10. 정당한 사유 없이 1년 이상 품질인증 실적이 없는 경우

② 제1항에 따른 지정 취소 및 업무정지의 세부 기준은 해양수산부령으로 정한다.

시정명령 등의 처분기준(제11조 및 제16조 관련)시행령[별표1]

가. 표준규격품

위반행위	근거 법조문	행정처분 기준		
		1차 위반	2차 위반	3차 위반
1) 법 제5조제2항에 따른 표	법 제31조	시정명령	표시정지 1개	표시정지 3개

위반행위	근거 법조문	행정처분 기준		
		1차 위반	2차 위반	3차 위반
준규격품 의무표시사항이 누락된 경우	제1항 제3호		월	월
2) 법 제5조제2항에 따른 표준규격이 아닌 포장재에 표준규격품의 표시를 한 경우	법 제31조 제1항 제1호	시정명령	표시정지 1개월	표시정지 3개월
3) 법 제5조제2항에 따른 표준규격품의 생산이 곤란한 사유가 발생한 경우	법 제31조 제1항 제2호	표시정지 6개월		
4) 법 제29조제1항을 위반하여 내용물과 다르게 거짓표시나 과장된 표시를 한 경우	법 제31조 제1항 제3호	표시정지 1개월	표시정지 3개월	표시정지 6개월

나. 우수관리인증농산물

다. 삭제 〈2017. 5. 29.〉

라. 품질인증품

위반행위	근거 법조문	행정처분 기준		
		1차 위반	2차 위반	3차 위반
1) 법 제14조제3항을 위반하여 의무표시사항이 누락된 경우	법 제31조 제1항 제3호	시정명령	표시정지 1월	표시정지 3월
2) 법 제14조제3항에 따른 품질인증을 받지 아니한 제품을 품질인증품으로 표시한 경우	법 제31조 제1항 제3호	인증취소		
3) 법 제14조제4항에 따른 품질인증기준에 위반한 경우	법 제31조 제1항 제1호	표시정지 3월	표시정지 6월	
4) 법 제16조제4호에 따른 품질인증품의 생산이 곤란하다고 인정되는 사유가 발생한 경우	법 제31조 제1항 제2호	인증취소		
5) 법 제29조제1항을 위반하여 내용물과 다르게 거짓표시 또는 과장된 표시를 한 경우	법 제31조 제1항 제3호	표시정지 1월	표시정지 3월	인증취소

마. 삭제 〈2013.5.31〉

바. 지리적표시품

위반행위	근거 법조문	행정처분 기준		
		1차 위반	2차 위반	3차 위반
1) 법 제32조제3항 및 제7항에 따른 지리적표시품 생산계획의 이행이 곤란하다고 인정되는 경우	법 제40조 제3호	등록 취소		
2) 법 제32조제7항에 따라 등록된 지리적표시품이 아닌 제품에 지리적표시를 한 경우	법 제40조 제1호	등록 취소		
3) 법 제32조제9항의 지리적표시품이 등록기준에 미치지 못하게 된 경우	법 제40조 제1호	표시정지 3개월	등록 취소	
4) 법 제34조제3항을 위반하여 의무표시사항이 누락된 경우	법 제40조 제2호	시정명령	표시정지 1개월	표시정지 3개월
5) 법 제34조제3항을 위반하여 내용물과 다르게 거짓표시나 과장된 표시를 한 경우	법 제40조 제2호	표시정지 1개월	표시정지 3개월	등록 취소

기출문제연구

농수산물품질관리법령상 지리적표시 등록을 받은 자가 1차 위반으로 지리적표시 등록취소에 해당하는 위반행위를 모두 서술하시오.(단, 경감사유가 없는 것으로 가정한다.)

➡ ① 지리적표시품 생산계획의 이행이 곤란하다고 인정되는 경우

② 등록된 지리적표시품이 아닌 제품에 지리적표시를 한 경우

기출문제연구

농수산물품질관리법령상 품질인증품의 의무표시사항 누락으로 1차 시정명령처분을 받고, 최근 1년간 같은 위반행위를 하였을 경우의 행정처분 기준을 ( )에 쓰시오. (단, 경감사유는 고려하지 않는다.) [2점]

1차 위반	2차 위반	3차 위반
시정명령	표시정지 (①)월	표시정지 (②)월

➡ ① 1 ② 3

기출문제연구

농수산물 품질관리 법령상 해양수산부장관이 지리적표시권자의 지리적표시품 표시방법 위반행위에 대하여 ① 1차 위반시 시정명령을 할 수 있는 경우와 ② 3차 위반시 등록취소를 할 수 있는 경우를 각각 쓰시오.

➡ ① 의무표시 사항의 누락 ② 내용물과 다르게 거짓표시나 과장된 표시를 한 경우

02 수산물 이력추적관리

❶ 수산물 이력추적관리

1) 이력추적관리

① 이력추적관리의 등록

다음 각 호의 어느 하나에 해당하는 자 중 수산물의 생산·수입부터 판매까지 각 유통단계별로 정보를 기록·관리하는 이력추적관리(이하 "이력추적관리"라 한다)를 받으려는 자는 해양수산부장관에게 등록하여야 한다.

1. 수산물을 생산하는 자
2. 수산물을 유통 또는 판매하는 자(표시·포장을 변경하지 아니한 유통·판매자는 제외한다. 이하 같다)

② 제1항에도 불구하고 대통령령으로 정하는 수산물을 생산하

거나 유통 또는 판매하는 자는 해양수산부장관에게 이력추적관리의 등록을 하여야 한다.

③ 등록사항의 변경 신고

제1항 또는 제2항에 따라 이력추적관리의 등록을 한 자는 해양수산부령으로 정하는 등록사항이 변경된 경우 변경 사유가 발생한 날부터 1개월 이내에 해양수산부장관에게 신고하여야 한다.

④ 이력추적관리의 표시

제1항에 따라 이력추적관리의 등록을 한 자는 해당 수산물에 해양수산부령으로 정하는 바에 따라 이력추적관리의 표시를 할 수 있으며, 제2항에 따라 이력추적관리의 등록을 한 자는 해당 수산물에 이력추적관리의 표시를 하여야 한다.

⑤ 기록의 보관

제1항 및 제2항에 따라 등록된 수산물(이하 "이력추적관리수산물"이라 한다)을 생산하거나 유통 또는 판매하는 자는 해양수산부령으로 정하는 이력추적관리기준에 따라 이력추적관리에 필요한 입고·출고 및 관리 내용을 기록하여 보관하여야 한다. 다만, 이력추적관리수산물을 유통 또는 판매하는 자 중 행상·노점상 등 대통령령으로 정하는 자는 그러하지 아니하다.

⑥ 지원

해양수산부장관은 제1항 또는 제2항에 따라 이력추적관리의 등록을 한 자에 대하여 이력추적관리에 필요한 비용의 전부 또는 일부를 지원할 수 있다.

⑦ 그 밖에 이력추적관리의 대상품목, 등록절차, 등록사항, 그 밖에 등록에 필요한 사항은 해양수산부령으로 정한다.

이력추적관리 자료제출의 범위, 방법, 절차 등(시행규칙)

① 국립수산물품질관리원장이 법 제29조제1항에 따라 제출을 요구할 수 있는 자료의 범위는 다음 각 호와 같다.
  1. 제25조제2항 각 호에 따른 이력추적관리의 등록사항과 관련된 자료
  2. 이력추적관리수산물의 생산·입고·출고 정보 등 수산물이력추적에 필요한 자료

② 법 제29조제1항에 따라 자료제출을 요구받은 이력추적관리수산물

을 생산하거나 유통 또는 판매하는 자는 제1항에 따른 자료를 서면으로 제출하거나 국립수산물품질관리원장이 고시하는 이력추적관리 정보시스템을 통하여 제출할 수 있다.

이력추적관리기준(제29조 관련)

1. 공통 적용사항
   가. 생산·유통·판매자는 이력추적수산물과 그 밖의 수산물이 섞이지 않도록 관리하여야 한다.
   나. 생산·유통·판매자는 이력추적수산물과 관련된 정보를 서류나 전산기록(이력추적관리를 위해 등록한 정보를 포함한다. 이하 같다) 등으로 관리하여야 하며, 국립수산물품질관리원장이 요구하는 경우에는 그 정보를 제공할 수 있어야 한다.
   다. 생산·유통·판매자는 이력추적수산물과 관련하여 안전성 문제가 발생할 것에 대비하여 리콜 등 사후관리체계를 갖추고 있어야 한다.
   라. 생산·유통·판매자는 위해물질 등 이력추적수산물과 관련하여 안전성에 위해가 될 수 있는 물질을 사용한 경우 그 내역을 기록하여야 하며, 필요할 경우 해당 수산물에 대해 자율적으로 안전성 검사를 할 수 있다.
   마. 생산·유통·판매자가 기록한 내용은 해당 단계에서 정보를 기록한 날부터 1년 이상 보관하여야 한다. 다만, 이력추적관리 등록의 유효기간을 연장한 경우에는 연장한 기간까지 보관하여야 한다.

2. 개별 적용사항
   생산·유통·판매자가 관리단계 별로 기록·관리하여야 할 정보의 내용은 다음과 같다.
   가. 생산자
   (1) 생산정보(원재료를 단순 처리한 제품은 제외한다)
      ① 품목
      ② 생산자 성명
      ③ 주소(전화번호 포함)
      ④ 양식장 또는 염전 위치(양식수산물 또는 천일염인 경우만 해당한다), 위판장 주소 또는 어획 장소(어획수산물인 경우만 해당한다)
      ⑤ 양식기간(양식수산물인 경우에 한한다)
      ⑥ 항생제 등 약제사용 내역(양식수산물인 경우만 해당한다)
      ⑦ 날짜(입식일, 어획일, 천일염 생산년월일)

⑧ 물량(입식량, 어획량, 천일염 생산량)
  (2) 입고정보(원재료를 건조, 염장 등 단순 처리한 제품인 경우만 해당한다)
    ① 품목
    ② 입고처명
    ③ 주소(전화번호 포함)
    ④ 날짜
    ⑤ 물량
    ⑥ 이력추적관리번호
  (3) 출하정보
    ① 품목
    ② 출하처명
    ③ 주소(전화번호 포함)
    ④ 날짜
    ⑤ 물량
    ⑥ 이력추적관리번호
나. 유통자
  (1) 입고정보
    ① 품목
    ② 입고처명
    ③ 주소(전화번호 포함)
    ④ 날짜
    ⑤ 물량
    ⑥ 이력추적관리번호
  (2) 출고정보
    ① 품목
    ② 출고처명
    ③ 주소(전화번호 포함)
    ④ 날짜
    ⑤ 물량
    ⑥ 이력추적관리번호
      ※ 입고정보 및 출고정보를 관리하는 경우 이력추적수산물의 입고·출고 간의 연관관계를 알 수 있도록 하여야 한다.
다. 판매자
  ① 품목
  ② 입고처명
  ③ 주소(전화번호 포함)
  ④ 날짜

⑤ 물량
⑥ 이력추적관리번호

시행규칙 제25조(이력추적관리의 대상품목 및 등록사항)
① 법 제27조제1항 및 제2항에 따라 수산물의 유통단계별로 정보를 기록·관리하는 이력추적관리(이하 "이력추적관리"라 한다)의 등록을 하거나 할 수 있는 대상품목은 수산물 중 식용이나 식용으로 가공하기 위한 목적으로 생산·처리된 수산물로 한다.
② 법 제27조제1항 및 제2항에 따라 이력추적관리를 받으려는 자는 다음 각 호의 구분에 따른 사항을 등록하여야 한다.

1. 생산자(염장, 건조 등 단순처리를 하는 자를 포함한다)
  가. 생산자의 성명, 주소 및 전화번호
  나. 이력추적관리 대상품목명
  다. 양식수산물의 경우 양식장 면적, 천일염의 경우 염전 면적
라. 생산계획량
마. 양식수산물 및 천일염의 경우 양식장 및 염전의 위치, 그 밖의 어획물의 경우 위판장의 주소 또는 어획장소

2. 유통자
가. 유통자의 명칭, 주소 및 전화번호
나. 이력추적관리 대상품목명

3. 판매자: 판매자의 명칭, 주소 및 전화번호

시행규칙 제26조(이력추적관리의 등록절차 등)
① 법 제27조제1항 또는 제2항에 따라 이력추적관리 등록을 하려는 자는 별지 제3호서식에 따른 수산물이력추적관리 등록신청서에 다음 각 호의 서류를 첨부하여 국립수산물품질관리원장에게 제출하여야 한다.
  1. 이력추적관리 등록을 한 수산물(이하 "이력추적관리수산물"이라 한다)의 생산·출하·입고·출고 계획 등을 적은 관리계획서
  2. 이력추적관리수산물에 이상이 있는 경우 회수 조치 등을 적은 사후관리계획서
② 국립수산물품질관리원장은 제1항에 따른 등록신청을 접수하면 심사일정을 정하여 신청인에게 알려야 한다.
③ 국립수산물품질관리원장은 제1항에 따른 이력추적관리의 등록신청을 접수한 경우 제29조에 따른 수산물 이력추적관리기준에 적합한지

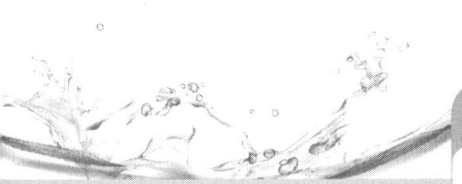

를 심사하여야 한다. 이 경우 국립수산물품질관리원장은 소속 심사담당자와 시·도지사 또는 시장·군수·구청장이 추천하는 공무원이나 민간전문가로 심사반을 구성하여 이력추적관리의 등록 여부를 심사할 수 있다.

④ 국립수산물품질관리원장은 제1항에 따른 이력추적관리 등록신청인이 생산자집단인 경우에는 전체 구성원에 대하여 각각 제3항에 따른 심사를 하여야 한다. 다만, 국립수산물품질관리원장이 정하여 고시하는 경우에는 표본심사의 방법으로 할 수 있다.

⑤ 국립수산물품질관리원장은 제3항에 따른 심사 결과 신청내용이 제29조에 따른 수산물 이력추적관리기준에 적합한 경우에는 이력추적관리 등록을 하고, 그 신청인에게 별지 제4호서식에 따른 수산물이력추적관리 등록증(이하 "이력추적관리 등록증"이라 한다)을 발급하여야 하며, 심사 결과 신청내용이 제29조에 따른 수산물 이력추적관리기준에 적합하지 아니한 경우에는 구체적인 사유를 지체 없이 신청인에게 통지하여야 한다.

⑥ 이력추적관리 등록을 한 자가 제5항에 따라 발급받은 이력추적관리 등록증을 분실한 경우 국립수산물품질관리원장에게 별지 제5호서식에 따른 수산물이력추적관리 등록증 재발급 신청서를 제출하여 재발급 받을 수 있다.

⑦ 제1항부터 제6항까지의 규정에서 정한 사항 외에 이력추적관리의 등록에 필요한 세부적인 절차 및 사후관리 등에 관한 사항은 국립수산물품질관리원장이 정하여 고시한다.

2) 이력추적관리 등록의 유효기간 등

① 등록의 유효기간

제27조제1항 및 제2항에 따른 이력추적관리 등록의 유효기간은 등록한 날부터 3년으로 한다. 다만, 품목의 특성상 달리 적용할 필요가 있는 경우에는 10년의 범위에서 해양수산부령으로 유효기간(5년)을 달리 정할 수 있다.

② 등록의 갱신

다음 각 호의 어느 하나에 해당하는 자는 이력추적관리 등록의 유효기간이 끝나기 전에 이력추적관리의 등록을 갱신하여야 한다.

1. 제27조제1항에 따라 이력추적관리의 등록을 한 자로서 그 유효기간이 끝난 후에도 계속하여 해당 수산물에 대하여 이력추적관리를 하려는 자

2. 제27조제2항에 따라 이력추적관리의 등록을 한 자로서 그 유효기간이 끝난 후에도 계속하여 해당 수산물을 생산하거나 유통 또는 판매하려는 자

③ 등록의 연장

제2항에 따른 등록 갱신을 하지 아니하려는 자가 제1항의 등록 유효기간 내에 출하를 종료하지 아니한 제품이 있는 경우에는 해양수산부장관의 승인을 받아 그 제품에 대한 등록 유효기간을 1년의 범위에서 연장할 수 있다. 다만, 등록의 유효기간이 끝나기 전에 출하된 제품은 그 제품의 유통기한이 끝날 때까지 그 등록 표시를 유지할 수 있다.

④ 그 밖에 이력추적관리 등록의 갱신 및 유효기간 연장 절차 등에 필요한 사항은 해양수산부령으로 정한다.

이력추적관리 등록의 갱신 및 유효기간 연장 절차(시행규칙)

제31조(이력추적관리 등록의 갱신)

① 국립수산물품질관리원장은 이력추적관리 등록의 유효기간이 끝나기 2개월 전까지 해당 이력추적관리의 등록을 한 자에게 이력추적관리 등록의 갱신절차와 갱신신청 기간을 미리 알려야 한다. 이 경우 휴대전화 문자메시지, 전자우편, 팩스, 전화 또는 문서 등으로 통지할 수 있다.

② 제1항에 따른 통지를 받은 자가 법 제28조제2항에 따라 이력추적관리의 등록을 갱신하려는 경우에는 별지 제3호서식에 따른 이력추적관리 등록 갱신신청서에 제26조제1항 각 호에 따른 서류 중 변경사항이 있는 서류를 첨부하여 해당 등록의 유효기간이 끝나기 1개월 전까지 국립수산물품질관리원장에게 제출하여야 한다.

③ 제2항에 따른 신청을 받은 국립수산물품질관리원장은 등록 갱신 결정을 한 경우에는 이력추적관리 등록증을 다시 발급하여야 한다.

제32조(이력추적관리 등록의 유효기간 연장)

① 이력추적관리 등록을 한 자가 법 제28조제3항에 따라 이력추적관리 등록의 유효기간을 연장하려는 경우에는 해당 등록의 유효기간이 끝나기 1개월 전까지 별지 제7호서식에 따른 수산물이력추적관리 등록 유효기간 연장 신청서를 국립수산물품질관리원장에게 제출하여야 한다.

② 제1항에 따른 신청을 받은 국립수산물품질관리원장은 1년의 범위에서 해당 이력추적관리수산물의 출하에 필요한 기간을 정하여 유효기간을 연장하고 이력추적관리 등록증을 다시 발급하여야 한다.

3) 이력추적관리 자료의 제출

① 해양수산부장관은 이력추적관리수산물을 생산하거나 유통 또는 판매하는 자에게 수산물의 생산, 입고·출고와 그 밖에 이력추적관리에 필요한 자료제출을 요구할 수 있다.
② 이력추적관리수산물을 생산하거나 유통 또는 판매하는 자는 제1항에 따른 자료제출을 요구받은 경우에는 정당한 사유가 없으면 이에 따라야 한다.
③ 제1항에 따른 자료제출의 범위, 방법, 절차 등에 필요한 사항은 해양수산부령으로 정한다.

4) 이력추적관리 등록의 취소 등

① 해양수산부장관은 제27조에 따라 등록한 자가 다음 각 호의 어느 하나에 해당하면 그 등록을 취소하거나 6개월 이내의 기간을 정하여 이력추적관리 표시의 금지를 명할 수 있다. 다만, 제1호 또는 제2호에 해당하면 등록을 취소하여야 한다.
1. 거짓이나 그 밖의 부정한 방법으로 등록을 받은 경우
2. 이력추적관리 표시 금지명령을 위반하여 표시한 경우
3. 제27조제3항에 따른 등록변경신고를 하지 아니한 경우
4. 제27조제4항에 따른 표시방법을 위반한 경우
5. 제27조제5항에 따른 입고·출고 및 관리 내용의 기록 및 보관을 하지 아니한 경우
6. 제29조제2항을 위반하여 정당한 사유 없이 자료제출 요구를 거부한 경우

② 제1항에 따른 등록취소 및 표시금지 등의 기준, 절차 등 세부적인 사항은 해양수산부령으로 정한다.

5) 수입수산물 유통이력 관리

① 수입유통의 신고

외국 수산물을 수입하는 자와 수입수산물을 국내에서 거래하는 자는 국민보건을 해칠 우려가 있는 수산물로서 해양수산부장관이 지정하여 고시하는 수산물(이하 "유통이력수입수산물"

이라 한다)에 대한 유통단계별 거래명세(이하 "수입유통이력"이라 한다)를 해양수산부장관에게 신고하여야 한다.
② 수입유통이력 장부의 보관
수입유통이력 신고의 의무가 있는 자(이하 "수입유통이력신고의무자"라 한다)는 수입유통이력을 장부에 기록(전자적 기록 방식을 포함한다)하고, 그 자료를 거래일부터 1년간 보관하여야 한다.
③ 해양수산부장관은 유통이력수입수산물을 지정할 때 미리 관계 행정기관의 장과 협의하여야 한다.
④ 해양수산부장관은 유통이력수입수산물의 지정, 신고의무 존속기한 및 신고대상 범위 설정 등을 할 때 수입수산물을 국내수산물에 비하여 부당하게 차별하여서는 아니 되며, 이를 이행하는 수입유통이력신고의무자의 부담이 최소화 되도록 하여야 한다.
⑤ 그 밖에 유통이력수입수산물별 신고 절차, 수입유통이력의 범위 등에 필요한 사항은 해양수산부장관이 정한다.

6) 거짓표시 등의 금지

누구든지 이력추적관리수산물 및 유통이력수입수산물(이하 "이력표시수산물"이라 한다)에 다음 각 호의 행위를 하여서는 아니 된다.
1. 이력표시수산물이 아닌 수산물에 이력표시수산물의 표시를 하거나 이와 비슷한 표시를 하는 행위
2. 이력표시수산물에 이력추적관리의 등록을 하지 아니한 수산물이나 수입유통이력 신고를 하지 아니한 수산물을 혼합하여 판매하거나 혼합하여 판매할 목적으로 보관하거나 진열하는 행위
3. 이력표시수산물이 아닌 수산물을 이력표시수산물로 광고하거나 이력표시수산물로 잘못 인식할 수 있도록 광고하는 행위

7) 이력표시수산물의 사후관리

① 해양수산부장관은 이력표시수산물의 품질 제고와 소비자 보호를 위하여 필요한 경우에는 관계 공무원에게 다음 각 호의 조사 등을 하게 할 수 있다.

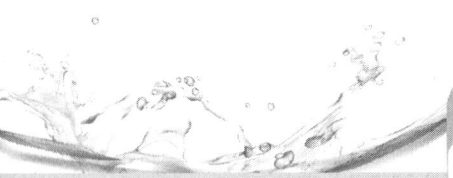

1. 이력표시수산물의 표시에 대한 등록 또는 신고 기준에의 적합성 등의 조사
2. 해당 표시를 한 자의 관계 장부 또는 서류의 열람
3. 이력표시수산물의 시료(試料) 수거

② 제1항에 따라 조사·열람 또는 시료 수거를 할 때 이력표시수산물을 생산하거나 유통 또는 판매하는 자는 정당한 사유 없이 거부·방해하거나 기피하여서는 아니 된다.

③ 제1항에 따라 이력표시수산물을 조사·열람 또는 시료 수거를 할 때에는 미리 점검이나 조사의 일시, 목적, 대상 등을 점검 또는 조사 대상자에게 알려야 한다. 다만, 긴급한 경우나 미리 알리면 그 목적을 달성할 수 없다고 인정되는 경우에는 알리지 아니할 수 있다.

④ 제1항에 따라 조사·열람 또는 시료 수거를 하는 관계 공무원은 그 권한을 표시하는 증표를 지니고 이를 관계인에게 보여주어야 하며, 성명·출입시간·출입목적 등이 표시된 문서를 관계인에게 내어주어야 한다.

⑤ 그 밖에 이력표시수산물의 조사·열람 등을 위하여 필요한 사항은 대통령령으로 정한다.

8) 이력표시수산물에 대한 시정조치

해양수산부장관은 이력표시수산물이 다음 각 호의 어느 하나에 해당하면 대통령령으로 정하는 바에 따라 그 시정을 명하거나 해당 품목의 판매금지 조치를 할 수 있다.

1. 등록 또는 신고 기준에 미치지 못하는 경우
2. 해당 표시방법을 위반한 경우

이력추적관리의 등록취소 및 표시정지 등의 기준 (제54조 관련)

1. 일반기준
   가. 위반행위가 둘 이상인 경우
      1) 각각의 처분기준이 시정명령 또는 등록취소인 경우에는 하나의 위반행위로 간주한다. 다만, 각각의 처분기준이 표시정지인 경우에는 각각의 처분기준을 합산하여 처분할 수 있다.
      2) 각각의 처분기준이 다른 경우에는 그 중 무거운 처분기준을 적용한다. 다만, 각각의 처분기준이 표시정지인 경우에는 무

거운 처분기준의 2분의 1까지 가중할 수 있으며, 이 경우 각 처분기준을 합산한 기간을 초과할 수 없다.
나. 위반행위의 횟수에 따른 행정처분의 기준은 최근 1년간 같은 위반행위로 행정처분을 받은 경우에 적용한다. 이 경우 행정처분 기준의 적용은 같은 위반행위에 대하여 최초로 행정처분을 한 날과 다시 같은 위반행위를 적발한 날을 기준으로 한다.
다. 생산자집단 또는 가공업자단체의 구성원의 위반행위에 대해서는 1차적으로 위반행위를 한 구성원에 대하여 행정처분을 하되, 그 구성원이 소속된 조직 또는 단체에 대해서는 그 구성원의 위반 정도를 고려하여 처분을 경감하거나 그 구성원에 대한 처분기준보다 한 단계 낮은 처분기준을 적용한다.
라. 위반행위의 내용으로 보아 고의성이 없거나 그 밖에 특별한 사유가 있다고 인정되는 경우에는 그 처분을 표시정지의 경우에는 2분의 1 범위에서 경감할 수 있고, 등록취소인 경우에는 6개월의 표시정지 처분으로 경감할 수 있다.

2. 개별기준

위 반 행 위	위반횟수별 처분기준		
	1차 위반	2차 위반	3차 위반 이상
가. 거짓이나 그 밖의 부정한 방법으로 등록을 받은 경우	등록취소	-	-
나. 이력추적관리 표시정지 명령을 위반하여 계속 표시한 경우	등록취소	-	-
다. 법 제24조제3항에 따른 이력추적관리 등록변경신고를 하지 않은 경우	시정명령	표시정지 1개월	표시정지 3개월
라. 법 제24조제6항에 따른 표시방법을 위반한 경우	표시정지 1개월	표시정지 3개월	등록취소
마. 이력추적관리기준을 지키지 않은 경우	표시정지 1개월	표시정지 3개월	표시정지 6개월
바. 법 제26조제2항을 위반하여 정당한 사유 없이 자료제출 요구를 거부한 경우	표시정지 1개월	표시정지 3개월	표시정지 6개월
사. 전업·폐업 등으로 이력추적관리농산물을 생산, 유통 또는 판매하기 어렵다고 판단되는 경우	등록취소		

❷ 지리적표시 및 지리적표시자의 권리

(1) 등록

1) 지리적표시의 등록

① 지리적표시 등록 제도

농림축산식품부장관 또는 해양수산부장관은 지리적 특성을 가진 농수산물 또는 농수산가공품의 품질 향상과 지역특화산업 육성 및 소비자 보호를 위하여 지리적표시의 등록 제도를 실시한다.

② 등록의 신청

제1항에 따른 지리적표시의 등록은 특정지역에서 지리적 특성을 가진 농수산물 또는 농수산가공품을 생산하거나 제조·가공하는 자로 구성된 법인만 신청할 수 있다. 다만, 지리적 특성을 가진 농수산물 또는 농수산가공품의 생산자 또는 가공업자가 1인인 경우에는 법인이 아니라도 등록신청을 할 수 있다.

③ 등록서류의 제출

제2항에 해당하는 자로서 제1항에 따른 지리적표시의 등록을 받으려는 자는 농림축산식품부령 또는 해양수산부령으로 정하는 등록 신청서류 및 그 부속서류를 농림축산식품부령 또는 해양수산부령으로 정하는 바에 따라 농림축산식품부장관 또는 해양수산부장관에게 제출하여야 한다. 등록한 사항 중 농림축산식품부령 또는 해양수산부령으로 정하는 중요 사항을 변경하려는 때에도 같다.

> **시행규칙제56조(지리적표시의 등록 및 변경)**
> ① 법 제32조제3항 전단에 따라 지리적표시의 등록을 받으려는 자는 별지 제30호서식의 지리적표시 등록(변경) 신청서에 다음 각 호의 서류를 첨부하여 농산물(임산물은 제외한다. 이하 이 장에서 같다)은 국립농산물품질관리원장, 임산물은 산림청장, 수산물은 국립수산물품질관리원장에게 각각 제출하여야 한다. 다만, 지리적표시의 등록을 받으려는 자가 「상표법 시행령」 제5조제1호부터 제3호까지의 서류를 특허청장에게 제출한 경우(2011년 1월 1일 이후에 제출한 경우만 해당한다)에는 별지 제30호서식의 지리적표시 등록(변경) 신청서에 해당 사항을 표시하고 제3호부터 제6호까지의 서류를 제출하지 아니할

수 있다.
1. 정관(법인인 경우만 해당한다)
2. 생산계획서(법인의 경우 각 구성원별 생산계획을 포함한다)
3. 대상품목·명칭 및 품질의 특성에 관한 설명서
4. 해당 특산품의 유명성과 역사성을 증명할 수 있는 자료
5. 품질의 특성과 지리적 요인과 관계에 관한 설명서
6. 지리적표시 대상지역의 범위
7. 자체품질기준
8. 품질관리계획서

④ 등록 신청 공고결정

농림축산식품부장관 또는 해양수산부장관은 제3항에 따라 등록 신청을 받으면 제3조제6항에 따른 지리적표시 등록심의 분과위원회의 심의를 거쳐 제9항에 따른 등록거절 사유가 없는 경우 지리적표시 등록 신청 공고결정(이하 "공고결정"이라 한다)을 하여야 한다. 이 경우 농림축산식품부장관 또는 해양수산부장관은 신청된 지리적표시가 「상표법」에 따른 타인의 상표(지리적 표시 단체표장을 포함한다. 이하 같다)에 저촉되는지에 대하여 미리 특허청장의 의견을 들어야 한다.

⑤ 결정내용의 공고 및 열람

농림축산식품부장관 또는 해양수산부장관은 공고결정을 할 때에는 그 결정 내용을 관보와 인터넷 홈페이지에 공고하고, 공고일부터 2개월간 지리적표시 등록 신청서류 및 그 부속서류를 일반인이 열람할 수 있도록 하여야 한다.

⑥ 공고결정에 대한 이의신청

누구든지 제5항에 따른 공고일부터 2개월 이내에 이의 사유를 적은 서류와 증거를 첨부하여 농림축산식품부장관 또는 해양수산부장관에게 이의신청을 할 수 있다.

⑦ 등록결정과 통보

농림축산식품부장관 또는 해양수산부장관은 다음 각 호의 경우에는 지리적표시의 등록을 결정하여 신청자에게 알려야 한다.
1. 제6항에 따른 이의신청을 받았을 때에는 제3조제6항에 따른 지리적표시 등록심의 분과위원회의 심의를 거쳐 등록을 거절할 정당한 사유가 없다고 판단되는 경우

기출문제연구

농수산물 품질관리법령상 수산물 지리적표시의 등록을 받으려는 자는 신청서에 다음의 서류를 첨부하여 국립수산물품질관리원장에게 제출하여야 한다. 지리적표시의 등록을 위한 제출서류에 해당하면 O, 해당하지 않으면 X를 표시하시오.

구분	설명
(①)	대상품목·명칭 및 품질의 특성에 관한 설명서
(②)	해당 특산품의 유명성과 역사성을 증명할 수 있는 자료
(③)	국가연구기관 또는 관련 대학에서 인정하는 정관

▶ ① ○ ② ○ ③ ×

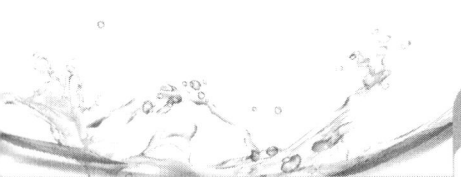

2. 제6항에 따른 기간에 이의신청이 없는 경우

⑧ 지리적표시등록증의 교부

농림축산식품부장관 또는 해양수산부장관이 지리적표시의 등록을 한 때에는 지리적표시권자에게 지리적표시등록증을 교부하여야 한다.

⑨ 등록의 거절 결정과 통보

농림축산식품부장관 또는 해양수산부장관은 제3항에 따라 등록 신청된 지리적표시가 다음 각 호의 어느 하나에 해당하면 등록의 거절을 결정하여 신청자에게 알려야 한다.

○ 지리적표시 등록의 거절사유

1. 제3항에 따라 먼저 등록 신청되었거나, 제7항에 따라 등록된 타인의 지리적표시와 같거나 비슷한 경우
2. 「상표법」에 따라 먼저 출원되었거나 등록된 타인의 상표와 같거나 비슷한 경우
3. 국내에서 널리 알려진 타인의 상표 또는 지리적표시와 같거나 비슷한 경우
4. 일반명칭[농수산물 또는 농수산가공품의 명칭이 기원적(起原的)으로 생산지나 판매장소와 관련이 있지만 오래 사용되어 보통명사화된 명칭을 말한다]에 해당되는 경우
5. 제2조제1항제8호에 따른 지리적표시 또는 같은 항 제9호에 따른 동음이의어 지리적표시의 정의에 맞지 아니하는 경우
6. 지리적표시의 등록을 신청한 자가 그 지리적표시를 사용할 수 있는 농수산물 또는 농수산가공품을 생산·제조 또는 가공하는 것을 업(業)으로 하는 자에 대하여 단체의 가입을 금지하거나 가입조건을 어렵게 정하여 실질적으로 허용하지 아니한 경우

⑩ 제1항부터 제9항까지에 따른 지리적표시 등록 대상품목, 대상지역, 신청자격, 심의·공고의 절차, 이의신청 절차 및 등록거절 사유의 세부기준 등에 필요한 사항은 대통령령으로 정한다.

지리적표시 등록 대상품목, 대상지역, 신청자격, 심의·공고의 절차, 이의신청 절차 및 등록거절 사유의 세부기준 등(대통령령)
제12조(지리적표시의 대상지역)

법 제32조제1항에 따른 지리적표시의 등록을 위한 지리적표시 대상지역은 자연환경적 및 인적 요인을 고려하여 다음 각 호의 어느 하나에 따라 구획한 지역으로 한다. 다만, 「김치산업 진흥법」에 따른 김치의 경우에는 전국을 하나의 지리적표시의 대상지역으로 할 수 있으며, 「인삼산업법」에 따른 인삼류의 경우에는 전국을 하나의 지리적표시의 대상지역으로 한다.

1. 해당 품목의 특성에 영향을 주는 지리적 특성이 동일한 행정구역, 산, 강 등에 따를 것
2. 해당 품목의 특성에 영향을 주는 지리적 특성, 서식지 및 어획·채취의 환경이 동일한 연안해역(「연안관리법」 제2조제2호에 따른 연안해역을 말한다. 이하 같다)에 따를 것. 이 경우 연안해역은 위도와 경도로 구분하여야 한다.

제13조(지리적표시의 등록법인 구성원의 가입·탈퇴)
법 제32조제2항 본문에 따른 법인은 지리적표시의 등록 대상품목의 생산자 또는 가공업자의 가입이나 탈퇴를 정당한 사유 없이 거부하여서는 아니 된다.

제14조(지리적표시의 심의·공고·열람 및 이의신청 절차)
① 지리적표시 분과위원회에 심의 요청

농림축산식품부장관 또는 해양수산부장관은 법 제32조제2항 및 제3항에 따라 지리적표시의 등록 또는 중요 사항의 변경등록 신청을 받으면 그 신청을 받은 날부터 30일 이내에 지리적표시 분과위원회에 심의를 요청하여야 한다.

② 심의를 위한 현지 확인반 구성

지리적표시 분과위원장은 제1항에 따른 요청을 받은 경우 농림축산식품부령 또는 해양수산부령으로 정하는 바에 따라 심의를 위한 현지 확인반을 구성하여 현지 확인을 하도록 하여야 한다. 다만, 중요 사항의 변경등록 신청을 받아 제1항에 따른 요청을 받은 경우에는 지리적표시 분과위원회의 심의 결과 현지 확인이 필요하지 아니하다고 인정하면 이를 생략할 수 있다.

③ 부적합 의결 및 보완 요청

농림축산식품부장관 또는 해양수산부장관은 지리적표시 분과위원회에서 지리적표시의 등록 또는 중요 사항의 변경등록을 하기에 부적합한 것으로 의결되면 지체 없이 그 사유를 구체적으로 밝혀 신청인에게 알려야 한다. 다만, 부적합한 사항이 30일 이내에 보완될 수 있다고 인정되면 일정 기간을 정하여 신청인에게 보완하도록 할 수 있다.

④ 법 제32조제5항에 따른 공고결정에는 다음 각 호의 사항을 포함하여야 한다.

○ 공고결정 사항
1. 신청인의 성명·주소 및 전화번호
2. 지리적표시 등록 대상품목 및 등록 명칭
3. 지리적표시 대상지역의 범위
4. 품질, 그 밖의 특징과 지리적 요인의 관계
5. 신청인의 자체 품질기준 및 품질관리계획서
6. 지리적표시 등록 신청서류 및 그 부속서류의 열람 장소

⑤ 이의신청에 대한 심의결과의 통보
  농림축산식품부장관 또는 해양수산부장관은 법 제32조제6항에 따른 이의신청에 대하여 지리적표시 분과위원회의 심의를 거쳐 그 결과를 이의신청인에게 알려야 한다.
⑥ 제1항부터 제5항까지에서 규정한 사항 외에 지리적표시의 심의·공고·열람 및 이의신청 등에 필요한 사항은 농림축산식품부령 또는 해양수산부령으로 정한다.

제15조(지리적표시의 등록거절 사유의 세부기준)
 법 제32조제9항에 따른 지리적표시 등록거절 사유의 세부기준은 다음 각 호와 같다.
1. 해당 품목이 농수산물인 경우에는 지리적표시 대상지역에서만 생산된 것이 아닌 경우
1의2. 해당 품목이 농수산가공품인 경우에는 지리적표시 대상지역에서만 생산된 농수산물을 주원료로 하여 해당 지리적표시 대상지역에서 가공된 것이 아닌 경우
2. 해당 품목의 우수성이 국내 및 국외에서 모두 널리 알려지지 아니한 경우
3. 해당 품목이 지리적표시 대상지역에서 생산된 역사가 깊지 않은 경우
4. 해당 품목의 명성·품질 또는 그 밖의 특성이 본질적으로 특정지역의 생산환경적 요인과 인적 요인 모두에 기인하지 아니한 경우
5. 그 밖에 농림축산식품부장관 또는 해양수산부장관이 지리적표시 등록에 필요하다고 인정하여 고시하는 기준에 적합하지 않은 경우

○ 지리적표시 등록기준
  「농수산물 품질관리법 시행령」 제15조제5호에서 농림축산식품부장관이 지리적표시 등록에 필요하다고 인정하여 고시하는 기준이란 지리적표시 등록과 관련한 동등한 자격을 갖춘 가입 희망자에 대한 가입을 실질적으로 금지하거나 제한하지 않음을 정관에 명시하여야 함(법인인 경우만 해당한다)을 말한다.

2) 지리적표시 원부

① 농림축산식품부장관 또는 해양수산부장관은 지리적표시 원부(原簿)에 지리적표시권의 설정·이전·변경·소멸·회복에 대한 사항을 등록·보관한다.

② 제1항에 따른 지리적표시 원부는 그 전부 또는 일부를 전자적으로 생산·관리할 수 있다.

③ 제1항 및 제2항에 따른 지리적표시 원부의 등록·보관 및 생산·관리에 필요한 세부사항은 농림축산식품부령 또는 해양수산부령으로 정한다.

3) 지리적표시권

① 제32조제7항에 따라 지리적표시 등록을 받은 자(이하 "지리적표시권자"라 한다)는 등록한 품목에 대하여 지리적표시권을 갖는다.

② 지리적표시권은 다음 각 호의 어느 하나에 해당하면 각 호의 이해당사자 상호간에 대하여는 그 효력이 미치지 아니한다.

1. 동음이의어 지리적표시. 다만, 해당 지리적표시가 특정지역의 상품을 표시하는 것이라고 수요자들이 뚜렷하게 인식하고 있어 해당 상품의 원산지와 다른 지역을 원산지인 것으로 혼동하게 하는 경우는 제외한다.
2. 지리적표시 등록신청서 제출 전에 「상표법」에 따라 등록된 상표 또는 출원심사 중인 상표
3. 지리적표시 등록신청서 제출 전에 「종자산업법」 및 「식물신품종 보호법」에 따라 등록된 품종 명칭 또는 출원심사 중인 품종 명칭
4. 제32조제7항에 따라 지리적표시 등록을 받은 농수산물 또는 농수산가공품(이하 "지리적표시품"이라 한다)과 동일한 품목에 사용하는 지리적 명칭으로서 등록 대상지역에서 생산되는 농수산물 또는 농수산가공품에 사용하는 지리적 명칭

③ 지리적표시권자는 지리적표시품에 농림축산식품부령 또는 해양수산부령으로 정하는 바에 따라 지리적표시를 할 수 있다. 다만, 지리적표시품 중 「인삼산업법」에 따른 인삼류의

경우에는 농림축산식품부령으로 정하는 표시방법 외에 인삼류와 그 용기·포장 등에 "고려인삼", "고려수삼", "고려홍삼", "고려태극삼" 또는 "고려백삼" 등 "고려"가 들어가는 용어를 사용하여 지리적표시를 할 수 있다.

4) 지리적표시권의 이전 및 승계

지리적표시권은 타인에게 이전하거나 승계할 수 없다. 다만, 다음 각 호의 어느 하나에 해당하면 농림축산식품부장관 또는 해양수산부장관의 사전 승인을 받아 이전하거나 승계할 수 있다.
1. 법인 자격으로 등록한 지리적표시권자가 법인명을 개정하거나 합병하는 경우
2. 개인 자격으로 등록한 지리적표시권자가 사망한 경우

5) 권리침해의 금지 청구권 등

① 지리적표시권자는 자신의 권리를 침해한 자 또는 침해할 우려가 있는 자에게 그 침해의 금지 또는 예방을 청구할 수 있다.
② 지리적표시권의 침해
   다음 각 호의 어느 하나에 해당하는 행위는 지리적표시권을 침해하는 것으로 본다.
1. 지리적표시권이 없는 자가 등록된 지리적표시와 같거나 비슷한 표시(동음이의어 지리적표시의 경우에는 해당 지리적표시가 특정 지역의 상품을 표시하는 것이라고 수요자들이 뚜렷하게 인식하고 있어 해당 상품의 원산지와 다른 지역을 원산지인 것으로 수요자로 하여금 혼동하게 하는 지리적표시만 해당한다)를 등록품목과 같거나 비슷한 품목의 제품·포장·용기·선전물 또는 관련 서류에 사용하는 행위
2. 등록된 지리적표시를 위조하거나 모조하는 행위
3. 등록된 지리적표시를 위조하거나 모조할 목적으로 교부·판매·소지하는 행위
4. 그 밖에 지리적표시의 명성을 침해하면서 등록된 지리적표시 품과 같거나 비슷한 품목에 직접 또는 간접적인 방법으로 상업적으로 이용하는 행위

6) 손해배상청구권 등

① 지리적표시권자는 고의 또는 과실로 자신의 지리적표시에 관한 권리를 침해한 자에게 손해배상을 청구할 수 있다. 이 경우 지리적표시권자의 지리적표시권을 침해한 자에 대하여는 그 침해행위에 대하여 그 지리적표시가 이미 등록된 사실을 알았던 것으로 추정한다.
② 제1항에 따른 손해액의 추정 등에 관하여는 「상표법」 제110조 및 제114조를 준용한다.

7) 거짓표시 등의 금지

① 누구든지 지리적표시품이 아닌 농수산물 또는 농수산가공품의 포장·용기·선전물 및 관련 서류에 지리적표시나 이와 비슷한 표시를 하여서는 아니 된다.
② 누구든지 지리적표시품에 지리적표시품이 아닌 농수산물 또는 농수산가공품을 혼합하여 판매하거나 혼합하여 판매할 목적으로 보관 또는 진열하여서는 아니 된다.

8) 지리적표시품의 사후관리

① 농림축산식품부장관 또는 해양수산부장관은 지리적표시품의 품질수준 유지와 소비자 보호를 위하여 관계 공무원에게 다음 각 호의 사항을 지시할 수 있다.
1. 지리적표시품의 등록기준에의 적합성 조사
2. 지리적표시품의 소유자·점유자 또는 관리인 등의 관계 장부 또는 서류의 열람
3. 지리적표시품의 시료를 수거하여 조사하거나 전문시험기관 등에 시험 의뢰
② 제1항에 따른 조사·열람 또는 수거에 관하여는 제13조제2항 및 제3항을 준용한다.
③ 제1항에 따라 조사·열람 또는 수거를 하는 관계 공무원에 관하여는 제13조제4항을 준용한다.
④ 농림축산식품부장관 또는 해양수산부장관은 지리적표시의 등록 제도의 활성화를 위하여 다음 각 호의 사업을 할 수 있다.
1. 지리적표시의 등록 제도의 홍보 및 지리적표시품의 판로지원에 관한 사항

2. 지리적표시의 등록 제도의 운영에 필요한 교육·훈련에 관한 사항
3. 지리적표시 관련 실태조사에 관한 사항

9) 지리적표시품의 표시 시정 등

농림축산식품부장관 또는 해양수산부장관은 지리적표시품이 다음 각 호의 어느 하나에 해당하면 대통령령으로 정하는 바에 따라 시정을 명하거나 판매의 금지, 표시의 정지 또는 등록의 취소를 할 수 있다.

1. 제32조에 따른 등록기준에 미치지 못하게 된 경우
2. 제34조제3항에 따른 표시방법을 위반한 경우
3. 해당 지리적표시품 생산량의 급감 등 지리적표시품 생산계획의 이행이 곤란하다고 인정되는 경우

(2) 지리적표시의 심판

1) 지리적표시심판위원회

① 농림축산식품부장관 또는 해양수산부장관은 다음 각 호의 사항을 심판하기 위하여 농림축산식품부장관 또는 해양수산부장관 소속으로 지리적표시심판위원회(이하 "심판위원회"라 한다)를 둔다.

1. 지리적표시에 관한 심판 및 재심
2. 제32조제9항에 따른 지리적표시 등록거절 또는 제40조에 따른 등록 취소에 대한 심판 및 재심
3. 그 밖에 지리적표시에 관한 사항 중 대통령령으로 정하는 사항

② 심판위원회의 구성

심판위원회는 위원장 1명을 포함한 10명 이내의 심판위원(이하 "심판위원"이라 한다)으로 구성한다.

③ 심판위원회의 위원장은 심판위원 중에서 농림축산식품부장관 또는 해양수산부장관이 정한다.

④ 심판위원은 관계 공무원과 지식재산권 분야나 지리적표시 분야의 학식과 경험이 풍부한 사람 중에서 농림축산식품부장관 또는 해양수산부장관이 위촉한다.

⑤ 심판위원의 임기는 3년으로 하며, 한 차례만 연임할 수 있다.
⑥ 심판위원회의 구성·운영에 관한 사항과 그 밖에 필요한 사항은 대통령령으로 정한다.

2) 지리적표시의 무효심판
① 무효심판의 청구사유
지리적표시에 관한 이해관계인 또는 제3조제6항에 따른 지리적표시 등록심의 분과위원회는 지리적표시가 다음 각 호의 어느 하나에 해당하면 무효심판을 청구할 수 있다.
1. 제32조제9항에 따른 등록거절 사유에 해당하는 경우에도 불구하고 등록된 경우
2. 제32조에 따라 지리적표시 등록이 된 후에 그 지리적표시가 원산지 국가에서 보호가 중단되거나 사용되지 아니하게 된 경우

② 무효심판의 청구기간
제1항에 따른 심판은 청구의 이익이 있으면 언제든지 청구할 수 있다.

③ 무효심판의 효력
제1항제1호에 따라 지리적표시를 무효로 한다는 심결이 확정되면 그 지리적표시권은 처음부터 없었던 것으로 보고, 제1항제2호에 따라 지리적표시를 무효로 한다는 심결이 확정되면 그 지리적표시권은 그 지리적표시가 제1항제2호에 해당하게 된 때부터 없었던 것으로 본다.

④ 심판위원회의 위원장은 제1항의 심판이 청구되면 그 취지를 해당 지리적표시권자에게 알려야 한다.

3) 지리적표시의 취소심판
① 취소심판의 청구사유
지리적표시가 다음 각 호의 어느 하나에 해당하면 그 지리적표시의 취소심판을 청구할 수 있다.
1. 지리적표시 등록을 한 후 지리적표시의 등록을 한 자가 그 지리적표시를 사용할 수 있는 농수산물 또는 농수산가공품을 생산 또는 제조·가공하는 것을 업으로 하는 자에 대하여 단

체의 가입을 금지하거나 어려운 가입조건을 규정하는 등 단체의 가입을 실질적으로 허용하지 아니한 경우 또는 그 지리적표시를 사용할 수 없는 자에 대하여 등록 단체의 가입을 허용한 경우

2. 지리적표시 등록 단체 또는 그 소속 단체원이 지리적표시를 잘못 사용함으로써 수요자로 하여금 상품의 품질에 대하여 오인하게 하거나 지리적 출처에 대하여 혼동하게 한 경우

② 취소심판의 청구기간

제1항에 따른 취소심판은 취소 사유에 해당하는 사실이 없어진 날부터 3년이 지난 후에는 청구할 수 없다.

③ 취소심판의 청구 효력

제1항에 따라 취소심판을 청구한 경우에는 청구 후 그 심판청구 사유에 해당하는 사실이 없어진 경우에도 취소 사유에 영향을 미치지 아니한다.

④ 취소심판의 청구권자

제1항에 따른 취소심판은 누구든지 청구할 수 있다.

⑤ 취소심판 심결의 효력

지리적표시 등록을 취소한다는 심결이 확정된 때에는 그 지리적표시권은 그때부터 소멸된다.

⑥ 제1항의 심판의 청구에 관하여는 제43조제4항을 준용한다.

4) 등록거절 등에 대한 심판 청구

제32조제9항에 따라 지리적표시 등록의 거절을 통보받은 자 또는 제40조에 따라 등록이 취소된 자는 이의가 있으면 등록거절 또는 등록취소를 통보받은 날부터 30일 이내에 심판을 청구할 수 있다.

5) 심판청구 방식

① 지리적표시의 무효심판·취소심판 또는 지리적표시 등록의 취소에 대한 심판을 청구하려는 자는 다음 각 호의 사항을 적은 심판청구서에 신청자료를 첨부하여 심판위원회의 위원장에게 제출하여야 한다.

1. 당사자의 성명과 주소(법인인 경우에는 그 명칭, 대표자의 성명 및 영업소 소재지)

2. 대리인이 있는 경우에는 그 대리인의 성명 및 주소나 영업소 소재지(대리인이 법인인 경우에는 그 명칭, 대표자의 성명 및 영업소 소재지)
3. 지리적표시 명칭
4. 지리적표시 등록일 및 등록번호
5. 등록취소 결정일(등록의 취소에 대한 심판청구만 해당한다)
6. 청구의 취지 및 그 이유

② 지리적표시 등록거절에 대한 심판을 청구하려는 자는 다음 각 호의 사항을 적은 심판청구서에 신청 자료를 첨부하여 심판위원회의 위원장에게 제출하여야 한다.

1. 당사자의 성명과 주소(법인인 경우에는 그 명칭, 대표자의 성명 및 영업소 소재지)
2. 대리인이 있는 경우에는 그 대리인의 성명 및 주소나 영업소 소재지(대리인이 법인인 경우에는 그 명칭, 대표자의 성명 및 영업소 소재지)
3. 등록신청 날짜
4. 등록거절 결정일
5. 청구의 취지 및 그 이유

③ 심판청구서의 보정

제1항과 제2항에 따라 제출된 심판청구서를 보정(補正)하는 경우에는 그 요지를 변경할 수 없다. 다만, 제1항제6호와 제2항제5호의 청구의 이유는 변경할 수 있다.

④ 심판위원회의 위원장은 제1항 또는 제2항에 따라 청구된 심판에 제32조제6항에 따른 지리적표시 이의신청에 관한 사항이 포함되어 있으면 그 취지를 지리적표시의 이의신청자에게 알려야 한다.

6) 심판의 방법 등

① 심판위원회의 위원장은 제46조제1항 또는 제2항에 따른 심판이 청구되면 제49조에 따라 심판하게 한다.
② 심판위원은 직무상 독립하여 심판한다.

7) 심판위원의 지정 등

① 심판위원회의 위원장은 심판의 청구 건별로 제49조에 따른

합의체를 구성할 심판위원을 지정하여 심판하게 한다.
② 심판위원회의 위원장은 제1항의 심판위원 중 심판의 공정성을 해칠 우려가 있는 사람이 있으면 다른 심판위원에게 심판하게 할 수 있다.
③ 심판위원회의 위원장은 제1항에 따라 지정된 심판위원 중에서 1명을 심판장으로 지정하여야 한다.
④ 제3항에 따라 지정된 심판장은 심판위원회의 위원장으로부터 지정받은 심판사건에 관한 사무를 총괄한다.

8) 심판의 합의체
① 심판은 3명의 심판위원으로 구성되는 합의체가 한다.
② 제1항의 합의체의 합의는 과반수의 찬성으로 결정한다.
③ 심판의 합의는 공개하지 아니한다.

(3) 재심 및 소송

1) 재심의 청구
① 심판의 당사자는 심판위원회에서 확정된 심결에 대하여 이의가 있으면 재심을 청구할 수 있다.
② 제1항의 재심청구에 관하여는 「민사소송법」 제451조 및 제453조제1항을 준용한다.

2) 사해심결에 대한 불복청구
① 심판의 당사자가 공모하여 제3자의 권리 또는 이익을 침해할 목적으로 심결을 하게 한 경우에 그 제3자는 그 확정된 심결에 대하여 재심을 청구할 수 있다.
② 제1항에 따른 재심청구의 경우에는 심판의 당사자를 공동피청구인으로 한다.

3) 재심에 의하여 회복된 지리적표시권의 효력제한
다음 각 호의 어느 하나에 해당하는 경우 지리적표시권의 효력은 해당 심결이 확정된 후 재심청구의 등록 전에 선의로 한 행위에는 미치지 아니한다.
1. 지리적표시권이 무효로 된 후 재심에 의하여 그 효력이 회복

된 경우
2. 등록거절에 대한 심판청구가 받아들여지지 아니한다는 심결이 있었던 지리적표시 등록에 대하여 재심에 의하여 지리적표시권의 설정등록이 있는 경우

4) 심결 등에 대한 소송
① 심결에 대한 소송은 특허법원의 전속관할로 한다.
② 제1항에 따른 소송은 당사자, 참가인 또는 해당 심판이나 재심에 참가신청을 하였으나 그 신청이 거부된 자만 제기할 수 있다.
③ 제1항에 따른 소송은 심결 또는 결정의 등본을 송달받은 날부터 60일 이내에 제기하여야 한다.
④ 제3항의 기간은 불변기간으로 한다.
⑤ 심판을 청구할 수 있는 사항에 관한 소송은 심결에 대한 것이 아니면 제기할 수 없다.
⑥ 특허법원의 판결에 대하여는 대법원에 상고할 수 있다.

❸ 유전자변형 농수산물 및 수산물 안정성

(1) 유전자변형 농수산물

1) 유전자변형농수산물의 표시
① 유전자변형농수산물을 생산하여 출하하는 자, 판매하는 자, 또는 판매할 목적으로 보관·진열하는 자는 대통령령으로 정하는 바에 따라 해당 농수산물에 유전자변형농수산물임을 표시하여야 한다.
② 제1항에 따른 유전자변형농수산물의 표시대상품목, 표시기준 및 표시방법 등에 필요한 사항은 대통령령으로 정한다.

유전자변형농수산물의 표시대상품목, 표시기준 및 표시방법 등 (시행규칙)
제19조(유전자변형농수산물의 표시대상품목)
법 제56조제1항에 따른 유전자변형농수산물의 표시대상품목은 「식품

위생법」 제18조에 따른 안전성 평가 결과 식품의약품안전처장이 식용으로 적합하다고 인정하여 고시한 품목(해당 품목을 싹틔워 기른 농산물을 포함한다)으로 한다.

제20조(유전자변형농수산물의 표시기준 등)

① 법 제56조제1항에 따라 유전자변형농수산물에는 해당 농수산물이 <u>유전자변형농수산물임을 표시하거나, 유전자변형농수산물이 포함되어 있음을 표시하거나, 유전자변형농수산물이 포함되어 있을 가능성이 있음을 표시</u>하여야 한다.

② 법 제56조제2항에 따라 유전자변형농수산물의 표시는 해당 농수산물의 포장·용기의 표면 또는 판매장소 등에 하여야 한다.

③ 제1항 및 제2항에 따른 유전자변형농수산물의 표시기준 및 표시방법에 관한 세부사항은 식품의약품안전처장이 정하여 고시한다.

④ 식품의약품안전처장은 유전자변형농수산물인지를 판정하기 위하여 필요한 경우 시료의 검정기관을 지정하여 고시하여야 한다.

2) 거짓표시 등의 금지

제56조제1항에 따라 유전자변형농수산물의 표시를 하여야 하는 자(이하 "유전자변형농수산물 표시의무자"라 한다)는 다음 각 호의 행위를 하여서는 아니 된다.

1. 유전자변형농수산물의 표시를 거짓으로 하거나 이를 혼동하게 할 우려가 있는 표시를 하는 행위
2. 유전자변형농수산물의 표시를 혼동하게 할 목적으로 그 표시를 손상·변경하는 행위
3. 유전자변형농수산물의 표시를 한 농수산물에 다른 농수산물을 혼합하여 판매하거나 혼합하여 판매할 목적으로 보관 또는 진열하는 행위

3) 유전자변형농수산물 표시의 조사

① 식품의약품안전처장은 제56조 및 제57조에 따른 유전자변형농수산물의 표시 여부, 표시사항 및 표시방법 등의 적정성과 그 위반 여부를 확인하기 위하여 대통령령으로 정하는 바에 따라 관계 공무원에게 유전자변형표시 대상 농수산물을 수거하거나 조사하게 하여야 한다. 다만, 농수산물의 유통량이 현저하게 증가하는 시기 등 필요할 때에는 수시로 수거하거나 조사하게 할 수 있다.

② 제1항에 따른 수거 또는 조사에 관하여는 제13조제2항 및 제3항을 준용한다.
③ 제1항에 따라 수거 또는 조사를 하는 관계 공무원에 관하여는 제13조제4항을 준용한다.

4) 유전자변형농수산물의 표시 위반에 대한 처분
① 식품의약품안전처장은 제56조 또는 제57조를 위반한 자에 대하여 다음 각 호의 어느 하나에 해당하는 처분을 할 수 있다.
1. 유전자변형농수산물 표시의 이행·변경·삭제 등 시정명령
2. 유전자변형 표시를 위반한 농수산물의 판매 등 거래행위의 금지
② 공표명령
식품의약품안전처장은 제57조를 위반한 자에게 제1항에 따른 처분을 한 경우에는 처분을 받은 자에게 해당 처분을 받았다는 사실을 공표할 것을 명할 수 있다.
③ 식품의약품안전처장은 유전자변형농수산물 표시의무자가 제57조를 위반하여 제1항에 따른 처분이 확정된 경우 처분내용, 해당 영업소와 농수산물의 명칭 등 처분과 관련된 사항을 대통령령으로 정하는 바에 따라 인터넷 홈페이지에 공표하여야 한다.
④ 제1항에 따른 처분과 제2항에 따른 공표명령 및 제3항에 따른 인터넷 홈페이지 공표의 기준·방법 등에 필요한 사항은 대통령령으로 정한다.

공표명령 및 제3항에 따른 인터넷 홈페이지 공표의 기준·방법 등(시행령)

제22조(공표명령의 기준·방법 등)
① 공표명령의 대상자
법 제59조제2항에 따른 공표명령의 대상자는 같은 조 제1항에 따라 처분을 받은 자 중 다음 각 호의 어느 하나의 경우에 해당하는 자로 한다.
1. 표시위반물량이 농산물의 경우에는 100톤 이상, 수산물의 경우에는 10톤 이상인 경우
2. 표시위반물량의 판매가격 환산금액이 농산물의 경우에는 10억

기출문제연구

농수산물품질관리법령상 '유전자변형 수산물 표시의무자'가 유전자변형수산물 표시위반으로 공표명령을 받은 경우 지체없이 공표문을 전국을 보급지역으로 하는 1개 이상의 일반일간신문에 게재하여야 한다. 이 공표문의 내용에 포함되는 것을 보기에서 모두 골라 답란에 쓰시오.

〈보기〉
수산물의 명칭, 수산물의 산지,
수산물의 가격, 위반내용,
영업의 종류

➡ 수산물의 명칭, 위반내용, 영업의 종류

기출문제연구

농수산물 품질관리법령상 유전자변형 수산물의 표시 위반에 대한 처분에 관한 설명이다. 옳으면 O, 틀리면 ×를 표시하시오.

번호	설명
①	식품의 약품안전처장은 유전자변형 수산물의 표시 및 거짓표시 등의 금지에 관한 규정을 위반한 자에 대하여 유전자변형수산물 표시의 이행·변경·삭제 등 시정명령 처분을 할 수 있다.
②	해양수산부장관은 유전자변형수산물의 표시 및 거짓표시등의 금지에 관한 규정을 위반하여 법률에서 정한 처분을 받은 자에게 해당 처분을 받았다는 사실을 공표할 것을 명할 수 있다.
③	유전자변형수산물의 표시 위반에 대한 처분을 받은 자 중 표시위반 물량이 10톤 이상이거나, 표시위반 물량의 판매가격 환산금액이 5억원 이상인 경우에는 해당 처분을 받았다는 사실에 대한 공표명령 대상자가 된다.

➡ ① O ② × ③ O

원 이상, 수산물인 경우에는 5억원 이상인 경우
  3. 적발일을 기준으로 최근 1년 동안 처분을 받은 횟수가 2회 이상인 경우
② 공표내용
  법 제59조제2항에 따라 공표명령을 받은 자는 지체 없이 다음 각 호의 사항이 포함된 공표문을 「신문 등의 진흥에 관한 법률」 제9조제1항에 따라 등록한 전국을 보급지역으로 하는 1개 이상의 일반일간신문에 게재하여야 한다.
  1. "「농수산물 품질관리법」 위반사실의 공표"라는 내용의 표제
  2. 영업의 종류
  3. 영업소의 명칭 및 주소
  4. 농수산물의 명칭
  5. 위반내용
  6. 처분권자, 처분일 및 처분내용
③ 식품의약품안전처장은 법 제59조제3항에 따라 지체 없이 다음 각 호의 사항을 식품의약품안전처의 인터넷 홈페이지에 게시하여야 한다.
  1. "「농수산물 품질관리법」 위반사실의 공표"라는 내용의 표제
  2. 영업의 종류
  3. 영업소의 명칭 및 주소
  4. 농수산물의 명칭
  5. 위반내용
  6. 처분권자, 처분일 및 처분내용
④ 공표명령 전 고려사항 및 공표명령 대상자의 소명 및 진술
  식품의약품안전처장은 법 제59조제2항에 따라 공표를 명하려는 경우에는 위반행위의 내용 및 정도, 위반기간 및 횟수, 위반행위로 인하여 발생한 피해의 범위 및 결과 등을 고려하여야 한다. 이 경우 공표명령을 내리기 전에 해당 대상자에게 소명자료를 제출하거나 의견을 진술할 수 있는 기회를 주어야 한다.
⑤ 식품의약품안전처장은 법 제59조제3항에 따라 공표를 하기 전에 해당 대상자에게 소명자료를 제출하거나 의견을 진술할 수 있는 기회를 주어야 한다.

(2) 안전성 조사

1) 안전관리계획
  ① 안전관리계획의 수립·시행

식품의약품안전처장은 농수산물(축산물은 제외한다. 이하 이 장에서 같다)의 품질 향상과 안전한 농수산물의 생산·공급을 위한 안전관리계획을 매년 수립·시행하여야 한다.
② 세부추진계획의 수립·시행
  시·도지사 및 시장·군수·구청장은 관할 지역에서 생산·유통되는 농수산물의 안전성을 확보하기 위한 세부추진계획을 수립·시행하여야 한다.
③ 제1항에 따른 안전관리계획 및 제2항에 따른 세부추진계획에는 제61조에 따른 안전성조사, 제68조에 따른 위험평가 및 잔류조사, 농어업인에 대한 교육, 그 밖에 총리령으로 정하는 사항을 포함하여야 한다.
④ 삭제〈2013. 3. 23.〉
⑤ 식품의약품안전처장은 시·도지사 및 시장·군수·구청장에게 제2항에 따른 세부추진계획 및 그 시행 결과를 보고하게 할 수 있다.

2) 안전성조사

① 안전성조사 대상
  식품의약품안전처장이나 시·도지사는 농수산물의 안전관리를 위하여 농수산물 또는 농수산물의 생산에 이용·사용하는 농지·어장·용수(用水)·자재 등에 대하여 다음 각 호의 조사(이하 "안전성조사"라 한다)를 하여야 한다.
1. 농산물
  가. 생산단계: 총리령으로 정하는 안전기준에의 적합 여부
  나. 유통·판매 단계: 「식품위생법」 등 관계 법령에 따른 유해물질의 잔류허용기준 등의 초과 여부
2. 수산물
  가. 생산단계: 총리령으로 정하는 안전기준에의 적합 여부
  나. 저장단계 및 출하되어 거래되기 이전 단계: 「식품위생법」 등 관계 법령에 따른 잔류허용기준 등의 초과 여부
② 식품의약품안전처장은 제1항제1호가목 및 제2호가목에 따른 생산단계 안전기준을 정할 때에는 관계 중앙행정기관의 장과 협의하여야 한다.
③ 안전성조사의 대상품목 선정, 대상지역 및 절차 등에 필요

한 세부적인 사항은 총리령으로 정한다.

안전성조사의 대상품목 선정, 대상지역 및 절차 등(시행령)

제7조(안전성조사의 대상품목)

① 법 제61조제1항에 따른 안전성조사(이하 "안전성조사"라 한다)의 대상품목은 생산량과 소비량 등을 고려하여 법 제60조에 따라 수립·시행하는 안전관리계획(이하 "안전관리계획"이라 한다)으로 정한다.

② 제1항에 따른 대상품목의 구체적인 사항은 식품의약품안전처장이 정한다.

제8조(안전성조사의 대상지역 등)

① 안전성조사의 대상지역은 농수산물의 생산장소, 저장장소, 도매시장, 집하장, 위판장 및 공판장 등으로 하되, 유해물질의 오염이 우려되는 장소에 대하여 우선적으로 안전성조사를 하여야 한다.

② 농산물 안전성조사의 대상은 단계별 특성에 따라 다음 각 호와 같이 한다.

1. 생산단계 조사: 다음 각 목에 해당하는 것을 대상으로 할 것
   가. 농산물의 생산에 이용·사용하는 농지·용수(用水)·자재 등
   나. 출하되기 전인 농산물
   다. 유통·판매되기 전인 농산물
2. 유통·판매 단계 조사: 출하되어 유통 또는 판매되고 있는 농산물을 대상으로 할 것

③ 수산물 안전성조사의 대상은 단계별 특성에 따라 다음 각 호와 같이 한다.

1. 생산단계 조사: 다음 각 목에 해당하는 것을 대상으로 할 것
   가. 저장 과정을 거치지 아니하고 출하하는 수산물
   나. 수산물의 생산에 이용·사용하는 어장·용수·자재 등
2. 저장단계 조사: 저장 과정을 거치는 수산물 중 생산자가 저장하는 수산물을 대상으로 할 것
3. 출하되어 거래되기 전 단계 조사: 수산물의 도매시장, 집하장, 위판장 또는 공판장 등에 출하되어 거래되기 전 단계에 있는 수산물을 대상으로 할 것

④ 안전성조사는 제2항 및 제3항에 따른 각 조사의 단계별로 시료(試料)를 수거하여 조사하는 방법으로 한다.

⑤ 제1항부터 제4항까지에서 규정한 사항 외에 안전성조사에 필요한 사항은 식품의약품안전처장이 정하여 고시한다.

제9조(안전성조사의 절차 등)

① 안전성조사의 대상 유해물질

안전성조사의 대상 유해물질은 식품의약품안전처장이 매년 안전관리계획으로 정한다. 다만, 국립농산물품질관리원장, 국립수산과학원장, 국립수산물품질관리원장 또는 특별시장·광역시장·특별자치시장·도지사·특별자치도지사(이하 "시·도지사"라 한다)는 재배면적, 부적합률 등을 고려하여 안전성조사의 대상 유해물질을 식품의약품안전처장과 협의하여 조정할 수 있다.

② 안전성조사를 위한 시료 수거는 농수산물 등의 생산량과 소비량 등을 고려하여 대상품목을 우선 선정한다.

③ 국립농산물품질관리원장, 국립수산물품질관리원장 또는 시·도지사는 법 제62조제1항에 따라 시료 수거를 하는 경우 다음 각 호의 구분에 따른 시료 수거 내역서를 발급해야 한다.
 1. 제8조제2항에 따른 농산물 등의 경우: 별지 제1호서식
 2. 제8조제3항에 따른 수산물 등의 경우: 별지 제1호의2서식

④ 시료의 분석방법은 「식품위생법」 등 관계 법령에서 정한 분석방법을 준용한다. 다만, 분석능률의 향상을 위하여 국립농산물품질관리원장, 국립수산과학원장 또는 국립수산물품질관리원장이 정하는 분석방법을 사용할 수 있다.

⑤ 제1항부터 제4항까지의 규정에 따른 안전성조사의 세부 사항은 식품의약품안전처장이 정하여 고시한다.

⑥ 법 제62조제1항 각 호 외의 부분 후단에 따라 무상으로 수거할 수 있는 농수산물 등의 종류 및 수거량은 별표 1과 같다.

3) 출입·수거·조사 등

① 식품의약품안전처장이나 시·도지사는 안전성조사, 제68조제1항에 따른 위험평가 또는 같은 조 제3항에 따른 잔류조사를 위하여 필요하면 관계 공무원에게 농수산물 생산시설(생산·저장소, 생산에 이용·사용되는 자재창고, 사무소, 판매소, 그 밖에 이와 유사한 장소를 말한다)에 출입하여 다음 각 호의 시료 수거 및 조사 등을 하게 할 수 있다. 이 경우 무상으로 시료 수거를 하게 할 수 있다.
 1. 농수산물과 농수산물의 생산에 이용·사용되는 토양·용수·자재 등의 시료 수거 및 조사
 2. 해당 농수산물을 생산, 저장, 운반 또는 판매(농산물만 해당한다)하는 자의 관계 장부나 서류의 열람

② 제1항에 따른 출입·수거·조사 또는 열람을 하고자 할 때

는 미리 조사 등의 목적, 기간과 장소, 관계 공무원 성명과 직위, 범위와 내용 등을 조사 등의 대상자에게 알려야 한다. 다만, 긴급한 경우 또는 미리 알리면 증거인멸 등으로 조사 등의 목적을 달성할 수 없다고 판단되는 경우에는 현장에서 본문의 사항 등이 기재된 서류를 조사 등의 대상자에게 제시하여야 한다.

③ 제1항에 따라 출입·수거·조사 또는 열람을 하는 관계 공무원은 그 권한을 나타내는 증표를 지니고 이를 조사 등의 대상자에게 내보여야 한다.

④ 농수산물을 생산, 저장, 운반 또는 판매하는 자는 제1항에 따른 출입·수거·조사 또는 열람을 거부·방해하거나 기피하여서는 아니 된다.

4) 안전성조사 결과에 따른 조치

① 식품의약품안전처장이나 시·도지사는 생산과정에 있는 농수산물 또는 농수산물의 생산을 위하여 이용·사용하는 농지·어장·용수·자재 등에 대하여 안전성조사를 한 결과 생산단계 안전기준을 위반하였거나 유해물질에 오염되어 인체의 건강을 해칠 우려가 있는 경우에는 해당 농수산물을 생산한 자 또는 소유한 자에게 다음 각 호의 조치를 하게 할 수 있다.

1. 해당 농수산물의 폐기, 용도 전환, 출하 연기 등의 처리
2. 해당 농수산물의 생산에 이용·사용한 농지·어장·용수·자재 등의 개량 또는 이용·사용의 금지
2의2. 해당 양식장의 수산물에 대한 일시적 출하 정지 등의 처리
3. 그 밖에 총리령으로 정하는 조치

② 행정대집행

식품의약품안전처장이나 시·도지사는 제1항제1호에 해당하여 폐기 조치를 이행하여야 하는 생산자 또는 소유자가 그 조치를 이행하지 아니하는 경우에는 「행정대집행법」에 따라 대집행을 하고 그 비용을 생산자 또는 소유자로부터 징수할 수 있다.

③ 농수산물의 수매 또는 폐기

제1항에도 불구하고 식품의약품안전처장이나 시·도지사가 「광산피해의 방지 및 복구에 관한 법률」 제2조제1호에 따른 광산피해로 인하여 불가항력적으로 제1항의 생산단계 안전기준을 위반하게 된 것으로 인정하는 경우에는 시·도지사 또는 시장·군수·구청장이 해당 농수산물을 수매하여 폐기할 수 있다.
④ 행정기관에의 통보
식품의약품안전처장이나 시·도지사는 유통 또는 판매 중인 농산물 및 저장 중이거나 출하되어 거래되기 전의 수산물에 대하여 안전성조사를 한 결과 「식품위생법」 등에 따른 유해물질의 잔류허용기준 등을 위반한 사실이 확인될 경우 해당 행정기관에 그 사실을 알려 적절한 조치를 할 수 있도록 하여야 한다.

④ 지정해역 및 생산가공시설 관리

(1) 위생관리 및 위해요소중점기준

1) 위생관리기준
① 외국과의 협약 등
해양수산부장관은 <u>외국과의 협약을 이행하거나 외국의 일정한 위생관리기준을 지키도록 하기 위하여</u> 수출을 목적으로 하는 수산물의 생산·가공시설 및 수산물을 생산하는 해역의 위생관리기준을 정하여 고시한다.
② 국내에서 생산되는 수산물
해양수산부장관은 <u>국내에서 생산되어 소비되는 수산물의 품질 향상과 안전성 확보를 위하여</u> 수산물의 생산·가공시설(「식품위생법」 또는 「식품산업진흥법」에 따라 허가받거나 신고 또는 등록하여야 하는 시설은 제외한다) 및 수산물을 생산하는 해역의 위생관리기준을 정하여 고시한다.
③ 수산물의 생산·가공시설을 운영하는 자 등
<u>해양수산부장관, 시·도지사 및 시장·군수·구청장은 수산물의 생산·가공시설을 운영하는 자 등에게</u> 제2항에 따른 위생

기출문제연구

국립수산물품질관리원에서는 양식되고 있는 뱀장어를 대상으로 생산단계 안전성조사를 실시한 결과 말라카이트그린이 검출(검출치 0.1mg/kg)되었다. 이 때 조사기관장이 생산자 및 관할 관계기관장에게 통보해야 할 조치내용을 쓰고, 그 이유를 서술하시오.

▶ ① 해당 농수산물의 유해물질이 시간이 지남에 따라 분해·소실되어 일정 기간이 지난 후에 식용으로 사용하는 데 문제가 없다고 판단되는 경우: 해당 유해물질이 「식품위생법」 등에 따른 잔류허용기준 이하로 감소하는 기간까지 출하 연기

② 해당 농수산물의 유해물질의 분해·소실 기간이 길어 국내에 식용으로 출하할 수 없으나, 사료·공업용 원료 및 수출용 등 다른 용도로 사용할 수 있다고 판단되는 경우: 다른 용도로 전환

③ 제1호 또는 제2호에 따른 방법으로 처리할 수 없는 농수산물의 경우: 일정한 기간을 정하여 폐기

관리기준의 준수를 권장할 수 있다.

2) 위해요소중점관리기준

① 외국과의 협약에 규정되어 있거나 수출 상대국에서 정하여 요청하는 경우

해양수산부장관은 외국과의 협약에 규정되어 있거나 수출 상대국에서 정하여 요청하는 경우에는 수출을 목적으로 하는 수산물 및 수산가공품에 유해물질이 섞여 들어오거나 남아 있는 것 또는 수산물 및 수산가공품이 오염되는 것을 방지하기 위하여 생산·가공 등 각 단계를 중점적으로 관리하는 위해요소중점관리기준을 정하여 고시한다.

② 국내에서 생산되는 수산물의 품질 향상과 안전한 생산·공급하는 경우

해양수산부장관은 국내에서 생산되는 수산물의 품질 향상과 안전한 생산·공급을 위하여 생산단계, 저장단계(생산자가 저장하는 경우만 해당한다. 이하 같다) 및 출하되어 거래되기 이전 단계의 과정에서 유해물질이 섞여 들어오거나 남아 있는 것 또는 수산물이 오염되는 것을 방지하는 것을 목적으로 하는 위해요소중점관리기준을 정하여 고시한다.

③ 등록한 생산·가공시설등을 운영하는 자

해양수산부장관은 제74조제1항에 따라 등록한 생산·가공시설 등을 운영하는 자에게 제1항 및 제2항에 따른 위해요소중점관리기준을 준수하도록 할 수 있다.

④ 위해요소중점관리기준 이행 증명 서류의 발급

해양수산부장관은 제1항 및 제2항에 따른 위해요소중점관리기준을 이행하는 자에게 해양수산부령으로 정하는 바에 따라 그 이행 사실을 증명하는 서류를 발급할 수 있다.

⑤ 위해요소중점관리기준의 이행에 필요한 기술·정보를 제공하거나 교육훈련

해양수산부장관은 제1항 및 제2항에 따른 위해요소중점관리기준이 효과적으로 준수되도록 하기 위하여 제74조제1항에 따라 등록을 한 자(그 종업원을 포함한다)와 같은 항에 따라 등록을 하려는 자(그 종업원을 포함한다)에게 위해요소중점관리기준의 이행에 필요한 기술·정보를 제공하거나 교육훈련을 실

시할 수 있다.

(2) 지정해역의 지정

1) 지정해역의 지정
① 지정해역의 지정 고시

　　해양수산부장관은 제69조제1항에 따른 위생관리기준(이하 "위생관리기준"이라 한다)에 맞는 해역을 지정해역으로 지정하여 고시할 수 있다.

② 제1항에 따른 지정해역(이하 "지정해역"이라 한다)의 지정절차 등에 필요한 사항은 해양수산부령으로 정한다.

> **지정해역의 지정 등(시행규칙)**
> ① 해양수산부장관이 법 제71조제1항에 따라 지정해역으로 지정할 수 있는 경우는 다음 각 호와 같다.
> 1. 지정해역 지정을 위한 위생조사·점검계획을 수립한 후 해역에 대하여 조사·점검을 한 결과 법 제69조에 따라 해양수산부장관이 정하여 고시한 해역의 위생관리기준(이하 "지정해역위생관리기준"이라 한다)에 적합하다고 인정하는 경우
> 2. 시·도지사가 요청한 해역이 지정해역위생관리기준에 적합하다고 인정하는 경우
> ② 시·도지사는 제1항제2호에 따라 지정해역을 지정받으려는 경우에는 다음 각 호의 서류를 갖추어 해양수산부장관에게 요청해야 한다.
> 1. 지정받으려는 해역 및 그 부근의 도면
> 2. 지정받으려는 해역의 위생조사 결과서 및 지정해역 지정의 타당성에 대한 국립수산과학원장의 의견서
> 3. 지정받으려는 해역의 오염 방지 및 수질 보존을 위한 지정해역 위생관리계획서
> ③ 시·도지사는 국립수산과학원장에게 제2항제2호에 따른 의견서를 요청할 때에는 해당 해역의 수산자원과 폐기물처리시설·분뇨시설·축산폐수·농업폐수·생활폐기물 및 그 밖의 오염원에 대한 조사자료를 제출해야 한다.
> ④ 해양수산부장관은 제1항에 따라 지정해역을 지정하는 경우 다음 각 호의 구분에 따라 지정할 수 있으며, 이를 지정한 경우에는 그 사실을 고시해야 한다.

기출문제연구

농수산물 품질관리법령상 해양수산부장관은 시·도지사가 지정해역을 지정하기 위하여 요청한 해역에 대하여 조사·점검한 결과 적합하다고 인정하는 경우 다음과 같이 구분하여 지정할 수 있다. ( )에 알맞은 용어를 쓰시오.

구 분	내 용
(①)	1년 이상의 기간 동안 매월 1회 이상 위생에 관한 조사를 하여 그 결과가 지정해역위생관리기준에 부합하는 경우
(②)	2년 6개월 이상의 기간 동안 매월 1회 이상 위생에 관한 조사를 하여 그 결과가 지정해역위생관리기준에 부합하는 경우

▶ ① 잠정지정해역 ② 일반지정해역

---

1. 잠정지정해역: 1년 이상의 기간 동안 매월 1회 이상 위생에 관한 조사를 하여 그 결과가 지정해역위생관리기준에 부합하는 경우
2. 일반지정해역: 2년 6개월 이상의 기간 동안 매월 1회 이상 위생에 관한 조사를 하여 그 결과가 지정해역위생관리기준에 부합하는 경우

지정해역의 관리 등(시행규칙)
① 국립수산과학원장은 지정된 지정해역에 대하여 매월 1회 이상 위생에 관한 조사를 하여야 한다.
② 국립수산과학원장은 제1항에 따라 위생조사를 한 결과 지정해역이 지정해역위생관리기준에 부합하지 아니하게 된 경우에는 지체 없이 그 사실을 해양수산부장관, 국립수산물품질관리원장 및 시·도지사에게 보고하거나 통지하여야 한다.
③ 제2항에 따라 보고·통지한 지정해역이 지정해역위생관리기준으로 회복된 경우에는 지체 없이 그 사실을 해양수산부장관, 국립수산물품질관리원장 및 시·도지사에게 보고하거나 통지하여야 한다.

2) 지정해역 위생관리종합대책

① 해양수산부장관은 지정해역의 보존·관리를 위한 지정해역 위생관리종합대책(이하 "종합대책"이라 한다)을 수립·시행하여야 한다.
② 종합대책에는 다음 각 호의 사항이 포함되어야 한다.
○ 지정해역 위생관리 종합대책에 포함되어야 하는 사항
1. 지정해역의 보존 및 관리(오염 방지에 관한 사항을 포함한다. 이하 이 조에서 같다)에 관한 기본방향
2. 지정해역의 보존 및 관리를 위한 구체적인 추진 대책
3. 그 밖에 해양수산부장관이 지정해역의 보존 및 관리에 필요하다고 인정하는 사항

③ 자료의 제출 요청
해양수산부장관은 종합대책을 수립하기 위하여 필요하면 다음 각 호의 자(이하 "관계 기관의 장"이라 한다)의 의견을 들을 수 있다. 이 경우 해양수산부장관은 관계 기관의 장에게 필요한 자료의 제출을 요청할 수 있다.
1. 해양수산부 소속 기관의 장
2. 지정해역을 관할하는 지방자치단체의 장
3. 「수산업협동조합법」에 따른 조합 및 중앙회의 장
④ 해양수산부장관은 종합대책이 수립되면 관계 기관의 장에게

통보하여야 한다.
⑤ 종합대책 시행을 위한 조치의 요청
해양수산부장관은 제4항에 따라 통보한 종합대책을 시행하기 위하여 필요하다고 인정하면 관계 기관의 장에게 필요한 조치를 요청할 수 있다. 이 경우 관계 기관의 장은 특별한 사유가 없으면 그 요청에 따라야 한다.

3) 지정해역 및 주변해역에서의 제한 또는 금지
① 누구든지 지정해역 및 지정해역으로부터 1킬로미터 이내에 있는 해역(이하 "주변해역"이라 한다)에서 다음 각 호의 어느 하나에 해당하는 행위를 하여서는 아니 된다.
1. 「해양환경관리법」 제22조제1항제1호부터 제3호까지 및 같은 조 제2항에도 불구하고 같은 법 제2조제11호에 따른 오염물질을 배출하는 행위
2. 「양식산업발전법」 제10조제1항제3호에 따른 어류등양식업(이하 "양식업"이라 한다)을 하기 위하여 설치한 양식어장의 시설(이하 "양식시설"이라 한다)에서 「해양환경관리법」 제2조제11호에 따른 오염물질을 배출하는 행위
3. 양식업을 하기 위하여 설치한 양식시설에서 「가축분뇨의 관리 및 이용에 관한 법률」 제2조제1호에 따른 가축(개와 고양이를 포함한다. 이하 같다)을 사육(가축을 내버려두는 경우를 포함한다. 이하 같다)하는 행위
② 동물용 의약품 사용의 행위 제한 및 금지
해양수산부장관은 지정해역에서 생산되는 수산물의 오염을 방지하기 위하여 양식업의 양식업권자(「양식산업발전법」 제30조에 따라 인가를 받아 양식업권의 이전·분할 또는 변경을 받은 자와 양식시설의 관리를 책임지고 있는 자를 포함한다)가 지정해역 및 주변해역 안의 해당 양식시설에서 「약사법」 제85조에 따른 동물용 의약품을 사용하는 행위를 제한하거나 금지할 수 있다. 다만, 지정해역 및 주변해역에서 수산물의 질병 또는 전염병이 발생한 경우로서 「수산생물질병 관리법」 제2조제13호에 따른 수산질병관리사나 「수의사법」 제2조제1호에 따른 수의사의 진료에 따라 동물용 의약품을 사용하는 경우에는 예외로 한다.

기출문제연구

농수산물품질관리법령상 '지정해역의 지정'에 관한 설명이다. 괄호 안에 알맞은 용어를 답란에 쓰시오.

> 누구든지 지정해역 및 지정해역으로부터 (①)이내에 있는 해역에서 오염물질을 배출하는 행위를 하여서는 아니된다.
> 해양수산부장관은 (②)이상의 기간 동안 매월 1회 이상 위생에 관한 조사를 하여 그 결과가 지정해역위생관리기준에 부합하는 경우 '일반지정해역'으로 지정할 수 있다.
> 해양수산부장관은 1년 이상의 기간 동안 매월 1회 이상 위생에 관한 조사를 하여 그 결과가 지정해역위생관리기준에 부합하는 경우 (③)으로 지정할 수 있다.
> 국립수산과학원장은 위생조사를 한 결과 지정해역이 지정해역위생관리기준에 부합하지 아니하게 된 경우에는 지체없이 그 사실을 해양수산부장관, (④) 및 특별시장·광역시장·도지사·특별자치도지사에게 보고하거나 통지하여야 한다.

➡ ① 1km ② 2년 6개월 ③ 잠정지정해역 ④ 국립수산물품질관리원장

① 법 제73조(지정해역 및 주변해역에서의 제한 또는 금지) ① 누구든지 지정해역 및 지정해역으로부터 1킬로미터 이내에 있는 해역(이하 "주변해역"이라 한다)에서 다음 각 호의 어느 하나에 해당하는 행위를 하여서는 아니 된다.
1. 「해양환경관리법」 제22조제1항제1호부터 제3호까지 및 같은 조 제2항에도 불구하고 같은 법 제2조제11호에 따른 오염물질을 배출하는 행위
2. 「수산업법」 제8조제1항제4호에 따른 어류등양식어업(이하 "양식어업"이라 한다)을 하기 위하여 설치한 양식어장의 시설(이하 "양식시설"이라 한다)에서 「해양환경관리법」 제2조제11호에 따른 오염물질을 배출하는 행위
3. 양식어업을 하기 위하여 설치한

③ 동물용 의약품 사용의 행위 제한 및 금지의 기간

해양수산부장관은 제2항에 따라 동물용 의약품을 사용하는 행위를 제한하거나 금지하려면 지정해역에서 생산되는 수산물의 출하가 집중적으로 이루어지는 시기를 고려하여 3개월을 넘지 아니하는 범위에서 그 기간을 지정해역(주변해역을 포함한다) 별로 정하여 고시하여야 한다.

(3) 생산·가공시설등의 등록 등

1) 생산·가공시설등의 등록 및 관리
   ① 생산·가공시설등의 등록
   위생관리기준에 맞는 수산물의 생산·가공시설과 제70조제1항 또는 제2항에 따른 위해요소중점관리기준을 이행하는 시설(이하 "생산·가공시설등"이라 한다)을 운영하는 자는 생산·가공시설등을 해양수산부장관에게 등록할 수 있다.
   ② 표시 및 광고
   제1항에 따라 등록을 한 자(이하 "생산·가공업자등"이라 한다)는 그 생산·가공시설등에서 생산·가공·출하하는 수산물·수산물가공품이나 그 포장에 위생관리기준에 맞는다는 사실 또는 제70조제1항 및 제2항에 따른 위해요소중점관리기준을 이행한다는 사실을 표시하거나 그 사실을 광고할 수 있다.
   ③ 변경 신고
   생산·가공업자등은 대통령령으로 정하는 사항을 변경하려면 해양수산부장관에게 신고하여야 한다.
   ④ 신고의무의 이행 의제
   제3항에 따른 신고가 신고서의 기재사항 및 첨부서류에 흠이 없고, 법령 등에 규정된 형식상의 요건을 충족하는 경우에는 신고서가 접수기관에 도달된 때에 신고 의무가 이행된 것으로 본다.
   ⑤ 생산·가공시설등의 등록절차, 등록방법, 변경신고절차 등에 필요한 사항은 해양수산부령으로 정한다.

2) 위생관리에 관한 사항 등의 보고
   ① 해양수산부장관은 생산·가공업자등으로 하여금 생산·가공

　　　시설등의 위생관리에 관한 사항을 보고하게 할 수 있다.
② 해양수산부장관은 제115조에 따라 권한을 위임받거나 위탁받은 기관의 장으로 하여금 지정해역의 위생조사에 관한 사항과 검사의 실시에 관한 사항을 보고하게 할 수 있다.
③ 제1항 및 제2항에 따른 보고의 절차 등에 필요한 사항은 해양수산부령으로 정한다.

> **시행규칙 제89조(위생관리에 관한 사항 등의 보고)**
> 법 제75조제1항에 따라 국립수산물품질관리원장 또는 시·도지사(이하 "조사·점검기관의 장"이라 한다)는 영 제42조의 구분에 따라 다음 각 호의 사항을 생산·가공시설과 위해요소중점관리기준 이행시설(이하 "생산·가공시설등"이라 한다)의 대표자로 하여금 보고하게 할 수 있다.
> 1. 수산물의 생산·가공시설등에 대한 생산·원료입하·제조 및 가공 등에 관한 사항
> 2. 제93조에 따른 생산·가공시설등의 중지·개선·보수명령등의 이행에 관한 사항

3) 조사·점검
① 해양수산부장관은 지정해역으로 지정하기 위한 해역과 지정해역으로 지정된 해역이 위생관리기준에 맞는지를 조사·점검하여야 한다.
② 해양수산부장관은 생산·가공시설등이 위생관리기준과 제70조제1항 또는 제2항에 따른 위해요소중점관리기준에 맞는지를 조사·점검하여야 한다. 이 경우 그 조사·점검의 주기는 대통령령으로 정한다.

> **조사·점검의 주기(시행령)**
> ① 법 제76조제2항에 따른 생산·가공시설등에 대한 조사·점검주기는 2년에 1회 이상으로 한다.
> ② 제1항에도 불구하고 해양수산부장관은 다음 각 호의 어느 하나에 해당하는 경우에는 제1항에 따른 조사·점검주기를 조정할 수 있다.
> 　1. 외국과의 협약 내용 또는 수출 상대국의 요청에 따라 조사·점검주기의 단축이 필요한 경우
> 　2. 감염병 확산, 천재지변, 그 밖의 불가피한 사유로 정상적인 조사·점검이 어려워 조사·점검주기의 연장이 필요한 경우

양식시설에서 「가축분뇨의 관리 및 이용에 관한 법률」 제2조제1호에 따른 가축(개와 고양이를 포함한다. 이하 같다)을 사육(가축을 방치하는 경우를 포함한다. 이하 같다)하는 행위
②③ 시행규칙 제86조(지정해역의 지정 등)
일반지정해역: 2년 6개월 이상의 기간 동안 매월 1회 이상 위생에 관한 조사를 하여 그 결과가 지정해역위생관리기준에 부합하는 경우
잠정지정해역: 1년 이상의 기간 동안 매월 1회 이상 위생에 관한 조사를 하여 그 결과가 지정해역위생관리기준에 부합하는 경우
④ 시행규칙 제87조(지정해역의 관리 등) 국립수산과학원장은 제1항에 따라 위생조사를 한 결과 지정해역이 지정해역위생관리기준에 부합하지 아니하게 된 경우에는 지체 없이 그 사실을 해양수산부장관, 국립수산물품질관리원장 및 시·도지사에게 보고하거나 통지하여야 한다. 학원장은 제1항에 따라 위생조사를 한 결과 지정해역이 지정해역위생관리기준에 부합하지 아니하게 된 경우에는 지체 없이 그 사실을 해양수산부장관, 국립수산물품질관리원장 및 시·도지사에게 보고하거나 통지하여야 한다.

기출문제연구

지정해역주변수역에서 가두리 양식어업의 면허를 받은 A씨가 양식장에서 지정해역의 수질 및 서식패류에 직·간접적인 오염영향을 주지 않도록 행하는 3가지 위생관리방법을 서술하시오.

▶ 1. 오염물질을 배출하지 않는다.
2. 양식어장 시설에서 가축사육을 하지 아니한다.
3. 동물용 의약품을 사용하는 행위를 하지 아니한다.

③ 조사・점검 대상 제외 및 정보의 제공

　해양수산부장관은 생산・가공업자등이「부가가치세법」제8조에 따라 관할 세무서장에게 휴업 또는 폐업 신고를 한 경우 제2항에 따른 조사・점검 대상에서 제외한다. 이 경우 해양수산부장관은 관할 세무서장에게 생산・가공업자등의 휴업 또는 폐업 여부에 관한 정보의 제공을 요청할 수 있으며, 요청을 받은 관할 세무서장은「전자정부법」제36조제1항에 따라 생산・가공업자등의 휴업 또는 폐업 여부에 관한 정보를 제공하여야 한다. 〈신설 2019. 1. 15.〉

④ 해양수산부장관은 다음 각 호의 어느 하나에 해당하는 사항을 위하여 필요한 경우에는 관계 공무원에게 해당 영업장소, 사무소, 창고, 선박, 양식시설 등에 출입하여 관계 장부 또는 서류의 열람, 시설・장비 등에 대한 점검을 하거나 필요한 최소량의 시료를 수거하게 할 수 있다.

1. 제1항 및 제2항에 따른 조사・점검
2. 제73조에 따른 오염물질의 배출, 가축의 사육행위 및 동물용 의약품의 사용 여부의 확인・조사

⑤ 제4항에 따른 열람・점검 또는 수거에 관하여는 제13조제2항 및 제3항을 준용한다.

⑥ 제4항에 따라 열람・점검 또는 수거를 하는 관계 공무원에 관하여는 제13조제4항을 준용한다.

⑦ 공동 조사・점검의 요청

　해양수산부장관은 생산・가공시설등이 다음 각 호의 요건을 모두 갖춘 경우 생산・가공업자등의 요청에 따라 해당 관계 행정기관의 장에게 공동으로 조사・점검할 것을 요청할 수 있다.

1.「식품위생법」및「축산물위생관리법」등 식품 관련 법령의 조사・점검 대상이 되는 경우
2. 유사한 목적으로 6개월 이내에 2회 이상 조사・점검의 대상이 되는 경우. 다만, 외국과의 협약사항 또는 시정조치의 이행 여부를 조사・점검하는 경우와 위법사항에 대한 신고・제보를 받거나 그에 대한 정보를 입수하여 조사・점검하는 경우는 제외한다.

⑧ 제4항부터 제6항까지에서 규정된 사항 외에 제1항과 제2항에 따른 조사·점검의 절차와 방법 등에 필요한 사항은 해양수산부령으로 정하고, 제7항에 따른 공동 조사·점검의 요청방법 등에 필요한 사항은 대통령령으로 정한다.

4) 지정해역에서의 생산제한 및 지정해제

해양수산부장관은 지정해역이 위생관리기준에 맞지 아니하게 되면 대통령령으로 정하는 바에 따라 지정해역에서의 수산물 생산을 제한하거나 지정해역의 지정을 해제할 수 있다.

5) 생산·가공의 중지 등

① 해양수산부장관은 생산·가공시설등이나 생산·가공업자등이 다음 각 호의 어느 하나에 해당하면 대통령령으로 정하는 바에 따라 생산·가공·출하·운반의 시정·제한·중지 명령, 생산·가공시설등의 개선·보수 명령 또는 등록취소를 할 수 있다. 다만, 제1호에 해당하면 그 등록을 취소하여야 한다.

1. 거짓이나 그 밖의 부정한 방법으로 제74조에 따른 등록을 한 경우
2. 위생관리기준에 맞지 아니한 경우
3. 제70조제1항 및 제2항에 따른 위해요소중점관리기준을 이행하지 아니하거나 불성실하게 이행하는 경우
4. 제76조제2항 및 제4항제1호(제2항에 해당하는 부분에 한정한다)에 따른 조사·점검 등을 거부·방해 또는 기피하는 경우
5. 생산·가공시설등에서 생산된 수산물 및 수산가공품에서 유해물질이 검출된 경우
6. 생산·가공·출하·운반의 시정·제한·중지 명령이나 생산·가공시설등의 개선·보수 명령을 받고 그 명령에 따르지 아니하는 경우
7. 생산·가공업자등이 「부가가치세법」 제8조에 따라 관할 세무서장에게 폐업 신고를 하거나 관할 세무서장이 사업자등록을 말소한 경우

② 해양수산부장관은 제1항에 따른 등록취소를 위하여 필요한

기출문제연구

농수산물 품질관리법령상 국립수산물품질관리원장 또는 시·도지사는 생산·가공시설과 위해요소중점관리기준 이행시설의 대표자로 하여금 다음 사항을 보고하게 할 수 있다. ( )에 알맞은 용어를 <보기>에서 찾아 쓰시오.

> 1. 수산물의 생산·가공시설등에 대한 생산. (①)·제조 및 가공 등에 관한 사항
> 2. 생산·가공시설등의 중지·개선·(②) 명령등의 이행에 관한 사항

<보기>
등록 조사 보수 영업정지
생산제한 원료입하

➡ ① 원료입하 ② 보수

시행규칙 제89조(위생관리에 관한 사항 등의 보고) 법 제75조제1항에 따라 국립수산물품질관리원장 또는 시·도지사(이하 "조사·점검기관의 장"이라 한다)는 영 제42조의 구분에 따라 다음 각 호의 사항을 생산·가공시설과 위해요소중점관리기준 이행시설(이하 "생산·가공시설등"이라 한다)의 대표자로 하여금 보고하게 할 수 있다.
1. 수산물의 생산·가공시설등에 대한 생산·원료입하·제조 및 가공 등에 관한 사항
2. 제93조에 따른 생산·가공시설등의 중지·개선·보수명령등의 이행에 관한 사항

경우 관할 세무서장에게 생산·가공업자등의 폐업 또는 사업자등록 말소 여부에 대한 정보 제공을 요청할 수 있다. 이 경우 요청을 받은 관할 세무서장은 「전자정부법」 제36조제1항에 따라 생산·가공업자등의 폐업 또는 사업자등록 말소 여부에 대한 정보를 제공하여야 한다.

⑤ 수산물 검사 및 검정

(1) 수산물의 검사

1) 수산물 등에 대한 검사

① 검사대상

다음 각 호의 어느 하나에 해당하는 수산물 및 수산가공품은 품질 및 규격이 맞는지와 유해물질이 섞여 들어오는지 등에 관하여 해양수산부장관의 검사를 받아야 한다.
1. 정부에서 수매·비축하는 수산물 및 수산가공품
2. 외국과의 협약이나 수출 상대국의 요청에 따라 검사가 필요한 경우로서 해양수산부장관이 정하여 고시하는 수산물 및 수산가공품

② 해양수산부장관은 제1항 외의 수산물 및 수산가공품에 대한 검사 신청이 있는 경우 검사를 하여야 한다. 다만, 검사기준이 없는 경우 등 해양수산부령으로 정하는 경우에는 그러하지 아니한다.

③ 제1항이나 제2항에 따라 검사를 받은 수산물 또는 수산가공품의 포장·용기나 내용물을 바꾸려면 다시 해양수산부장관의 검사를 받아야 한다.

④ 검사의 일부 생략

해양수산부장관은 제1항부터 제3항까지의 규정에도 불구하고 다음 각 호의 어느 하나에 해당하는 경우에는 검사의 일부를 생략할 수 있다.
1. 지정해역에서 위생관리기준에 맞게 생산·가공된 수산물 및 수산가공품
2. 제74조제1항에 따라 등록한 생산·가공시설등에서 위생관리

기준 또는 위해요소중점관리기준에 맞게 생산·가공된 수산물 및 수산가공품

3. 다음 각 목의 어느 하나에 해당하는 어선으로 해외수역에서 포획하거나 채취하여 현지에서 직접 수출하는 수산물 및 수산가공품(외국과의 협약을 이행하여야 하거나 외국의 일정한 위생관리기준·위해요소중점관리기준을 준수하여야 하는 경우는 제외한다)
   가. 「원양산업발전법」 제6조제1항에 따른 원양어업허가를 받은 어선
   나. 「수산식품산업의 육성 및 지원에 관한 법률」 제16조에 따라 수산물가공업(대통령령으로 정하는 업종에 한정한다)을 신고한 자가 직접 운영하는 어선
4. 검사의 일부를 생략하여도 검사목적을 달성할 수 있는 경우로서 대통령령으로 정하는 경우

수산물 등에 대한 검사의 일부생략(시행령)

① 법 제88조제4항제3호나목에서 "대통령령으로 정하는 업종"이란 「수산식품산업의 육성 및 지원에 관한 법률 시행령」 제13조제1항제3호에 따른 선상가공업을 말한다.
② 법 제88조제4항제4호에서 "대통령령으로 정하는 경우"란 다음 각 호와 같다.
1. 수산물 및 수산가공품을 수입하는 국가에서 일정한 항목만을 검사하여 줄 것을 요청한 경우
2. 수산물 또는 수산가공품이 식용이 아닌 경우

⑤ 제1항부터 제3항까지의 규정에 따른 검사의 종류와 대상, 검사의 기준·절차 및 방법, 제4항에 따라 검사의 일부를 생략하는 경우 그 절차 및 방법 등은 해양수산부령으로 정한다.

검사의 기준·절차 및 방법 등(시행규칙)

제110조(수산물 등에 대한 검사기준)
법 제88조제1항에 따른 수산물 및 수산가공품에 대한 검사기준은 국립수산물품질관리원장이 활어패류·건제품·냉동품·염장품 등의 제품별·품목별로 검사항목, 관능검사(사람의 오감(五感)에 의하여 평가하는 제품검사의 기준 및 정밀검사의 기준을 정하여 고시한다.

기출문제연구

다음은 농수산물품질관리법령상 수출하는 수산물·수산가공품 검사에 관하여 업체 관계자와 국립수산물품질관리원 소속 수산물검사관의 전화대화 내용이다. ( )에 들어갈 전화(설명) 내용을 쓰시오.

대화자	대화내용
업체 관계자	안녕하십니까? 원양산업발전법에 따라 원양어업허가를 받은 어선을 보유한 원양업체로서 원양수산물을 서류검사만으로 검사합격증명서를 발급받고 싶습니다.
수산물 검사관	예, 그 경우에는 수산물·수산가공품 검사신청서에 그 어선의 선장 확인서를 첨부하여 검사신청을 하면 검사의 일부를 생략하고 서류로 검사할 수 있는 제도가 있습니다.
업체 관계자	그러면, 원양수산물을 국내로 반입하여 수출하는 수산물인 경우에도 해당됩니까?
수산물 검사관	그렇지 않습니다.
업체 관계자	업체 관계자 그렇지 않다면 원양수산물 중 어떤 경우의 수산물·수산가공품이 해당됩니까?
수산물 검사관	네, 그것은 원양어선에서 어획한 수산물의 수출 편의를 도모하기 위한 제도로서, ( )이(가) 해당됩니다. 다만, 외국과의 협약을 이행하여야 하는 경우 등은 제외됩니다.
업체 관계자	아! 그렇군요. 자세한 설명 감사합니다.

▶ 원양어업허가를 받은 어선의 수산물 및 수산가공품

법 제88조(수산물 등에 대한 검사)

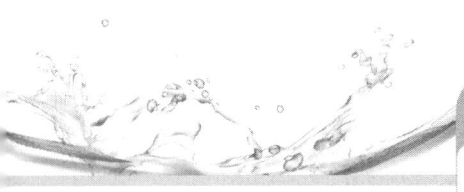
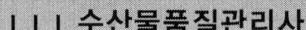

④ 해양수산부장관은 제1항부터 제3항까지의 규정에도 불구하고 다음 각 호의 어느 하나에 해당하는 경우에는 검사의 일부를 생략할 수 있다.

1. 지정해역에서 위생관리기준에 맞게 생산·가공된 수산물 및 수산가공품
2. 제74조제1항에 따라 등록한 생산·가공시설등에서 위생관리기준 또는 위해요소중점관리기준에 맞게 생산·가공된 수산물 및 수산가공품
3. 다음 각 목의 어느 하나에 해당하는 어선으로 해외수역에서 포획하거나 채취하여 현지에서 직접 수출하는 수산물 및 수산가공품(외국과의 협약을 이행하여야 하거나 외국의 일정한 위생관리기준·위해요소중점관리기준을 준수하여야 하는 경우는 제외한다)

가. 「원양산업발전법」 제6조제1항에 따라 원양어업허가를 받은 어선
나. 「수산식품산업의 육성 및 지원에 관한 법률」 제16조에 따라 수산물가공업(대통령령으로 정하는 업종에 한정한다)을 신고한 자가 직접 운영하는 어선

4. 검사의 일부를 생략하여도 검사 목적을 달성할 수 있는 경우로서 대통령령으로 정하는 경우

제111조(수산물 등에 대한 검사신청)

① 법 제88조제1항부터 제3항까지의 규정에 따른 수산물 및 수산가공품의 검사 또는 법 제96조에 따른 수산물 및 수산가공품의 재검사를 받으려는 자(이하 "검사신청인"이라 한다)는 별지 제60호서식의 수산물·수산가공품 (재)검사신청서에 다음 각 호의 구분에 따른 서류를 첨부하여 국립수산물품질관리원장 또는 법 제89조제1항에 따라 지정받은 수산물검사기관(이하 "수산물 지정검사기관"이라 한다)의 장에게 제출하여야 한다.

1. 검사신청인 또는 수입국이 요청하는 기준·규격으로 검사를 받으려는 경우: 그 기준·규격이 명시된 서류 또는 검사 생략에 관한 서류
2. 법 제88조제4항제1호 또는 제2호에 해당하는 경우: 제115조제1항제1호에 따른 수산물·수산가공품의 생산·가공 일지
3. 법 제88조제4항제3호에 해당하는 경우: 제115조제1항제2호에 따른 선장의 확인서
4. 재검사인 경우: 재검사 사유서

② 수산물 및 수산가공품에 대한 검사신청은 검사를 받으려는 날의 5일 전부터 미리 신청할 수 있으며, 미리 신청한 검사장소·검사희망일 등 주요 사항이 변경되는 경우에는 즉시 그 내용을 문서로 신고하여야 한다. 이 경우 처리기간의 기산일(起算日)은 검사희망일부터 산정하며, 미리 신청한 검사희망일을 연기하여 그 지연된 기간은 검사 처리기간에 산입(算入)하지 아니한다.

제112조(수산물 등에 대한 검사시료 수거)

① 수산물 및 수산가공품의 검사를 위한 필요한 최소량의 시료(이하 "검사시료"라 한다)의 수거량 및 수거방법은 국립수산물품질관리원장이 정하여 고시한다.

② 수산물검사관은 제1항에 따라 검사시료를 수거하는 경우에는 별지 제61호서식의 검사시료 수거증을 해당 검사신청인에게 발급하여야 한다.

제113조(수산물 등에 대한 검사의 종류 및 방법)

① 법 제88조제1항부터 제3항까지의 규정에 따른 수산물 및 수산가공품에 대한 검사의 종류 및 방법은 별표 24와 같다.

② 국립수산물품질관리원장 또는 수산물 지정검사기관의 장은 수산물 및 수산가공품의 검사과정에서 해당 수산물의 재선별·재처리 등을 하여 제110조에 따른 검사기준에 적합하게 될 수 있다고 인정하는 경우에는 검사신청인으로 하여금 재선별·재처리 등을 하게 한 후에 다시 검사를 받게 할 수 있다.

제114조(수산물 등에 대한 검사대장의 작성·보관)

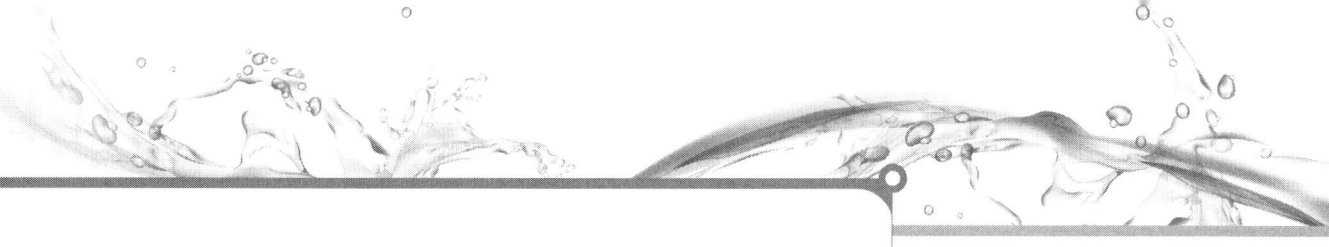

국립수산물품질관리원장 또는 수산물 지정검사기관의 장은 검사에 관한 다음 각 호의 서류를 작성하여 갖춰 두거나 전산으로 작성·보관·관리하여야 한다.
1. 별지 제62호서식의 검사신청서 접수대장
2. 별지 제63호서식의 검사 집행 상황부
3. 별지 제64호서식의 검사증서 발급대장

제115조(수산물 등에 대한 검사의 일부 생략)
① 국립수산물품질관리원장은 법 제88조제4항에 따라 다음 각 호의 어느 하나에 해당하는 경우에는 별표 24에 따른 검사 중 관능검사 및 정밀검사를 생략할 수 있다. 이 경우 별지 제60호서식의 수산물·수산가공품 (재)검사신청서에 다음 각 호의 구분에 따른 서류를 첨부하여야 한다.
1. 법 제88조제4항제1호 및 제2호에 해당하는 수산물 및 수산가공품: 다음 각 목의 사항을 적은 생산·가공일지
   가. 품명
   나. 생산(가공)기간
   다. 생산량 및 재고량
   라. 품질관리자 및 포장재
2. 법 제88조제4항제3호에 따른 수산물·수산가공품: 다음 각 목의 사항을 적은 선장의 확인서
   가. 어선명
   나. 어획기간
   다. 어장 위치
   라. 어획물의 생산·가공 및 보관 방법
3. 영 제32조제2항제2호에 따른 식용이 아닌 수산물·수산가공품: 다음 각 목의 사항을 적은 생산·가공 일지
   가. 품명
   나. 생산(가공)기간
   다. 생산량 및 재고량
   라. 품질관리자 및 포장재
   마. 자체 품질관리 내용
② 국립수산물품질관리원장은 영 제32조제2항제1호에 따라 수산물 및 수산가공품을 수입하는 국가(수입자를 포함한다)에서 일정 항목만의 검사를 요청하는 서류 또는 검사 생략에 관한 서류를 제출하는 경우에는 별표 24에 따른 검사 중 요청한 검사항목에 대해서만 검사할 수 있다.

■ 농수산물 품질관리법 시행규칙 [별표 24]

수산물 및 수산가공품에 대한 검사의 종류 및 방법
(제113조제1항, 제115조제1항 및 제2항 관련)

1. 서류검사

 가. "서류검사"란 검사신청 서류를 검토하여 그 적합 여부를 판정하는 검사로서 다음의 수산물·수산가공품을 그 대상으로 한다.
   1) 법 제88조제4항 각 호에 따른 수산물 및 수산가공품
   2) 국립수산물품질관리원장이 필요하다고 인정하는 수산물 및 수산가공품

 나. 서류검사는 다음과 같이 한다.
   1) 검사신청 서류의 완비 여부 확인
   2) 지정해역에서 생산하였는지 확인(지정해역에서 생산되어야 하는 수산물 및 수산가공품만 해당한다)
   3) 생산·가공시설 등이 등록되어야 하는 경우에는 등록 여부 및 행정처분이 진행 중인지 여부 등
   4) 생산·가공시설 등에 대한 시설위생관리기준 및 위해요소중점관리기준에 적합한지 확인(등록시설만 해당한다)
   5) 「원양산업발전법」 제6조에 따른 원양어업의 허가 여부 또는 「수산식품산업의 육성 및 지원에 관한 법률」 제16조에 따른 수산물가공업의 신고 여부의 확인(법 제88조제4항제3호에 해당하는 수산물 및 수산가공품만 해당한다)
   6) 외국에서 검사의 일부를 생략해 줄 것을 요청하는 서류의 적정성 여부

2. 관능검사

 가. "관능검사"란 오관(五官)에 의하여 그 적합 여부를 판정하는 검사로서 다음의 수산물 및 수산가공품을 그 대상으로 한다.
   1) 법 제88조제4항제1호에 따른 수산물 및 수산가공품으로서 외국요구기준을 이행했는지를 확인하기 위하여 품질·포장재·표시사항 또는 규격 등의 확인이 필요한 수산물·수산가공품
   2) 검사신청인이 위생증명서를 요구하는 수산물·수산가공품(비식용수산·수산가공품은 제외한다)
   3) 정부에서 수매·비축하는 수산물·수산가공품
   4) 국내에서 소비하는 수산물·수산가공품

 나. 관능검사는 다음과 같이 한다.
   국립수산물품질관리원장이 전수검사가 필요하다고 정한 수산물 및 수산가공품 외에는 다음의 표본추출방법으로 한다.
   1) 무포장 제품(단위 중량이 일정하지 않은 것)

신청 로트(Lot)의 크기		관능검사 채점 지점(마리)
	1톤 미만	2
이상	3톤 미만	3
이상	5톤 미만	4
이상	10톤 미만	5
이상	20톤 미만	6
이상		7

2) 포장 제품(단위 중량이 일정한 블록형의 무포장 제품을 포함한다)

신청 개수		추출 개수	채점 개수
	4개 이하	1	1
5개 이상	50개 이하	3	1
51개 이상	100개 이하	5	2
101개 이상	200개 이하	7	2
201개 이상	300개 이하	9	3
301개 이상	400개 이하	11	3
401개 이상	500개 이하	13	4
501개 이상	700개 이하	15	5
701개 이상	1,000개 이하	17	5
1,001개 이상		20	6

3. 정밀검사

가. "정밀검사"란 물리적·화학적·미생물학적 방법으로 그 적합 여부를 판정하는 검사로서 다음의 수산물·수산가공품을 그 대상으로 한다.

1) 검사신청인 또는 외국요구기준에서 분석증명서를 요구하는 수산물 및 수산가공품
2) 관능검사결과 정밀검사가 필요하다고 인정되는 수산물 및 수산가공품
3) 외국요구기준에 따라 수출된 수산물 및 수산가공품에서 유해물질이 검출된 경우 그 수산물 및 수산가공품의 생산·가공시설에서 생산·가공되는 수산물

나. 정밀검사는 다음과 같이 한다.

외국요구기준에서 정한 검사방법이 있는 경우에는 그 방법으로 하고, 그 방법이 없을 때에는 「식품위생법」 제14조에 따른 식품등의 공전(公典)에서 정한 검사방법으로 한다.

III 수산물품질관리사

기출문제연구

농수산물품질관리법령상 수산물 및 수산가공품에 대한 검사의 종류 중에서 관능검사를 하는 수산물·수산가공품의 대상을 법에서 규정하고 있는 대로 4가지를 서술하시오

(예시: ㅇㅇ에서 ㎜하는 수산물·수산가공품).

➡ 1) 수산물 및 수산가공품으로서 외국요구기준을 이행했는지를 확인하기 위하여 품질·포장재·표시사항 또는 규격 등의 확인이 필요한 수산물·수산가공품
2) 검사신청인이 위생증명서를 요구하는 수산물·수산가공품(비식용 수산·수산가공품은 제외한다)
3) 정부에서 수매·비축하는 수산물·수산가공품
4) 국내에서 소비하는 수산물·수산가공품
*수산물 및 수산가공품에 대한 검사의 종류 및 방법(시행규칙 별표 24)

기출문제연구

농수산물품질관리법령상의 수산물 및 수산가공품의 검사에 관한 설명이다. 옳으면 O, 틀리면 x 를 표시하시오.

번호	설 명
①	정부에서 수매·비축하는 수산물 및 수산가공품은 농수산물품질관리법령에 따른 검사를 받아야 한다.
②	외국과의 협약이나 수출 상대국의 요청에 따라 검사가 필요한 경우로서 해양수산부장관이 정하여 고시하는 수산물 및 수산가공품은 농수산물품질관리법령에 따른 검사를 받아야 한다.

비고
1. 법 제88조제4항제1호 및 제2호에 따른 수산물·수산가공품 또는 수출용으로서 살아있는 수산물에 대한 별지 제69호서식의 위생(건강)증명서 또는 별지 제70호서식의 분석증명서를 발급받기 위한 검사신청이 있는 경우에는 검사신청인이 수거한 검사시료로 정밀검사를 할 수 있다. 이 경우 검사신청인은 수거한 검사시료와 수출하는 수산물이 동일함을 증명하는 서류를 함께 제출하여야 한다.
2. 국립수산물품질관리원장 또는 검사기관의 장은 검사신청인이 「식품위생법」 제24조에 따라 지정된 식품위생검사기관의 검사증명서 또는 검사성적서를 제출하는 경우에는 해당 수산물·수산가공품에 대한 정밀검사를 갈음하거나 그 검사항목을 조정하여 검사할 수 있다.

2) 수산물검사기관의 지정 등

① 해양수산부장관은 제88조에 따른 검사 업무나 제96조에 따른 재검사 업무를 수행할 수 있는 생산자단체 또는 「과학기술분야 정부출연연구기관 등의 설립·운영 및 육성에 관한 법률」에 따라 설립된 식품위생 관련 기관을 수산물검사기관으로 지정하여 검사 또는 재검사 업무를 대행하게 할 수 있다.
② 제1항에 따른 수산물검사기관으로 지정받으려는 자는 검사에 필요한 시설과 인력을 갖추어 해양수산부장관에게 신청하여야 한다.
③ 제1항에 따른 수산물검사기관의 지정기준, 지정절차 및 검사 업무의 범위 등에 필요한 사항은 해양수산부령으로 정한다.

3) 수산물검사기관의 지정 취소 등

① 해양수산부장관은 제89조에 따른 수산물검사기관이 다음 각 호의 어느 하나에 해당하면 그 지정을 취소하거나 6개월 이내의 기간을 정하여 검사 업무의 전부 또는 일부의 정지를 명할 수 있다. 다만, 제1호 또는 제2호에 해당하면 그 지정을 취소하여야 한다.

1. 거짓이나 그 밖의 부정한 방법으로 지정받은 경우
2. 업무정지 기간 중에 검사 업무를 한 경우
3. 제89조제3항에 따른 지정기준에 미치지 못하게 된 경우
4. 검사를 거짓으로 하거나 성실하지 아니하게 한 경우

5. 정당한 사유 없이 지정된 검사를 하지 아니하는 경우
② 제1항에 따른 지정 취소 등의 세부 기준은 그 위반행위의 유형 및 위반 정도 등을 고려하여 해양수산부령으로 정한다.

수산물 지정검사기관의 지정 취소 및 업무정지에 관한 처분기준(시행규칙 별표26)

위반행위	근거 법조문	위반횟수별 처분기준		
		1회	2회	3회 이상
가. 거짓이나 그 밖의 부정한 방법으로 지정받은 경우	법 제90조 제1항제1호	지정 취소	-	-
나. 업무정지 기간 중에 검사 업무를 한 경우	법 제90조 제1항제2호	지정 취소	-	-
다. 법 제89조제3항에 따른 지정기준에 미치지 못하게 된 경우	법 제90조 제1항제3호			
1) 시설·장비·인력이나 조직 중 어느 하나가 지정기준에 미치지 못한 경우		업무정지 1개월	업무정지 3개월	업무정지 6개월 또는 지정 취소
2) 시설·장비·인력이나 조직 중 둘 이상이 지정기준에 미치지 못한 경우		업무정지 6개월 또는 지정 취소	지정 취소	-
라. 검사를 거짓으로 한 경우	법 제90조 제1항제4호	업무정지 3개월	업무정지 6개월 또는 지정 취소	지정 취소
마. 검사를 성실하게 하지 않은 경우	법 제90조 제1항제4호			
1) 검사품의 재조제가 필요한 경우		경고	업무정지 3개월	업무정지 6개월 또는 지정 취소
2) 검사품의 재조제가 필요하지 않은 경우		경고	업무정지 1개월	업무정지 3개월 또는 지정 취소

③	검사를 받은 수산물 또는 수산가공품에 대하여서는 다시 농수산물품질관리법령에 따른 검사를 받지 않더라도 그 포장·용기나 내용물을 바꿀 수 있다.
④	지정해역에서 위생관리기준에 맞게 생산·가공된 수산물 및 수산가공품이라 하더라도 농수산물품질관리법령에 따라 검사의 일부를 생략할 수 있다.

▶ ① ○ ② ○ ③ × ④ ○

③ 검사를 받은 수산물 또는 수산가공품의 포장·용기나 내용물을 바꾸려면 다시 해양수산부장관의 검사를 받아야 한다.

| 바. 정당한 사유 없이 지정된 검사를 하지 않은 경우 | 법 제90조 제1항제5호 | 경고 | 업무정지 1개월 | 업무정지 3개월 또는 지정 취소 |

4) 수산물검사관의 자격 등

① 제88조에 따른 수산물검사업무나 제96조에 따른 재검사 업무를 담당하는 사람(이하 "수산물검사관"이라 한다)은 다음 각 호의 어느 하나에 해당하는 사람으로서 대통령령으로 정하는 국가검역·검사기관(이하 "국가검역·검사기관"으로 한다)의 장이 실시하는 전형시험에 합격한 사람으로 한다. 다만, 대통령령으로 정하는 수산물 검사 관련 자격 또는 학위를 갖고 있는 사람에 대하여는 대통령령으로 정하는 바에 따라 전형시험의 전부 또는 일부를 면제할 수 있다.

1. 국가검역·검사기관에서 수산물 검사 관련 업무에 6개월 이상 종사한 공무원
2. 수산물 검사 관련 업무에 1년 이상 종사한 사람

② 제92조에 따라 수산물검사관의 자격이 취소된 사람은 자격이 취소된 날부터 1년이 지나지 아니하면 제1항에 따른 전형시험에 응시하거나 수산물검사관의 자격을 취득할 수 없다.

③ 국가검역·검사기관의 장은 수산물검사관의 검사기술과 자질을 향상시키기 위하여 교육을 실시할 수 있다.

④ 국가검역·검사기관의 장은 제1항에 따른 전형시험의 출제 및 채점 등을 위하여 시험위원을 임명·위촉할 수 있다. 이 경우 시험위원에게는 예산의 범위에서 수당을 지급할 수 있다.

⑤ 제1항부터 제3항까지의 규정에 따른 수산물검사관의 전형시험의 구분·방법, 합격자의 결정, 수산물검사관의 교육 등에 필요한 세부사항은 해양수산부령으로 정한다.

5) 수산물검사관의 자격취소 등

① 국가검역·검사기관의 장은 수산물검사관에게 다음 각 호의 어느 하나에 해당하는 사유가 발생하면 그 자격을 취소하거나 6개월 이내의 기간을 정하여 자격의 정지를 명할 수 있다.

1. 거짓이나 그 밖의 부정한 방법으로 검사나 재검사를 한 경우

2. 이 법 또는 이 법에 따른 명령을 위반하여 현저히 부적격한 검사 또는 재검사를 하여 정부나 수산물검사기관의 공신력을 크게 떨어뜨린 경우

② 제1항에 따른 자격 취소 및 정지에 필요한 세부사항은 해양수산부령으로 정한다.

<u>수산물검사관의 자격 취소 및 정지에 관한 세부 기준</u>

(시행규칙 별표27)

위반행위	근거 법조문	위반횟수별 처분기준		
		1회	2회	3회
가. 거짓이나 그 밖의 부정한 방법으로 검사나 재검사를 한 경우	법 제92조 제1항제1호	자격취소	-	-
1) 거짓 또는 부정한 방법으로 자격을 취득하여 검사나 재검사를 한 경우		자격취소	-	-
2) 다른 사람에게 그 명의를 사용하게 하거나 다른 사람에게 그 자격증을 대여하여 검사나 재검사를 한 경우		자격취소	-	-
3) 고의적인 위격검사를 한 경우		자격취소	-	-
4) 위격검사가 "경고통보"에 해당하는 경우		자격정지 6개월	자격취소	
5) 위격검사가 "주의통보"에 해당하는 경우		자격정지 3개월	자격정지 6개월	자격취소
나. 법 또는 법에 따른 명령을 위반하여 현저히 부적격한 검사 또는 재검사를 하여 정부나 수산물검사기관의 공신력을 크게 떨어뜨린 경우	법 제92조 제1항제2호	자격취소	-	-

6) 검사 결과의 표시

수산물검사관은 제88조에 따라 검사한 결과나 제96조에 따라 재검사한 결과 다음 각 호의 어느 하나에 해당하면 그 수산물 및 수산가공품에 검사 결과를 표시하여야 한다. 다만, 살아 있는 수산물 등 성질상 표시를 할 수 없는 경우에는 그러하지 아니하다.

1. 검사를 신청한 자(이하 "검사신청인"이라 한다)가 요청하는 경우

2. 정부에서 수매·비축하는 수산물 및 수산가공품인 경우
3. 해양수산부장관이 검사 결과를 표시할 필요가 있다고 인정하는 경우
4. 검사에 불합격된 수산물 및 수산가공품으로서 제95조제2항에 따라 관계 기관에 폐기 또는 판매금지 등의 처분을 요청하여야 하는 경우

7) 검사증명서의 발급

해양수산부장관은 제88조에 따른 검사 결과나 제96조에 따른 재검사 결과 검사기준에 맞는 수산물 및 수산가공품과 제88조제4항에 해당하는 수산물 및 수산가공품의 검사신청인에게 해양수산부령으로 정하는 바에 따라 그 사실을 증명하는 검사증명서를 발급할 수 있다.

8) 폐기 또는 판매금지 등

① 해양수산부장관은 제88조에 따른 검사나 제96조에 따른 재검사에서 부적합 판정을 받은 수산물 및 수산가공품의 검사신청인에게 그 사실을 알려주어야 한다.
② 해양수산부장관은 「식품위생법」에서 정하는 바에 따라 관할 특별자치도지사·시장·군수·구청장에게 제1항에 따라 부적합 판정을 받은 수산물 및 수산가공품으로서 유해물질이 검출되어 인체에 해를 끼칠 수 있다고 인정되는 수산물 및 수산가공품에 대하여 폐기하거나 판매금지 등을 하도록 요청하여야 한다.

9) 재검사

① 제88조에 따라 검사한 결과에 불복하는 자는 그 결과를 통지받은 날부터 14일 이내에 해양수산부장관에게 재검사를 신청할 수 있다.
② 재검사 인정 사항
제1항에 따른 재검사는 다음 각 호의 어느 하나에 해당하는 경우에만 할 수 있다. 이 경우 수산물검사관의 부족 등 부득이한 경우 외에는 처음에 검사한 수산물검사관이 아닌 다른 수산물검사관이 검사하게 하여야 한다.
1. 수산물검사기관이 검사를 위한 시료 채취나 검사방법이 잘못

되었다는 것을 인정하는 경우
2. 전문기관(해양수산부장관이 정하여 고시한 식품위생 관련 전문기관을 말한다)이 검사하여 수산물검사기관의 검사 결과와 다른 검사 결과를 제출하는 경우
③ 제1항에 따른 재검사의 결과에 대하여는 같은 사유로 다시 재검사를 신청할 수 없다.

10) 검사판정의 취소

해양수산부장관은 제88조에 따른 검사나 제96조에 따른 재검사를 받은 수산물 또는 수산가공품이 다음 각 호의 어느 하나에 해당하면 검사판정을 취소할 수 있다. 다만, 제1호에 해당하면 검사판정을 취소하여야 한다.
1. 거짓이나 그 밖의 부정한 방법으로 검사를 받은 사실이 확인된 경우
2. 검사 또는 재검사 결과의 표시 또는 검사증명서를 위조하거나 변조한 사실이 확인된 경우
3. 검사 또는 재검사를 받은 수산물 또는 수산가공품의 포장이나 내용물을 바꾼 사실이 확인된 경우

(2) 수산물의 검정

1) 검정

① 검정의 대상

농림축산식품부장관 또는 해양수산부장관은 농수산물 및 농산가공품의 거래 및 수출·수입을 원활히 하기 위하여 다음 각 호의 검정을 실시할 수 있다. 다만, 「종자산업법」 제2조제1호에 따른 종자에 대한 검정은 제외한다.
1. 농산물 및 농산가공품의 품위·품종·성분 및 유해물질 등
2. 수산물의 품질·규격·성분·잔류물질 등
3. 농수산물의 생산에 이용·사용하는 농지·어장·용수·자재 등의 품위·성분 및 유해물질 등

② 농림축산식품부장관 또는 해양수산부장관은 검정신청을 받은 때에는 검정 인력이나 검정 장비의 부족 등 검정을 실시하기 곤란한 사유가 없으면 검정을 실시하고 신청인에게 그

기출문제연구

농수산물품질관리법령상 검사나 재검사를 받은 수산물 또는 수산가공품에 대한 검사판정 취소에 관한 설명이다. 옳으면 ○, 틀리면 ×를 답란에 표시하시오.

설명	답란
검사 또는 재검사 결과의 표시를 위조하거나 변조한 사실이 확인된 경우에는 검사판정을 취소할 수 있다.	
검사 또는 재검사의 검사증명서를 위조하거나 변조한 사실이 확인된 경우에는 검사판정을 취소할 수 있다.	
검사 또는 재검사를 받은 수산물 또는 수산가공품의 포장이나 내용물을 바꾼 사실이 확인된 경우에는 검사판정을 취소하여야 한다.	
거짓이나 그 밖의 부정한 방법으로 검사를 받은 사실이 확인된 경우에는 검사판정을 취소하여야 한다.	

▶ 순서대로 ○ ○ × ○

법 제97조(검사판정의 취소) 해양수산부장관은 제88조에 따른 검사나 제96조에 따른 재검사를 받은 수산물 또는 수산가공품이 다음 각 호의 어느 하나에 해당하면 검사판정을 취소할 수 있다. 다만, 제1호에 해당하면 검사판정을 취소하여야 한다.

1. 거짓이나 그 밖의 부정한 방법으로 검사를 받은 사실이 확인된 경우
2. 검사 또는 재검사 결과의 표시 또는 검사증명서를 위조하거나 변조한 사실이 확인된 경우

3. 검사 또는 재검사를 받은 수산물 또는 수산가공품의 포장이나 내용물을 바꾼 사실이 확인된 경우

결과를 통보하여야 한다.
③ 제1항에 따른 검정의 항목·신청절차 및 방법 등 필요한 사항은 농림축산식품부령 또는 해양수산부령으로 정한다.

> **검정절차 등(시행규칙)**
> ① 법 제98조제1항에 따른 검정을 신청하려는 자는 국립농산물품질관리원장, 국립수산물품질관리원장 또는 법 제99조제1항에 따라 지정받은 검정기관(이하 "지정검정기관"이라 한다)의 장에게 별지 제73호서식의 검정신청서에 검정용 시료를 첨부하여 검정을 신청하여야 한다.
> ② 국립농산물품질관리원장, 국립수산물품질관리원장 또는 지정검정기관의 장은 시료를 접수한 날부터 7일 이내에 검정을 하여야 한다. 다만, 7일 이내에 분석을 할 수 없다고 판단되는 경우에는 신청인과 협의하여 검정기간을 따로 정할 수 있다.
> ③ 국립농산물품질관리원장, 국립수산물품질관리원장 또는 검정기관의 장은 원활한 검정업무의 수행을 위하여 필요하다고 판단되는 경우에는 신청인에게 최소한의 범위에서 시설, 장비 및 인력 등의 제공을 요청할 수 있다.

2) 검정결과에 따른 조치

① 폐기 또는 판매금지

농림축산식품부장관 또는 해양수산부장관은 제98조제1항제1호 및 제2호에 따른 검정을 실시한 결과 유해물질이 검출되어 인체에 해를 끼칠 수 있다고 인정되는 농수산물 및 농산가공품에 대하여 생산자 또는 소유자에게 폐기하거나 판매금지 등을 하도록 하여야 한다.

② 검정결과의 공개

농림축산식품부장관 또는 해양수산부장관은 생산자 또는 소유자가 제1항의 명령을 이행하지 아니하거나 농수산물 및 농산가공품의 위생에 위해가 발생한 경우 농림축산식품부령 또는 해양수산부령으로 정하는 바에 따라 검정결과를 공개하여야 한다.

3) 검정기관의 지정 등

① 농림축산식품부장관 또는 해양수산부장관은 검정에 필요한

인력과 시설을 갖춘 기관(이하 "검정기관"이라 한다)을 지정하여 제98조에 따른 검정을 대행하게 할 수 있다.
② 검정기관으로 지정을 받으려는 자는 검정에 필요한 인력과 시설을 갖추어 농림축산식품부장관 또는 해양수산부장관에게 신청하여야 한다. 검정기관으로 지정받은 후 농림축산식품부령 또는 해양수산부령으로 정하는 중요 사항이 변경되었을 때에는 농림축산식품부령 또는 해양수산부령으로 정하는 바에 따라 변경신고를 하여야 한다.
③ 농림축산식품부장관 또는 해양수산부장관은 제2항 후단에 따른 변경신고를 받은 날부터 20일 이내에 신고수리 여부를 신고인에게 통지하여야 한다.
④ 농림축산식품부장관 또는 해양수산부장관이 제3항에서 정한 기간 내에 신고수리 여부 또는 민원 처리 관련 법령에 따른 처리기간의 연장을 신고인에게 통지하지 아니하면 그 기간(민원 처리 관련 법령에 따라 처리기간이 연장 또는 재연장된 경우에는 해당 처리기간을 말한다)이 끝난 날의 다음 날에 신고를 수리한 것으로 본다.
⑤ 검정기관 지정의 유효기간은 지정을 받은 날부터 4년으로 하고, 유효기간이 만료된 후에도 계속하여 검정 업무를 하려는 자는 유효기간이 끝나기 3개월 전까지 농림축산식품부장관 또는 해양수산부장관에게 갱신을 신청하여야 한다.
⑥ 제100조에 따라 검정기관 지정이 취소된 후 1년이 지나지 아니하면 검정기관 지정을 신청할 수 없다.
⑦ 제1항·제2항 및 제5항에 따른 검정기관의 지정·갱신 기준 및 절차와 업무 범위 등에 필요한 사항은 농림축산식품부령 또는 해양수산부령으로 정한다.

(3) 금지행위 및 조사 검정

1) 부정행위의 금지 등

누구든지 제79조, 제85조, 제88조, 제96조 및 제98조에 따른 검사, 재검사 및 검정과 관련하여 다음 각 호의 행위를 하여서는 아니 된다.
 1. 거짓이나 그 밖의 부정한 방법으로 검사·재검사 또는 검정

을 받는 행위
2. 제79조 또는 제88조에 따라 검사를 받아야 하는 농수산물 및 수산가공품에 대하여 검사를 받지 아니하는 행위
3. 검사 및 검정 결과의 표시, 검사증명서 및 검정증명서를 위조하거나 변조하는 행위
4. 제79조제2항 또는 제88조제3항을 위반하여 검사를 받지 아니하고 포장·용기나 내용물을 바꾸어 해당 농수산물이나 수산가공품을 판매·수출하거나 판매·수출을 목적으로 보관 또는 진열하는 행위
5. 검정 결과에 대하여 거짓광고나 과대광고를 하는 행위

2) 확인·조사·점검 등
① 농림축산식품부장관 또는 해양수산부장관은 정부가 수매하거나 수입한 농수산물 및 수산가공품 등 대통령령으로 정하는 농수산물 및 수산가공품의 보관창고, 가공시설, 항공기, 선박, 그 밖에 필요한 장소에 관계 공무원을 출입하게 하여 확인·조사·점검 등에 필요한 최소한의 시료를 무상으로 수거하거나 관련 장부 또는 서류를 열람하게 할 수 있다.
② 제1항에 따른 시료 수거 또는 열람에 관하여는 제13조제2항 및 제3항을 준용한다.
③ 제1항에 따라 출입 등을 하는 관계 공무원에 관하여는 제13조제4항을 준용한다.

4) 검정기관의 지정 취소 등
① 농림축산식품부장관 또는 해양수산부장관은 검정기관이 다음 각 호의 어느 하나에 해당하면 지정을 취소하거나 6개월 이내의 기간을 정하여 해당 검정 업무의 정지를 명할 수 있다. 다만, 제1호 또는 제2호에 해당하면 지정을 취소하여야 한다.
1. 거짓이나 그 밖의 부정한 방법으로 지정을 받은 경우
2. 업무정지 기간 중에 검정 업무를 한 경우
3. 검정 결과를 거짓으로 내준 경우
4. 제99조제2항 후단의 변경신고를 하지 아니하고 검정 업무를 계속한 경우

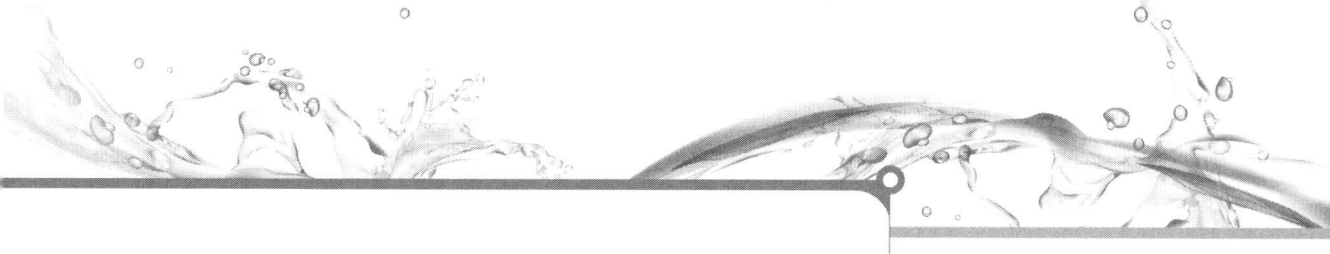

5. 제99조제7항에 따른 지정기준에 맞지 아니하게 된 경우
6. 그 밖에 농림축산식품부령 또는 해양수산부령으로 정하는 검정에 관한 규정을 위반한 경우

② 제1항에 따른 지정 취소 및 정지에 관한 세부 기준은 농림축산식품부령 또는 해양수산부령으로 정한다.

⑥ 보칙

1) 정보제공 등

① 농림축산식품부장관, 해양수산부장관 또는 식품의약품안전처장은 농수산물의 안전성조사 등 농수산물의 안전과 품질에 관련된 정보 중 국민이 알아야 할 필요가 있다고 인정되는 정보는 「공공기관의 정보공개에 관한 법률」에서 허용하는 범위에서 국민에게 제공하여야 한다.

② 농림축산식품부장관, 해양수산부장관 또는 식품의약품안전처장은 제1항에 따라 국민에게 정보를 제공하려는 경우 농수산물의 안전과 품질에 관련된 정보의 수집 및 관리를 위한 정보시스템(이하 "농수산물안전정보시스템"이라 한다)을 구축·운영하여야 한다.

③ 농수산물안전정보시스템의 구축과 운영 및 정보제공 등에 필요한 사항은 총리령, 농림축산식품부령 또는 해양수산부령으로 정한다.

2) 수산물 명예감시원

① 농림축산식품부장관 또는 해양수산부장관이나 시·도지사는 농수산물의 공정한 유통질서를 확립하기 위하여 소비자단체 또는 생산자단체의 회원·직원 등을 농수산물 명예감시원으로 위촉하여 농수산물의 유통질서에 대한 감시·지도·계몽을 하게 할 수 있다.

② 농림축산식품부장관 또는 해양수산부장관이나 시·도지사는 농수산물 명예감시원에게 예산의 범위에서 감시활동에 필요한 경비를 지급할 수 있다.

③ 제1항에 따른 농수산물 명예감시원의 자격, 위촉방법, 임무

III 수산물품질관리사

등에 필요한 사항은 농림축산식품부령 또는 해양수산부령으로 정한다.

3) 수산물품질관리사

농림축산식품부장관 또는 해양수산부장관은 농산물 및 수산물의 품질 향상과 유통의 효율화를 촉진하기 위하여 농산물품질관리사 및 수산물품질관리사 제도를 운영한다.

> **제107조(농산물품질관리사 또는 수산물품질관리사의 시험·자격 부여 등)**
> ① 농산물품질관리사 또는 수산물품질관리사가 되려는 사람은 농림축산식품부장관 또는 해양수산부장관이 실시하는 농산물품질관리사 또는 수산물품질관리사 자격시험에 합격하여야 한다.
> ② 농림축산식품부장관 또는 해양수산부장관은 농산물품질관리사 또는 수산물품질관리사 자격시험에서 다음 각 호의 어느 하나에 해당하는 사람에 대해서는 해당 시험을 정지 또는 무효로 하거나 합격결정을 취소하여야 한다.
> 1. 부정한 방법으로 시험에 응시한 사람
> 2. 시험에서 부정한 행위를 한 사람
> ③ 다음 각 호의 어느 하나에 해당하는 사람은 그 처분이 있는 날부터 2년 동안 농산물품질관리사 또는 수산물품질관리사 자격시험에 응시하지 못한다.
> 1. 제2항에 따라 시험의 정지·무효 또는 합격취소 처분을 받은 사람
> 2. 제109조에 따라 농산물품질관리사 또는 수산물품질관리사의 자격이 취소된 사람
> ④ 농산물품질관리사 또는 수산물품질관리사 자격시험의 실시계획, 응시자격, 시험과목, 시험방법, 합격기준 및 자격증 발급 등에 필요한 사항은 대통령령으로 정한다.

4) 수산물품질관리사의 직무

수산물품질관리사는 다음 각 호의 직무를 수행한다.
1. 수산물의 등급 판정
2. 수산물의 생산 및 수확 후 품질관리기술 지도
3. 수산물의 출하 시기 조절, 품질관리기술에 관한 조언
4. 그 밖에 수산물의 품질 향상과 유통 효율화에 필요한 업무로서 해양수산부령으로 정하는 업무

5) 수산물품질관리사의 준수사항

① 수산물품질관리사는 수산물의 품질 향상과 유통의 효율화를 촉진하여 생산자와 소비자 모두에게 이익이 될 수 있도록 신의와 성실로써 그 직무를 수행하여야 한다.

② 수산물품질관리사는 다른 사람에게 그 명의를 사용하게 하거나 그 자격증을 빌려주어서는 아니 된다.

③ 누구든지 수산물품질관리사의 자격을 취득하지 아니하고 그 명의를 사용하거나 자격증을 대여받아서는 아니 되며, 명의의 사용이나 자격증의 대여를 알선해서도 아니 된다.

6) 수산물품질관리사의 자격 취소

해양수산부장관은 다음 각 호의 어느 하나에 해당하는 사람에 대하여 수산물품질관리사 자격을 취소하여야 한다.

1. 수산물품질관리사의 자격을 거짓 또는 부정한 방법으로 취득한 사람
2. 제108조제2항을 위반하여 다른 사람에게 수산물품질관리사의 명의를 사용하게 하거나 자격증을 빌려준 사람
3. 제108조제3항을 위반하여 명의의 사용이나 자격증의 대여를 알선한 사람

7) 자금 지원

정부는 농수산물의 품질 향상 또는 농수산물의 표준규격화 및 물류표준화의 촉진 등을 위하여 다음 각 호의 어느 하나에 해당하는 자에게 예산의 범위에서 포장자재, 시설 및 자동화장비 등의 매입 및 농산물품질관리사 또는 수산물품질관리사 운용 등에 필요한 자금을 지원할 수 있다.

1. 농어업인
2. 생산자단체
3. 우수관리인증을 받은 자, 우수관리인증기관, 농산물 수확 후 위생·안전 관리를 위한 시설의 사업자 또는 우수관리인증 교육을 실시하는 기관·단체
4. 이력추적관리 또는 지리적표시의 등록을 한 자
5. 농산물품질관리사 또는 수산물품질관리사를 고용하는 등 농수

산물의 품질 향상을 위하여 노력하는 산지·소비지 유통시설의 사업자
6. 제64조에 따른 안전성검사기관 또는 제68조에 따른 위험평가 수행기관
7. 제80조, 제89조 및 제99조에 따른 농수산물 검사 및 검정 기관
8. 그 밖에 농림축산식품부령 또는 해양수산부령으로 정하는 농수산물 유통 관련 사업자 또는 단체

8) 우선구매
① 농림축산식품부장관 또는 해양수산부장관은 농수산물 및 수산가공품의 유통을 원활히 하고 품질 향상을 촉진하기 위하여 필요하면 우수표시품, 지리적표시품 등을 「농수산물 유통 및 가격안정에 관한 법률」에 따른 농수산물도매시장이나 농수산물공판장에서 우선적으로 상장(上場)하거나 거래하게 할 수 있다.
② 국가·지방자치단체나 공공기관은 농수산물 또는 농수산가공품을 구매할 때에는 우수표시품, 지리적표시품 등을 우선적으로 구매할 수 있다.

9) 포상금
식품의약품안전처장은 제56조 또는 제57조를 위반한 자를 주무관청 또는 수사기관에 신고하거나 고발한 자 등에게는 대통령령으로 정하는 바에 따라 예산의 범위에서 포상금을 지급할 수 있다.

> **포상금의 지급(시행령)**
> ① 법 제112조에 따른 포상금은 법 제56조 또는 제57조를 위반한 자를 주무관청이나 수사기관에 신고 또는 고발하거나 검거한 사람 및 검거에 협조한 사람에게 200만원의 범위에서 지급한다.
> ② 제1항에 따라 지급하는 포상금의 지급기준·방법 및 절차 등에 관하여는 식품의약품안전처장이 정하여 고시한다.

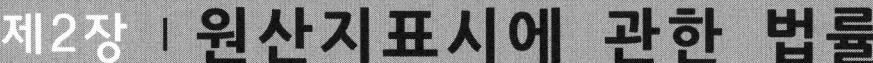

제2장 | 원산지표시에 관한 법률

01 총칙

(1) 목적

이 법은 농산물·수산물과 그 가공품 등에 대하여 적정하고 합리적인 원산지 표시와 유통이력 관리를 하도록 함으로써 공정한 거래를 유도하고 소비자의 알권리를 보장하여 생산자와 소비자를 보호하는 것을 목적으로 한다.

(2) 정의

이 법에서 사용하는 용어의 뜻은 다음과 같다.

1. "농산물"이란 「농업·농촌 및 식품산업 기본법」 제3조제6호가목에 따른 농산물을 말한다.
2. "수산물"이란 「수산업·어촌 발전 기본법」 제3조제1호가목에 따른 어업활동 및 같은 호 마목에 따른 양식업활동으로부터 생산되는 산물을 말한다.
3. "농수산물"이란 농산물과 수산물을 말한다.
4. "원산지"란 농산물이나 수산물이 생산·채취·포획된 국가·지역이나 해역을 말한다.
4의2. "유통이력"이란 수입 농산물 및 농산물 가공품에 대한 수입 이후부터 소비자 판매 이전까지의 유통단계별 거래명세를 말하며, 그 구체적인 범위는 농림축산식품부령으로 정한다.
5. "식품접객업"이란 「식품위생법」 제36조제1항제3호에 따른 식품접객업을 말한다.
6. "집단급식소"란 「식품위생법」 제2조제12호에 따른 집단급식소를 말한다.
7. "통신판매"란 「전자상거래 등에서의 소비자보호에 관한 법

률」제2조제2호에 따른 통신판매(같은 법 제2조제1호의 전자상거래로 판매되는 경우를 포함한다. 이하 같다) 중 대통령령으로 정하는 판매를 말한다.

> **통신판매의 범위(시행령)**
>
> 「농수산물의 원산지 표시 등에 관한 법률」(이하 "법"이라 한다) 제2조제7호에서 "대통령령으로 정하는 판매"란 「전자상거래 등에서의 소비자보호에 관한 법률」 제12조에 따라 신고한 통신판매업자의 판매(전단지를 이용한 판매는 제외한다) 또는 같은 법 제20조제2항에 따른 통신판매중개업자가 운영하는 사이버몰(컴퓨터 등과 정보통신설비를 이용하여 재화를 거래할 수 있도록 설정된 가상의 영업장을 말한다)을 이용한 판매를 말한다.

8. 이 법에서 사용하는 용어의 뜻은 이 법에 특별한 규정이 있는 것을 제외하고는 「농수산물 품질관리법」, 「식품위생법」, 「대외무역법」이나 「축산물 위생관리법」에서 정하는 바에 따른다.

(3) 다른 법률과의 관계

이 법은 농수산물 또는 그 가공품의 원산지 표시와 수입 농산물 및 농산물 가공품의 유통이력 관리에 대하여 다른 법률에 우선하여 적용한다.

(4) 농수산물의 원산지 표시의 심의

이 법에 따른 농산물·수산물 및 그 가공품 또는 조리하여 판매하는 쌀·김치류, 축산물(「축산물 위생관리법」 제2조제2호에 따른 축산물을 말한다. 이하 같다) 및 수산물 등의 원산지 표시 등에 관한 사항은 「농수산물 품질관리법」 제3조에 따른 농수산물품질관리심의회(이하 "심의회"라 한다)에서 심의한다.

02 원산지 표시

(1) 원산지 표시

① 대통령령으로 정하는 농수산물 또는 그 가공품을 수입하는 자, 생산·가공하여 출하하거나 판매(통신판매를 포함한다. 이하 같다)하는 자 또는 판매할 목적으로 보관·진열하는 자는 다음 각 호에 대하여 원산지를 표시하여야 한다.
1. 농수산물
2. 농수산물 가공품(국내에서 가공한 가공품은 제외한다)
3. 농수산물 가공품(국내에서 가공한 가공품에 한정한다)의 원료

② 원산지 표시의 의제

  다음 각 호의 어느 하나에 해당하는 때에는 제1항에 따라 원산지를 표시한 것으로 본다.
1. 「농수산물 품질관리법」 제5조 또는 「소금산업 진흥법」 제33조에 따른 표준규격품의 표시를 한 경우
2. 「농수산물 품질관리법」 제6조에 따른 우수관리인증의 표시, 같은 법 제14조에 따른 품질인증품의 표시 또는 「소금산업 진흥법」 제39조에 따른 우수천일염인증의 표시를 한 경우
2의2. 「소금산업 진흥법」 제40조에 따른 천일염생산방식인증의 표시를 한 경우
3. 「소금산업 진흥법」 제41조에 따른 친환경천일염인증의 표시를 한 경우
4. 「농수산물 품질관리법」 제24조에 따른 이력추적관리의 표시를 한 경우
5. 「농수산물 품질관리법」 제34조 또는 「소금산업 진흥법」 제38조에 따른 지리적표시를 한 경우
5의2. 「식품산업진흥법」 제22조의2 또는 「수산식품산업의 육성 및 지원에 관한 법률」 제30조에 따른 원산지인증의 표시를 한 경우
5의3. 「대외무역법」 제33조에 따라 수출입 농수산물이나 수출입 농수산물 가공품의 원산지를 표시한 경우
6. 다른 법률에 따라 농수산물의 원산지 또는 농수산물 가공품의 원료의 원산지를 표시한 경우

③ 농수산물이나 그 가공품의 원료에 대한 원산지 표시

식품접객업 및 집단급식소 중 대통령령으로 정하는 영업소나 집단급식소를 설치·운영하는 자는 다음 각 호의 어느 하나에 해당하는 경우에 그 농수산물이나 그 가공품의 원료에 대하여 원산지(쇠고기는 식육의 종류를 포함한다. 이하 같다)를 표시하여야 한다. 다만, 「식품산업진흥법」 제22조의2 또는 「수산식품산업의 육성 및 지원에 관한 법률」 제30조에 따른 원산지인증의 표시를 한 경우에는 원산지를 표시한 것으로 보며, 쇠고기의 경우에는 식육의 종류를 별도로 표시하여야 한다.
1. 대통령령으로 정하는 농수산물이나 그 가공품을 조리하여 판매·제공(배달을 통한 판매·제공을 포함한다)하는 경우
2. 제1호에 따른 농수산물이나 그 가공품을 조리하여 판매·제공할 목적으로 보관하거나 진열하는 경우

대통령령으로 정하는 농수산물 또는 그 가공품(시행령)
제3조(원산지의 표시대상)
① 법 제5조제1항 각 호 외의 부분에서 "대통령령으로 정하는 농수산물 또는 그 가공품"이란 다음 각 호의 농수산물 또는 그 가공품을 말한다.
   1. 유통질서의 확립과 소비자의 올바른 선택을 위하여 필요하다고 인정하여 농림축산식품부장관과 해양수산부장관이 공동으로 고시한 농수산물 또는 그 가공품
   2. 「대외무역법」 제33조에 따라 산업통상자원부장관이 공고한 수입 농수산물 또는 그 가공품. 다만, 「대외무역법 시행령」 제56조제2항에 따라 원산지 표시를 생략할 수 있는 수입 농수산물 또는 그 가공품은 제외한다.
② 농수산물 가공품의 원료에 대한 원산지 표시대상
   법 제5조제1항제3호에 따른 농수산물 가공품의 원료에 대한 원산지 표시대상은 다음 각 호와 같다. 다만, 물, 식품첨가물, 주정(酒精) 및 당류(당류를 주원료로 하여 가공한 당류가공품을 포함한다)는 배합 비율의 순위와 표시대상에서 제외한다.
   1. 원료 배합 비율에 따른 표시대상
      가. 사용된 원료의 배합 비율에서 한 가지 원료의 배합 비율이 98퍼센트 이상인 경우에는 그 원료
      나. 사용된 원료의 배합 비율에서 두 가지 원료의 배합 비율의 합이 98퍼센트 이상인 원료가 있는 경우에는 배합 비율이 높은 순서의 2순위까지의 원료

다. 가목 및 나목 외의 경우에는 배합 비율이 높은 순서의 3순위까지의 원료

라. 가목부터 다목까지의 규정에도 불구하고 김치류 및 절임류(소금으로 절이는 절임류에 한정한다)의 경우에는 다음의 구분에 따른 원료

1) 김치류 중 고춧가루(고춧가루가 포함된 가공품을 사용하는 경우에는 그 가공품에 사용된 고춧가루를 포함한다. 이하 같다)를 사용하는 품목은 고춧가루 및 소금을 제외한 원료 중 배합 비율이 가장 높은 순서의 2순위까지의 원료와 고춧가루 및 소금

2) 김치류 중 고춧가루를 사용하지 아니하는 품목은 소금을 제외한 원료 중 배합 비율이 가장 높은 순서의 2순위까지의 원료와 소금

3) 절임류는 소금을 제외한 원료 중 배합 비율이 가장 높은 순서의 2순위까지의 원료와 소금. 다만, 소금을 제외한 원료 중 한 가지 원료의 배합 비율이 98퍼센트 이상인 경우에는 그 원료와 소금으로 한다.

2. 제1호에 따른 표시대상 원료로서 「식품 등의 표시·광고에 관한 법률」 제4조에 따른 식품등의 표시기준에서 정한 복합원재료를 사용한 경우에는 농림축산식품부장관과 해양수산부장관이 공동으로 정하여 고시하는 기준에 따른 원료

③ 제2항을 적용할 때 원료(가공품의 원료를 포함한다. 이하 이 항에서 같다) 농수산물의 명칭을 제품명 또는 제품명의 일부로 사용하는 경우에는 그 원료 농수산물이 같은 항에 따른 원산지 표시대상이 아니더라도 그 원료 농수산물의 원산지를 표시해야 한다. 다만, 원료 농수산물이 다음 각 호의 어느 하나에 해당하는 경우에는 해당 원료 농수산물의 원산지 표시를 생략할 수 있다.

1. 제1항제1호에 따라 고시한 원산지 표시대상에 해당하지 않는 경우

2. 제2항 각 호 외의 부분 단서에 따른 식품첨가물, 주정 및 당류(당류를 주원료로 하여 가공한 당류가공품을 포함한다)의 원료로 사용된 경우

3. 「식품 등의 표시·광고에 관한 법률」 제4조의 표시기준에 따라 원재료명 표시를 생략할 수 있는 경우

④ 삭제 〈2015. 6. 1.〉

⑤ 법 제5조제3항제1호에서 "대통령령으로 정하는 농수산물이나 그 가공품을 조리하여 판매·제공하는 경우"란 다음 각 호의 것을 조리하여 판매·제공하는 경우를 말한다. 이 경우 조리에는 날 것

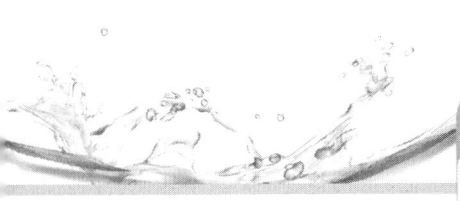

기출문제연구

농수산물의 원산지 표시에 관한 법률상 수산물이나 그 가공품을 조리하여 판매하는 음식점에서 수산물 또는 그 가공품의 원료에 대하여 원산지를 표시하여야 한다. 음식점에서 조리하여 판매하는 다음 보기 중 원산지표시 대상이 아닌 것을 모두 골라 답란에 쓰시오.

〈보기〉
미꾸라지 튀김, 황태찜,
오징어숙회, 연포탕, 대게찜,
꽁치구이

▶ 황태찜, 대게찜, 꽁치구이

의 상태로 조리하는 것을 포함하며, 판매·제공에는 배달을 통한 판매·제공을 포함한다.
1.~ 7의2 생략
8. <u>넙치, 조피볼락, 참돔, 미꾸라지, 뱀장어, 낙지, 명태(황태, 북어 등 건조한 것은 제외한다. 이하 같다), 고등어, 갈치, 오징어, 꽃게, 참조기, 다랑어, 아귀, 주꾸미, 가리비, 우렁쉥이, 전복, 방어 및 부세</u>(해당 수산물가공품을 포함한다. 이하 같다)
9. 조리하여 판매·제공하기 위하여 수족관 등에 보관·진열하는 살아있는 수산물

⑥ 제5항 각 호의 원산지 표시대상 중 가공품에 대해서는 주원료를 표시해야 한다. 이 경우 주원료 표시에 관한 세부기준에 대해서는 농림축산식품부장관과 해양수산부장관이 공동으로 정하여 고시한다.

⑦ 농수산물이나 그 가공품의 신뢰도를 높이기 위하여 필요한 경우에는 제1항부터 제3항까지, 제5항 및 제6항에 따른 표시대상이 아닌 농수산물과 그 가공품의 원료에 대해서도 그 원산지를 표시할 수 있다. 이 경우 법 제5조제4항에 따른 표시기준과 표시방법을 준수하여야 한다.

④ 표시대상, 표시를 하여야 할 자, 표시기준
제1항이나 제3항에 따른 표시대상, 표시를 하여야 할 자, 표시기준은 대통령령으로 정하고, 표시방법과 그 밖에 필요한 사항은 농림축산식품부와 해양수산부의 공동 부령으로 정한다.

시행령 제4조(원산지 표시를 하여야 할 자)
법 제5조제3항에서 "대통령령으로 정하는 영업소나 집단급식소를 설치·운영하는 자"란 「식품위생법 시행령」 제21조제8호가목의 휴게음식점영업, 같은 호 나목의 일반음식점영업 또는 같은 호 마목의 위탁급식영업을 하는 영업소나 같은 법 시행령 제2조의 집단급식소를 설치·운영하는 자를 말한다.

■ 농수산물의 원산지 표시 등에 관한 법률 시행령 [별표 1]
원산지의 표시기준(제5조제1항 관련)
1. 농수산물
　가. 국산 농수산물

1) 국산 농산물: "국산"이나 "국내산" 또는 그 농산물을 생산·채취·사육한 지역의 시·도명이나 시·군·구명을 표시한다.
2) 국산 수산물: "국산"이나 "국내산" 또는 "연근해산"으로 표시한다. 다만, 양식 수산물이나 연안정착성 수산물 또는 내수면 수산물의 경우에는 해당 수산물을 생산·채취·양식·포획한 지역의 시·도명이나 시·군·구명을 표시할 수 있다.

나. 원양산 수산물
1) 「원양산업발전법」 제6조제1항에 따라 원양어업의 허가를 받은 어선이 해외수역에서 어획하여 국내에 반입한 수산물은 "원양산"으로 표시하거나 "원양산" 표시와 함께 "태평양", "대서양", "인도양", "남극해", "북극해"의 해역명을 표시한다.
2) 1)에 따른 표시 외에 연안국 법령에 따라 별도로 표시하여야 하는 사항이 있는 경우에는 1)에 따른 표시와 함께 표시할 수 있다.

다. 원산지가 다른 동일 품목을 혼합한 농수산물
1) 국산 농수산물로서 그 생산 등을 한 지역이 각각 다른 동일 품목의 농수산물을 혼합한 경우에는 혼합 비율이 높은 순서로 3개 지역까지의 시·도명 또는 시·군·구명과 그 혼합 비율을 표시하거나 "국산", "국내산" 또는 "연근해산"으로 표시한다.
2) 동일 품목의 국산 농수산물과 국산 외의 농수산물을 혼합한 경우에는 혼합비율이 높은 순서로 3개 국가(지역, 해역 등)까지의 원산지와 그 혼합비율을 표시한다.

라. 2개 이상의 품목을 포장한 수산물: 서로 다른 2개 이상의 품목을 용기에 담아 포장한 경우에는 혼합 비율이 높은 2개까지의 품목을 대상으로 가목2), 나목 및 제2호의 기준에 따라 표시한다.

2. 수입 농수산물과 그 가공품 및 반입 농수산물과 그 가공품
가. 수입 농수산물과 그 가공품(이하 "수입농수산물등"이라 한다)은 「대외무역법」에 따른 원산지를 표시한다.
나. 「남북교류협력에 관한 법률」에 따라 반입한 농수산물과 그 가공품(이하 "반입농수산물등"이라 한다)은 같은 법에 따른 원산지를 표시한다.

3. 농수산물 가공품(수입농수산물등 또는 반입농수산물등을 국내에서 가공한 것을 포함한다)
가. 사용된 원료의 원산지를 제1호 및 제2호의 기준에 따라 표시한다.

나. 원산지가 다른 동일 원료를 혼합하여 사용한 경우에는 혼합 비율이 높은 순서로 2개 국가(지역, 해역 등)까지의 원료 원산지와 그 혼합 비율을 각각 표시한다.

다. 원산지가 다른 동일 원료의 원산지별 혼합 비율이 변경된 경우로서 그 어느 하나의 변경의 폭이 최대 15퍼센트 이하이면 종전의 원산지별 혼합 비율이 표시된 포장재를 혼합 비율이 변경된 날부터 1년의 범위에서 사용할 수 있다.

라. 사용된 원료(물, 식품첨가물, 주정 및 당류는 제외한다)의 원산지가 모두 국산일 경우에는 원산지를 일괄하여 "국산"이나 "국내산" 또는 "연근해산"으로 표시할 수 있다.

마. 원료의 수급 사정으로 인하여 원료의 원산지 또는 혼합 비율이 자주 변경되는 경우로서 다음의 어느 하나에 해당하는 경우에는 농림축산식품부장관과 해양수산부장관이 공동으로 정하여 고시하는 바에 따라 원료의 원산지와 혼합 비율을 표시할 수 있다.

1) 특정 원료의 원산지나 혼합 비율이 최근 3년 이내에 연평균 3개국(회) 이상 변경되거나 최근 1년 동안에 3개국(회) 이상 변경된 경우와 최초 생산일부터 1년 이내에 3개국 이상 원산지 변경이 예상되는 신제품인 경우
2) 원산지가 다른 동일 원료를 사용하는 경우
3) 정부가 농수산물 가공품의 원료로 공급하는 수입쌀을 사용하는 경우
4) 그 밖에 농림축산식품부장관과 해양수산부장관이 공동으로 필요하다고 인정하여 고시하는 경우

농수산물의 원산지표시 요령(시행규칙)

제1조(목적)

이 고시는 「농수산물의 원산지 표시 등에 관한 법률」 제5조·제7조 및 같은 법 시행령 제3조·제5조 및 제6조에 따른 사항을 규정함을 목적으로 한다.

제2조(원산지의 표시대상)

「농수산물의 원산지 표시 등에 관한 법률 시행령」(이하 "영"이라 한다) 제3조제1항에 따른 농수산물 또는 그 가공품의 원산지 표시대상은 다음 각 호와 같다.

1. 국산 농산물, 수입 농산물과 그 가공품 또는 반입 농산물과 그 가공품, 농산물 가공품의 원료 원산지 표시대상은 별표 1과 같음.
2. 국산 수산물, 수입 수산물과 그 가공품 또는 반입 수산물과 그

가공품, 수산물 가공품의 원료 원산지 표시대상은 별표 2와 같음.

제3조(복합원재료를 사용한 경우 원산지 표시대상)
영 제3조제2항제2호에 따른 복합원재료(이하 "복합원재료"라 한다)를 농수산물 가공품에 사용하는 경우 다음 각 호와 같이 그 복합원재료에 사용된 원료 원산지를 표시한다.

1. 농수산물 가공품에 사용되는 복합원재료가 국내에서 가공된 경우 복합원재료 내의 원료 배합비율이 높은 두 가지 원료(복합원재료가 고춧가루를 사용한 김치류인 경우에는 고춧가루와 고춧가루 외의 배합비율이 가장 높은 원료 1개를 표시하고, 복합원재료 내에 다시 복합원재료를 사용하는 경우에는 그 복합원재료 내에 원료 배합비율이 가장 높은 원료 한 가지만 표시)
2. 제1호의 경우에도 불구하고 해당 복합원재료 중 한 가지 원료의 배합비율이 98퍼센트 이상인 경우 그 원료만을 표시 가능
3. 영 제5조제1항 별표 1 제2호의 수입 또는 반입한 복합원재료를 농수산물 가공품의 원료로 사용한 경우에는 통관 또는 반입시의 원산지를 표시

제3조의2(식품접객업소 및 집단급식소의 가공품 주원료 원산지표시 세부기준)
영 제3조제6항에 따른 주원료는 해당 개별식품을 다른 식품과 구별, 특정짓게 하기 위하여 사용되는 원료를 말하며, 주원료 원산지표시에 대한 세부기준은 다음과 같다.

1.~2. 생략
3. 수산물 가공품의 주원료란 그 원료가 영 제3조제2항제1호에 따라 가공품에 원산지가 표시된 것을 말한다. 다만, 가공품에 사용된 원재료가 복합원재료인 경우에는 표시 생략 가능.
4. 수입한 농수산물가공품을 사용한 경우에는 제1호부터 제3호까지에도 불구하고 가공품의 원산지를 표시해야 함.

제4조(원료 원산지가 자주 변경되는 경우 원산지 표시)
① 수입 원료를 사용하는 경우

영 제5조제1항 별표 1 제3호마목에 따라 수입 원료를 사용하는 경우로 다음 각 호의 어느 하나에 해당할 때는 해당 원료의 원산지를 '외국산(○○국·○○국·○○국 등)'으로 변경된 국가명을 3개국 이상 함께 표시하거나 '외국산(국가명은 ○○에 별도 표시)'으로 표시할 수 있다. 이 경우 별도 표시라 함은 포장재에 표기된 QR코드나 홈페이지에 해당국가명을 표시함을 말한다. 다만, 포장재에 직접 표시한 국가 이외의 원산지 원료로 변경된 경우에는 변경사항이 발생한 날부터 1년의 범위에서 기존 포장재를 사용할 수 있다.

1. 원산지 표시대상인 특정 원료의 원산지 국가가 최근 3년 이내에 연평균 3개국 이상 변경되었거나, 최근 1년 동안에 3개국 이상 변경된 경우
2. 신제품의 경우 원산지 표시대상인 특정 원료의 원산지 국가가 최초 생산일로부터 1년 이내에 3개국 이상 변경이 예상되는 경우

② "외국산" 표시

제1항에도 불구하고 다음 각 호의 어느 하나에 해당하는 경우에는 해당 원료의 원산지를 "외국산"으로 표시 할 수 있다.
1. 원산지 표시대상인 특정 원료의 원산지 국가가 최근 3년 이내에 연평균 6개국을 초과하여 변경된 경우
2. 정부가 가공품 원료로 공급하는 수입쌀을 사용하는 경우
3. 복합원재료 내 표시대상인 특정 원료의 원산지 국가가 최근 3년 이내에 연평균 3개국 이상 변경되었거나, 최근 1년 동안에 3개국 이상 변경된 경우

③ 원산지가 다른 동일원료를 혼합하여 사용하는 경우

영 제5조제1항 별표 1 제3호마목에 따라 원산지가 다른 동일원료를 혼합하여 사용하는 경우로서 다음의 어느 하나에 해당하는 경우에는 혼합 비율 표시를 생략하고 혼합 비율이 높은 순으로 2개 이상의 원산지를 표시할 수 있다. 다만, 원산지 표시 중 국내산의 혼합비율을 생략하기 위해서는 국내산 혼합 비율이 최소 30퍼센트 이상이어야 한다.
1. 최근 3년 이내에 연평균 3회 이상 혼합 비율이 변경되었거나 최근 1년 동안에 3회 이상 혼합비율이 변경된 경우
2. 혼합 비율을 표시 할 경우 연 3회 이상 포장재 교체가 예상되는 경우

④ 제1항에 따라 QR코드나 홈페이지에 원산지를 표시하는 경우 다음 각 호를 따라야 한다.
1. 원산지가 변경된 경우 변경사항 발생 1개월 이내에 변경사항을 추가해야 함.
2. 원산지 표시 내용은 생산된 제품의 유통기한이 종료 될 때까지 유지되어야 함.

제5조(세부 원산지 표시기준)

영 제5조제2항에 따라 농수산물의 이식(移植)·이동 등으로 인한 세부 표시기준은 별표 3과 같다.

제6조(시료 검정기관)

① 영 제6조제2항에 따른 시료 검정기관은 다음 각 호와 같다. 다만, 국립농산물품질관리원은 농산물 이외에 축산물·임산물 및 그 가공

품에 대하여, 국립수산물품질관리원 및 국립수산과학원은 수산물 이외에 수산물 가공품에 대하여 필요한 품목을 정하여 검정할 수 있다.
  1. 농산물: 국립농산물품질관리원
  2. 축산물: 농촌진흥청 국립축산과학원
  3. 임산물: 산림청 국립산림과학원・국립수목원
  4. 가공품: 한국식품연구원
  5. <u>수산물: 국립수산물품질관리원・국립수산과학원</u>
  6. 농산물・축산물・임산물・수산물: 시・도 보건환경연구원
② 검정기관의 장은 원산지표시의 조사업무를 담당하는 기관에서 의뢰하는 시료에 대하여 시료의 검정을 실시해야 한다.
③ 검정기관의 장은 시료검정의뢰를 받았을 때에는 특별한 사유가 없는 한 접수일 부터 10일 이내에 시료의 검정결과를 통보하여야 한다.

제7조(재검토기한)
농림축산식품부장관과 해양수산부장관은 이 고시에 대하여「훈령・예규 등의 발령 및 관리에 관한 규정」에 따라 2023년 7월 1일 기준으로 매 3년이 되는 시점(매 3년째의 6월 30일까지를 말한다)마다 그 타당성을 검토하여 개선 등의 조치를 해야 한다.

이식・이동 등으로 인한 세부 원산지 표시기준	
구 분	세부 원산지 표시기준
가. 원산지 변경	○「수산자원관리법」및「내수면어업법」에 의한 이식절차를 거쳐 수정란, 김 사상체 등을 수입하여 국내에서 재생산된 수산물은 국내산으로 본다.
	ex1] 김 사상체를 수입하여 김을 양식 생산한 경우 ex2] 수입한 수정란으로부터 부화한 어류의 경우 ex3] 종묘생산용으로 수입한 친어, 모하, 모패 등으로부터 새롭게 생산된 어류, 새우, 패류 등의 경우
나. 원산지 미변경	○「수산자원관리법」및「내수면어업법」에 의한 이식절차를 거치지 않고 성어 또는 제품을 수입하여 단순히 저장, 분포장, 보관, 단기 성육시키는 경우에는 원산지가 변경된 것으로 보지 않는다.
	ex1] 미꾸라지를 수입하여 물논, 저수지, 수조 등에 단기간 보관 후 판매하는 경우 ex2] 수산물을 수입하여 이물질을 제거하거나, 잘게 찢기, 분포장 등 단순가공 활동을 하여 HS 6단위 기준의 실질적 변형이 일어나지 않는 경

	우 ex3] 마른 해조류를 수입하여 잘게 부수거나 잘라 소포장하는 경우
다. 원산지 전환	○ 수산물(활어, 산 갑각류, 산 연체동물 등)을 「수산자원관리법」 및 「내수면어업법」에 의한 이식절차를 거쳐 출생국으로부터 수입하여 국내에서 일정기간 양식한 경우 원산지가 전환되었다고 보며 다음과 같이 표시한다.
	ex1] 외국에서 출생한 어패류의 경우 미꾸라지는 3개월 이상, 흰다리새우와 해만가리비는 4개월 이상, 그 이외의 어패류는 6개월 이상 국내에서 양식된 때에는 "국산" 또는 "국내산"으로 표시한다.
	ex2] 국내에서 출생한 어패류의 경우 유통판매 전 최종 사육지를 기준으로 미꾸라지는 3개월 이상, 흰다리새우와 해만가리비는 4개월 이상, 그 이외의 어패류는 6개월 이상 사육·양식한 때에는 "국산", "국내산"의 표시 외에 해당 시·도명 또는 시·군·구명을 표시할 수 있다. 다만, 해당 조건이 충족되지 않을 경우 "국산" 또는 "국내산"으로 표시해야 한다.

■ 농수산물의 원산지 표시 등에 관한 법률 시행규칙 [별표 1]
농수산물 등의 원산지 표시방법(제3조제1호 관련)

1. 적용대상
  가. 영 별표 1 제1호에 따른 농수산물
  나. 영 별표 1 제2호에 따른 수입 농수산물과 그 가공품 및 반입 농수산물과 그 가공품

2. 표시방법
  가. 포장재에 원산지를 표시할 수 있는 경우
    1) 위치: 소비자가 쉽게 알아볼 수 있는 곳에 표시한다.
    2) 문자: 한글로 하되, 필요한 경우에는 한글 옆에 한문 또는 영문 등으로 추가하여 표시할 수 있다.
    3) 글자 크기
      가) 포장 표면적이 3,000㎠ 이상인 경우: 20포인트 이상
      나) 포장 표면적이 50㎠ 이상 3,000㎠ 미만인 경우: 12포인트

다) 포장 표면적이 50㎠ 미만인 경우: 8포인트 이상. 다만, 8포인트 이상의 크기로 표시하기 곤란한 경우에는 다른 표시사항의 글자 크기와 같은 크기로 표시할 수 있다.

라) 가), 나) 및 다)의 포장 표면적은 포장재의 외형면적을 말한다. 다만, 「식품 등의 표시·광고에 관한 법률」 제4조에 따른 식품 등의 표시기준에 따른 통조림·병조림 및 병제품에 라벨이 인쇄된 경우에는 그 라벨의 면적으로 한다.

4) 글자색: 포장재의 바탕색 또는 내용물의 색깔과 다른 색깔로 선명하게 표시한다.

5) 그 밖의 사항

가) 포장재에 직접 인쇄하는 것을 원칙으로 하되, 지워지지 아니하는 잉크·각인·소인 등을 사용하여 표시하거나 스티커(붙임딱지), 전자저울에 의한 라벨지 등으로도 표시할 수 있다.

나) 그물망 포장을 사용하는 경우 또는 포장을 하지 않고 엮거나 묶은 상태인 경우에는 꼬리표, 안쪽 표지 등으로도 표시할 수 있다.

나. 포장재에 원산지를 표시하기 어려운 경우(다목의 경우는 제외한다)

1) 푯말, 안내표시판, 일괄 안내표시판, 상품에 붙이는 스티커 등을 이용하여 다음의 기준에 따라 소비자가 쉽게 알아볼 수 있도록 표시한다. 다만, 원산지가 다른 동일 품목이 있는 경우에는 해당 품목의 원산지는 일괄 안내표시판에 표시하는 방법 외의 방법으로 표시하여야 한다.

가) 푯말: 가로 8cm × 세로 5cm × 높이 5cm 이상

나) 안내표시판

(1) 진열대: 가로 7cm × 세로 5cm 이상

(2) 판매장소: 가로 14cm × 세로 10cm 이상

(3) 「축산물 위생관리법 시행령」 제21조제7호가목에 따른 식육판매업 또는 같은 조 제8호에 따른 식육즉석판매가공업의 영업자가 진열장에 진열하여 판매하는 식육에 대하여 식육판매표지판을 이용하여 원산지를 표시하는 경우의 세부 표시방법은 식품의약품안전처장이 정하여 고시하는 바에 따른다.

다) 일괄 안내표시판

(1) 위치: 소비자가 쉽게 알아볼 수 있는 곳에 설치하여야 한다.

기출문제연구

LA횟집은 1개의 수족관에 원산지가 다른(국산, 일본산, 중국산) 활농어 3마리를 보관·판매하고자 한다. 농수산물의 원산지 표시에 관한 법령상 수족관의 원산지 표시방법을 서술하시오.

▶ 원산지별로 섞이지 않도록 구획(동일 어종의 경우만 해당한다)하고, 푯말 또는 안내표시판 등으로 소비자가 쉽게 알아볼 수 있도록 표시한다.

---

(2) 크기: 나)(2)에 따른 기준 이상으로 하되, 글자 크기는 20포인트 이상으로 한다.

라) 상품에 붙이는 스티커: 가로 3cm × 세로 2cm 이상 또는 직경 2.5cm 이상이어야 한다.

2) 문자: 한글로 하되, 필요한 경우에는 한글 옆에 한문 또는 영문 등으로 추가하여 표시할 수 있다.

3) 원산지를 표시하는 글자(일괄 안내표시판의 글자는 제외한다)의 크기는 제품의 명칭 또는 가격을 표시한 글자 크기의 1/2 이상으로 하되, 최소 12포인트 이상으로 한다.

다. 살아 있는 수산물의 경우

1) 보관시설(수족관, 활어차량 등)에 원산지별로 섞이지 않도록 구획(동일 어종의 경우만 해당한다)하고, 푯말 또는 안내표시판 등으로 소비자가 쉽게 알아볼 수 있도록 표시한다.

2) 글자 크기는 30포인트 이상으로 하되, 원산지가 같은 경우에는 일괄하여 표시할 수 있다.

3) 문자는 한글로 하되, 필요한 경우에는 한글 옆에 한문 또는 영문 등으로 추가하여 표시할 수 있다.

■ **농수산물의 원산지 표시 등에 관한 법률 시행규칙 [별표 2]**
농수산물 가공품의 원산지 표시방법(제3조제1호 관련)

1. 적용대상: 영 별표 1 제3호에 따른 농수산물 가공품

2. 표시방법

가. 포장재에 원산지를 표시할 수 있는 경우

1) 위치: 「식품 등의 표시·광고에 관한 법률」 제4조의 표시기준에 따른 원재료명 표시란에 추가하여 표시한다. 다만, 원재료명 표시란에 표시하기 어려운 경우에는 소비자가 쉽게 알아볼 수 있는 위치에 표시하되, 구매시점에 소비자가 원산지를 알 수 있도록 표시해야 한다.

2) 문자: 한글로 하되, 필요한 경우에는 한글 옆에 한문 또는 영문 등으로 추가하여 표시할 수 있다.

3) 글자 크기

가) 10포인트 이상의 활자로 진하게(굵게) 표시해야 한다. 다만, 정보표시면 면적이 부족한 경우에는 10포인트보다 작게 표시할 수 있으나, 「식품 등의 표시.광고에 관한 법률」 제4조에 따른 원재료명의 표시와 동일한 크기로 진하게(굵게) 표시해야 한다.

나) 가)에 따른 글씨는 각각 장평 90% 이상, 자간 -5% 이상

으로 표시해야 한다. 다만, 정보표시면 면적이 100㎠ 미만인 경우에는 각각 장평 50% 이상, 자간 -5% 이상으로 표시할 수 있다.
   - 다) 삭제 〈2019. 9. 10.〉
   - 라) 삭제 〈2019. 9. 10.〉
  4) 글자색: 포장재의 바탕색과 다른 단색으로 선명하게 표시한다. 다만, 포장재의 바탕색이 투명한 경우 내용물과 다른 단색으로 선명하게 표시한다.
  5) 그 밖의 사항
   - 가) 포장재에 직접 인쇄하는 것을 원칙으로 하되, 지워지지 아니하는 잉크·각인·소인 등을 사용하여 표시하거나 스티커, 전자저울에 의한 라벨지 등으로도 표시할 수 있다.
   - 나) 그물망 포장을 사용하는 경우에는 꼬리표, 안쪽 표지 등으로도 표시할 수 있다.
   - 다) 최종소비자에게 판매되지 않는 농수산물 가공품을 「가맹사업거래의 공정화에 관한 법률」에 따른 가맹사업자의 직영점과 가맹점에 제조.가공.조리를 목적으로 공급하는 경우에 가맹사업자가 원산지 정보를 판매시점 정보관리(POS, Point of Sales) 시스템을 통해 이미 알고 있으면 포장재 표시를 생략할 수 있다.
 나. 포장재에 원산지를 표시하기 어려운 경우: 별표 1 제2호나목을 준용하여 표시한다.

■ 농수산물의 원산지 표시 등에 관한 법률 시행규칙 [별표 3]
통신판매의 경우 원산지 표시방법(제3조제1호 및 제2호 관련)

1. 일반적인 표시방법
 가. 표시는 한글로 하되, 필요한 경우에는 한글 옆에 한문 또는 영문 등으로 추가하여 표시할 수 있다. 다만, 매체 특성상 문자로 표시할 수 없는 경우에는 말로 표시하여야 한다.
 나. 원산지를 표시할 때에는 소비자가 혼란을 일으키지 않도록 글자로 표시할 경우에는 글자의 위치·크기 및 색깔은 쉽게 알아 볼 수 있어야 하고, 말로 표시할 경우에는 말의 속도 및 소리의 크기는 제품을 설명하는 것과 같아야 한다.
 다. 원산지가 같은 경우에는 일괄하여 표시할 수 있다. 다만, 제3호나목의 경우에는 일괄하여 표시할 수 없다.

2. 판매 매체에 대한 표시방법
　가. 전자매체 이용
　　1) 글자로 표시할 수 있는 경우(인터넷, PC통신, 케이블TV, IPTV, TV 등)
　　　가) 표시 위치: 제품명 또는 가격표시 주위에 원산지를 표시하거나 제품명 또는 가격표시 주위에 원산지를 표시한 위치를 표시하고 매체의 특성에 따라 자막 또는 별도의 창을 이용하여 원산지를 표시할 수 있다.
　　　나) 표시 시기: 원산지를 표시하여야 할 제품이 화면에 표시되는 시점부터 원산지를 알 수 있도록 표시해야 한다.
　　　다) 글자 크기: 제품명 또는 가격표시와 같거나 그보다 커야 한다. 다만, 별도의 창을 이용하여 표시할 경우에는 「전자상거래 등에서의 소비자보호에 관한 법률」 제13조제4항에 따른 통신판매업자의 재화 또는 용역정보에 관한 사항과 거래조건에 대한 표시.광고 및 고지의 내용과 방법을 따른다.
　　　라) 글자색: 제품명 또는 가격표시와 같은 색으로 한다.
　　2) 글자로 표시할 수 없는 경우(라디오 등)
　　　1회당 원산지를 두 번 이상 말로 표시하여야 한다.
　나. 인쇄매체 이용(신문, 잡지 등)
　　1) 표시 위치: 제품명 또는 가격표시 주위에 표시하거나, 제품명 또는 가격표시 주위에 원산지 표시 위치를 명시하고 그 장소에 표시할 수 있다.
　　2) 글자 크기: 제품명 또는 가격표시 글자 크기의 1/2 이상으로 표시하거나, 광고 면적을 기준으로 별표 1 제2호가목3)의 기준을 준용하여 표시할 수 있다.
　　3) 글자색: 제품명 또는 가격표시와 같은 색으로 한다.

3. 판매 제공 시의 표시방법
　가. 별표 1 제1호에 따른 농수산물 등의 원산지 표시방법
　　별표 1 제2호가목에 따라 원산지를 표시해야 한다. 다만, 포장재에 표시하기 어려운 경우에는 전단지, 스티커 또는 영수증 등에 표시할 수 있다.
　나. 별표 2 제1호에 따른 농수산물 가공품의 원산지 표시방법
　　별표 2 제2호가목에 따라 원산지를 표시해야 한다. 다만, 포장재

에 표시하기 어려운 경우에는 전단지, 스티커 또는 영수증 등에 표시할 수 있다.

다. 별표 4에 따른 영업소 및 집단급식소의 원산지 표시방법

별표 4 제1호 및 제3호에 따라 표시대상 농수산물 또는 그 가공품의 원료의 원산지를 포장재에 표시한다. 다만, 포장재에 표시하기 어려운 경우에는 전단지, 스티커 또는 영수증 등에 표시할 수 있다.

영업소 및 집단급식소의 원산지 표시방법(제3조제2호 관련)

1. 공통적 표시방법

   가. 음식명 바로 옆이나 밑에 표시대상 원료인 농수산물명과 그 원산지를 표시한다. 다만, 모든 음식에 사용된 특정 원료의 원산지가 같은 경우 그 원료에 대해서는 다음 예시와 같이 일괄하여 표시할 수 있다.

   [예시]
   우리 업소에서는 "국내산 쌀"만 사용합니다.
   우리 업소에서는 "국내산 배추와 고춧가루로 만든 배추김치"만 사용합니다.
   우리 업소에서는 "국내산 한우 쇠고기"만 사용합니다.
   우리 업소에서는 "국내산 넙치"만을 사용합니다.

   나. 원산지의 글자 크기는 메뉴판이나 게시판 등에 적힌 음식명 글자 크기와 같거나 그 보다 커야 한다.

   다. 원산지가 다른 2개 이상의 동일 품목을 섞은 경우에는 섞음 비율이 높은 순서대로 표시한다.

   [예시 1] 국내산(국산)의 섞음 비율이 외국산보다 높은 경우
   - 쇠고기

     불고기(쇠고기: 국내산 한우와 호주산을 섞음), 설렁탕(육수: 국내산 한우, 쇠고기: 호주산), 국내산 한우 갈비뼈에 호주산 쇠고기를 접착(接着)한 경우: 소갈비(갈비뼈: 국내산 한우, 쇠고기: 호주산) 또는 소갈비(쇠고기: 호주산)
   - 돼지고기, 닭고기 등: 고추장불고기(돼지고기: 국내산과 미국산을 섞음), 닭갈비(닭고기: 국내산과 중국산을 섞음)
   - 쌀, 배추김치: 쌀(국내산과 미국산을 섞음), 배추김치(배추: 국내산과 중국산을 섞음, 고춧가루: 국내산과 중국산을 섞음)
   - 넙치, 조피볼락 등: 조피볼락회(조피볼락: 국내산과 일본산을 섞음)

   [예시 2] 국내산(국산)의 섞음 비율이 외국산보다 낮은 경우

- 불고기(쇠고기: 호주산과 국내산 한우를 섞음), 죽(쌀: 미국산과 국내산을 섞음), 낙지볶음(낙지: 일본산과 국내산을 섞음)
라. 쇠고기, 돼지고기, 닭고기, 오리고기, 넙치, 조피볼락 및 참돔 등을 섞은 경우 각각의 원산지를 표시한다.
  [예시] 햄버그스테이크(쇠고기: 국내산 한우, 돼지고기: 덴마크산), 모둠회(넙치: 국내산, 조피볼락: 중국산, 참돔: 일본산),
  갈낙탕(쇠고기: 미국산, 낙지: 중국산)
마. 원산지가 국내산(국산)인 경우에는 "국산"이나 "국내산"으로 표시하거나 해당 농수산물이 생산된 특별시·광역시·특별자치시·도·특별자치도명이나 시·군·자치구명으로 표시할 수 있다.
바. 농수산물 가공품을 사용한 경우에는 그 가공품에 사용된 원료의 원산지를 표시하되, 다음 1) 및 2)에 따라 표시할 수 있다.
  [예시] 부대찌개(햄(돼지고기: 국내산)), 샌드위치(햄(돼지고기: 독일산))
  1) 외국에서 가공한 농수산물 가공품 완제품을 구입하여 사용한 경우에는 그 포장재에 적힌 원산지를 표시할 수 있다.
    [예시] 소세지야채볶음(소세지: 미국산), 김치찌개(배추김치: 중국산)
  2) 국내에서 가공한 농수산물 가공품의 원료의 원산지가 영 별표 1 제3호마목에 따라 원료의 원산지가 자주 변경되어 "외국산"으로 표시된 경우에는 원료의 원산지를 "외국산"으로 표시할 수 있다.
    [예시] 피자(햄(돼지고기: 외국산)), 두부(콩: 외국산)
  3) 국내산 쇠고기의 식육가공품을 사용하는 경우에는 식육의 종류 표시를 생략할 수 있다.
사. 농수산물과 그 가공품을 조리하여 판매 또는 제공할 목적으로 냉장고 등에 보관·진열하는 경우에는 제품 포장재에 표시하거나 냉장고 등 보관장소 또는 보관용기별 앞면에 일괄하여 표시한다. 다만, 거래명세서 등을 통해 원산지를 확인할 수 있는 경우에는 원산지표시를 생략할 수 있다.
아. 삭제 〈2017. 5. 30.〉
자. 표시대상 농수산물이나 그 가공품을 조리하여 배달을 통하여 판매·제공하는 경우에는 해당 농수산물이나 그 가공품 원료의 원산지를 포장재에 표시한다. 다만, 포장재에 표시하기 어려운 경우에는 전단지, 스티커 또는 영수증 등에 표시할 수 있다.

2. 영업형태별 표시방법
    가. 휴게음식점영업 및 일반음식점영업을 하는 영업소
        1) 원산지는 소비자가 쉽게 알아볼 수 있도록 업소 내의 모든 메뉴판 및 게시판(메뉴판과 게시판 중 어느 한 종류만 사용하는 경우에는 그 메뉴판 또는 게시판을 말한다)에 표시하여야 한다. 다만, 아래의 기준에 따라 제작한 원산지 표시판을 아래 2)에 따라 부착하는 경우에는 메뉴판 및 게시판에는 원산지 표시를 생략할 수 있다.
            가) 표제로 "원산지 표시판"을 사용할 것
            나) 표시판 크기는 가로 × 세로(또는 세로 × 가로) 29cm × 42cm 이상일 것
            다) 글자 크기는 60포인트 이상(음식명은 30포인트 이상)일 것
            라) 제3호의 원산지 표시대상별 표시방법에 따라 원산지를 표시할 것
            마) 글자색은 바탕색과 다른 색으로 선명하게 표시
        2) 원산지를 원산지 표시판에 표시할 때에는 업소 내에 부착되어 있는 가장 큰 게시판(크기가 모두 같은 경우 소비자가 가장 잘 볼 수 있는 게시판 1곳)의 옆 또는 아래에 소비자가 잘 볼 수 있도록 원산지 표시판을 부착하여야 한다. 게시판을 사용하지 않는 업소의 경우에는 업소의 주 출입구 입장 후 정면에서 소비자가 잘 볼 수 있는 곳에 원산지 표시판을 부착 또는 게시하여야 한다.
        3) 1) 및 2)에도 불구하고 취식(取食)장소가 벽(공간을 분리할 수 있는 칸막이 등을 포함한다)으로 구분된 경우 취식장소별로 원산지가 표시된 게시판 또는 원산지 표시판을 부착해야 한다. 다만, 부착이 어려울 경우 타 위치의 원산지 표시판 부착 여부에 상관없이 원산지 표시가 된 메뉴판을 반드시 제공하여야 한다.
    나. 위탁급식영업을 하는 영업소 및 집단급식소
        1) 식당이나 취식장소에 월간 메뉴표, 메뉴판, 게시판 또는 푯말 등을 사용하여 소비자(이용자를 포함한다)가 원산지를 쉽게 확인할 수 있도록 표시하여야 한다.
        2) 교육·보육시설 등 미성년자를 대상으로 하는 영업소 및 집단급식소의 경우에는 1)에 따른 표시 외에 원산지가 적힌 주간 또는 월간 메뉴표를 작성하여 가정통신문(전자적 형태의 가정통신문을 포함한다)으로 알려주거나 교육·보육시설 등의 인터넷 홈페이지에 추가로 공개하여야 한다.
    다. 장례식장, 예식장 또는 병원 등에 설치·운영되는 영업소나 집

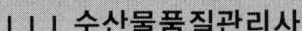

기출문제연구

부산시 기장군에서 횟집을 운영하는 A씨는 완도에서 양식한 넙치와 중국에서 수입한 농어, 일본에서 수입한 참돔으로 모둠회(10만원/4인분 기준)를 구성하여 판매하고자 한다. 이를 메뉴판에 기재할 때, A씨가 써야 할 원산지 표시방법을 농수산물의 원산지 표시에 관한 법령에 명시된 기준으로 쓰시오.

➡ 모둠회(넙치: 국산, 참돔: 일본산)

- 넙치, 조피볼락 및 참돔 등을 섞은 경우 각각의 원산지를 표시한다.

[예시] 모둠회(넙치: 국내산, 조피볼락: 중국산, 참돔: 일본산)

농어는 원산지 표시대상이 아니다.

단급식소의 경우에는 가목 및 나목에도 불구하고 소비자(취식자를 포함한다)가 쉽게 볼 수 있는 장소에 푯말 또는 게시판 등을 사용하여 표시할 수 있다.

3. 원산지 표시대상별 표시방법

가.~라. 생략

마. 넙치, 조피볼락, 참돔, 미꾸라지, 뱀장어, 낙지, 명태, 고등어, 갈치, 오징어, 꽃게, 참조기, 다랑어, 아귀 및 주꾸미의 원산지 **표시방법**: 원산지는 국내산(국산), 원양산 및 외국산으로 구분하고, 다음의 구분에 따라 표시한다.
 1) 국내산(국산)의 경우 "국산"이나 "국내산" 또는 "연근해산"으로 표시한다.
    [예시] 넙치회(넙치: 국내산), 참돔회(참돔: 연근해산)
 2) 원양산의 경우 "원양산" 또는 "원양산, 해역명"으로 한다.
    [예시] 참돔구이(참돔: 원양산), 넙치매운탕(넙치: 원양산, 태평양산)
 3) 외국산의 경우 해당 국가명을 표시한다.
    [예시] 참돔회(참돔: 일본산), 뱀장어구이(뱀장어: 영국산)
바. 살아있는 수산물의 원산지 표시방법은 별표 1 제2호다목에 따른다.

(2) 거짓 표시 등의 금지(제6조)

① 누구든지 다음 각 호의 행위를 하여서는 아니 된다.
1. 원산지 표시를 거짓으로 하거나 이를 혼동하게 할 우려가 있는 표시를 하는 행위
2. 원산지 표시를 혼동하게 할 목적으로 그 표시를 손상·변경하는 행위
3. 원산지를 위장하여 판매하거나, 원산지 표시를 한 농수산물이나 그 가공품에 다른 농수산물이나 가공품을 혼합하여 판매하거나 판매할 목적으로 보관이나 진열하는 행위

② 농수산물이나 그 가공품을 조리하여 판매·제공하는 자는 다음 각 호의 행위를 하여서는 아니 된다.
1. 원산지 표시를 거짓으로 하거나 이를 혼동하게 할 우려가 있는 표시를 하는 행위
2. 원산지를 위장하여 조리·판매·제공하거나, 조리하여 판매

· 제공할 목적으로 농수산물이나 그 가공품의 원산지 표시를 손상·변경하여 보관·진열하는 행위
3. 원산지 표시를 한 농수산물이나 그 가공품에 원산지가 다른 동일 농수산물이나 그 가공품을 혼합하여 조리·판매·제공하는 행위

③ 제1항이나 제2항을 위반하여 원산지를 혼동하게 할 우려가 있는 표시 및 위장판매의 범위 등 필요한 사항은 농림축산식품부와 해양수산부의 공동 부령으로 정한다.

■ 농수산물의 원산지 표시 등에 관한 법률 시행규칙 [별표 5]
원산지를 혼동하게 할 우려가 있는 표시 및 위장판매의 범위
(제4조 관련)

1. 원산지를 혼동하게 할 우려가 있는 표시
  가. 원산지 표시란에는 원산지를 바르게 표시하였으나 포장재·푯말·홍보물 등 다른 곳에 이와 유사한 표시를 하여 원산지를 오인하게 하는 표시 등을 말한다.
  나. 가목에 따른 일반적인 예는 다음과 같으며 이와 유사한 사례 또는 그 밖의 방법으로 기망(欺罔)하여 판매하는 행위를 포함한다.
    1) 원산지 표시란에는 외국 국가명을 표시하고 인근에 설치된 현수막 등에는 "우리 농산물만 취급", "국산만 취급", "국내산 한우만 취급" 등의 표시·광고를 한 경우
    2) 원산지 표시란에는 외국 국가명 또는 "국내산"으로 표시하고 포장재 앞면 등 소비자가 잘 보이는 위치에는 큰 글씨로 "국내생산", "경기특미" 등과 같이 국내 유명 특산물 생산지역명을 표시한 경우
    3) 게시판 등에는 "국산 김치만 사용합니다"로 일괄 표시하고 원산지 표시란에는 외국 국가명을 표시하는 경우
    4) 원산지 표시란에는 여러 국가명을 표시하고 실제로는 그 중 원료의 가격이 낮거나 소비자가 기피하는 국가산만을 판매하는 경우

2. 원산지 위장판매의 범위
  가. 원산지 표시를 잘 보이지 않도록 하거나, 표시를 하지 않고 판매하면서 사실과 다르게 원산지를 알리는 행위 등을 말한다.
  나. 가목에 따른 일반적인 예는 다음과 같으며 이와 유사한 사례 또는 그 밖의 방법으로 기망하여 판매하는 행위를 포함한다.
    1) 외국산과 국내산을 진열·판매하면서 외국 국가명 표시를 잘 보이지 않게 가리거나 대상 농수산물과 떨어진 위치에 표시하는 경

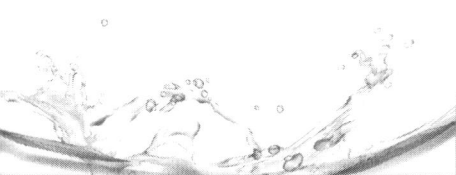

우
    2) 외국산의 원산지를 표시하지 않고 판매하면서 원산지가 어디냐고 물을 때 국내산 또는 원양산이라고 대답하는 경우
    3) 진열장에는 국내산만 원산지를 표시하여 진열하고, 판매 시에는 냉장고에서 원산지 표시가 안 된 외국산을 꺼내 주는 경우

④ 「유통산업발전법」 제2조제3호에 따른 대규모점포를 개설한 자는 임대의 형태로 운영되는 점포(이하 "임대점포"라 한다)의 임차인 등 운영자가 제1항 각 호 또는 제2항 각 호의 어느 하나에 해당하는 행위를 하도록 방치하여서는 아니 된다.

⑤ 「방송법」 제9조제5항에 따른 승인을 받고 상품소개와 판매에 관한 전문편성을 행하는 방송채널사용사업자는 해당 방송채널 등에 물건 판매중개를 의뢰하는 자가 제1항 각 호 또는 제2항 각 호의 어느 하나에 해당하는 행위를 하도록 방치하여서는 아니 된다.

(3) 과징금

① 농림축산식품부장관, 해양수산부장관, 관세청장, 특별시장·광역시장·특별자치시장·도지사·특별자치도지사(이하 "시·도지사"라 한다) 또는 시장·군수·구청장(자치구의 구청장을 말한다. 이하 같다)은 제6조제1항 또는 제2항을 2년 이내에 2회 이상 위반한 자에게 그 위반금액의 5배 이하에 해당하는 금액을 과징금으로 부과·징수할 수 있다. 이 경우 제6조제1항을 위반한 횟수와 같은 조 제2항을 위반한 횟수는 합산한다.

② 제1항에 따른 위반금액은 제6조제1항 또는 제2항을 위반한 농수산물이나 그 가공품의 판매금액으로서 각 위반행위별 판매금액을 모두 더한 금액을 말한다. 다만, 통관단계의 위반금액은 제6조제1항을 위반한 농수산물이나 그 가공품의 수입 신고 금액으로서 각 위반행위별 수입 신고 금액을 모두 더한 금액을 말한다.

③ 제1항에 따른 과징금 부과·징수의 세부기준, 절차, 그 밖에 필요한 사항은 대통령령으로 정한다.

④ 농림축산식품부장관, 해양수산부장관, 관세청장, 시·도지사 또는 시장·군수·구청장은 제1항에 따른 과징금을 내야 하는 자가 납부기한까지 내지 아니하면 국세 또는 지방세 체납처분의 예에 따라 징수한다.

과징금의 부과 및 징수(시행령)

① 법 제6조의2제1항에 따른 과징금의 부과기준은 별표 1의2와 같다.
② 농림축산식품부장관, 해양수산부장관, 관세청장 또는 특별시장·광역시장·특별자치시장·도지사·특별자치도지사(이하 "시·도지사"라 한다)나 시장·군수·구청장(자치구의 구청장을 말한다. 이하 같다)은 법 제6조의2제1항에 따라 과징금을 부과하려면 그 위반행위의 종류와 과징금의 금액 등을 명시하여 과징금을 낼 것을 과징금 부과 대상자에게 서면으로 알려야 한다.
③ 제2항에 따라 통보를 받은 자는 납부 통지일부터 30일 이내에 과징금을 농림축산식품부장관, 해양수산부장관, 관세청장, 시·도지사나 시장·군수·구청장이 정하는 수납기관에 내야 한다. 다만, 천재지변이나 그 밖의 부득이한 사유로 납부기한까지 과징금을 낼 수 없는 경우에는 그 사유가 없어진 날부터 7일 이내에 내야 한다.
④ 분할납부
　농림축산식품부장관, 해양수산부장관, 관세청장, 시·도지사나 시장·군수·구청장은 법 제6조의2제1항에 따라 과징금 부과처분을 받은 자가 다음 각 호의 어느 하나에 해당하는 사유로 과징금의 전액을 한꺼번에 내기 어렵다고 인정되는 경우에는 그 납부기한을 연장하거나 분할 납부하게 할 수 있다. 이 경우 필요하다고 인정하는 때에는 담보를 제공하게 할 수 있다.
　1. 재해 등으로 재산에 현저한 손실을 입은 경우
　2. 경제 여건이나 사업 여건의 악화로 사업이 중대한 위기에 있는 경우
　3. 과징금을 한꺼번에 내면 자금사정에 현저한 어려움이 예상되는 경우
⑤ 제4항에 따라 과징금의 납부기한의 연장 또는 분할 납부를 하려는 자는 그 납부기한의 5일 전까지 납부기한의 연장 또는 분할 납부의 사유를 증명하는 서류를 첨부하여 농림축산식품부장관, 해양수산부장관, 관세청장, 시·도지사나 시장·군수·구청장에게 신청해야 한다.
⑥ 제4항에 따른 납부기한의 연장은 그 납부기한의 다음 날부터 1년을 초과할 수 없다.

⑦ 제4항에 따라 분할 납부를 하게 하는 경우 각 분할된 납부기한의 간격은 4개월을 초과할 수 없으며, 분할 횟수는 3회를 초과할 수 없다.

⑧ 과징금의 일시납

농림축산식품부장관, 해양수산부장관, 관세청장, 시·도지사나 시장·군수·구청장은 제4항에 따라 납부기한이 연장되거나 분할 납부가 허용된 과징금의 납부의무자가 다음 각 호의 어느 하나에 해당하게 되면 납부기한 연장 또는 분할 납부 결정을 취소하고 과징금을 한꺼번에 징수할 수 있다.

1. 분할 납부하기로 결정된 과징금을 납부기한까지 내지 아니한 경우

2. 강제집행, 경매의 개시, 법인의 해산, 국세 또는 지방세의 체납처분을 받은 경우 등 과징금의 전부 또는 잔여분을 징수할 수 없다고 인정되는 경우

⑨ 제3항에 따라 과징금을 받은 수납기관은 지체 없이 그 사실을 농림축산식품부장관, 해양수산부장관, 관세청장, 시·도지사나 시장·군수·구청장에게 알려야 한다.

⑩ 제1항부터 제9항까지에서 규정한 사항 외에 과징금의 부과·징수에 필요한 사항은 농림축산식품부와 해양수산부의 공동부령으로 정한다.

■ 농수산물의 원산지 표시 등에 관한 법률 시행령 [별표 1의2]
과징금의 부과기준(제5조의2제1항 관련)

1. 일반기준

가. 과징금 부과기준은 2년간 2회 이상 위반한 경우에 적용한다. 이 경우 위반행위로 적발된 날부터 다시 위반행위로 적발된 날을 각각 기준으로 하여 위반횟수를 계산한다.

나. 2년간 2회 위반한 경우에는 각각의 위반행위에 따른 위반금액을 합산한 금액을 기준으로 과징금을 산정·부과하고, 3회 이상 위반한 경우에는 해당 위반행위에 따른 위반금액을 기준으로 과징금을 산정·부과한다.

다. 법 제6조의2제2항에 따라 법 제6조제1항 위반 시 각 위반행위에 의한 판매금액은 해당 농수산물이나 농수산물 가공품의 판매량에 판매가격(해당 업소의 판매가격을 알 수 없는 경우에는 인근 2개 업소의 동일 품목 판매가격의 평균을 기준으로 한다. 다만, 평균가격을 산정할 수 없는 경우에는 해당 농수산물이나 농수산물 가공품의 매입가격에 30퍼센트를 가산한 금액을 기준으로 한다)을 곱한 금액으

로 한다.

　라. 법 제6조의2제2항에 따라 법 제6조제2항 위반 시 각 위반행위에 의한 판매금액은 다음 1) 및 2)에 따라 산출한다.

　　1) [음식 판매가격 × (음식에 사용된 원산지를 거짓표시한 해당 농수산물이나 그 가공품의 원가 / 음식에 사용된 총 원료 원가)] × 해당 음식의 판매인분 수

　　2) 1)에 따른 판매금액 산출이 곤란할 경우, 원산지를 거짓표시한 해당 농수산물이나 그 가공품(음식에 사용되어 판매한 것에 한정한다)의 매입가격에 3배를 곱한 금액으로 한다.

　마. 통관 단계의 수입 농수산물과 그 가공품(이하 "수입농수산물등"이라 한다) 및 반입 농수산물과 그 가공품(이하 "반입농수산물등"이라 한다)의 위반금액은 세관 수입신고 금액으로 한다.

2. 세부 산출기준

　가. 통관 단계의 수입농수산물등 및 반입농수산물등의 경우에는 위반 수입농수산물등 및 반입농수산물등의 세관 수입신고 금액의 100분의 10 또는 3억원 중 적은 금액

　나. 가목을 제외한 농수산물 및 그 가공품(통관 단계 이후의 수입농수산물등 및 반입농수산물등을 포함한다)

위반금액	과징금의 금액
100만원 이하	위반금액 × 0.5
100만원 초과 500만원 이하	위반금액 × 0.7
500만원 초과 1,000만원 이하	위반금액 × 1.0
1,000만원 초과 2,000만원 이하	위반금액 × 1.5
2,000만원 초과 3,000만원 이하	위반금액 × 2.0
3,000만원 초과 4,500만원 이하	위반금액 × 2.5
4,500만원 초과 6,000만원 이하	위반금액 × 3.0
6,000만원 초과	위반금액 × 4.0(최고 3억원)

(4) 원산지 표시 등의 조사

① 농림축산식품부장관, 해양수산부장관, 관세청장, 시·도지사 또는 시장·군수·구청장은 제5조에 따른 원산지의 표시 여부·표시사항과 표시방법 등의 적정성을 확인하기 위하여 대통령령으로 정하는 바에 따라 관계 공무원으로 하여금 원산지 표시대상 농수산물이나 그 가공품을 수거하거나 조사

하게 하여야 한다. 이 경우 관세청장의 수거 또는 조사 업무는 제5조제1항의 원산지 표시 대상 중 수입하는 농수산물이나 농수산물 가공품(국내에서 가공한 가공품은 제외한다)에 한정한다.
② 제1항에 따른 조사 시 필요한 경우 해당 영업장, 보관창고, 사무실 등에 출입하여 농수산물이나 그 가공품 등에 대하여 확인·조사 등을 할 수 있으며 영업과 관련된 장부나 서류의 열람을 할 수 있다.
③ 제1항이나 제2항에 따른 수거·조사·열람을 하는 때에는 원산지의 표시대상 농수산물이나 그 가공품을 판매하거나 가공하는 자 또는 조리하여 판매·제공하는 자는 정당한 사유 없이 이를 거부·방해하거나 기피하여서는 아니 된다.
④ 제1항이나 제2항에 따른 수거 또는 조사를 하는 관계 공무원은 그 권한을 표시하는 증표를 지니고 이를 관계인에게 내보여야 하며, 출입 시 성명·출입시간·출입목적 등이 표시된 문서를 관계인에게 교부하여야 한다.
⑤ 농림축산식품부장관, 해양수산부장관, 관세청장이나 시·도지사는 제1항에 따른 수거·조사를 하는 경우 업종, 규모, 거래 품목 및 거래 형태 등을 고려하여 매년 인력·재원 운영계획을 포함한 자체 계획(이하 이 조에서 "자체 계획"이라 한다)을 수립한 후 그에 따라 실시하여야 한다.
⑥ 농림축산식품부장관, 해양수산부장관, 관세청장이나 시·도지사는 제1항에 따른 수거·조사를 실시한 경우 다음 각 호의 사항에 대하여 평가를 실시하여야 하며 그 결과를 자체 계획에 반영하여야 한다.
1. 자체 계획에 따른 추진 실적
2. 그 밖에 원산지 표시 등의 조사와 관련하여 평가가 필요한 사항
⑦ 제6항에 따른 평가와 관련된 기준 및 절차에 관한 사항은 대통령령으로 정한다.

(5) 영수증 등의 비치

제5조제3항에 따라 원산지를 표시하여야 하는 자는 「축산물 위생관리법」 제31조나 「가축 및 축산물 이력관리에 관한 법률」 제18

조 등 다른 법률에 따라 발급받은 원산지 등이 기재된 영수증이나 거래명세서 등을 매입일부터 6개월간 비치·보관하여야 한다.

(6) 원산지 표시 등의 위반에 대한 처분 등

① 거짓표시금지 위반자에 대한 행정처분
농림축산식품부장관, 해양수산부장관, 관세청장, 시·도지사 또는 시장·군수·구청장은 제5조나 제6조를 위반한 자에 대하여 다음 각 호의 처분을 할 수 있다. 다만, 제5조제3항을 위반한 자에 대한 처분은 제1호에 한정한다.
1. 표시의 이행·변경·삭제 등 시정명령
2. 위반 농수산물이나 그 가공품의 판매 등 거래행위 금지

② 처분내용의 공표
농림축산식품부장관, 해양수산부장관, 관세청장, 시·도지사 또는 시장·군수·구청장은 다음 각 호의 자가 제5조를 위반하여 2년 이내에 2회 이상 원산지를 표시하지 아니하거나, 제6조를 위반함에 따라 제1항에 따른 처분이 확정된 경우 처분과 관련된 사항을 공표하여야 한다. 다만, 농림축산식품부장관이나 해양수산부장관이 심의회의 심의를 거쳐 공표의 실효성이 없다고 인정하는 경우에는 처분과 관련된 사항을 공표하지 아니할 수 있다.
1. 제5조제1항에 따라 원산지의 표시를 하도록 한 농수산물이나 그 가공품을 생산·가공하여 출하하거나 판매 또는 판매할 목적으로 가공하는 자
2. 제5조제3항에 따라 음식물을 조리하여 판매·제공하는 자

③ 공표사항
제2항에 따라 공표를 하여야 하는 사항은 다음 각 호와 같다.
1. 제1항에 따른 처분 내용
2. 해당 영업소의 명칭
3. 농수산물의 명칭
4. 제1항에 따른 처분을 받은 자가 입점하여 판매한 「방송법」 제9조제5항에 따른 방송채널사용사업자 또는 「전자상거래 등에서의 소비자보호에 관한 법률」 제20조에 따른 통신판매중개업자의 명칭
5. 그 밖에 처분과 관련된 사항으로서 대통령령으로 정하는 사

> **기출문제연구**
>
> A식당은 꽃게를 탕용 및 찜용으로 조리하여 판매·제공하고 있다. 국립수산물품질관리원 소속 조사공무원으로부터 원산지표시 위반(내용: 미표시)으로 적발되었다. 농수산물의 원산지 표시에 관한 법령상 국립수산물품질관리원장이 A식당을 대상으로 원산지표시 위반에 따른 과태료 부과 외에 조치할 수 있는 처분 명령을 쓰시오.
>
> ▶ 표시의 이행·변경·삭제 등 시정명령

항
④ 제2항의 공표는 다음 각 호의 자의 홈페이지에 공표한다.
  1. 농림축산식품부
  2. 해양수산부
  2의2. 관세청
  3. 국립농산물품질관리원
  4. 대통령령으로 정하는 국가검역·검사기관
  5. 특별시·광역시·특별자치시·도·특별자치도, 시·군·구(자치구를 말한다)
  6. 한국소비자원
  7. 그 밖에 대통령령으로 정하는 주요 인터넷 정보제공 사업자
  ⑤ 제1항에 따른 처분과 제2항에 따른 공표의 기준·방법 등에 관하여 필요한 사항은 대통령령으로 정한다.

대통령령 제7조(원산지 표시 등의 위반에 대한 처분 및 공표)
① 법 제9조제1항에 따른 처분은 다음 각 호의 구분에 따라 한다.
1. 법 제5조제1항을 위반한 경우: 표시의 이행명령 또는 거래행위 금지
2. 법 제5조제3항을 위반한 경우: 표시의 이행명령
3. 법 제6조를 위반한 경우: 표시의 이행·변경·삭제 등 시정명령 또는 거래행위 금지
② 법 제9조제2항에 따른 홈페이지 공표의 기준·방법은 다음 각 호와 같다.
1. 공표기간: 처분이 확정된 날부터 12개월
2. 공표방법
   가. 농림축산식품부, 해양수산부, 관세청, 국립농산물품질관리원, 국립수산물품질관리원, 특별시·광역시·특별자치시·도·특별자치도(이하 "시·도"라 한다), 시·군·구(자치구를 말한다. 이하 같다) 및 한국소비자원의 홈페이지에 공표하는 경우: 이용자가 해당 기관의 인터넷 홈페이지 첫 화면에서 볼 수 있도록 공표
   나. 주요 인터넷 정보제공 사업자의 홈페이지에 공표하는 경우: 이용자가 해당 사업자의 인터넷 홈페이지 화면 검색창에 "원산지"가 포함된 검색어를 입력하면 볼 수 있도록 공표
③ 법 제9조제3항제5호에서 "대통령령으로 정하는 사항"이란 다음 각 호의 사항을 말한다.
1. "농수산물의 원산지 표시 등에 관한 법률」 위반 사실의 공표"라

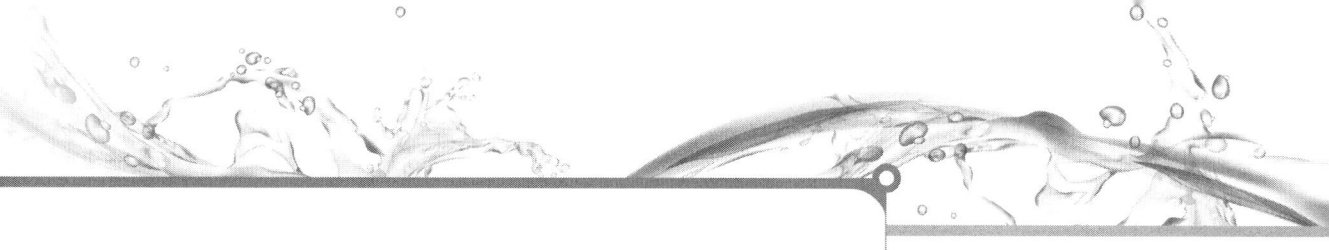

   는 내용의 표제
  2. 영업의 종류
  3. 영업소의 주소(「유통산업발전법」 제2조제3호에 따른 대규모점포에 입점·판매한 경우 그 대규모점포의 명칭 및 주소를 포함한다)
  4. 농수산물 가공품의 명칭
  5. 위반 내용
  6. 처분권자 및 처분일
  7. 법 제9조제1항에 따른 처분을 받은 자가 입점하여 판매한 「방송법」 제9조제5항에 따른 방송채널사용사업자의 채널명 또는 「전자상거래 등에서의 소비자보호에 관한 법률」 제20조에 따른 통신판매중개업자의 홈페이지 주소
  ④ 법 제9조제4항제4호에서 "대통령령으로 정하는 국가검역·검사기관"이란 국립수산물품질관리원을 말한다.
  ⑤ 법 제9조제4항제7호에서 "대통령령으로 정하는 주요 인터넷 정보제공 사업자"란 포털서비스(다른 인터넷주소·정보 등의 검색과 전자우편·커뮤니티 등을 제공하는 서비스를 말한다)를 제공하는 자로서 공표일이 속하는 연도의 전년도 말 기준 직전 3개월간의 일일평균 이용자수가 1천만명 이상인 정보통신서비스 제공자를 말한다.

(7) 원산지 표시 위반에 대한 교육

① 농림축산식품부장관, 해양수산부장관, 관세청장, 시·도지사 또는 시장·군수·구청장은 제9조제2항 각 호의 자가 제5조 또는 제6조를 위반하여 제9조제1항에 따른 처분이 확정된 경우에는 농수산물 원산지 표시제도 교육을 이수하도록 명하여야 한다.

② 교육 이수명령의 이행기간
   제1항에 따른 이수명령의 이행기간은 교육 이수명령을 통지받은 날부터 최대 4개월 이내로 정한다.

③ 농림축산식품부장관과 해양수산부장관은 제1항 및 제2항에 따른 농수산물 원산지 표시제도 교육을 위하여 교육시행지침을 마련하여 시행하여야 한다.

④ 제1항부터 제3항까지의 규정에 따른 교육내용, 교육대상, 교육기관, 교육기간 및 교육시행지침 등 필요한 사항은 대통령령으로 정한다.

(8) 농수산물의 원산지 표시에 관한 정보제공

기출문제연구

농수산물 원산지 표시에 관한 법령상 원산지를 2회 이상 표시하지 아니함에 따라 처분이 확정된 경우, 처분과 관련된 사항을 해양수산부 등 해당 기관의 인터넷 홈페이지에 공표하여야 한다. 이 공표문의 내용에 포함되는 것 3가지를 <보기>에서 골라 쓰시오.

> < 보기 >
> 위생등급, 영업소 주소,
> 수산물의 품질상태, 위반내용,
> 종사자 수, 영업의 종류

➡ ① 영업소 주소 ② 영업의 종류 ③ 위반내용

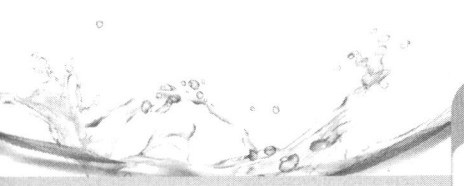

① 농림축산식품부장관 또는 해양수산부장관은 농수산물의 원산지 표시와 관련된 정보 중 방사성물질이 유출된 국가 또는 지역 등 국민이 알아야 할 필요가 있다고 인정되는 정보에 대하여는 「공공기관의 정보공개에 관한 법률」에서 허용하는 범위에서 이를 국민에게 제공하도록 노력하여야 한다.
② 제1항에 따라 정보를 제공하는 경우 제4조에 따른 심의회의 심의를 거칠 수 있다.
③ 농림축산식품부장관 또는 해양수산부장관은 제1항에 따라 국민에게 정보를 제공하고자 하는 경우 「농수산물 품질관리법」 제103조에 따른 농수산물안전정보시스템을 이용할 수 있다.

03 보칙

(1) 명예감시원

① 농림축산식품부장관, 해양수산부장관, 시·도지사 또는 시장·군수·구청장은 「농수산물 품질관리법」 제104조의 농수산물 명예감시원에게 농수산물이나 그 가공품의 원산지 표시를 지도·홍보·계몽하거나 위반사항을 신고하게 할 수 있다.
② 농림축산식품부장관, 해양수산부장관, 시·도지사 또는 시장·군수·구청장은 제1항에 따른 활동에 필요한 경비를 지급할 수 있다.

(2) 포상금 지급 등

① 농림축산식품부장관, 해양수산부장관, 관세청장, 시·도지사 또는 시장·군수·구청장은 제5조 및 제6조를 위반한 자를 주무관청이나 수사기관에 신고하거나 고발한 자에 대하여 대통령령으로 정하는 바에 따라 예산의 범위에서 포상금을 지급할 수 있다.

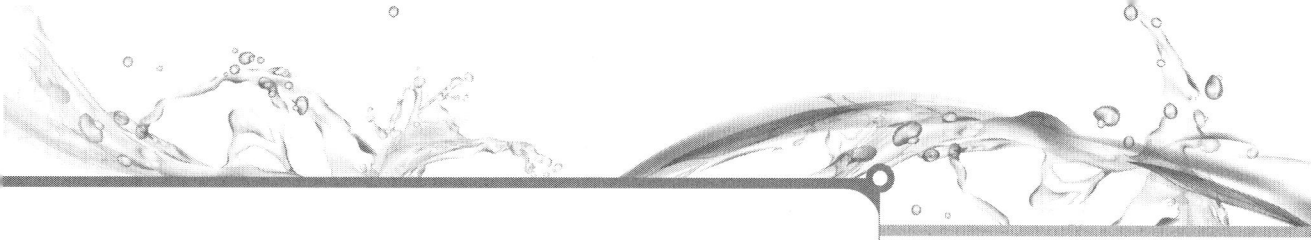

> **포상금(시행령)**
> ① 법 제12조제1항에 따른 **포상금은 1천만원의 범위**에서 지급할 수 있다.
> ② 법 제12조제1항에 따른 신고 또는 고발이 있은 후에 같은 위반행위에 대하여 같은 내용의 신고 또는 고발을 한 사람에게는 포상금을 지급하지 아니한다.
> ③ 제1항 및 제2항에서 규정한 사항 외에 포상금의 지급 대상자, 기준, 방법 및 절차 등에 관하여 필요한 사항은 농림축산식품부장관과 해양수산부장관이 공동으로 정하여 고시한다.

② 우수사례 시상

농림축산식품부장관 또는 해양수산부장관은 농수산물 원산지 표시의 활성화를 모범적으로 시행하고 있는 지방자치단체, 개인, 기업 또는 단체에 대하여 우수사례로 발굴하거나 시상할 수 있다.

③ 제2항에 따른 시상의 내용 및 방법 등에 필요한 사항은 농림축산식품부와 해양수산부의 공동 부령으로 정한다.

04 벌칙

(1) 7년 이하의 징역이나 1억원 이하의 벌금

① 제6조제1항 또는 제2항을 위반한 자는 7년 이하의 징역이나 1억원 이하의 벌금에 처하거나 이를 병과(倂科)할 수 있다.
② 가중처벌

제1항의 죄로 형을 선고받고 그 형이 확정된 후 5년 이내에 다시 제6조제1항 또는 제2항을 위반한 자는 1년 이상 10년 이하의 징역 또는 500만원 이상 1억5천만원 이하의 벌금에 처하거나 이를 병과할 수 있다.

(2) 1년 이하의 징역이나 1천만원 이하의 벌금

제9조제1항에 따른 처분을 이행하지 아니한 자는 1년 이하의 징역이나 1천만원 이하의 벌금에 처한다.
  ※ 제9조 1항
    1. 표시의 이행·변경·삭제 등 시정명령
    2. 위반 농수산물이나 그 가공품의 판매 등 거래행위 금지

(3) 자수자에 대한 특례

제6조제1항 또는 제2항을 위반한 자가 자신의 위반사실을 자수한 때에는 그 형을 감경하거나 면제한다. 이 경우 제7조에 따라 조사권한을 가진 자 또는 수사기관에 자신의 위반사실을 스스로 신고한 때를 자수한 때로 본다.

(4) 양벌규정

법인의 대표자나 법인 또는 개인의 대리인, 사용인, 그 밖의 종업원이 그 법인 또는 개인의 업무에 관하여 제14조 또는 제16조에 해당하는 위반행위를 하면 그 행위자를 벌하는 외에 그 법인이나 개인에게도 해당 조문의 벌금형을 과(科)한다. 다만, 법인 또는 개인이 그 위반행위를 방지하기 위하여 해당 업무에 관하여 상당한 주의와 감독을 게을리하지 아니한 경우에는 그러하지 아니하다.

(5) 과태료

① 다음 각 호의 어느 하나에 해당하는 자에게는 1천만원 이하의 과태료를 부과한다.
1. 제5조제1항·제3항을 위반하여 원산지 표시를 하지 아니한 자
2. 제5조제4항에 따른 원산지의 표시방법을 위반한 자
3. 제6조제4항을 위반하여 임대점포의 임차인 등 운영자가 같은 조 제1항 각 호 또는 제2항 각 호의 어느 하나에 해당하는 행위를 하는 것을 알았거나 알 수 있었음에도 방치한 자
3의2. 제6조제5항을 위반하여 해당 방송채널 등에 물건 판매중개를 의뢰한 자가 같은 조 제1항 각 호 또는 제2항 각 호의 어느 하나에 해당하는 행위를 하는 것을 알았거나 알 수 있었음에도 방치한 자

4. 제7조제3항을 위반하여 수거·조사·열람을 거부·방해하거나 기피한 자
5. 제8조를 위반하여 영수증이나 거래명세서 등을 비치·보관하지 아니한 자

② 500만원 이하의 과태료

다음 각 호의 어느 하나에 해당하는 자에게는 500만원 이하의 과태료를 부과한다.

1. 제9조의2제1항에 따른 교육 이수명령을 이행하지 아니한 자
2. 제10조의2제1항을 위반하여 유통이력을 신고하지 아니하거나 거짓으로 신고한 자
3. 제10조의2제2항을 위반하여 유통이력을 장부에 기록하지 아니하거나 보관하지 아니한 자
4. 제10조의2제3항을 위반하여 같은 조 제1항에 따른 유통이력 신고의무가 있음을 알리지 아니한 자
5. 제10조의3제2항을 위반하여 수거·조사 또는 열람을 거부·방해 또는 기피한 자

③ 제1항 및 제2항에 따른 과태료는 대통령령으로 정하는 바에 따라 다음 각 호의 자가 각각 부과·징수한다.

1. 제1항 및 제2항제1호의 과태료: 농림축산식품부장관, 해양수산부장관, 관세청장, 시·도지사 또는 시장·군수·구청장
2. 제2항제2호부터 제5호까지의 과태료: 농림축산식품부장관

■ 농수산물의 원산지 표시 등에 관한 법률 시행령 [별표 2]
과태료의 부과기준(제10조 관련)

1. 일반기준

가. 위반행위의 횟수에 따른 과태료의 가중된 부과기준은 최근 2년간 같은 유형(제2호 각목을 기준으로 구분한다)의 위반행위로 과태료 부과처분을 받은 경우에 적용한다. 이 경우 기간의 계산은 위반행위에 대하여 과태료 부과처분을 받은 날과 그 처분 후 다시 같은 위반행위를 하여 적발된 날을 기준으로 한다.

나. 가목에 따라 가중된 부과처분을 하는 경우 가중처분의 적용 차수는 그 위반행위 전 부과처분 차수(가목에 따른 기간 내에 과태료 부과처분이 둘 이상 있었던 경우에는 높은 차수를 말한다)의 다음 차수로 한다.

다. 부과권자는 다음의 어느 하나에 해당하는 경우에는 제2호의 개별기준에 따른 과태료 금액의 2분의 1 범위에서 그 금액을 줄일 수 있다. 다만, 과태료를 체납하고 있는 위반행위자에 대해서는 그렇지 않다.

    1) 위반행위자가 자연재해·화재 등으로 재산에 현저한 손실이 발생했거나 사업여건의 악화로 중대한 위기에 처하는 등의 사정이 있는 경우

    2) 그 밖에 위반행위의 정도, 위반행위의 동기와 그 결과 등을 고려하여 과태료를 줄일 필요가 있다고 인정되는 경우

라. 부과권자는 다음의 어느 하나에 해당하는 경우에는 제2호의 개별기준에 따른 과태료 금액의 2분의 1 범위에서 그 금액을 늘릴 수 있다. 다만, 늘리는 경우에도 법 제18조제1항 및 제2항에 따른 과태료 금액의 상한을 넘을 수 없다.

    1) 위반의 내용·정도가 중대하여 이해관계인 등에게 미치는 피해가 크다고 인정되는 경우

    2) 그 밖에 위반행위의 정도, 위반행위의 동기와 그 결과 등을 고려하여 과태료를 늘릴 필요가 있다고 인정되는 경우

2. 개별기준

위반행위	근거 법조문	과태료			
		1차 위반	2차 위반	3차 위반	4차 이상 위반
가. 법 제5조제1항을 위반하여 원산지 표시를 하지 않은 경우	법 제18조 제1항 제1호	5만원 이상 1,000만원 이하			
나. 법 제5조제3항을 위반하여 원산지 표시를 하지 않은 경우	법 제18조 제1항 제1호				
10) 넙치, 조피볼락, 참돔, 미꾸라지, 뱀장어, 낙지, 명태, 고등어, 갈치, 오징어, 꽃게, 참조기, 다랑어, 아귀, 주꾸미, 가리비, 우렁쉥이, 전복, 방어 및 부세의 원산지를 표시하지 않은 경우		품목별 30만원	품목별 60만원	품목별 100만원	품목별 100만원
11) 살아있는 수산물의 원산지를 표시하지 않은 경우		5만원 이상 1,000만원 이하			

위반행위	근거 법조문	1차	2차	3차	4차
다. 법 제5조제4항에 따른 원산지의 표시방법을 위반한 경우	법 제18조 제1항 제2호	5만원 이상 1,000만원 이하			
라. 법 제6조제4항을 위반하여 임대점포의 임차인 등 운영자가 같은 조 제1항 각 호 또는 제2항 각 호의 어느 하나에 해당하는 행위를 하는 것을 알았거나 알 수 있었음에도 방치한 경우	법 제18조 제1항 제3호	100만원	200만원	400만원	400만원
마. 법 제6조제5항을 위반하여 해당 방송채널 등에 물건 판매 중개를 의뢰한 자가 같은 조 제1항 각 호 또는 제2항 각 호의 어느 하나에 해당하는 행위를 하는 것을 알았거나 알 수 있었음에도 방치한 경우	법 제18조 제1항 제3호의2	100만원	200만원	400만원	400만원
바. 법 제7조제3항을 위반하여 수거·조사·열람을 거부·방해하거나 기피한 경우	법 제18조 제1항 제4호	100만원	300만원	500만원	500만원
사. 법 제8조를 위반하여 영수증이나 거래명세서 등을 비치·보관하지 않은 경우	법 제18조 제1항 제5호	20만원	40만원	80만원	80만원
아. 법 제9조의2제1항에 따른 교육이수 명령을 이행하지 않은 경우	법 제18조 제2항 제1호	30만원	60만원	100만원	100만원
자. 법 제10조의2제1항을 위반하여 유통이력을 신고하지 않거나 거짓으로 신고한 경우	법 제18조 제2항 제2호				
1) 유통이력을 신고하지 않은 경우		50만원	100만원	300만원	500만원
2) 유통이력을 거짓으로 신고한 경우		100만원	200만원	400만원	500만원
차. 법 제10조의2제2항을 위반하여 유통이력을 장부에 기록하지 않거나 보관하지 않은 경우	법 제18조 제2항 제3호	50만원	100만원	300만원	500만원
카. 법 제10조의2제3항을 위반	법 제18	50만	100	300만	500만

하여 유통이력 신고의무가 있음을 알리지 않은 경우	조 제2항 제4호	원	만원	원	원
타. 법 제10조의3제2항을 위반하여 수거·조사 또는 열람을 거부·방해 또는 기피한 경우	법 제18조 제2항 제5호	100만원	200만원	400만원	500만원

3. 제2호가목 및 나목11)의 원산지 표시를 하지 않은 경우의 세부 부과기준

  가. 농수산물(통관 단계 이후의 수입농수산물등 및 반입농수산물등을 포함하며, 통신판매의 경우는 제외한다)

  1) 과태료 부과금액은 원산지 표시를 하지 않은 물량(판매를 목적으로 보관 또는 진열하고 있는 물량을 포함한다)에 적발 당일 해당 업소의 판매가격을 곱한 금액으로 하고, 위반행위의 횟수에 따른 과태료의 부과기준은 다음 표와 같다.

과태료 부과금액		
1차 위반	2차 위반	3차 이상 위반
1)의 금액	1)의 금액의 200퍼센트	1)의 금액의 300퍼센트

  2) 1)의 해당 업소의 판매가격을 알 수 없는 경우에는 인근 2개 업소의 동일 품목 판매가격의 평균을 기준으로 한다. 다만, 평균가격을 산정할 수 없는 경우에는 해당 농수산물의 매입가격에 30퍼센트를 가산한 금액을 기준으로 한다.

  3) 과태료 부과금액의 최소단위는 5만원으로 하고, 5만원 이상은 천원 미만을 버리고 부과하되, 부과되는 총액은 1천만원을 초과할 수 없다.

  나. 농수산물 가공품(통관 단계 이후의 수입농수산물등 또는 반입농수산물등을 국내에서 가공한 것을 포함하며, 통신판매의 경우는 제외한다)

  1) 가공업자

기준액(연간 매출액)	과태료 부과금액(만원)		
	1차 위반	2차 위반	3차 이상 위반
1억원 미만	20	30	60
1억원 이상 2억원 미만	30	50	100
2억원 이상 4억원 미만	50	100	200
4억원 이상 6억원 미만	100	200	400
6억원 이상 8억원 미만	150	300	600

8억원 이상 10억원 미만	200	400	800
10억원 이상 12억원 미만	250	500	1,000
12억원 이상 14억원 미만	400	600	1,000
14억원 이상 16억원 미만	500	700	1,000
16억원 이상 18억원 미만	600	800	1,000
18억원 이상 20억원 미만	700	900	1,000
20억원 이상	800	1,000	1,000

　　가) 연간 매출액은 처분 전년도의 해당 품목의 1년간 매출액을 기준으로 한다.

　　나) 신규영업·휴업 등 부득이한 사유로 처분 전년도의 1년간 매출액을 산출할 수 없거나 1년간 매출액을 기준으로 하는 것이 불합리한 것으로 인정되는 경우에는 전분기, 전월 또는 최근 1일 평균 매출액 중 가장 합리적인 기준에 따라 연간 매출액을 추계하여 산정한다.

　　다) 1개 업소에서 2개 품목 이상이 동시에 적발된 경우에는 각 품목의 연간 매출액을 합산한 금액을 기준으로 부과한다.

　2) 판매업자: 가목의 기준을 준용하여 부과한다.

　다. 통관 단계의 수입농수산물등 및 반입농수산물등

　1) 과태료 부과금액은 수입농수산물등 및 반입농수산물등의 세관 수입신고 금액의 100분의 10에 해당하는 금액으로 한다.

　2) 과태료 부과금액의 최소단위는 5만원으로 하고, 5만원 이상은 천원 미만을 버리고 부과하되 부과되는 총액은 1천만원을 초과할 수 없다.

　라. 통신판매: 나목1)의 기준을 준용하여 부과한다.

4. 제2호다목의 원산지의 표시방법을 위반한 경우의 세부 부과기준

　가. 농수산물(통관 단계 이후의 수입농수산물등 및 반입농수산물등을 포함하며, 통신판매의 경우와 식품접객업을 하는 영업소 및 집단급식소에서 조리하여 판매·제공하는 경우는 제외한다)

　1) 제3호가목의 기준에 따른 과태료 부과금액의 100분의 50을 부과한다.

　2) 과태료 부과금액의 최소단위는 5만원으로 하고, 5만원 이상은 천원 미만을 버리고 부과한다.

　나. 농수산물 가공품(통관 단계 이후의 수입농수산물등 또는 반입농수산물등을 국내에서 가공한 것을 포함하며, 통신판매의 경우는 제외한다)

1) 제3호나목의 기준에 따른 과태료 부과금액의 100분의 50을 부과한다.

2) 과태료 부과금액의 최소단위는 5만원으로 하고, 5만원 이상은 천원 미만을 버리고 부과한다.

다. 통관 단계의 수입농수산물등 및 반입농수산물등

1) 과태료 부과금액은 제3호다목의 기준에 따른 과태료 부과금액의 100분의 50에 해당하는 금액으로 한다.

2) 과태료 부과금액의 최소단위는 5만원으로 하고, 5만원 이상은 천원 미만을 버리고 부과한다.

라. 통신판매

1) 제3호라목의 기준에 따른 과태료 부과금액의 100분의 50을 부과한다.

2) 과태료 부과금액의 최소단위는 5만원으로 하고, 5만원 이상은 천원 미만은 버리고 부과한다.

마. 식품접객업을 하는 영업소 및 집단급식소

위반행위	과태료 금액		
	1차 위반	2차 위반	3차 이상 위반
1) 삭제 〈2017. 5. 29.〉			
2) 쇠고기의 원산지 표시방법을 위반한 경우	25만원	100만원	150만원
3) 쇠고기 식육의 종류의 표시방법만 위반한 경우	15만원	30만원	50만원
4) 돼지고기의 원산지 표시방법을 위반한 경우	15만원	30만원	50만원
5) 닭고기의 원산지 표시방법을 위반한 경우	15만원	30만원	50만원
6) 오리고기의 원산지 표시방법을 위반한 경우	15만원	30만원	50만원
7) 양고기 또는 염소고기의 원산지 표시방법을 위반한 경우	품목별 15만원	품목별 30만원	품목별 50만원
8) 쌀의 원산지 표시방법을 위반한 경우	15만원	30만원	50만원
9) 배추 또는 고춧가루의 원산지 표시방법을 위반한 경우	15만원	30만원	50만원
10) 콩의 원산지 표시방법을 위반한 경우	15만원	30만원	50만원
11) 넙치, 조피볼락, 참돔, 미꾸라지, 뱀장어, 낙지, 명태, 고등	품목별 15만원	품목별 30만원	품목별 50만원

어, 갈치, 오징어, 꽃게, 참조기, 다랑어, 아귀, 주꾸미, 가리비, 우렁쉥이, 전복, 방어 및 부세의 원산지 표시방법을 위반한 경우			
12) 살아있는 수산물의 원산지 표시방법을 위반한 경우	제2호나목11) 및 제3호가목의 기준에 따른 부과금액의 100분의 50		

[참고자료] 수산물 유통의 관리 및 지원에 관한 법률

제10조(수산물산지위판장의 개설 등) ① 수산물산지위판장(이하 "위판장"이라 한다)은 「수산업협동조합법」에 따른 지구별 수산업협동조합, 업종별 수산업협동조합 및 수산물가공 수산업협동조합(이하 "수협조합"이라 한다), 수산업협동조합중앙회(이하 "수협중앙회"라 한다), 그 밖에 대통령령으로 정하는 생산자단체와 생산자(이하 "생산자단체등"이라 한다)가 시장·군수·구청장의 허가를 받아 개설한다.
② 수협조합, 수협중앙회 또는 생산자단체등(이하 "위판장개설자"라 한다)이 위판장을 개설하려면 위판장 개설허가신청서에 업무규정과 운영관리계획서를 첨부하여 시장·군수·구청장에게 제출하여야 한다.
③ 위판장개설자가 개설한 위판장의 업무규정을 변경할 때에는 시장·군수·구청장의 허가를 받아야 한다.
④ 위판장개설자가 개설한 위판장을 폐쇄하려면 시장·군수·구청장의 허가를 받아 3개월 전에 이를 공고하여야 한다.
⑤ 위판장의 위치, 기능 및 특성 등에 따른 위판장의 종류, 위판장의 개설허가절차, 개설허가신청서, 업무규정 및 운영관리계획서 작성 및 제출, 위판장 폐쇄 등에 필요한 사항은 해양수산부령으로 정한다.

제11조(위판장 개설구역) 위판장은 다음 각 호의 어느 하나에 해당하는 지역에 개설할 수 있다.
1. 「어촌·어항법」에 따라 지정된 어항
2. 「항만법」에 따른 항만
3. 그 밖에 어획물 양륙시설 또는 가공시설을 갖춘 지역으로서 해양수산부장관이 지정하여 고시한 지역

제12조(위판장 허가기준 등) ① 시장·군수·구청장은 제10조제2항에

기출문제연구

일반음식점인 A식당은 수입산 갈치와 국산 참조기를 각각 조리하여 원산지를 표시하지 않고 판매·제공하던 중 수산물 원산지 표시 2차 위반으로 적발되었다. 농수산물의 원산지 표시에 관한 법령상 조사기관의 장이 A식당을 대상으로 원산지 표시 위반에 따라 부과할 수 있는 과태료 금액을 쓰시오. (단, 2차위반으로 적발된 날은 1차 위반행위로 과태료 부과처분을 받은 날로부터 1년을 넘지 않았고, 감경조건은 고려하지 않는다.)

▶ 120만원

원산지표시위반에 따른 과태료 부과기준 시행령[별표2]

위반행위	과태료			
	1차 위반	2차 위반	3차 위반	4차 이상 위반
10) 넙치, 조피볼락, 참돔, 미꾸라지, 뱀장어, 낙지, 명태, 고등어, 갈치, 오징어, 꽃게, 참조기, 다랑어, 아귀 및 주꾸미의 원산지를 표시하지 않은 경우	품목별 30만원	품목별 60만원	품목별 100만원	

따른 허가신청의 내용이 다음 각 호의 요건을 갖춘 경우에는 이를 허가하여야 한다.
1. 위판장을 개설하려는 구역이 수산물 양륙 및 산지유통의 중심지역일 것
2. 위판장 운영에 적합한 시설을 갖추고 있을 것
3. 업무규정과 운영관리계획서의 내용이 명확하고 그 실현이 가능할 것

② 시장·군수·구청장은 제1항제2호에 따라 요구되는 시설이 갖추어지지 아니한 경우에는 일정한 기간 내에 해당 시설을 갖출 것을 조건으로 개설허가를 할 수 있다.

③ 제1항제2호에 따른 위판장 시설기준 등 위판장의 허가 요건과 절차에 필요한 사항은 해양수산부령으로 정한다.

제13조(위판장개설자의 의무) ① 위판장개설자는 수산물의 생산자와 거래관계자의 편익과 소비자 보호를 위하여 다음 각 호의 사항을 이행하여야 한다.
1. 위판장 시설의 정비·개선과 위생적인 관리
2. 공정한 거래질서의 확립
3. 수산물 품질 향상을 위한 규격화, 포장 개선 및 저온유통 등 선도유지의 촉진
4. 산지중도매인의 거래 촉진 및 지원

② 위판장개설자는 제1항 각 호의 사항을 효과적으로 이행하기 위하여 이에 대한 투자계획 및 품질향상 등을 포함한 대책을 수립·시행하여야 한다.

③ 위판장개설자는 위판장의 시설규모 및 거래액 등을 고려하여 산지중도매인을 두어야 한다.

제13조의2(수산물매매장소의 제한) 거래 정보의 부족으로 가격교란이 심한 수산물로서 해양수산부령으로 정하는 수산물은 위판장 외의 장소에서 매매 또는 거래하여서는 아니 된다.

수산물의 임의상장제(자유판매제)와 강제상장제(의무상장제·지정판매제)의 장점
임의상장제 장점 : 어획물 판로의 다변화, 어업인의 수시 자금조달, 세무자료의 비노출, 고가격 수취
의무상장제 장점 : 안전성 확보(원산지 표시, 위생관리), 어업자원 관리체계 확보(금어기, 금지체장의 준수), 어업질서 확보(불법 조업으로 인한 남획 및 무허가 불법행위), 어업인 정책자금의 균등한 배분

제13조의3(위판장 위생관리기준) 해양수산부장관은 수산물의 위생관리를 통한 안전한 먹거리 확보를 위하여 위판장의 위생시설 확보 및 적정 온도 유지에 관한 내용이 포함된 위판장 위생관리기준을 식품의약품안전처장과 협의하여 고시한다.

제14조(산지중도매인의 지정) ① 산지중도매인의 업무를 하려는 자는 위판장개설자의 지정을 받아야 한다.
② 위판장개설자는 다음 각 호의 어느 하나에 해당하는 경우에는 제1항에 따른 산지중도매인으로 지정하여서는 아니 된다. 〈개정 2018. 12. 31.〉
1. 파산선고를 받고 복권되지 아니한 사람이나 피성년후견인
2. 이 법을 위반하여 금고 이상의 실형을 선고받고 그 형의 집행이 끝나거나(집행이 끝난 것으로 보는 경우를 포함한다) 면제되지 아니한 사람
3. 제26조제4항에 따라 산지중도매인의 지정이 취소(이 항 제1호에 해당하여 지정이 취소된 경우는 제외한다)된 날부터 2년이 지나지 아니한 사람
4. 위판장개설자의 주주 및 임직원으로서 해당 위판장개설자의 업무와 경합되는 산지중도매업을 하려는 사람
5. 임원 중에 제1호부터 제4호까지의 어느 하나에 해당하는 사람이 있는 법인
6. 최저거래금액 및 거래대금의 지급보증을 위한 보증금 등 해양수산부령으로 정하는 산지중도매인 지정조건을 갖추지 못한 사람
7. 그 밖에 이 법 또는 다른 법령에 따른 제한에 위반되는 경우
③ 법인인 산지중도매인은 임원이 제2항제5호에 해당하게 되었을 때에는 그 임원을 지체 없이 해임하여야 한다.
④ 산지중도매인은 다른 산지중도매인 또는 산지매매참가인의 거래 참가를 방해하는 행위를 하거나 집단적으로 수산물의 경매 또는 입찰에 불참하는 행위를 하여서는 아니 된다.
⑤ 위판장개설자는 제1항에 따라 산지중도매인을 지정하는 경우 5년 이상 10년 이하의 범위에서 지정 유효기간을 설정할 수 있다. 다만, 법인이 아닌 산지중도매인은 3년 이상 10년 이하의 범위에서 지정 유효기간을 설정할 수 있다.
⑥ 제1항에 따라 지정을 받은 산지중도매인은 다른 위판장개설자의 지정을 받은 경우에는 다른 위판장에서도 그 업무를 할 수 있다.

제15조(산지매매참가인의 신고) 산지매매참가인의 업무를 하려는 자

는 해양수산부령으로 정하는 바에 따라 위판장개설자에게 산지매매 참가인으로 신고하여야 한다.

제16조(산지경매사의 임면 및 업무) ① 위판장개설자는 위판장에서의 공정하고 신속한 거래를 위하여 해양수산부령으로 정하는 바에 따라 산지경매사를 두어야 한다.
② 위판장개설자는 제17조에 따른 산지경매사 자격시험에 합격한 사람을 산지경매사로 임명하되, 다음 각 호의 어느 하나에 해당하는 사람은 임명하여서는 아니 된다.
1. 피성년후견인 또는 피한정후견인
2. 이 법 또는 「형법」 제129조부터 제132조까지의 죄 중 어느 하나에 해당하는 죄를 범하여 금고 이상의 실형을 선고받고 그 형의 집행이 끝나거나(집행이 끝난 것으로 보는 경우를 포함한다) 집행이 면제된 후 2년이 지나지 아니한 사람
3. 이 법 또는 「형법」 제129조부터 제132조까지의 죄 중 어느 하나에 해당하는 죄를 범하여 금고 이상의 형의 집행유예를 선고받거나 선고유예를 받고 그 유예기간 중에 있는 사람
4. 해당 위판장의 산지중도매인 또는 그 임직원
5. 제26조제3항에 따라 면직된 후 2년이 지나지 아니한 사람
6. 제26조제3항에 따른 업무정지기간 중에 있는 사람
③ 위판장개설자는 산지경매사가 제2항제1호부터 제4호까지의 어느 하나에 해당하는 경우에는 그 산지경매사를 면직하여야 한다.
④ 산지경매사는 다음 각 호의 업무를 수행한다.
1. 위판장에 상장한 수산물에 대한 경매 우선순위의 결정
2. 위판장에 상장한 수산물에 대한 가격 평가
3. 위판장에 상장한 수산물에 대한 경락자의 결정
4. 위판장에 상장한 수산물에 대한 정가·수의매매 등의 가격 협의
⑤ 산지경매사는 「형법」 제129조부터 제132조까지의 규정을 적용할 때에는 공무원으로 본다.

제17조(산지경매사 자격시험) ① 산지경매사의 자격시험은 해양수산부장관이 실시한다.
② 제1항에 따른 산지경매사 자격시험의 응시자격, 시험과목, 시험의 일부 면제, 시험방법, 자격증 발급, 그 밖에 시험에 필요한 사항은 대통령령으로 정한다.

제18조(위판장 수산물 수탁판매 등) ① 위판장개설자는 도매하는 수산물을 출하자로부터 위탁받아야 한다. 다만, 수산물의 가격안정 등

해양수산부령으로 정하는 특별한 사유가 있는 경우에는 매수하여 도매할 수 있다.
② 위판장개설자는 해양수산부령으로 정하는 경우를 제외하고는 입하된 수산물의 수탁과 위탁받은 수산물의 판매를 거부·기피하거나 거래 관계인에게 부당한 차별대우를 하여서는 아니 된다.
③ 산지중도매인은 위판장개설자가 상장한 수산물 외에는 거래할 수 없다. 다만, 위판장개설자가 상장하기에 적합하지 아니한 수입산이나 원양산 수산물 등 해양수산부령으로 정하는 바에 따라 시장·군수·구청장으로부터 허가를 받은 수산물의 경우에는 그러하지 아니하다.
④ 산지중도매인 간에는 거래할 수 없다. 다만, 과잉생산 수산물의 처리 등 해양수산부령으로 정하는 바에 따라 시장·군수·구청장으로부터 허가를 받은 경우에는 그러하지 아니하다.

제19조(위판장 수산물 매매방법 및 대금 결제) ① 위판장개설자는 위판장에서 수산물을 경매·입찰·정가매매 또는 수의매매의 방법으로 매매하여야 한다. 다만, 출하자가 선취매매·선상경매·견본경매 등 해양수산부령으로 정하는 매매방법을 원하는 경우에는 그에 따를 수 있다.
② 위판장개설자는 위판장에 상장한 수산물을 위탁된 순위에 따라 경매 또는 입찰의 방법으로 판매하는 경우에는 최고가격 제시자에게 판매하여야 한다. 다만, 출하자가 서면으로 거래 성립 최저가격을 제시한 경우에는 그 가격 미만으로 판매하여서는 아니 된다.
③ 제2항에 따른 경매 또는 입찰의 방법은 전자식(電子式)을 원칙으로 하되 필요한 경우 해양수산부령으로 정하는 바에 따라 거수수지식(擧手手指式), 기록식, 서면입찰식 등의 방법으로 할 수 있다.
④ 위판장개설자는 매수하거나 위탁받은 수산물이 매매되었을 때에는 그 대금의 전부를 출하자에게 즉시 결제하여야 한다. 다만, 대금의 지급방법에 관하여 위판장개설자와 출하자 사이에 특약이 있는 경우에는 그 특약에 따른다.
⑤ 제4항에 따른 대금결제에 관한 구체적인 절차와 방법, 수수료 징수 등에 관하여 필요한 사항은 해양수산부령으로 정한다.

제20조(위판장의 공시) ① 위판장개설자는 출하자와 소비자의 권익보호를 위하여 거래물량, 가격정보, 재무상황, 제16조제1항에 따라 두는 산지경매사, 제21조제1항에 따른 평가 결과 등을 공시하여야 한다.
② 제1항에 따른 공시의 내용, 방법 및 절차 등에 필요한 사항은 해양수산부령으로 정한다.

제21조(위판장의 평가) ① 시장·군수·구청장은 해당 위판장의 운영·관리와 위판장개설자의 거래실적, 재무건전성 등 경영관리에 관한 평가를 2년마다 실시하여야 한다. 이 경우 위판장개설자는 평가에 필요한 자료를 시장·군수·구청장에게 제출하여야 한다.
② 위판장개설자는 산지중도매인의 거래실적, 재무건전성 등 경영관리에 관한 평가를 실시할 수 있다.
③ 위판장개설자는 제2항에 따른 평가 결과와 시설규모, 거래액 등을 고려하여 산지중도매인에 대하여 시설 사용면적의 조정, 차등 지원 등의 조치를 할 수 있다.
④ 시장·군수·구청장은 제1항에 따른 평가 결과에 따라 위판장개설자에게 다음 각 호의 명령이나 권고를 할 수 있다.
1. 부진한 사항에 대한 시정 명령
2. 산지중도매인에 대한 시설 사용면적의 조정, 차등 지원 등의 조치 명령
⑤ 그 밖에 위판장 및 산지중도매인에 대한 평가, 조치 등에 필요한 사항은 해양수산부령으로 정한다.

제22조(위판장의 개수·보수 등 지원) ① 국가 또는 지방자치단체는 산지의 수산물 공동출하 등을 촉진하기 위하여 위판장개설자에게 부지 확보, 시설물 설치를 위한 개수·보수 등에 필요한 지원을 할 수 있다.
② 국가와 지방자치단체는 위판장의 효율적인 운영과 생산자의 공동출하를 촉진할 수 있도록 항만 및 어항부지의 사용 등 입지선정과 도로망 개설을 지원하도록 노력하여야 한다.

제22조의2(위판장의 현대화 지원 등) ① 국가 또는 지방자치단체는 위판장 시설의 현대화를 위하여 다음 각 호의 사항이 포함된 지원계획을 세워야 한다. 〈개정 2023. 10. 24.〉
1. 위판장의 수산물전자거래(전자경매를 포함한다) 확대
2. 위판장의 저온유통체계 확립
3. 위판장의 위생여건 개선
4. 그 밖에 위판장 시설의 현대화를 위하여 해양수산부령으로 정하는 사항
② 국가 또는 지방자치단체는 제1항의 지원계획에 따라 위판장개설자에게 지원할 수 있다.

제23조(보고) ① 시장·군수·구청장은 위판장개설자로 하여금 그 재

산 및 업무집행 상황을 보고하게 할 수 있다.
② 위판장개설자는 수산물의 가격 및 수급 안정을 위하여 특히 필요하다고 인정할 때에는 산지중도매인으로 하여금 업무집행 상황을 보고하게 할 수 있다.

제24조(검사) ① 시장·군수·구청장은 해양수산부령으로 정하는 바에 따라 소속 공무원으로 하여금 위판장개설자의 업무와 이에 관련된 장부 및 재산상태를 검사하게 할 수 있다.
② 제1항에 따라 검사를 하는 공무원은 그 권한을 표시하는 증표를 관계인에게 보여주어야 한다.

제25조(명령) 시장·군수·구청장은 위판장의 적정한 운영을 위하여 필요하다고 인정할 때에는 해양수산부령으로 정하는 바에 따라 위판장개설자에게 업무규정의 변경, 업무처리의 개선, 그 밖에 필요한 조치를 명할 수 있다.

제26조(허가 등의 취소 등) ① 시장·군수·구청장은 위판장개설자가 다음 각 호의 어느 하나에 해당하는 경우에는 개설허가를 취소하거나 해당시설을 폐쇄하는 등 그 밖의 필요한 조치를 할 수 있다.
1. 제10조제1항에 따른 허가를 받지 아니하고 위판장을 개설한 경우
2. 제10조제2항에 따라 제출된 업무규정 및 운영관리계획서와 다르게 위판장을 운영한 경우
3. 제10조제3항을 위반하여 허가를 받지 아니하고 위판장의 업무규정을 변경한 경우
4. 제25조에 따른 명령에 따르지 아니한 경우
② 시장·군수·구청장은 위판장개설자가 다음 각 호의 어느 하나에 해당하면 6개월 이내의 기간을 정하여 해당 업무의 정지를 명할 수 있다. 〈개정 2021. 6. 15.〉
1. 제13조제1항에 따른 의무를 이행하지 아니하였을 때
2. 제14조제2항을 위반하여 산지중도매인을 지정하였을 때
3. 제16조제1항을 위반하여 산지경매사를 두지 아니하거나 산지경매사가 아닌 사람으로 하여금 경매를 하도록 하였을 때
4. 제16조제2항을 위반하여 산지경매사를 임명하였을 때
5. 제16조제3항을 위반하여 해당 산지경매사를 면직하지 아니하였을 때
6. 제18조제1항을 위반하여 매수하여 도매하였을 때
7. 제18조제2항을 위반하여 수탁 또는 판매를 거부·기피하거나 부당한 차별대우를 하였을 때
8. 제19조제2항을 위반하여 경매 또는 입찰을 하였을 때

9. 제19조제4항을 위반하여 즉시 결제하지 아니하였을 때
10. 제20조제1항을 위반하여 공시하지 아니하거나 거짓된 사실을 공시하였을 때
11. 제21조제1항에 따른 평가 결과 운영 실적이 해양수산부령으로 정하는 기준 이하로 부진하여 출하자 보호에 심각한 지장을 초래할 우려가 있는 경우
12. 제21조제4항에 따른 명령을 따르지 아니하였을 때
13. 제24조에 따른 검사에 정당한 사유 없이 응하지 아니하거나 이를 방해하였을 때

③ 위판장개설자는 산지경매사가 제16조제4항의 업무를 부당하게 수행하여 위판장의 거래질서를 문란하게 한 경우 6개월 이내의 기간을 정하여 업무의 정지를 명하거나 면직할 수 있다.

④ 위판장개설자는 산지중도매인이 다음 각 호의 어느 하나에 해당하면 6개월 이내의 기간을 정하여 해당 업무의 정지를 명하거나 산지중도매인의 지정을 취소할 수 있다.

1. 제14조제2항제1호부터 제4호까지, 제6호 또는 제7호에 해당하여 지정조건을 갖추지 못하였을 때
2. 제14조제3항을 위반하여 해당 임원을 해임하지 아니하였을 때
3. 제14조제4항을 위반하여 다른 산지중도매인 또는 산지매매참가인의 거래 참가를 방해하거나 정당한 사유 없이 집단적으로 경매 또는 입찰에 불참하였을 때

⑤ 제1항부터 제4항까지의 규정에 따른 위반행위별 처분기준은 해양수산부령으로 정한다.

⑥ 위판장개설자가 제4항에 따라 산지중도매인의 지정을 취소한 경우에는 해양수산부장관이 지정하여 고시한 인터넷 홈페이지에 그 내용을 게시하여야 한다.

수산물유통

수산물의 유통경로는 생산자→산지수협→중도매인의 경로를 통해 이뤄지며 생산자는 양륙과 배열을, 일선수협은 경매과정을, 중도매인은 경매 이후의 유통과정을 담당하고 있다. 이 과정에서 중도매인은 수산물을 경락받고 거래처로 분산시키는 과정에서 선별비, 운반비, 상차비, 운송료, 포장비, 저장 및 보관비용, 운송비 등의 각종 비용을 부담하고 있다.

① 활어 유통 : 생산자의 비계통출하(직거래 등) 중심
② 선어 유통 : 수협조합 또는 위판장 등을 통한 계통출하 중심
③ 냉동 수산물 및 원양어업 수산물 유통 : 생산자가 대형 가공업체 등으로 직접 유통

○ 수산물품질관리실무

제3장 | 수확후 품질관리 기술

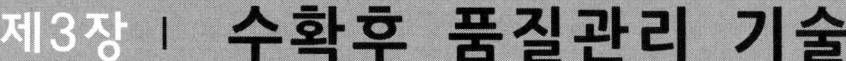

01 개요

1) 수확 후의 품질관리란 어획한 수산물이 최종 소비자의 손에 도달되는 과정에서 신선도 유지와 부패 방지로 품질을 유지하고 감모율을 줄이며 유통기간을 연장시키기 위한 목적으로 실시되는 모든 조치를 총칭하는 의미이다.
2) 어획된 수산물의 선별, 냉장, 저장, 포장, 수송 등에 이르는 전 과정과 위생관리 등 안전성 관리를 포함하여 상품성을 최대한 증가시키는 활동이다.
3) 어획 후 관리는 수산물 물류 효율화를 위한 핵심기술이며 또한 상품성 향상을 통해 부가가치를 창출하는 제2의 생산활동이라 할 수 있다.

02 수산물의 특성

❶ 수산물의 특성

1) 종류 및 생태적 특성의 다양성
2) 어획 생산량의 불확실
3) 계절적 어획량의 편재성 및 불확실성
4) 부패성으로 인한 보존성이 약함
   ① 해양세균 오염으로 인해 변질 및 부패하기가 쉽다. 특히 해양세균의 대부분은 저온성 세균으로 저온에서도 쉽게 증식하므로 저온저장으로도 선도를 효율적으로 유지하기가 어렵다.
   ② 어류는 일반적으로 조직의 표피가 얇고 결합조직이 적으며

근섬유가 짧고 굵어 체조직이 연약하며 효소분해 및 미생물의 침입이 용이하다.
③ 자가소화효소의 활성이 높아 효소에 의해 쉽게 분해, 변질된다. 일반적으로 회유성 어종이 비회유성 어종에 비해 효소활성이 높아 변질이 빠르다.
④ 동물에 비해 조직이 연약하고 수분함량이 높아 미생물의 증식이 용이하다.
⑤ 어류는 어획 후 어획물의 가치를 위하여 내장 및 아가미를 제거하지 않고 취급하는 경우가 많아 부패가 빠르다.
⑥ 어획 시 받은 상처 등으로 부패, 변질이 쉽다.
5) 다량의 생리활성물질이 존재한다.

② 어류의 조작

1) 껍질

(1) 어류의 피부는 표피와 진피로 구성되어 있다.
(2) 표피
① 여러 층의 표피세포로 구성되어 있다.
② 점액샘이 분포되어 있어 점액을 분비하므로 대체로 미끄럽다.
(3) 진피
① 여러 층의 결합조직으로 구성되어 있다.
② 진피 일부에 석회질이 침적하여 비늘을 만들어 표피를 덮고 있다.
(4) 색소세포층
① 진피와 그 내부 근육층 사이에 존재한다.
② 색소세포층의 색소 과립과 비늘 색소에 의해 어체 빛깔이 결정되며 표피와 진피에 의한 빛의 굴절에 복잡한 광채를 띤다.

2) 근육부

(1) 피하지방층
① 껍질부 색소세포층과 혈합육 사이에 존재한다.
② 껍질과 근육의 가교역할을 한다.

③ 주로 지방이 축적되어 있다.
(2) 혈합육(적색육)
① 암갈색이 진한 근육부분
② 운동성이 강한 회유성이 강한 어종이 비율이 높다.
③ 백색육에 비해 수분, 총질소, 비단백질소는 다소 적지만 지질이 많은 특징이 있다.
④ 고도의 불포화 지방산을 함유하고 있다.
⑤ 미오글로빈(myoglobin), 시토크롬(cytochrome) 등 색소단백질 함유량이 많다.
⑥ 결합조직, 비타민류, 각종 효소군이 풍부하다.
⑦ 가공 시 비린내가 많이 나는 특징이 있다.
⑧ 주요 적색육 : 고등어, 정어리, 가다랑어, 방어 등
(3) 백색육(보통육)
① 맑은 육색 근육부분
② 운동성이 약한 정착성 어종에 많다.
③ 주요 백색육 : 도미, 넙치, 가자미, 조기, 대구 등
(4) 적색육과 백색육의 상대적 차이 비교

주요 성분	적색육	백색육
색소단백질 (미오글로빈, 헤모글로빈 등)	많다	적다
단백질	적다	많다
철, 황, 구리	많다	적다
지방	많다	적다
지질	많다	적다
선도 저하	빠르다	느리다
효소의 활성	강하다	약하다

(5) 어패류가 육상동물육에 비해 변질되기 쉬운 원인
① 효소활성이 강하다.
② 지질 중 고도불포화지방산의 비율이 높다.
③ 근육 조직이 약하다.
④ 어획시 상처 등으로 세균 오염의 기회가 많다.

③ 수산물의 주요성분

수산물은 어종, 크기, 암수, 어획기, 어장, 선도, 어체의 부위 등에 따라 다르지만 일반적으로 수분 60~85%, 단백질 15~25%, 지질 1~10%, 탄수화물 0.1~1.5% 무기질 1~2%로 구성되어 있으며 계절적 변화가 심하고 지방과 수분의 함량은 반비례한다.

1) 수분
(1) 일반적으로 수산물의 수분함량은 60~85%로 육상의 동물에 비해 조금 많다.
(2) 함유된 수분은 영양적 가치는 없으나 함량 및 존재 상태에 따라 어육의 가공성, 저장성, 조직감, 맛 색택 등에 영향을 미친다.

2) 단백질
(1) 근육단백질의 3종류
　근육단백질은 용해도에 따라 수용성인 근형질 단백질, 염용성인 근원섬유 단백질 및 불용성인 근기질 단백질로 나눌 수 있다.
(2) 근형질 단백질(수용성)
　① non-myosin protein으로 효소 단백질, 색소 단백질을 포함한다.
　② 조성비: 20~50%
　③ 종류
　　㉠ myogen: 근형질 단백질의 65%를 차지할 정도의 주성분
　　㉡ globulin X: 순수한 물에 난용성의 입상단백질
　　㉢ myoalbumin: myogen과 같은 계열의 albumin성 단백으로 물에 녹기 쉬운 입상단백질이다.
(3) 근원섬유 단백(염용성)
　① myosin protein이라고 하며 근육의 수축운동에 관여하며 ATP 분해효소 작용이 있으며 물이나 중성염 용액에 녹고 점성이 크다.
　② 조성비: 50~70%
　③ 종류
　　㉠ actin: 근원섬유를 구성하는 수축성 단백질

　　ⓒ actomyosin: myosin과 actin으로 구성되어 있으며 소금물에 녹였을 때 점도가 매우 높다.

　　ⓒ tropomyosin: 근육 조절 단백질로 막대 모양의 분자구조를 가진다.

(4) 근기질 단백질(불용성)

　① 뼈, 껍질, 비늘을 구성하는 단백질로 경단백질이라고 하며 물이나 염류, 묽은 산 및 묽은 알칼리에 거의 녹지 않는다.

　② 조성비: 10% 이하

　③ 종류

　　⊙ collagen: 근육, 진피, 뼈, 힘줄, 비늘 및 부레 등에도 많이 함유되어 있는 경단백질이다.

　　ⓒ elastin: 탄력있는 결합조직의 산, 알칼리, 열에 안정적이다.

(5) 수산생물 특유의 단백질

　① 액틴(actin) : 근육을 구성하는 단백질로 미오신과 함께 근수축계의 기본을 이루는 물질

　② 미오신(myosin) : 굵은 근육미세섬유. 근육 중에서 가장 많은 단백질(68%)인 글로빈의 일종

　③ 엘라스틴(elastin) : 결합 조직 내에서 탄성력이 높은 단백질이며, 수많은 체내 조직이 확장되거나 수축된 이후에 모양을 계속 유지할 수 있게 한다. 엘라스틴은 척추동물의 체내에서 중요한 지지 용량 조직이ek.

　④ 파라미오신(paramyosin) : 연체동물, 환형동물 등 무척추동물 근육의 주요 구조단백질의 하나. 연체 동물(이매패류)에 속하는 홍합 Mytilus edulis, 큰가리비 Pecten magellenica 등의 내전근(內轉筋)에 존재한다.

3) 지질

(1) 수산물 지질의 함량은 수분과 반비례 관계로 지질이 축적되면 수분이 감소하고 지질이 감소하면 수분이 증가하는 경향이 있다.

(2) 불포화지방산을 많이 함유하고 있어 일반적으로 상온에서 액상으로 존재하며 변질되기 쉬운 원인이 된다.

(3) 회유성 적색육 어류는 근육에 지질을 다량 함유하며 간장에는

적고 주로 중성지질로 회유 시 운동 에너지원으로 사용된다.
(4) 백색육 어류는 간장에 지질을 축적하며 조직 지질로 사용된다.
(5) 지질의 함량
  ① 함유량은 어종, 어획기, 산란, 영양, 어장, 성별 등에 따라 큰 차이를 보인다.
  ② 일반적으로 산란기 직전이 가장 많다.
  ③ 근육조직에서 지질의 함량: 배육〉등육, 적색육〉백색육, 머리〉꼬리, 표층〉내부
(6) 어패류 지방은 영양가는 높지만 산화되기 쉽고 저장 조건이 나쁘면 산패하여 독성을 나타내는 경우도 있다.

4) 탄수화물

(1) 근육 중에 소량의 유리당과 다당류인 글리코겐이 존재하며 어종에 따라 함량은 서로 다르다.
(2) 패류: 대체적으로 글리코겐 함량이 많다.
(3) 해조류: 식이섬유를 포함하며 다량의 탄수화물을 함유하기도 한다.
(4) 사후 혐기적 해당반응으로 젖산으로 변하며 글리코겐이 많은 어종일수록 사후 젖산 생성량이 많고 pH가 낮아진다.
(5) 어패류의 탄수화물
  ① 조개류(굴) 근육의 글리코겐
  ② 새우, 게 등 갑각류 껍질의 키틴, 키토산
  ③ 어패류 근육의 포도당
  ④ 상어, 가오리 같은 판새류(척추동물 연골어강)의 물렁뼈의 콘드로이틴황산

5) 엑스성분

(1) 고기, 물고기, 조개 등의 좋은 맛(수용성) 성분이나 그것들을 뜨거운 물로 추출하여 농축한 것. 주성분은 뉴클레오티드, 펩티드, 아미노산 등으로, 수프나 요리의 맛의 기본이 될 뿐만 아니라 화학조미료와 배합하여 풍미조미료의 원료가 되기도 한다.
(2) 수산동물간 함량 비교
  ① 갑각류 〉 연체류 〉 적색육 〉 백색육
  ② 연골어 〉 경골어

(3) 기능

　어패류의 맛과 변질 등에 관여한다.

(4) 주요 종류

　① 유리아미노산

glycine, alanine, histidine, glutamic acid 등 유리아미노산이 가장 많으며 단맛, 쓴맛, 감칠맛 등 맛에 큰 영향을 주며 백색육 어류 보다는 적색육 어류가 많다.

　　　※ 유리아미노산 : 아미노산이 단백질이나 펩티드의 구성성분으로 존재하지 않고 단독 분자 상태로 존재하는 형태. 식육의 풍미에 영향을 주며, 아미노산의 형태로 사료를 공급할 경우 단백질의 이용성이 증진될 수 있다.

　② ATP 관련물질 : 핵산 구성성분으로 근육운동에 직접 관계하며 맛에 직접 관여하는 성분으로 시판 어획물에는 IMP(이노신산)가 많다.

　③ TMAO(트리메틸아민산화물): 약간의 단맛이 있고 생체내에서는 암모니아 해독물질로 요소와 함께 삼투압 조절물질이며 함량은 해산동물>담수산동물, 백색육>적색육이다.

　④ betaine: 아미노산으로 오징어, 문어 새우 등 연체동물 및 갑각류에 들어 있으며 상쾌한 단맛을 낸다.

　⑤ 숙신산(succinic acid): 패류에 함유되어 있으며 시원한 맛 성분에 관여한다.

　⑥ 당류: 어류 중 유리당으로 glycogen 분해산물인 glucose, ribose가 주성분이며 다당류로는 glycogen이 있다.

　⑦ 유기산 : 유기산의 종류 – 락트산, 아세트산, 시트르산, 글루콘산 등

6) 냄새

(1) 생선 특유 비린내는 신선 어류에서는 거의 없으나 시간의 경과에 따라 강해지며 신선도를 가늠해주는 척도가 될 수 있다.

(2) 신선도가 떨어져 어류에서 나는 냄새는 암모니아, TMA, 인돌, 저급지방산 등이 관여한다.

(3) TMA(trimethylamine)은 해수어에는 있으나 담수어에서는 함량이 극히 적은 것이 특징이다.

(4) 피페리딘(piperidine) : 민물고기의 비린내

(5) 연골어류인 홍어, 상어 등의 근육에는 TMAO(trimethylamine oxide)와 요소의 함량이 높아 TMA와 암모니아가 생성되어 냄새가 강해진다.

7) 색소

(1) 근육색소
① 미오글로빈(myoglobin) : 어패류 육색에 영향을 가장 크게 주며 선홍색을 나타낸다.
② 카로테노이드(carotenoid) : 연어, 송어의 특유한 색을 나타내는 주성분
③ 시토크롬(cytochrome) : 적색육 어류의 육색을 결정하는 주성분

(2) 피부색소
① 멜라닌(melanine) : 표피를 이루는 색소로 갈색, 흑색을 나타내는 주색소이다.
② 카로테노이드(carotenoid) : 표피의 적색이나 황색을 나타내는 색소이다.
③ 기타 어류 표피나 비늘에 프테린(pterin), 갈치비닐의 구아닌(guanin) 등이 있다.

(3) 혈액색소
① 헤모글로빈(hemoglobin) : 기본 원자단이 철인 어류의 혈액색소
② 헤모시아닌(hemocyanin) : 기본 원자단이 구리인 게, 새우, 오징어 문어 등의 혈액색소

(4) 내장색소
① 어류 간장에는 지용성 carotenoid가 많다.
② 담즙색소로 황갈색의 빌리루빈(bilirubin), 녹색의 빌리베르딘(biliverdin)이 있다.
③ 멜라민(melamin) : 오징어류의 먹물 색소

(5) 기타 색소
① 옴모크롬(ommochrome) : 오징어나 문어를 가열하거나 선도가 저하되면 적갈색으로 표피가 변하는데 그 주성분
② 타우린(taurine) : 말린 오징어나 말린 전복의 표면에 형성되는 백색 분말의 주성분

8) 해조류의 주요 성분

(1) 탄수화물과 무기질 함량이 높고 지방과 단백질의 함량이 낮다.
(2) 해조류의 탄수화물: 함유량은 25~60%로 높으나 대부분이 소화 및 흡수되지 못해 에너지원으로 활용되지는 못한다.
  ① 한천: 홍조류인 우뭇가사리, 꼬시래기 등에서 추출하여 열수 추출액의 응고물인 우무를 얼려 말린 해조가공품
  ② 알긴산: 갈조류인 다시마, 미역, 감태, 모자반, 톳 등에서 추출한 다당류
  ③ 카라기난: 홍조류인 진두발, 돌가사리 등에서 추출한 다당류
(3) 요오드, 마그네슘, 망간 등의 무기질을 다량 함유하고 있다.

9) 유독성분

(1) 유독성분의 분류
  - 자연독 : 생물이 생존상 독성분의 필요로 체내에서 만들어 낸 것
  - 공해독 : 자연 환경의 영향으로 축적되는 것
  - 세균독 : 보툴리누스균과 같이 세균이 생성하여 생체에 유해(有害)하게 작용하는 물질
  - 부패독 : 미생물 등의 오염이나 변패에 의한 것
(2) 종류
  ① 테트라톡신(tetrodotoxin) : 복어독
  - 수용성 및 내열성으로 내장, 간장, 난소에 많고 근육과 정소에는 적으며 마미 증세가 나타난다.
  ② 삭시톡신(saxitoxin) 및 미틸로톡신(mytilotoxin) : 섭조개, 가리비 등과 같은 이매패류를 섭취하는 경우 마비성 중독을 일으키는 독
  ③ 시구아테라 톡신(ciguatera toxin) : 적조 생물에 의해 생성되는 독으로 어류에 축적되어 먹이 연쇄로 사람에게 중독될 수 있고 혀의 마비, 구토, 복통, 신경과민, 피부 장애 등의 증상이 나타난다.
  ④ 기타
  - 뱀장어 혈액의 이크티오톡신(ichthyotoxin)
  - 해삼 내장의 홀로스린(holothurin)

기출문제연구

수산물을 구성하고 있는 육의 조직과 성분에 관한 설명이다. 옳으면 O, 틀리면 × 표를 표시하시오.

번호	설명
(①)	어류의 근원 섬유를 구성하고 있는 주요 단백질은 콜라겐이다.
(②)	계절이나 어체의 부위에 따라 지방보다는 단백질 함유량의 변화가 더 크다.
(③)	굴과 바지락의 내장에는 베네루핀이라는 독 성분이 있을 수 있다.
(④)	혈액 색소인 헤모시아닌은 철이 함유되어 있어 게, 새우, 오징어 등에서 청색을 띤다.

▶ ① × ② × ③ ○ ④ ×

① 어류의 단백질
  - 근장 단백질 : 글로빈, 마이오젠
  - 근원섬유 단백질 : 엑틴
  - 유기 단백질 : 콜라겐, 엘라스틴

② 계절이나 어체의 부위에 따라 단백질이나 무기질, 탄수화물의 변화보다는 지방 함유량의 변화가 더 크다.

④ 헤모시아닌은 구리를 함유한 단백질로, 갑각류나 연체동물의 혈액에 함유되어 있으며 산소의 운반에 관여하고, 포르피린 고리를 가지고 있지 않으며 무색이지만 산소와 결합하면 엷은 청색이 된다. 어류에는 철을 함유한 헤모글로빈이 함유되어 있고, 붉은색을 띤다.

- 문어 타액의 티라민(tyramine)
- 불가사리 위에 사포닌(saponin)
- 굴과 바지락 내장에 베네루핀(venerupin)
- 담치조개 간장에 진주담치독(mytilo toxin) 등

03 수산물의 수확 후 변화 및 선도

① 사후변화

1) 수산물의 사후 변화 과정

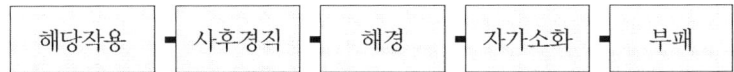

해당작용 → 사후경직 → 해경 → 자가소화 → 부패

2) 해당작용

(1) 해당작용 과정 : glucose가 분해되어 2분자의 피루브산(pyruvic acid)을 만드는 과정으로 세포질에서 이루어 진다.
① 글리코겐이 분해되면서 에너지 물질인 ATP와 산이 생성되는 과정
② 사후 어체에 산소의 공급이 중단되면서 소량의 ATP와 젖산이 생성된다.
③ 젖산 생성이 많아지면 근육 pH가 낮아지고 근육의 ATP도 분해된다.
④ 젖산의 축적, ATP 분해로 사후 경직이 시작된다.
(2) 과정의 결과 : 이 과정에서 2분자의 ATP가 만들어지고, 4개의 전자를 잃고 2분자의 NADH가 만들어진다.

3) 사후경직

어류가 살아있을 때의 근육에너지인 ATP는 어류가 죽으면 분해되기 시작한다. 그래서 ATP가 분해될 경우에 근육은 수축하고(경직개시) ATP가 거의 소실되면 수축은 정지하고 경직은 최고에 달하게 된다.

경직시에는 ATP는 없어지고 이것의 분해물인 이노신산의 양이 최고가 되면 근육은 가장 여문 상태가 된다. 경직이 완료되면 근육내의 자가소화 효소작용에 의하여 근육 조직은 서서히 파괴되어 근육은 연화되기 시작한다.

(1) 사후경직 : 사후 일정 기간이 경과되면 근육의 투명감이 떨어지고 수축하여 어체가 굳어지는 현상으로 사후경직 또는 사후 강직이라고 한다.
- 사후경직의 외부적 현상
① 근육이 강하게 수축되어 단단해진다.
② 어육의 투명도가 떨어진다.
③ 물리적으로 탄성을 잃게 된다.

(2) 근육의 화학적 변화
① 액틴과 미오신의 결합 : 근육 수축
② ATP의 소실
③ 크레아틴 인산의 감소
  ※ 크레아틴 인산 : creatine phosphate형태로 근육 중에 저장이 되어 에너지원에서 중요한 작용

(3) 사후경직 시작까지 시간과 지속은 어종, 연령, 조성, 죽기 전 활동, 죽음의 상태, 사후 온도, 내장의 유무에 따라 차이가 크다.

(4) 일반적으로 동일종의 경우 고민사에 비해 즉사가 늦고 길다.

(5) 백색육 어류 보다 적색육 어류가 빨리 시작되고 지속 시간이 길다.

(6) 사후경직 지속 시간은 신선도 유지와 직결된다.
- 사후경직 시 이상 현상
 - 냉각 수축 : 냉각이 자극으로 작용해 근육이 수축하는 현상
 - 해동 경직 : 급속동결 후 해동 시에 물이 흘러나와 수축하는 현상
 - 수세 수축 – 냉수 또는 온수에 침지해 ATP가 감소하여 수축하는 현상

4) 해경

(1) 사후경직이 지난 후 수축된 근육이 풀어지면서 다시 연해지는 현상을 말한다.

기출문제연구

어류의 사후 변화 과정이다. ( )에 알맞은 용어를 쓰시오.

수확 → 죽음 → 해당작용 →
(①) → 해경 → (②) → 부패

➡ ①사후경직 ②자가소화

(2) 해경 단계는 매우 짧고 바로 자가소화로 이어진다.

5) 자가소화

(1) 수산물 조직 내 자가소화효소에 의한 근육 단백질에 변화가 발생하여 근육이 부드러워지는 물리화학적 변화를 의미한다.
(2) 어종, 온도, pH의 영향이 크다.
(3) 활동이 큰 원양성 회유어의 자가소화가 빠르다.
(4) 해경과 자가소화는 구별하기 쉽지 않으며 자가소화 기간이 짧기 때문에 변질로 이어지기 쉽다.

6) 부패

(1) 유기물이 미생물에 의해 유익하지 않은 물질로 분해되는 것을 부패라 한다.
(2) 미생물 환경조건인 수분, 온도, 미생물, pH 등에 의해 영향을 받으며 미생물 작용을 억제하면 진행을 늦출 수 있다.
(3) TMAO가 세균에 의하여 TMA으로 환원되어 비린내를 나게 한다.
(4) 아미노산 등 여러 성분이 분해되어 아민류, 지방산, 암모니아 등을 생성하여 부패 냄새의 원인이 된다.

② 선도

1) 수산물의 선도저하

(1) 세균의 오염
(2) 세균의 증식이 용이
(3) 체조직이 연약
(4) 자가소화 효소 활성
(5) 수분 함량이 많다.
(6) 어획 방법과 선도저하

2) 선도판정

(1) 개요
① 수산물의 선도판정은 위생적 안전성 판정을 위해 대단히 중요하다.
② 선도판정의 결과가 정확해야하며 간편하고 신속한 판정 방

법이어야 한다.
③ 선도판정방법의 종류
- 관능적 방법
- 화학적 방법
- 물리적 방법
- 세균학적 방법
④ 관능적 방법과 화학적 방법이 가장 많이 이용되고 있다.
⑤ 수산물의 선도는 취급방법 및 온도관리에 의해 크게 좌우된다.

(2) 관능적 판정법
① 원리 : 사람의 오감에 의해 선도를 판정하는 방법이다.
② 관능적 방법에 의한 선도 판정의 기준

판정 부위	신선	선도저하
근육 (육질)	. 어육이 투명하고 단단하다. . 1~2초간 눌러 보아 자국이 금방 없어진다.	. 육질이 흐물거린다.
아가미	. 담적색 또는 암적색이고 악취가 없다.	. 회색 또는 회녹색으로 퇴색되고 악취가 생성된다.
안구	. 맑고 정상 위치에 있을 것	. 혼탁하고 침몰 또는 탈락
피부	. 점액층이 투명하고 점착성이 적다. . 광택이 있으며 특유의 색채를 가짐 . 비늘이 밀착되어 있다.	. 점액물이 생성되고 점착성이 커진다. . 변색 또는 퇴색되고 반점이 생긴다. . 비늘의 탈락이 많다.
복부	. 내장이 단단히 붙어 있고 단단하게 느껴진다.	. 흐물거리며 내장 일부가 노출
냄새	. 해수취 또는 담수취	. 불쾌취 및 비린내

③ 관능적 방법의 특징
숙련된 검사원을 필요로 하며 짧은 시간에 판정할 수 있어 실용적이나 객관성이 적다.
- 어류 선도판정시 고려할 점
  ㉠ 안구에 혼탁함이 없다.
  ㉡ 아가미는 선홍색을 띈다.
  ㉢ 비늘이 단단하게 붙어 있다.

㉣ 지느러미에 상처가 없다.
  ㉤ 복부는 탄력이 있다.
  ㉥ 어체가 전체적으로 윤기가 나고 팽팽하다.
(3) 화학적 판정법
 ① 원리
  어패류의 선도가 떨어지면 근육 성분이 세균에 의해 분해되면서 새로이 생성되는 성분물들의 양을 측정하여 선도를 측정하는 방법으로 암모니아(NH_3), 트리메틸아민(TMA), 휘발성염기질소(VBN, volatile basic nitrogen), pH, K값, 히스타민(histamine) 등을 측정하여 선도를 판정한다.
  화학적판정법의 종류
  pH 측정법, 휘발성염기질소(VBN, volatile basic nitrogen) 측정법, 트리메틸아민(TMA, trimethylamine) 측정법, K값 판정법
 ② pH 측정법
  ㉠ 어패류의 생육 시 pH는 7.2~7.4인데 사후 젖산의 생성으로 pH가 내려갔다가 부패가 시작으로 염기성질소화합물이 생성되면서 다시 상승한다.
  ㉡ 일반적인 초기 부패 판정
   - 적색육 어류 : pH가 6.2~6.4
   - 백색육 어류 : pH가 6.7~6.8
  ㉢ 선도판정법의 혼합 운용
  어종과 pH만으로 선도를 판정하기는 어려우므로 다른 선도판정법과 혼합 운용하여 선도를 판정하는 것이 바람직하다.
 ③ 휘발성염기질소(VBN, volatile basic nitrogen) 측정법 : 사용빈도가 가장 높다
  ㉠ 휘발성염기질소는 수산물이 함유하고 있는 단백질, 요소, 아미노산, TMAO, 등이 분해되어 생성되는 물질을 말하며 암모니아, TMA, DMA(dimethylamine) 등이다.
  ㉡ 휘발성염기질소는 신선 어육에는 5~10mg/100g으로 함유량이 매우 적지만 선도가 떨어지면서 그 양이 점차 증가하며 현재 어패류 선도판정 방법으로 가장 많이 쓰이고 있다.
  ㉢ 일반적인 선도판정 기준

- 신선어육 5~10mg/100g
- 보통선도 15~25mg/100g
- 부패 초기 30~40mg/100g

ⓔ 선도판정 불가 어종

상어와 홍어 등 무척추동물의 어육에는 암모니아와 TMA의 생성량이 많아 이 방법으로는 선도를 판정하기 힘들다.

④ 트리메틸아민(TMA, trimethylamine) 측정법

㉠ 트리메틸아민은 신선 어육에는 거의 존재하지 않으나 사후 세균에 의해 TMAO가 환원되어 생성되며, 그 증가율이 암모니아 보다 커서 선도판정에 적합하다.

㉡ 일반적인 선도판정 기준(초기부패판정)
- 일반 어류 : 3~4mg/100g
- 대구 : 4~6mg/100g
- 청어 : 7mg/100g
- 다랑어 1.5~2mg/100g

㉢ 선도판정 불가 어종
- 가오리, 상어, 홍어 등은 TMAO 함유량이 많아 적용할 수 없다.
- 담수어 어육에는 TMAO 함유량이 해수어 보다 원래 적기 때문에 TMA 양으로 선도를 판정할 수 없다.

⑤ K값 판정법 : 활어 횟감 등에 주로 적용

K 값은 전체 ATP 분해산물 함량에 대한 이노신(inosine)과 히포크산틴(hypoxanthine)의 비율로 나타낸다.

㉠ ATP의 사후 분해과정
- ATP → ADP → AMP → IMP → inosine(HxR) → hypoxanthine(Hx)

$$K값(\%) = \frac{HxR + Hx}{ATP + ADP + AMP + IMP + HxR + Hx} \times 100$$

㉡ 신선도 판정은 K값을 이용한 것이 가장 신뢰성이 높다

㉢ K값이 20정도에서 초밥용 사용이 가능하다.

기출문제연구

어패류의 선도판정법 중 휘발성염기질소(VBN) 측정에 관한 설명으로 옳으면 O, 틀리면 X를 표시하시오.

구 분	설 명
(①)	휘발성염기질소의 주요 성분은 암모니아, 디메틸아민(DMA), 트리메틸아민(TMA) 등이다.
(②)	휘발성염기질소의 측정법은 홍어의 선도판정에 주로 응용된다.
(③)	통조림의 원료는 휘발성염기질소 함량이 20 mg / 100 g 이하인 것을 사용하여야 좋은 제품을 얻을 수 있다.

▶ ① O ② X ③ O

[기출문제연구]

어패류는 시간의 변화에 따라 근육의 성분이 분해되어 새로운 물질이 생성되거나 성분이 변화하게 되는데 이를 화학적으로 측정하여 선도를 관정할 수 있다. 수산물의 화학적 선도 판정법 3가지를 쓰시오.

▶ pH 측정법,
휘발성염기질소(VBN, volatile basic nitrogen) 측정법
트리메틸아민(TMA, trimethylamine) 측정법, K값 판정법

- pH 측정법 : 어패류의 생육 시 pH는 7.2~7.4인데 사후 젖산의 생성으로 pH가 내려갔다가 부패가 시작으로 염기성질소화합물이 생성되면서 다시 상승한다.
- 휘발성염기질소(VBN, volatile basic nitrogen) 측정법 : 휘발성염기질소는 수산물이 함유하고 있는 단백질, 요소, 아미노산, TMAO, 등이 분해되어 생성되는 물질을 말하며 암모니아, TMA, DMA(dimethylamine) 등이다.
- 트리메틸아민(TMA, trimethylamine) 측정법 : 트리메틸아민은 신선 어육에는 거의 존재하지 않으나 사후 세균에 의해 TMAO가 환원되어 생성되며, 그 증가율이 암모니아보다 커서 선도판정에 적합하다.
- K값 판정법 : K값은 전체 ATP 분해산물 함량에 대한 이노신(inosine)과 히포크산틴(hypoxanthine)의 비율로 나타낸다.

(4) 물리적 판정법

① 어패류의 선도저하에 따른 물리적 변화를 측정하여 선도를 판정하는 방법이다.

② 물리적 판정법의 적용 한계

판정 결과를 신속히 얻을 수 있다는 장점은 있으나 어종이나 개체에 따라 차이가 많아 일반화된 방법은 아니다.

③ 물리적 방법에 의한 선도판정 기준

항목	신선	선도저하
어육의 경도	경도가 높다	경도가 낮다
어체 전기저항	전기저항도가 높다	전기저항도가 낮다
안수 수정체의 혼탁	투명하다	혼탁하다

(5) 세균학적 판정법

① 원리

어패류에 부착된 세균의 수로 선도를 판정하는 방법이다.

② 세균학적 방법의 적용 한계

세균수가 어체 부위별로 달라 상당한 오차가 있으며, 측정에 소요되는 시간이 많이 필요하며, 복잡한 조작과 기술이 필요하여 실용성이 적다.

③ 세균학적 방법에 의한 어획물의 선도판정 기준

판정	생균수
신선	10^5 CFU 이하/g
초기부패	$10^5 \sim 10^6$ CFU/g
부패	1.5×10^6 CFU 이상/g

❸ 수산물의 변질

1) 수산물의 보존성

(1) 수계생물(水界生物)의 생물학적 특징상 수산물은 농산물이나 축산물에 비해 부패, 변질되기 쉬운 특징을 가지고 있다.

(2) 수산물 유통과정에서 부패 또는 변질의 가능성이 상존한다는 특성을 잘 인식하고 취급해야 한다.

2) 수산물의 변질

(1) 미생물에 의한 변질

① 미생물 오염
  ㉠ 1차 오염: 미생물이 어패류 자체에 부착된 오염
  • 어류의 일반적 미생물 부착량
    - 껍질 102~105/g
    - 아가미 103~107/g
    - 소화관 103~108/g
  ㉡ 2차 오염: 수산물 유통단계에서의 오염

② 어패류의 부패균(세균류)
  ㉠ 어패류 부패에 관련되는 세균류는 어패류의 서식환경이 수중이기 때문에 주로 수중세균이다.
  ㉡ 어패류 부패에 관여하는 세균
    - 슈도모나스(pseudomonas) : 증식속도가 빨라 어패류 부패에 가장 관련이 깊다.
    - 플라보박테리움(flavobacterium) : 단백질분해활성이 강한 것이 많고 저온 발육성이기 때문에 저온 보존식품의 열화에 관여하는 세균이다.
    - 비브리오(vibrio) : 세균으로 수중, 해수 중에 존재하며 콜레라(V. cho-lera), 장염비브리오(V. parahaemolyt-icus), 패혈증비브리오(V. vulnificans) 등의 병원성 세균이 포함된다.
    - 아크로모박터(achromobacter)속 등
  ㉢ 살아있는 어패류의 경우 외부와 접하는 껍질, 아가미, 소화관 등은 많은 세균이 존재하나 조직은 무균상태이다. 그러나 사후 단시간 내에 근육이나 내장조직 내에 세균이 침입하게 된다.
  ㉣ 어패류 부패에 관여하는 세균은 상온에서 잘 증식하나 그 이하 저온에서도 발육이 가능하고 상당한 저온에서도 적응한다.

③ 식중독균
식중독이란 식품의 섭취에 연관된 인체에 유해한 미생물 또는 유독 물질에 의해 발생했거나 발생한 것으로 판단되는 감염성 또는 독소형 질환(식품위생법 제2조 제14호)을 말한다.

기출문제연구

어패류의 화학적 선도판정법인 K값에 관한 설명이다. ( )에 알맞은 용어를 <보기>에서 찾아 쓰시오.

> K값은 사후에 어육 중에 함유되어 있는 아데노신 삼인산(ATP)의 분해 정도를 이용하여 선도를 판정하는 방법으로 총 ATP 분해생성물에 대한 (①)과 하이포크산틴 양의 백분율로 나타낸다. 일반적으로 횟감으로 쓸 수 있는 어육의 최대 K값은 (②)% 전후이다. 휘발성염기질소의 측정이 주로 초기부패의 판정법이라면 이 방법은 사후 어육의 (③)(을)를 조사하는 방법이라고 할 수 있다.

- 아데노신 이인산(ADP), 아데노신 일인산(AMP, 이노신, 이노신산
- 10, 20, 35, 50
- 조직연화율, 신선도, 자가소화율, 경직도

▶ ① 이노신 ② 20 ③ 신선도

K값 판정법 : 활어 횟감 등에 주로 적용(K값이 20정도에서 초밥용 사용이 가능하다.)

K값은 전체 ATP 분해산물 함량에 대한 이노신(inosine)과 히포크산틴(hypoxanthine)의 비율로 나타낸다.

㉠ ATP의 사후 분해과정
- ATP → ADP → AMP → IMP → inosine(HxR) → hypoxanthine(Hx)

㉡ $K값(\%) = \dfrac{HxR + Hx}{ATP + ADP + AMP + IMP + HxR + Hx} \times 100$

신선도 판정은 K값을 이용한 것이 가장 신뢰성이 높다

세균성	독소형	황색포도상구균, 보툴리눔
	감염형	살모넬라균, 장염비브리오균, 병원성 대장균, 캠필로박터, 리스테리아, 모노사이토제네스, 바실러스 세레우스
바이러스성	공기, 접촉, 물 등의 경로를 통해 감염	노로바이러스, 로타바이러스

④ 미생물 생육에 영향을 미치는 요인
  ㉠ 온도: 생육 적온에 따라 저온균, 중온균, 고온균으로 분류한다.

종류	온도		
	최저	최적	최고
저온성 미생물	-7~5	15~20	25~30
중온성 미생물	10~15	30~35	35~40
고온성 미생물	45	50~65	75~80

미생물 발육에 필요한 온도

  ㉡ 산소 필요 유무에 따라 호기성, 혐기성, 미호기성, 통성 혐기성으로 분류한다.
  ㉢ 세균의 내열성은 일반적으로 중성에 강하나 산성에서 약하므로 pH4.6 이상의 저산성에서는 고온 살균한다.

(2) 효소에 의한 변질
  ① 효소
    효소(enzyme)란 생체 내의 화학반응을 매개하는 단백질 촉매이다. 효소는 특정 반응물과 결합하여 활성화에너지(activation energy)를 낮춰 반응을 촉진하는데, 효소와 결합하는 반응물을 기질(substrate)이라고 하고 효소에서 기질과 결합하는 특정 부분을 활성부위(active site) 또는 기질결합부위(binding site)라고 한다.
  ② 효소활성 조절
    ㉠ 온도, 기질의 농도, pH에 따라 효소활성이 달라진다.
    ㉡ 효소의 활성은 온도의 증가에 따라 증가한다. 최적 온도를 지나면 활성이 감소하며 종국엔 불활성화 된다.

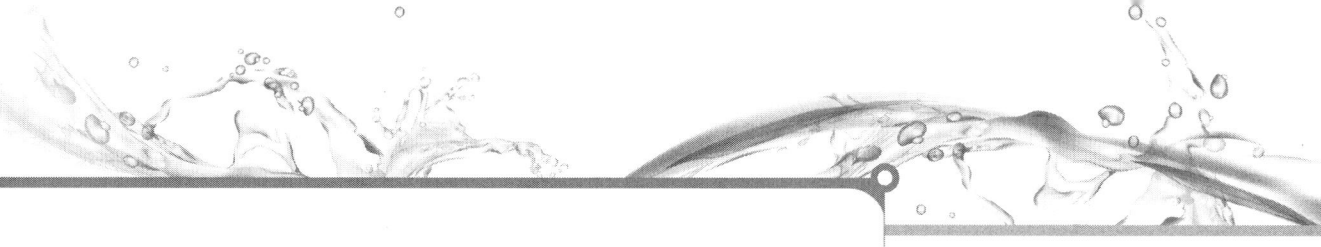

　　ⓒ 최적 pH는 효소 활성이 가장 높을 때이며, 최적보다 높거나 낮으면 대부분 효소활성은 감소하거나 없어진다.
③ 어패류의 효소에 의한 영향
　　㉠ 어체 각 조직의 효소 활성도는 강력하며 특히 내장 조직 중의 효소의 활성은 더욱 강하다.
　　㉡ 어체는 조직이 연약하여 사후 효소에 의해 쉽게 분해되어 세균의 침입이 용이해진다.
　　㉢ 어패류의 효소에 의한 변질
　　　- 자가 소화: 단백질 분해효소에 의해 펩티드, 아미노산이 생성되며 결과로 조직이 연화되며 부패가 촉진된다.
　　　- 지질 분해: 지질 분해효소에 의해 지방산, 스테롤이 생성되며 결과로 불쾌한 맛과 냄새 및 산패를 촉진한다.

(3) 갈변에 의한 변질
① 갈변
　　㉠ 식품 색깔이 저장, 가공 및 유통과정 중에서 갈색 또는 흑갈색을 변화하는 것을 갈변이라 한다.
　　㉡ 갈변은 효소의 관여에 따라 효소적 갈변과 비효소적 갈변으로 구분한다.
② 효소적 갈변
　　㉠ 새우 등 갑각류가 변질에 의해 외관이 검게 변색되는 현상인 흑변은 대표적인 효소적 갈변이다.
　　　• 냉동새우의 흑변
　　　　- 머리 부위에서 많이 발생한다.
　　　　- 새우에 함유된 효소 작용에 의해 생성된다.
　　　　- 흑변을 억제하기 위해서는 아황산수소나트륨($NaHSO_3$) 용액에 침지한다.
　　　　- 최종 반응생성물은 멜라닌이다.
　　㉡ 흑변은 갑각류의 티로시나아제(tyrosinase)에 의해 아미노산인 티로신(tyrosine)이 멜라닌으로 변하여 일어난다.
　　㉢ 티로시나아제(tyrosinase)는 0℃에서도 활성이 완전히

| | | 수산물품질관리사

기출문제연구

A유통회사가 새우를 냉동상태에서 장기간 유통시켜 색깔이 검게 변해 상품성이 저하되었다. 이러한 현상의 발생 이유 중 효소적인 변색 원인물질과 효소명을 쓰시오.

▶ 원인물질 : 타이로신

효소명 : 타이로시나제

흑변은 갑각류의 타이로시나제(tyrosinase)에 의해 아미노산인 타이로신(tyrosine)이 멜라닌으로 변하여 일어난다.

정지하지 않으므로 흑변의 억제는 산성아황산나트륨($NaHSO_4$) 용액에 침지 후 냉동하거나 가열처리하여 효소를 불활성화 시켜야 한다.

ⓔ 단백질이 주성분인 효소는 가열, pH의 변화로 단백질이 변성되어 불활성화 된다.

③ 비효소적 갈변

㉠ 효소와는 무관하게 식품 성분 간 반응에 의해 갈색으로 변하는 반응을 비효소적 갈변이라 한다.
- 수산물에 나타나는 비효소적 갈변 현상
  - 냉동 참치육의 갈변
  - 참치 통조림의 갈변
  - 동결 가리비 패주의 황변

㉡ 메일러드 반응(Maillard 반응), 캐러멜 반응, 아스코르브산(ascorbic acid) 산화 반응 등이 비효소적 갈변으로 분류된다.

㉢ 메일러드 반응 = 아미노카르보닐(aminocarbonyl)
- 대부분 식품에서 자연 발생적으로 일어나는 갈변 반응
- 아미노산의 아미노기와 당질의 카르보닐기가 함께 존재할 때 일어나는 반응으로 자연적으로 쉽게 갈색의 멜라노이딘(melanoidin) 색소를 생성하며 아미노카르보닐(aminocarbonyl) 반응이라 한다.
- 저온저장에 의한 억제 : 제품의 성분이 반응하는 것이므로 근본적으로 억제는 힘드나 저온 저장으로 갈변 진행의 일부를 억제할 수 있다.
- 식품에 좋은 향 등을 부여하기도 하지만 색의 변색과 아미노산의 감소로 품질을 저하시킨다.

(4) 산화에 의한 변질

① 산화

㉠ 협의로는 물질이 산소를 얻는 것을 의미하며 식품에서는 식품의 다양한 성분이 산소와 결합하면서 산화된다.

㉡ 지질의 산화 : 식품에서는 지질의 산화가 식품 변질의 주요 원인 중 하나이다.

㉢ 어류는 불포화 지방산을 다량 함유하고 있어 산소나 빛, 열에 의해 쉽게 산화된다.

ㄹ 지질 산화의 결과 변색, 불쾌한 냄새, 영양가 손실, 단백질 변성 등 품질변화에 관여할 뿐만 아니라 마론알데히드(malonaldehyde) 등과 같이 변이를 일으키는 원인으로 작용, 발암성을 가진 유해 산화분해생성물을 만드는 경우도 있어 안전성에도 나쁜 영향을 미친다.

② 산패
  ㉠ 지질의 변질을 산패라 한다.
  ㉡ 자동산화
   - 자기촉매적 연쇄반응이며 반응이 개시되면 반응 속도는 급격히 증가한다.
   - 수산 식품의 가장 일반적 산패
     • 자동산화 반응
       - 산화 초기에는 거의 일정하게 산소를 흡수하나 일정 시간 경과 후 산소 흡수량은 급격히 증가한다.
       - 유도기간: 지질의 산소 흡수량이 일정하게 낮은 수준을 유지하는 단계
       - 유도기간 후 지질의 산소 흡수 속도는 급격히 증가하며 산화 생성물도 급격히 증가하여 산패는 급속도로 진행하게 된다.
     • 산패 측정
       - AV(acid value, 산가) 측정 : 지질 산화로 생성된 유리지방산 측정
       - POV(peroxide value, 과산화물가) 측정 : 산화 생성물인 과산화물가함량을
     • 산패 억제
       - 산소의 차단이나 제거 : 진공포장, 불활성가스 치환포장, 탈산소제 봉입 등
       - 불투명 용기를 이용하여 빛의 차단
       - 냉동, 냉장 등 저온관리 : 동결저장온도가 낮을수록 산화가 억제된다.
       - 산화방지제 첨가 : 아스코르브산(ascorbic acid), 토코페롤(tocopherol), BHA(butylated hydroxyanisole), BHT(dibutyl hydroxy toluene), 카테킨(catechin) 등

ⓒ 가열산화
- 기름을 고온에서 가열할 때 일어나는 산화
- 기름 튀김 식품에서 많이 발생
ⓔ 감광체 산화: 빛 또는 감광체에 의하여 산화되는 것

(5) 동결에 의한 변질
① 동결 건조
  ㉠ 어패류의 동결 저장 중 표면건조가 생기면 품질이 현저하게 떨어진다.
  ㉡ 급속 동결 중에는 적으나 그 후 저온저장 중에도 천천히 진행된다.
  ㉢ 저장온도가 낮을수록 건조가 작아지고 완만 동결 온도 범위에서 건조되기 쉽다.
  ㉣ 저장 중 온도의 변화는 건조를 촉진한다.
  ㉤ 심한 경우 외관이 하얗게 스폰지 상태로 된다.
  ㉥ 승화로 인해 얼음이 없어진 공간은 표면적을 증가시키므로 산소와 접촉면이 넓어져 지질산화가 촉진된다.
  ㉦ 건조 방지를 위해서는 포장 및 글레이즈(glaze) 처리를 적절히 하는 것이 필요하다.
    • 글레이징(glazing) 처리
      생선류 등의 동결품을 냉동 저장할 때 저장 중의 탈수·변질 등을 방지하기 위해 냉동수산물을 $0.5 \sim 2^0 C$의 물에 5~10초 동안 담갔다가 꺼내면 표면에 3~5mm 두께의 얇은 빙의(얼음옷)로 피막이 형성된다.
    • 동결 저장 중 수산물의 변질 현상
      - 갈변(Browning)
      - 허니콤(Honey comb)
      - 근육의 스펀지화(Sponge)
② 단백질의 변성
  ㉠ 지질가수분해 효소의 작용은 어류의 냉동저장 중에도 진행되며 단백질 변성요인 중 하나이다.
  ㉡ 지질의 산화는 단백질의 변성을 가져온다.
③ 동결화상(freezer burn) - 냉동화상
  ㉠ 동결화상의 의의

어패류의 냉동 중 수분의 발산으로 인한 조직의 변화로 산화에 의해 생성된 각종 카르보닐화합물과 질소화합물이 반응하여 황색, 오렌지색의 착색물을 만드는 경우가 있는데 이와 같은 현상을 동결화상이라 한다.
ⓒ 동결화상의 효과
동결화상으로 외관상 손실, 향미 저하, 영양가 저하, 단백질태질소, 아미노산, 리신이 감소된다.
ⓒ 동결화상에 의한 변색은 갈색화 반응에 의한 비효소적 갈변이다.
ⓔ 동결화상의 방지를 위해서는 지질의 산화를 방지하는 것이 중요하다.
  - 동결화상의 억제 방법
    - 포장
    - 냉동식품 표면의 승화를 억제
    - 얼음막 처리(glazing) : 냉동어를 1~4℃ 물에 수초 동안 담근 후 어체 표면에 얼음옷을 입혀 공기를 차단시킴으로써 제품의 건조 및 산화를 방지하는 방법

④ 미오글로빈(myoglobin, Mb)의 메트(met)화
ⓐ 신선한 다랑어육이 산소와 접촉을 하면 선홍색이 되고 방치하거나 냉동저장하면 서서히 갈색으로 변하여 상품성이 떨어진다.
ⓑ 원인은 미오글로빈이 산화되어 갈색의 메트미오글로빈이 생성되기 때문이며 이를 메트화라 부른다.
ⓒ -18℃에서 메트화가 진행되며 동결저장온도가 낮을수록 메트미오글로빈의 생성이 크게 억제되며 참치육의 동결에는 -40℃이하 온도에서 온도 변동 없이 저장하는 것이 필요하다.
ⓓ 가다랑어, 참돔, 민물돔, 방어 등의 혈합육도 메트화에 의해 갈변되기 쉬우므로 초저온저장으로 방지할 수 있다.

04 저장의 의의

❶ 저장의 의의

1) 저장 일반

(1) 저장이란 식품의 품질이 변하지 않도록 하는 일이다.
(2) 품질의 의의
  품질이란 영양학적인 가치와 기호적인 가치 및 위생학적인 가치를 들 수 있는데 소비자들은 기호적인 가치를 더 중요시하는 경향이 있다.
(3) 식품의 기호적인 가치에 영향을 미치는 요소
  식품의 화학성분, 물리적 성분 및 조직적 상태이며 이들의 성상이 변치 않도록 하는 수단이 저장의 궁극적인 목적이라 할 수 있다.
(4) 저장의 가장 바람직한 환경은 온도, 공기순환, 상대습도, 대기조성이 조정될 수 있는 시설을 갖춤으로써 가능하다.

2) 저장의 기능

(1) 어획 후 선도 유지기능
(2) 수급조절의 기능
(3) 계절적 편재성이 높은 수산물을 장기저장함으로 소비자에게 연중 공급이 가능하도록 한다.
(4) 소비와 수요의 확대
(5) 수산가공산업 발전의 토대

3) 수산식품의 저장방법

종류	저장방법
온도 조절	가열처리(저온 또는 고온살균), 저온 유지(냉장 또는 냉동)
수분활성도 조절	건조, 염장, 훈제
식품첨가물 사용	식품보존료 첨가, 산화방지제 첨가
조사처리	자발적 조산패, 갈변, 효소 반응 등에 따른 수
기체 조절	MA포장, 함기조절 포장질소, 간장, 이산화탄소 가스 이

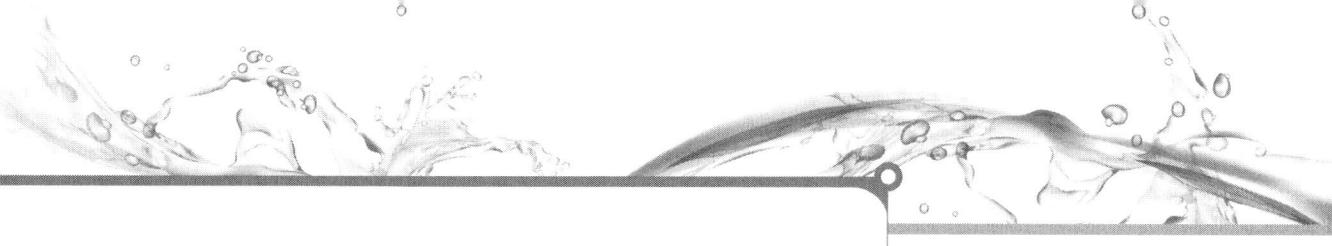

	입), 진공포장
pH 조절	산(유기산 등) 첨가, 발효

2) 수분활성도(Aw, water activity)의 조절

(1) 수분활성도
① 식품 속 수분 중 미생물의 생육과 생화학 반응에 이용될 수 있는 수분의 함량
② 일정 온도에서 순수한 물의 수증기압에 대한 식품의 수증기압의 비로 나타내며 공식은 다음과 같다.

$$수분활성도(Aw) = \frac{P}{P_0}$$

P : 주어진 온도에서 식품의 수증기압
P_0 : 주어진 온도에서 순수한 물의 수증기압

(2) 수분활성도에 따른 식품의 저장
① 수분활성도에 따라 미생물의 증식, 갈변, 산화, 효소 작용 등의 속도는 달라지므로 수분활성도 조절에 따라 수산물의 저장 가능기간의 연장이 가능하다.
② 수분활성도와 미생물의 증식
㉠ 미생물의 증식과 생화학 반응 속도는 수분활성도에 따라 달라진다.
㉡ 수분활성도에 따른 미생물의 증식
- 호염성 세균은 0.75, 내건성 곰팡이는 0.65, 내삼투압성 효모는 0.62에서도 증식이 가능하다.
- 일반적으로 세균 0.75, 효모 0.88, 곰팡이 0.80 이하에서는 증식하지 않는다.
㉢ 효소 반응, 갈변, 지질 산화속도는 수분활성도에 따라 달라지는데 지질의 산화속도는 수분활성도가 지나치게 낮아지면 오히려 빨라진다.
㉣ 수분활성도를 낮추는 방법을 이용한 저장
- 수분조절제(humactant) 첨가
- 건조 : 소건법, 열풍건조법, 동결건조법 등
- 염장 : 어패류에 식염을 첨가하면 삼투압에 의해 어패

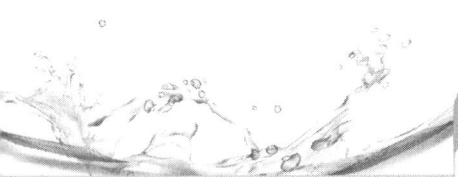

　　　　　　　　류로부터 수분이 빠져나옴과 동시에 소금은 어
　　　　　　　　체 내부로 이동한다.
　　　　－ 훈연 등
　　③ 자유수와 결합수
　　　㉠ 식품에 포함되어 있는 물의 분류
　　　　－ 자유수 : 식품에서 자유롭게 이탈되는 물
　　　　－ 결합수 : 식품의 성분(단백질 등) 또는 조직과 밀접하게
　　　　　　　　　 결합되어 분리되지 않는 물
　　　㉡ 자유수
　　　　－ 식품에서 자유롭게 이탈된다.
　　　　－ 동결 초기 단계에서 빙결정이 된다.
　　　　－ 미생물의 증식 또는 화학반응에 이용된다.
　　　　－ 건조나 압착으로 쉽게 제거된다.
　　　　－ 용매로 작용한다.
　　　㉢ 결합수
　　　　－ 0^0C에서도 얼지 않는다.
　　　　－ 동결 시 결합수까지는 동결하지 않는다.
　　　　－ 식품성분 또는 조직과 밀접하게 결합되어 있다.
　　　　－ 미생물의 증식에 이용되지 못한다.
　　　　－ 건조나 압착으로 제거되기 어렵다.
　　　　－ 용매로 작용하지 않는다.
　　④ 식품의 보수력
　　　㉠ 보수력
　　　　보수력이란 식품이 주어진 조건 하에서 수분을 보유할
　　　　수 있는 능력, 또는 물을 첨가하였을 때 첨가된 물을 흡
　　　　수, 결합할 수 있는 능력
　　　㉡ 보수력 산출식

$$보수력 = \frac{총수분 - 유리수분}{총수분} \times 100$$

3) 저온에 의한 저장

(1) 저온과 저장성

① 상온에서의 식품 변화
  - 모든 식품은 시간의 경과에 따라 화학적, 물리적, 생물학적 변화에 품질의 저하와 상품성이 저하된다.
  - 특히 미생물의 증식, 독소발생, 부패 등이 발생한다.
② 저온저장의 필요성
  - 저온은 상온에서의 식품 변질 등을 방지하고 선도저하를 방지할 수 있다.
  - 온도의 저하는 갈변 등 생화학적 반응속도를 감소시킨다.
③ 저온저장의 유형 : 냉장과 냉동
④ 수산물과 빙점(어는점)
  - 빙점이란 얼기 시작하는 온도를 말한다.
  - 수산물의 어는점은 0℃보다 낮다.
  - 냉장 굴비가 생조기보다 낮다.
  - 명태 연육(생선살)이 순수 명태 페이스트보다 낮다.
    ※ 페이스트 : 갈거나 개어서 풀처럼 만든 식품.

(2) 온도와 미생물의 생육
① 미생물은 최적 증식 온도 이하에서는 증식 속도가 서서히 감소한다.
② 미생물은 최고 증식 온도 이상의 고온에서는 급격히 사멸한다.
③ 미생물은 저온 저장 하에서도 완전히 사멸하지는 않는다.
④ 저온성 세균들은 0℃에서도 활발하게 증식하며 0~-10℃에서도 완만하게 증식하거나 동면상태로 존재한다.

(3) 냉동
① 저장 온도를 -18℃이하로 동결저장 하는 방식이다.
② 저장원리
  ㉠ 수산물의 동결은 수산물 내 대부분의 수분이 빙결정을 이루어 수분활성도가 낮아져 미생물의 증식이 억제된다.
  ㉡ 저온은 효소반응과 같은 생화학 반응 속도가 감소되면서 장기 저장이 가능하다.

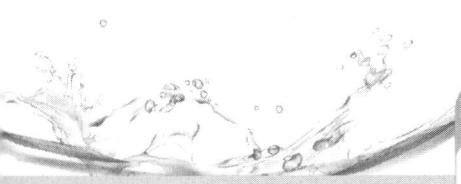

(4) 냉장
① 10℃~0℃의 빙점 이상의 수산물 내 수분이 얼지 않는 온도에서 냉각 저장하는 방법이다.
② 저온은 부패세균의 증식을 억제하며 효소활성도 일부 억제된다.
③ 빙점 이상의 저온은 세균과 효소활성이 계속 진행되므로 단기 저장에만 이용된다.
④ 수산물의 냉각수축 현상
 - 냉각수축 현상이란 선도가 좋은 생선이 10도 이하에서 오그라드는 현상이다.
 - 근소포체 또는 미토콘드리아의 칼슘 이온이 빠져나와 일어나는 현상이다.

4) 식품첨가물의 이용
(1) 저장을 위한 첨가물로 보존제와 산화방지제가 사용된다.
(2) 보존제
 ① 보존제 : 세균, 곰팡이, 효모 등의 미생물 증식을 억제하여 저장 가능기간을 늘려주는 식품 첨가물이다.
 ② 종류 : 젖산, 질산칼륨, 소르브산, 소르브산 칼륨, 소르브산 칼슘 등
 ③ 보존제의 사용 기준
  - 어육 가공품과 성게젓 : 2.0g/kg 이하
  - 젓갈류 : 1.0g/kg 이하

(3) 산화방지제
 ① 산화방지제 : 지질의 산패를 방지하기 위하여 사용하는 첨가물이다.
 ② 종류 : 비타민 C, 토코페롤(비타민 E), 부틸히드록시아니솔(BHA, butyl hydroxyanisole), 디부틸히드록시톨루엔(BHT, dibutyl hydroxytoluene) 등
  ※ 토코페롤(tocopherol)은 생물학적 항산화제로, 지용성 비타민인 비타민 E 활성을 가지는 유기화합물이다.
 ③ 산화방지제는 산패가 시작된 후에는 효과가 떨어지므로 신선한 식품에 첨가해야 저장성을 연장할 수 있다.

④ BHA와 BHT의 사용 기준
- 어패류 건제품, 어패류 염장품 : 0.2g/kg 이하
- 어패 냉동품의 침지액 : 1g/kg 이하

(4) 식품공전상 방부제(보존제)와 산화방지제, 질감개선제(겔화제, 응고제), 향미증진제 등

방부제	무수아황산, 아황산나트륨, 폼산, 아질산나트륨, 질산칼륨, 젖산
산화방지제	아스코르브산, 비타민C, 시트르산, 구연산, 토코페롤, 비타민E
질감개선제	알긴산, 한천, 소르비톨, 펙틴, 아미드펙틴
향미증진제	글루탐산 나트륨

5) 가열에 의한 저장

(1) 가열에 의한 미생물의 사멸
① 미생물은 낮은 수분활성도, 넓은 pH에서도 생육이 가능하나 열에는 대체적으로 약해 100℃ 정도에서 대부분 사멸한다.
② 가열을 하면 미생물 등의 세포 내 단백질이 비가역적으로 변성되기 때문에 대부분 미생물은 사멸한다.
③ 100℃ 이상 레토르트로 고온 살균
내열성 포자를 형성하는 바실러스(Bacillus)속이나 클로스트리듐(Clostridium)속의 세균은 100℃에서 가열하여도 쉽게 사멸하지 않아 레토르트로 고온 살균하여야 한다.

(2) 가열 온도 및 시간에 따른 미생물의 사멸
① 미생물 농도가 높을수록 살균시간은 길어진다. 따라서 살균 전 전처리 과정을 위생적으로 처리해 미생물 농도를 줄이면 살균 시간을 줄일 수 있다.
② 일반적으로 내용물 및 형상에 따라 다르나 살균온도 10℃ 증가에 따라 살균 시간은 1/10로 줄어든다.
③ 내열성 포자를 형성하는 클로스트리듐 보툴리늄(Clostridium Botulinum) 포자의 살균에 소요되는 시간은 가열 온도가 높을수록 시간은 감소한다.

(3) pH에 따른 내열성
① 대체로 미생물의 내열성은 pH가 낮을수록 약하고 중성에 가까울수록 강해진다.
② 대체로 pH 4.6 미만(산성 식품)의 낮은 식품은 저온살균을 그 이상의 식품은 레토르트 고온 살균한다.

3 냉장

1) 수산물 냉장 중 변화 및 억제

(1) 수산물의 냉장
① 냉장 수산물은 냉동품에 비해 저장 기간은 짧아지나 조직감이 우수하다.
② 5℃ 이하 : 식중독 균은 증식이 억제
③ -10℃ 이하 : 호냉성 세균까지도 증식이 억제되며 지질의 산화도 억제
④ 어획된 어패류의 환경 온도를 저온으로 하면 미생물의 증식과 지질 산화를 억제함으로써 저장성을 갖게 할 수 있다.
⑤ 어획된 수산물은 물리적 요인, 화학적 요인, 생물학적 요인 등에 의해 품질저하가 일어나지만 저온에 의해 억제가 가능하다.

(2) 생물학적 요인에 의한 변화 및 억제 방법
① 신선도 저하 원인 : 세균, 곰팡이, 효모 등의 미생물과 효소 작용에 의해 신선도가 저하된다.
② 저온은 미생물의 증식 억제 및 효소의 활성이 억제된다.
③ pH 및 공기 조성의 변화는 품질저하를 억제할 수 있다.

(3) 화학적 요인에 의한 변화 및 억제 방법
① 연화, 갈변 및 향미 악변 등 효소반응과 산소에 의해 지질의 산화 중합 퇴색 등으로 품질이 저하된다.
② 반응 속도는 온도가 10℃ 낮아지면 1/2~1/3로 억제된다.
③ 항산화제 처리 등으로 품질저하를 억제할 수 있다.

(4) 물리적 요인에 의한 변화 및 억제 방법
① 열에 의한 건조, 빛, 식품의 성분 변화 등은 품질 저하의 원인이 된다.
② 저온을 통해 수분증발을 줄임으로 건조를 억제할 수 있다.
③ 속포장 또는 글레이징 처리로 품질저하를 억제할 수 있다.

(5) 식품의 보존 온도영역의 구분

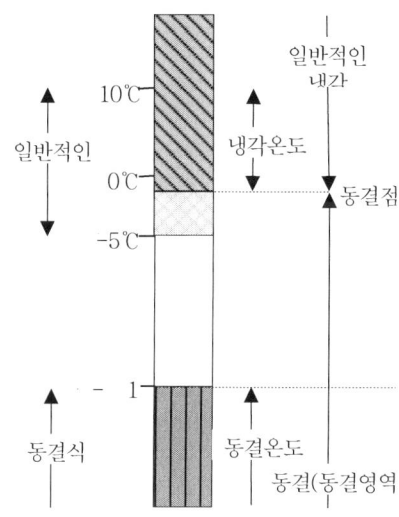

2) 냉장 방법

(1) 빙장법
① 개요
   ㉠ 얼음을 사용하여 얼지 않는 범위에서 실온보다 낮게 저장하는 방법
   ㉡ 쇄빙법과 수빙법이 있다.
   ㉢ 연안 어류의 선도유지에 주로 이용된다.
   ㉣ 조직 내 수분이 빙결되지 않으므로 자가소화효소에 의한 분해 및 세균 증식을 완전히 저장할 수 없어 단기간 저장을 목적으로 한다.
② 빙장 방법
   ㉠ 쇄빙법
      - 얼음 조각 속에 어패류 묻어 얼음 자체의 냉각력으로 저온 저장하는 방법

- 어체를 그대로 얼음에 매몰시키나 참치 등 대형어의 경우는 내장을 제거하고 그 속에 얼음을 채운다.
- 부패 및 변질을 지연시킬 수 있어 어선 내에서나 육상 수송 시 널리 이용되고 있다.

ⓒ 수빙법
- 쇄빙을 가한 냉수에 어체를 침지하여 저온저장하는 방법
- 침지 원수 : 일반적으로 담수어에는 담수를, 해수어에는 해수를 사용한다.
- 물의 온도를 더 낮게 유지시키고 어체의 색택 변화 방지를 위하여 3% 정도의 식염을 첨가하기도 한다.

• 수빙법의 장단점
■ 장점
- 어체의 온도를 급속히 내릴 수 있어 세균의 번식 기회가 줄어들며 경직기간을 오랫동안 유지시킬 수 있다.
- 어체의 경직도가 높으며 경직 시간이 길어 선도 유지에 유리하다.
■ 단점
- 운반에 있어 물이 새지 않는 큰 용기 필요 등의 불편이 있고 시간 경과에 따른 저온 유지에 많은 노력이 필요하다.
- 수빙법으로 장기 저장하면 어체가 수분을 흡수하고 표피가 변색될 우려가 있다.

③ 냉각 해수법
- 기계적으로 −1~2 ℃ 정도로 만든 바닷물에 어패류를 침지시키는 저온 저장 방법으로 선도 보존 효과가 좋다.
- 지방질 함량이 높은 연어, 참치, 정어리, 고등어 등에 주로 사용한다.

④ 빙장법의 주의사항 및 특징

| 쇄빙법 | - 얼음을 충분히 사용하여야 한다.
- 너무 높이 쌓으면 어체가 연약하여 조직이 허물어지기 쉽다.
- 얼음물에 의한 오염을 주의하여야 한다.
- 얼음이 어체에 접촉이 불완전하게 이루어져 냉각불충분 |

수빙법	으로 변색이나 악취가 발생하는 현상(ice bum)이 발생하지 않도록 해야 한다. - 물을 미리 -1~0℃로 냉각시켜야 하며 얼음을 충분히 사용하여야 한다. - 오염의 위험이 있으므로 수산물을 미리 세척하는 것이 좋다. - 물을 잘 교반하여 온도가 균일하도록 하여야 한다. - 염분 및 수분의 침투를 고려하여 어체 중심부가 0℃로 냉각되면 쇄빙으로 옮기는 것이 좋다.
비교	<table><tr><th>항목</th><th>쇄빙법</th><th>수빙법</th></tr><tr><td>작업</td><td>용이</td><td>어려움</td></tr><tr><td>냉각속도</td><td>완만</td><td>신속</td></tr><tr><td>산화</td><td>용이</td><td>일부억제</td></tr><tr><td>손상</td><td>있음</td><td>없음</td></tr><tr><td>건조</td><td>일부진행</td><td>진행 없음</td></tr><tr><td>퇴색</td><td>산화 변색</td><td>수용 퇴색</td></tr></table>김진수 외3인, 2007, 도서출판 효일, 수산가공학의 기초와 응용 표 6-3

(2) 냉장법
① 냉장법은 빙장법과 같이 0℃ 내외의 온도에서 저장하나 냉각 매체가 공기라는 점에서 차이가 있다.
② 단기 저장을 목적으로 하는 저장법이다.

(3) 빙온법
최대 빙결정 생성대인 -3℃ 온도구간에 저장하는 방법으로 수산물의 단기저장에 이용된다.
  ※ 빙온
    빙온 (氷溫/효온)은 냉장도 냉동도 아닌 제3의 온도대를 뜻한다. 각종 신선 보존물은 빙결점(어는점) 이하로 온도가 내려가면 냉동상태가 된다. 이 때, 0℃부터 빙결점까지의 온도 영역을 빙온이라고 한다.

④ 냉동과 냉동식품

1) 동결의 의의

(1) 수산물의 동결은 함유되어 있는 수분의 대부분을 빙결시켜 저장하는 방법이다.
  ※ 국제냉동협회는 -18℃ 이하의 온도에서 저장하도록 권장하

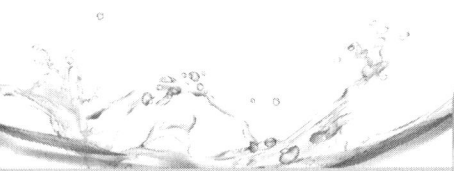

기출문제연구

다음은 수산물의 수확후 처리에 관련된 내용이다. 괄호 안에 알맞은 용어를 답란에 쓰시오.

냉동어류를 냉수 중에 수 초간 담그거나 냉수분무하면 냉동어체표면에 형성되는 얇은 얼음막을 입히는 처리를 (①)이라 하며, 이런 처리방법으로는 (②)와(과) (③)이(가) 있다.

➡ ① 빙의(글레이징) ② 수빙법
③ 냉수분무법

글레이징(glazing, 빙의冰衣) : 동결식품(凍結食品)을 냉수중에 수초 동안 담구었다가 건져 올리면 부착한 수분이 곧 얼어붙어 표면에 얼음의 얇은 막이 생기는데 이것을 빙의(氷衣, glaze)라고 하고, 이 빙의를 입히는 작업을 글레이징이라 함. 글레이징은 동결식품을 공기와 차단하여 건조나 산화(酸化)를 막기 위한 보호처리임

고 있다.

(2) 동결품은 동결-저장-해동의 과정을 거쳐야하므로 본래 상태로의 복원이 불가능하다.
(3) 동결 장치에 요구되는 일반적인 조건
  ① 급속동결과 심온동결이 가능할 것
  ② 비용을 낮추기 위하여 가동률을 높일 수 있을 것
  ③ 동결 작업 시에 에너지 절약이 가능할 것
  ④ 위생적인 작업이 가능할 것
(4) 냉장법과 동결법의 비교

항목	냉장법	동결법
효소적, 비효소적 갈변	진행	억제
미생물의 발육	진행	억제
고품질 보존기간	단기간	장기간
원상태로의 복원	가능	불가능
동결변성 및 조직파괴	없음	있음
드립유출	없음	있음
에너지 소비	적음	많음

김진수 외3인, 2007, 도서출판 효일, 수산가공학의 기초와 응용 표 6-4

2) 동결현상

(1) 동결곡선

① 동결곡선이란 식품의 동결과정에 있어서 온도와 시간과의 관계를 나타내는 곡선이다. 동결 중 온도 중심선의 시간대별 온도변화를 기록한 곡선으로 빙결점 이상의 냉각곡선(cooling curve)과 빙결점 이하의 냉동곡선(freezing curve)로 이루어졌다.
② 냉각구역: 빙결점까지의 구역
③ 동결구역(최대 빙결정 생성대) : 빙결점~-5℃ 범위
④ 온도 강하구역: 빙결점 미만의 저장 온도까지의 범위

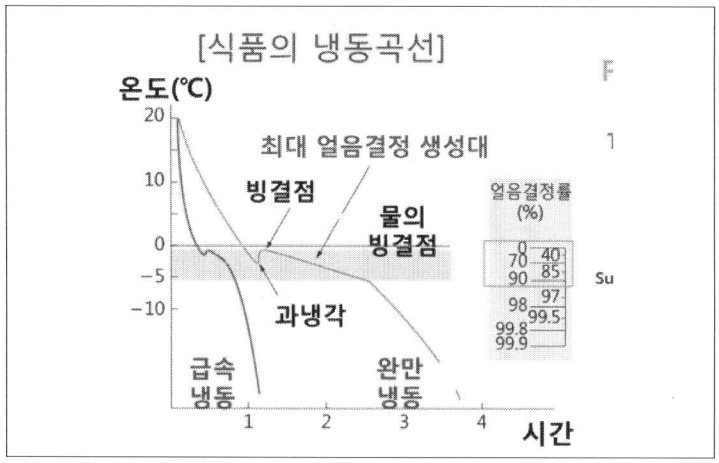

(2) 최대빙결정생성대(zone of maximum ice crystal formation)
① -1~-5℃의 빙결정이 가장 많이 만들어지는 온도구간을 의미한다.
② 대부분 최대빙결정생성대에서 60~90%의 수분이 빙결정으로 변한다.
③ 이 온도구간에서는 많은 빙결잠열의 방출로 식품 온도 변화는 거의 일어나지 않고 동결이 이루어지면서 냉동곡선은 거의 평탄하다.
④ 최대 빙결정 생성대를 통과하는 시간이 짧을수록 작은 빙결정이 많이 생기고 균일하게 분포하지만, 최대 빙결정 생성대를 통과하는 시간이 길면 빙결정이 크고 수가 적으며 불균일하게 분포한다. 빙결정의 수, 모양, 크기 위치 등이 이 온도구간에 머무는 시간에 따라 좌우되며 물질에 영향을 준다.
⑤ 냉동품의 조직 구조가 파괴되면서 ATP, 글리코겐 및 지질의 효소적 분해, 단백질의 동결변성 등이 최대로 발생한다.
⑥ 이 온도대에서 발육이 가능한 저온 미생물이 있으므로 신속히 -10℃까지 온도를 낮추어야 한다.

(3) 빙결정의 성장
① 동결품은 저장 중 미세 빙결정은 수가 줄고 대형의 빙결정이 생성되는데 이는 품질저하의 원인이 된다.
② 빙결정의 성장 원인은 저장 중 온도 변화, 작은 결정과 큰 결정의 증기압 차 등이다.

③ 빙결정 성장의 방지 방법
  ㉠ 급속 동결로 빙결정의 크기를 될 수 있는 대로 비슷하게 한다.
  ㉡ 동결 종온을 낮추어 빙결율을 높여 잔존 액상의 크기를 적게 한다.
  ㉢ 저장 온도를 낮추어 증기압을 낮게 유지한다.
  ㉣ 저장 중 온도의 변화를 없게 한다.(±1℃)

(4) 급속동결과 완만동결
  ① 조직손상은 급속동결보다 완만동결이 심하다.
  ② 빙결정의 수는 완만동결보다 급속동결이 많다.
  ③ 빙결정의 크기는 급속동결보다 완만동결이 크다.

(5) 용어의 정리
  ① 온도중심점: 냉동품의 냉각 또는 동결 시 온도 변화가 가장 느린 저점을 의미하며 품온 측정 부분이다.
  ② 빙결점(동결점, freezing point): 냉동품의 얼기 시작하는 온도
    • 어류의 빙결점
      - 담수어는 평균 -0.5℃
      - 회유성 어류는 평균 -1.0℃
      - 저서성 어류의 평균은 -0.2℃
  ③ 공정점(eutectic point)
    - 동결품 내 수분이 완전히 얼었을 때의 온도로 "빙정점"이라고도 한다.
    - 순수한 물은 0℃에서 얼기 시작하여 0℃에서 동결이 끝난다.
    - 식품 중에는 당류나 염류가 녹아 있기 때문에, 0℃보다 훨씬 낮은 온도에서 얼기 시작하여 끝나는 온도는 0℃보다 훨씬 낮은 온도가 된다.
    - 일반적으로 수산물(생선)의 경우 공정점은 -55 ~ -60℃이다.
  ④ 빙결율(동결율, freezing ratio)
    동결품 내 수분이 빙결정으로 변한 비율을 의미한다.
  ⑤ 어체 동결시 체적 팽창율
    - 일정한 압력하에서 동결시 어체가 팽창할 때 원 체적에 대

한 체적의 단위 온도당으로 팽창하는 비율.
- 체적팽창율 = 어체동결율 × 어육의 수분함량 × 물의 동결 시 체적 팽창율

⑥ 냉동톤과 제빙톤
- 1냉동톤 : 0^0C의 물 1톤을 24시간 동안 0^0C의 얼음으로 동결하고자 할 때 시간당 제거해야 할 열량(kcal/hr)
  ※ 1냉동톤이란 24시간에 0^0C의 물 1톤을 0^0C의 얼음으로 만드는 냉동 능력을 말하며, 얼음의 융해잠열은 79.6kcal/kg으로서, 1톤은 1000kg 이므로 79.6×1000÷24=3320kcal/h에 해당한다.
- 1제빙톤 : 1제빙톤이란, 25℃의 물 1톤을 24시간동안 -9℃의 얼음으로 바꿀 때 제거해야 하는 열량을 말하며, 열손실 20%를 가산해 준다.
  ※ 1[제빙톤] = 131,016[kcal]/24[h] = 5,459[kcal/h] = 1.65[RT]
- 결빙시간(hr) = $\dfrac{56 \times t^2}{-t}$

⑦ 유효속도 : 수산물 동결 시 동결에 의한 온도 차이를 동결 시간으로 나눈 값

3) 급속동결과 완만동결

(1) 급속동결

① 최대빙결정생성대(-1~-5℃)를 짧은 시간(30~50분 이내)에 통과하면서 빙결정의 크기를 작게 하여 고품질의 제품을 제조하는 동결법이다.

② 급속동결은 냉동품의 빙결정 크기를 작게 함으로써 조직 파괴 및 단백질 구조 파괴의 억제, 해동 중 drip 유출로 인한 영양성분의 손실 억제 및 동결시간의 단축으로 경제적 손실을 절감할 수 있다.

③ 급속동결 후 낮은 온도에 저장하면 빙결정의 크기를 작게 하여 조직의 손상을 줄일 수 있으며 오랜 시간을 걸쳐 동결시키거나 높은 온도에서의 저장은 빙결정의 크기가 커져 조직 손상이 크므로 냉동품의 품질은 최대빙결정생성대를 통과하는 시간이 짧을수록 좋아진다.

기출문제연구

다음은 수산물의 저장과 관련된 내용이다. 괄호 안에 알맞은 용어를 답란에 쓰시오.

> 수산물을 저장하기 위하여 온도를 낮추어 동결시키면 수산물 중 수분은 얼게 되어 빙결정(얼음결정)이 발생하게 된다. 이 때 수산물 중에 빙결정이 생기기 시작하는 온도를 (①)이라 한다. 또한, 수산물 중의 모든 수분이 얼게 되어 동결을 완료하는 온도를 (②)이라 한다. 이처럼 수산물을 냉각동결시킬 때 시간의 경과에 따라 수산물의 품온 변화를 나타낸 곡선을 (③)이라 한다.

▶동결점(빙결점), 공정점, 동결(냉동)곡선

빙결점(동결점) : 냉동품이 얼기 시작하는 온도
  ㉠ 담수어 : -0.5^0C
  ㉡ 회유성 어류 : -1.0^0C
  ㉢ 저서성 어류 : -0.2^0C
공정점 : 동결품 내 수분이 완전히 얼었을 때의 온도 : $-55 \sim 60^0C$

기출문제연구

수산물의 동결에 관한 설명이다. ( )에 알맞은 용어를 쓰시오. [2점]

> ○ 수산물을 얼리고자 할 때, 수산물의 온도 중심점에서 시간별 온도를 기록하여 연결한 곡선을 (①)(이)라고 한다.
> ○ 수산물 동결 시 동결에 의한 온도 차이를 동결 시간으로 나눈 값을 (②)(이)라고 한다.

▶① 동결곡선 ② 유효속도

동결곡선 : 동결 중 온도 중심선의 시간대별 온도변화를 기록한 곡선으로 빙결점 이상의 냉각곡선(cooling curve)과 빙결점 이하의 냉동곡선(freezing curve)로 이루어졌다.

기출문제연구

A수산물품질관리사는 동결 온도에 따른 어육의 품질 차이를 조사하기 위해 생선육에 온도 측정장치(데이터로거)를 연결하고 -60^0C와 -20^0C에 각각 동결과정의 온도 변화를 기록해 다음과 같은 동결곡선을 그렸다. 빙결점에서 -5^0C 사이에 빗금 친 부분을 지칭하는 ①의 용어를 쓰고, -20^0C, 에 동결한 어육이 -60^0C에 동결한 것보다 일반적으로 품질이 나빠지게 되는데 ②그 이유를 2가지만 쓰시오. (단, 동결온도 외 다른 조건은 동일하다.)

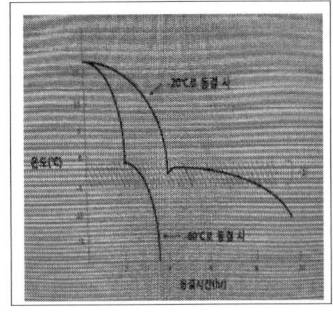

▶① 최대 빙결정 생성대
② 최대빙결정 생성대를 통과하는 시간에 따라 얼음결정의 크기가 달라진다. 통과시간이 긴 완만동결시에는 급속동결에 비하여 큰 얼음결정이 생기며 이때 급속동결에 비하여 식품으이 조직이 손상되거나 단백질 병성이 발생하며 식품의 품질이 저하된다.

최대빙결정생성대 : 식품을 동결할

(2) 완만동결
① 최대빙결정생성대(-1~-5℃)를 완만하게 통과하는 것을 말한다.
② 냉동품 내에 생성되는 빙결정이 커서 조직 손상이 큰 동결법이다.
③ 조직 파괴, 식품 중 단백질 구조의 파괴, 염 농축에 의한 단백질 동결변성이 일어난다.
④ 동결품의 빙결정은 보존온도가 높고 기간이 경과되면 서서히 조직이 파괴된다. 이러한 조직 파괴를 억제하기 위해서는 반드시 급속동결 및 -18℃ 이하의 저온 유지 및 저장 중 온도변화를 억제하여야 한다.

(3) 수산물의 동결 밀 저장 중에 발생되는 현상
① 콜드쇼크(cold shock) : 수산물을 급속히 냉각하면 동결점 이상의 온도에서도 세균의 세포막 손상 등으로 수산물에 있는 일부 세균이 사멸하는 현상
② 동결화상 : 수산물의 동결 저장 중 표면의 얼음이 승화하여 다공질이 된 곳에 산소가 반응하여 갈변 등이 일어나는 현상

4) 동결방법

(1) 공기동결법(sharp freezing)
① 냉각관을 선반모양으로 조립한 후 그 위에 식품을 얹어 동결실 내 정지한 공기 중에서 동결하는 방법
② 장점 : 동결장치가 간단하고 모양에 구애받지 않고 대량 처리가 가능하다.
③ 단점 : 동결속도가 완만하다.

(2) 송풍실내에서의 평균동결법(송풍동결법, air-blast freezing)
① 동결실의 상부, 측면 또는 바닥면에 공기 냉각기를 설치하고 냉각한 공기를 동결실 한쪽방향에서 강제적으로 송풍하여 식품을 동결시키는 방법
② 일반적으로 두께 15cm, 중량 15kg의 생선상자, 골판지상자 내의 생선을 -18℃ 이하까지 12시간 이내에 동결
③ 대부분 식품에 사용이 가능하다.

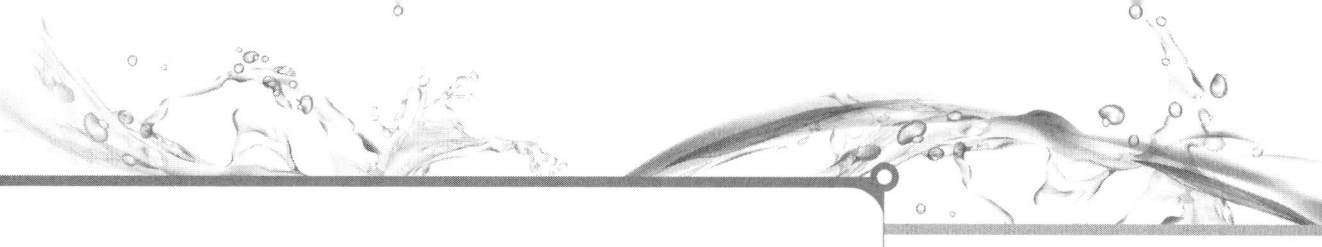

④ 수산창고에서 정어리, 전갱이, 고등어, 꽁치 등을 1시간에 대량동결 하는 경우에 이용한다.
⑤ 블록급속 동결품은 냉동팬, 나무상자, 방수골판지상자, 플라스틱 상자 등의 용기에 채워 동결하는 경우도 많다.
⑥ 동결속도는 냉풍속도와 포장의 유무에 크게 영향을 받는다.
⑦ 구조가 간단하고 비교적 싸다.
⑧ 포크리프트 등에 의한 작업성이 좋다.
⑨ 동결속도는 1~5mm/h

때, 시간의 경과에 따른 온도 변화를 나타낸 냉동 곡선에서 보는 바와 같이 약 0℃에서 약 −5℃까지의 부분을 최대 빙결정 생성대라고 함.

(3) 관선반식동결법(반송풍식동결법)
① 냉각관을 선반 모양으로 만들어 선반과 선반사이에 물건을 넣어 동결시키는 방식
② 냉각관내로 냉매액이 흐르고 물건과 접촉하여 냉각한다.
③ 선반식 동결실의 양단의 상하에 송풍기를 설치해 공기를 유동시킨다.
④ 접촉과 통풍공기에 의해 식품을 동결시킨다.
⑤ 원양 다랑어 어선에서 풍속 2~3m/s, 실온 −55℃이하로 두께 약 30cm, 중량 60kg의 다랑어를 −50℃ 이하까지 24시간 이내로 동결한다.
⑥ 다랑어 어선(−60 ~ −70℃), 오징어 낚시배(−35 ~ −40℃), 어항에서의 생선을 통째로 동결(−20 ~ −30℃), 냉동식품 등 다용도로 널리 이용된다.
⑦ 구조가 간단하고 싸다.
⑧ 다량 수용이 가능하다.
⑨ 동결속도가 비교적 빠르다.
⑩ 하역작업 등 일손이 많이 필요하다.
⑪ 동결속도는 3~15mm/h

(4) 송풍터널식동결법(tunnel freezer)
① 송풍과 반송장치의 조합에 의한 동결방법
② 보냉 판넬로 둘러싸인 가운데에 낱개의 고형식품을 컨베어로 반송해 터널 내를 통과하기까지 동결이 완료된다.
③ 일반적으로 식품동결이 이루어지는 방열구획 내를 풍송 3~5m/s, 평균 −40℃로 함으로써 두께 1~5cm 정도의 식

품을 -18℃ 이하의 품온까지 0.5~2.5 시간에 동결한다.
④ 일반적인 동결방법이다.
⑤ 가리비, 튀김용 토막살 등 비교적 소형과 얇은 것의 개체를 연속적으로 동결하는데 적합하다.
⑥ 벨트 컨베어식이나 스파이럴식 등 냉동식품공장 등의 제조 라인을 ILF(in-line freezing system)로서 널리 이용된다.
⑦ 동결속도는 15~30mm/h

(5) 접촉식동결법(contact freezing)
① 가운데 구멍이 있는 금속판(플랫탱크)에 -30~-40℃의 냉매를 흘려 냉각된 금속판 사이에 식품을 두어 동결하는 방법
② 일반적으로 두께 75mm 정도의 10kg 용량의 동결 팬에 채운 생선을 -18℃까지 4~6시간에 동결한다.
③ 냉동어묵, 오징어 낚시배의 오징어, 고래고기, 작은 새우, 조갯살 등의 급속동결에 이용한다.
④ 두께가 얇은 균질의 식품에 적절하다.
⑤ 동결시간이 짧고 간단하여 취급이 쉽다.
⑥ 동결속도는 유속과 포장의 유무에 크게 영향을 받는다.
⑦ 동결속도는 12~25mm/h

(6) 브라인(액체냉각식)동결법
① 브라인(진한 염용액, 알콜류)을 냉각하여 식품을 직접 담구어 동결하는 방법
   ※ 브라인
      브라인이란 증발기 내에서 증발하는 냉매의 냉동력을 피냉각물로 전달하여 주는 부동액으로, 간접냉매 또는 2차 냉매라고 한다.
② 식염수용액에서는 약 -20℃, 염화칼슘수용액-에탄올수용액에서는 약 -40℃의 브라인 온도에서 급속동결이 가능하다.
③ 각종형상, 크기의 식품도 동결이 가능하다.
④ 급속동결이 가능하여 좋은 품질을 얻을 수 있으나 어육의 분열이 발생하거나 식품 내부로의 브라인의 침투 등의 단점이 있어 포장하는 과정이 필요하다.
⑤ 원양 참치(가다랑어) 어업에 많이 사용된다.

⑥ 동결속도는 10~50mm/h

(7) 액체가스동결법(cryogenic freezing)
① 액화질소나 액화탄산가스를 식품에 분무하여 급속동결시키는 방법이다.
② 식품 조직의 손상이 적고 해동하더라도 원상태 회복이 매우 좋다.
③ 소형의 고급식품(고급생선, 새우 등), 바쁜 시기에 생산증가(어묵류 등)에 이용된다.
④ 액화가스가 저온이기 때문에 식품에 균열이 발생할 가능성이 있다.
⑤ 냉동기가 불필요하고 초기비용은 싸지만 운영비가 많이 든다.
⑥ 동결속도는 30~100mm/h

(8) 저온 삼투압 탈수동결법
① 빙결정 생성에 따른 조직손상 방지를 위해 동결 처리 전 미리 빙결정 생성인자인 수분을 탈수한 후 동결하는 방법
② 특징
  ㉠ 자유수 제거로 동결 변성이 적다.
  ㉡ 드립량이 적다.
  ㉢ 육질 개선효과가 있다.
  ㉣ 탈수로 동결에너지가 절감된다.
③ 단점으로 대량 처리가 곤란하다.
④ 저온 삼투압 탈수의 효과와 응용

(9) 부분동결(partial freezing)
① -3℃ 부근에서 반냉동 상태로 저장하는 방법
② 일반적으로 -1~-5℃의 최대빙결정생성대에서 저장하는 경우 해당작용, 근원섬유 단백질의 변성, 지질산화 및 전분의 노화 등이 야기되기 쉬우나 세균세포도 조직적 손상을 입는데 이러한 원리를 이용한 방법이다.
③ 식품 성분의 품질저하는 야기되나 식품위생적으로는 안전하여 1주일에서 약 10일 간 저장에는 적절한 방법이다.

5) 수산냉동식품의 일반적 제조공정
(1) 제조공정

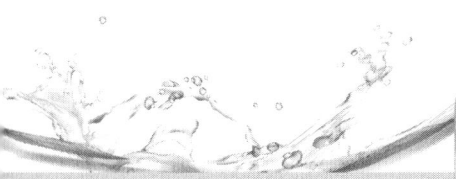

원료입하 → 선별 → 수세 및 탈수 → 선별 → 특별 전처리(산화방지제 및 동결변성 방지제 처리) → 칭량 → (속포장) → 팬 채움 → 동결 → 팬 빼기 → (글레이징) → 겉포장 → 저장

(2) 전처리
① 원료 입하로부터 동결 전까지의 공정을 의미
② 수산물 전처리의 목적
　㉠ 불가식부에 해당하는 운임 및 창고료를 절약할 수 있다.
　㉡ 불가식부를 사전에 처리함으로써 조리가 편리해진다.
　㉢ 비위생적인 불가식부를 신속하게 제거하여 위생성을 향상시킬 수 있다.
　㉣ 품질저하를 억제할 수 있다.
③ 선별
　적절한 크기 및 선도를 가진 어체로 분류하는 과정
④ 수세 및 탈수
　㉠ 대형어: 개체별로 분무하여 수세 후 탈수한다.
　㉡ 소형어: 한번에 침지하여 혈액, 점액, 유지 및 기타 이물질을 잘 제거하고 탈수한다.
　㉢ 수세수: 담수어는 담수나 해수를 사용해도 좋으나 해수어는 해수를 사용하는 것이 좋다.
⑤ 어체처리
　용도, 수요자의 요구 등에 맞게 어체를 처리한다.
⑥ 재수세 및 탈수
　어체 처리 중 발생한 혈액, 내장, 뼈, 껍질, 비늘 등을 제거하기 위한 수세를 하고 탈수한다.
⑦ 선별
　크기, 손상 등에 따라 재선별한다.
⑧ 특별전처리
　염수처리, 가염처리, 가당처리, 산화방지제 및 동결변성방지제 처리 등과 같은 특별전처리를 한다.
⑨ 칭량 및 속포장
　선별된 것을 목적하는 중량으로 칭량하고 건조 및 지질산화방지를 위한 속포장을 한다. 속포장 하는 경우 글레이징을 생략한다.
⑩ 팬 채움(panning)

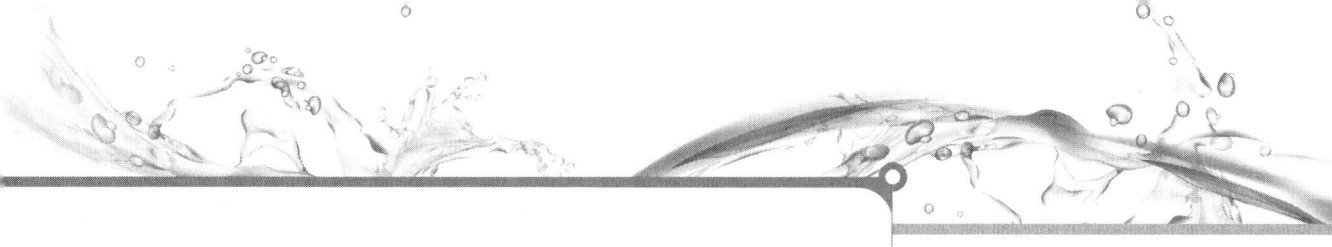

　　㉠ 대형어 및 중형어: 팬 채움 과정을 생략하고 개체 동결할 수 있다.
　　㉡ 소형어: 동결팬에 넣어 동결하고 머리가 외부로 노출되도록 하고 꼬리는 중앙으로 가도록 하여야 하며 표면은 기복이 없어야 하며 동결 팽창도 고려하여야 한다.

(2) 동결방법의 선택
대형어와 중형어는 개체 동결을 소형어는 동결팬에 넣어 동결방법을 선택하여 실시한다.

(3) 후처리
① 팬 빼기(depanning)
　표면에 냉수를 분무하거나 유수에 침지한 후 충격을 주어 냉동물을 팬으로부터 분리한다.
② 글레이징(glazing)
　건조 및 산화방지를 목적으로 빙의(氷衣)를 입힌다. 단 전처리 과정 중 속포장 한 경우 생략한다.
③ 겉포장
　적절한 포장재를 활용하여 포장한다.

6) 냉동식품

(1) 냉동식품
① 냉동식품의 정의
　가공 또는 조리한 식품을 장기 저장을 위해 동결처리 후 용기포장 한 것으로 냉동보관을 요구하는 식품을 의미한다.
② 냉동식품의 장점
　㉠ 저장성: 품온을 낮춰 신선도를 유지
　㉡ 편리성: 불가식부 제거 등 전처리로 편리하며 조리가 간편하다.
　㉢ 안전성: -18℃ 이하의 저온에 저장이 1년 이상 가능하며 품질의 안전성이 인정된다.
　㉣ 가격안정성: 원료의 장기저장이 가능해져 가격 안정성을 꾀할 수 있다.
　㉤ 유통합리성: 수산물의 계절적 편재성 등에 따른 홍수

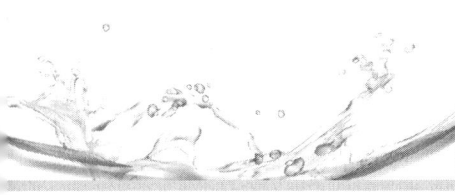

기출문제연구

수산물의 동결 공정은 일반적으로 원료어의 선별에서 냉동팬에 넣기까지의 전처리 공정과 동결에서 저장까지의 후처리 공정으로 나누어진다. 전처리 또는 후처리 공정에서 행하는 동결 수산물의 보호처리 방법 5가지만 쓰시오.

▶ 1. 글레이징 처리
2. 급속동결
3. 저장온도를 -18^0C 이하로 유지
4. 보존제 등 식품첨가물의 사용
5. 불가식부의 제거
6. 수세 후 탈수하여 저장

기출문제연구

냉동굴은 일반적으로 동결 후처리 공정에서 동결물의 표면에 얼음막처리(glazing)를 하여 제조한다. 냉동굴의 제조 공정 중 얼음막 처리를 실시하는 목적 2가지만 쓰시오.

▶ 동결품의 건조 및 유소현상 방지
변색방지도 답이 됨

출하를 저장으로 연중 고른 유통이 가능해져 유통의 합리화가 가능하다.

(2) 냉동식품의 해동
① 개요
  ㉠ 냉동품을 여러 해동매체를 통하여 녹이는 조작을 의미한다.
  ㉡ drip 발생을 가능한 한 줄여야 한다.
  ㉢ 해동속도, 해동환경, 해동종온 등은 냉동품의 종류 및 용도에 따라 결정된다.
② 해동품의 상태변화
  ㉠ 육질의 연화
  ㉡ 미생물과 효소의 활동이 용이해 진다.
  ㉢ 산화되기 쉽다.
  ㉣ 표면건조
  ㉤ 맛 성분과 영양 성분의 손실
③ 해동품의 선도저하 및 부패
  ㉠ 조직의 변화로 인해 표면세균의 내부 침투로 부패하기 쉽다.
  ㉡ 연화된 조직으로 미생물의 침입과 증식이 쉬워진다.
  ㉢ drip이 미생물 등의 증식에 있어 영양원이 된다.
④ Drip
  ㉠ 개요
    - 냉동품 해동 시 녹은 빙결정에서 생성되는 수분이 육질에 흡수되지 못하고 분리되어 나오는 것을 말한다.
    - drip의 유출은 단백질, 염류, 비타민, 아미노산, 엑스성분 등 수용성 성분이 어체의 자유수에 녹아 같이 유출되며 풍미 물질도 유출되면서 식품가치 저하 및 무게 감소가 발생한다.
  ㉡ 발생원인
    - 빙결정에 의해 육질의 기계적 손상과 세포의 파괴
    - 체액의 빙결분리
    - 단백질 변성
    - 해동 경직에 따른 근육의 이상 강수축 등
  ㉢ drip 발생의 억제

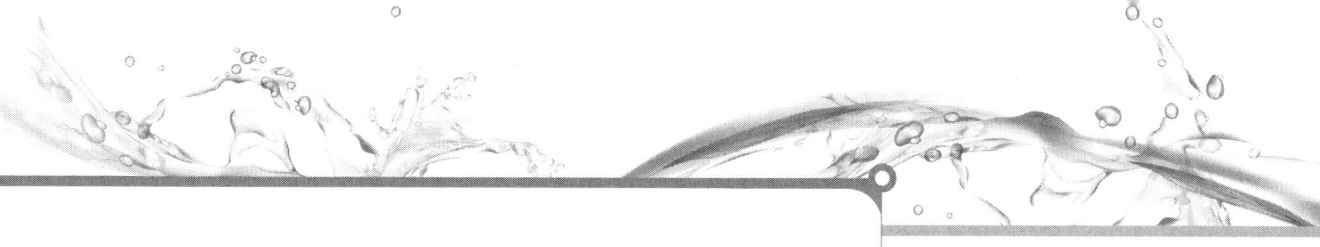

- 표면적이 작고 동결속도가 빠르며 온도가 낮고 동결냉장 기간이 짧을수록 drip은 적어진다.
- 식염, 당, 중합인산염을 첨가할수록 drip은 적어진다.
- 절단 근육에 비해 비절단 근육이 drip이 적다.
- 지방함량이 많고 수분함량이 적으면 drip이 적다.
- 해동 후 품온이 상승하지 않도록 중심온도를 0~5℃를 유지한다.

② drip 발생을 줄이기 위한 조치
- 선도가 높은 좋은 원료를 선택한다.
- 동결 시 완만동결 보다는 급속동결을 실시한다.
- 동결 후 냉장온도를 낮게하고 냉장기간을 짧게한다.
- 온도의 변동폭을 작게한다.

⑤ 해동 정도에 따른 구분
㉠ 완전해동: 냉동 고등어 등에 적용하며 해동 종온을 빙결점 이상의 온도로 해동하나 가능한 낮은 온도가 좋다.
㉡ 반해동: 냉동 연육 등에 적용하며 해동 종온을 온도 중심점이 약 -3℃ 정도로 칼로 절단할 수 있는 정도로 해동한다.
㉢ 개체 동결식품 등은 별도의 해동이 불필요하다.
㉣ 생선 패티나 스틱은 해동시켜서는 안된다.

⑥ 해동방법
㉠ 공기해동법
- 해동 매체로 공기를 이용하는 방법
- 자연해동법(정지공기해동법)은 모든 해동에 이용이 가능하나 해동 시간이 길고 공간을 많이 필요로 한다.
- 풍속해동법은 정지공기해동법에 비해 해동 시간이 짧다.
㉡ 수중해동법
- 해동 매체로 물을 이용하여 해동하는 방법으로 정지법, 유동법, 살포법이 있다.
- 열의 전달이 공기 보다 크고 매체에 접촉면이 넓어 공기해동법에 비해 속도가 빠르다.
- 수산 가공에 가장 많이 사용된다.
- 원형 및 블록형 해동에 적합하다.
- 해동수의 오염 가능성이 커서 해동수 관리가 필요하며

폐수 처리 비용이 많이 든다.
ⓒ 접촉해동법
- 온수가 흐르는 금속판 사이에 냉동품을 끼워 넣어 해동시키는 방법이다.
- 동결 연육 해동에 많이 이용된다.
ⓔ 전기해동법
- 고주파 또는 초단파를 이용하는 해동방법이다.
- 냉동품의 내부에서 가열하는 방식으로 해동시간이 짧다.
ⓜ 조합해동법: 여러 가지 해동법을 조합한 장치를 이용하여 해동하는 방법이다.

7) 저온에 따른 미생물

(1) 온도에 따른 미생물의 증식
① 미생물은 증식 최적 온도에 따라 호냉성 세균, 중온성 세균, 호열성 세균으로 분류한다.
② 호냉성 세균(저온성 세균)
㉠ 0℃에서 증식하는 저온성 세균 중에서 발육가능온도가 20℃ 이하이고 최적 온도범위가 12~15℃인 것을 말한다.
㉡ 비브리오(Vibrio) 등이 속한다.
③ 중온성 세균
㉠ 20~40℃에서 증식하며 37℃ 내외가 증식 최적온도대이다.
㉡ 0℃ 이하 및 50℃ 이상에서는 증식이 안된다.
㉢ 슈도모나스(Pseudomonas)B, Bacillus와 각종 바이러스, 박테리아, 균류 등 대부분의 병원성 세균이 여기에 속한다.
④ 호열성 세균(고온성 세균)
㉠ 50~60℃가 증식 최적온도대이다.
㉡ 중온성 세균이 사멸하는 75℃에서도 증식이 가능하다.
㉢ 30℃ 이하에서는 거의 생육하지 못하고 55℃이상에서 생육이 가능한 세균이다.
㉣ 최저 온도대는 40℃ 정도이다.

(2) 저온에 의한 미생물의 사멸

① cold shock(저온충격)
  ㉠ 식품을 갑작스럽게 냉각하면 빙결점 이상에서 일부 균이 사멸하는 현상
  ㉡ 식품을 급격히 냉각하면 세균의 세포막에 손상이 일어나 세포 내 성분이 유출되면서 증식 또는 대사활성 등이 저하된다.
  ㉢ 저온충격의 상대적 비교
   - 저온고온성 세균 및 중온성 세균 〉 저온성 세균
   - GRAM 음성균 〉 GRAM 양성균

② 최대빙결정생성대
  ㉠ 최대빙결정생성대에서는 미생물의 증식은 정지하나 일부 효소계가 작용하고 있으며 점차 사멸한다.
  ㉡ 대장균 등 미생물은 대부분 빙결점 내외에서 사멸한다.
  ㉢ 최대빙결정생성대 보다 저온으로 내려가면 생리적 기능이 완전 정지되면서 휴면상태로 된다.

③ 동결
  ㉠ 동결은 미생물 세포 내에 빙결정이 생성되면서 여러 가지 장해가 일어난다.
  ㉡ 동결은 세포막의 투과성 파괴로 인해 세포 내 성분의 유출, 유해물질의 침입, 환경에 대한 감수성 증대 및 세포구조의 기계적 파괴로 사멸하게 된다.
  ㉢ 동결속도가 빠를수록 일반적으로 사멸율은 높아진다.

⑤ 냉동장치

1) 냉매선도

(1) 종축에 절대압력p(MPa)와 횡축에 비엔탈피 h(kJ/kg)를 각각 로그 값과 등 간격으로 나타낸 것이며 어떤 시점에서의 냉매 상태를 선도에 나타낼 수 있다.

(2) 냉매선도는 외부에서 알 수 있는 압력과 온도만으로 내부의 상태를 유추하고 냉동기의 현재 성능을 평가하기 위하여 사용한다.

2) 냉동사이클

(1) 냉동사이클 : 압축 → 응축 → 팽창 → 증발
(2) 냉동사이클 과정 중의 냉매 상태 변화
 ① 압축
  ㉠ 압축기에서 냉매 증기를 압축하는 과정
  ㉡ 상온의 물이나 공기에 의해 냉각되어 응축이 잘 될 수 있도록 압력을 높이는 역할을 하는 과정이다.
  ㉢ 압축일량 : 압축과정 동안 압축기가 한 일의 양을 의미하며 냉동기 방출열량 값에서 흡수열량 값의 차로 구한다.
 ② 응축
  ㉠ 기체가 액체로 변화하는 현상으로 응축기 내에서 냉매가 응축되는 과정이다.
  ㉡ 응축이 일어나는 온도를 그 기체의 응축점이라고 한다.
  ㉢ 냉매는 응축기 외부의 물 또는 공기에 의해 냉각되어 액체 상태로 변한다.
  ㉣ 응축기 내 냉매는 증기와 액의 혼합 상태이며 기체에서 액체로 변화하는 사이 응축압력과 온도 사이에는 일정한 관계가 있다.
  ㉤ 응축이 일어날 때는 열을 방출한다. 압축기를 통과한 고압의 냉매 가스는 냉각수 또는 냉각공기에 의해 쉽게 액화될 수 있는 상태가 되며 이 때 냉각수 또는 냉각공기로 방출되는 열량을 응축열량이라 한다.
  ㉥ 응축열량은 냉매가 증발기에서 흡수한 열량과 압축기에서 압축에 의해 가해진 열량을 합한 열량이 된다.
 ③ 팽창
  ㉠ 액체 상태의 냉매가 팽창밸브를 통과할 때 상태가 변하는 것을 말한다.
  ㉡ 응축기에서 응축된 액체 냉매가 증발기에서 쉽게 증발할 수 있도록 압력과 온도의 저하, 증발기로 유입되는 냉매의 양을 조절하는 역할을 한다.
  ㉢ 외부와 열의 출입이 없이 단열팽창으로 엔탈피의 변화는 없다.
 ④ 증발
  ㉠ 증발기 속의 액체 냉매가 열교환기 주변의 공기 등으로부터 증발에 필요한 증발잠열을 흡수하여 증발하는 과

정을 말한다.
   ⓒ 팽창밸브를 통해 공급된 액체 냉매는 증발에 필요한 증발 잠열을 외부로부터 빼앗아오면서 냉각작용을 하게 된다.
   ⓓ 액체 냉매의 증발에 의해 열을 빼앗긴 열교환기 주변의 공기 또는 물질은 냉각되어 저온이 된다.
   ⓔ 증발 시 냉매가 액체에서 기체로 증발하는 과정에서 냉매의 온도와 압력은 일정하게 유지된다.

3) 냉동장치

(1) 압축기(compressor)
 ① 기체를 압축시켜 압력을 높이는 기계적 장치로 컴프레서라고도 한다.
 ② 냉장고 안에 지그재그로 연결된 튜브 안의 냉매가 냉장실을 거치면서 낮은 압력의 기체로 변한 것을 높은 압력의 기체로 변환시켜 다시 응축기로 전달하는 냉장고의 주요한 기관 중 하나이다.

(2) 응축기(condenser)
 ① 압축기로부터 송출된 고온 고압의 냉매가스를 물이나 공기로 냉각시켜 응축시키는 장치
 ② 냉각 물질의 종류에 따라 수랭식, 공랭식, 증발식이 있다.

(3) 팽창밸브
 ① 액화된 냉매가 증발하기 쉽도록 감압 및 냉매량을 조절하는 장치
 ② 팽창밸브에서 냉매의 공급량에 따라 부족한 경우는 증발온도를 유지하지 못해 압축기가 과열 운전되며 공급량이 지나칠 경우는 습압축이 되어 안정된 운행이 어렵게 된다.
 ③ 수동팽창밸브, 자동팽창밸브, 모세관으로 분류된다.

(4) 증발기
 ① 액화된 냉매를 증발시키고 그 증발잠열을 이용하여 물 또는 브라인을 냉각하는 냉각장치이다.
 ② 팽창밸브를 통해 냉각에 필요한 액체 상태의 냉매액을 공급받고 증발된 기체 냉매는 압축기로 흡입된다.
 ③ 증발기의 종류는 냉매의 공급방식에 따라 건식증발기, 만액

식중발기, 액순환식증발기로 분류된다.

(5) 제상장치
① 냉각기에 결로가 생겨 얼음층으로 덮이면 열교환이 일어나지 않아 저장고 온도유지가 어려워지며 심하면 온도가 상승하게 된다.
② 서리제거방식 : 고온가스방식, 전열식
③ 서리 제거의 주기와 시간은 서리의 양에 따라 결정된다.

05 어체의 처리

① 어체의 처리방법

용어	설명
Round	두부, 내장을 포함한 원형 그대로의 것
Semi-dressed	Round 상태의 어체에서 아가미와 내장을 제거한 것
Dressed	두부와 내장을 제거한 것
Pan dressed	Dressed로 처리한 어체에서 지느러미와 꼬리를 제거한 것
Fillet	Dressed 상태에서 척추골 부분을 제거하고 2개의 육편으로 처리한 것. 단, 학꽁치, 뱀장어, 붕장어, 보리멸 등은 dressed로 한 후 등뼈 제거 제품의 경우 fillet로 분류하고 이 경우 fillet는 껍질이 붙은 것(skin-on), 꼬리가 있는 것(tail-on) 등으로 구분하여 표시함.
Chunk	Dressed 또는 fillet을 일정한 크기의 가로로 절단한 것
Steak	Dressed 또는 fillet을 2cm 정도의 두께로 절단한 것
Slice	Steak 보다 더욱 얇게 절단한 것
Dice	어육을 2~3cm의 육면체형으로 절단한 것
Chop	어육 채취기로 채육한 것

Ground	고기갈이로 고기갈이 한 것
Shreded	자주 잘게 채썰기를 한 것
Loin	혈합육과 껍질을 제거한 것
Fish-block	어육을 일정한 형틀에 넣고 눌러서 단단하게 한 것으로 모서리의 각이 바르고 면이 평평함
Stick	Fish-block을 세절하여 각봉형으로 만든 것

김진수 외3인, 2007, 도서출판 효일, 수산가공학의 기초와 응용 표 6-13

② 어체 처리 주요 기구

1) 채육(살발라냄)방식 : 채육기

채육기는 세척된 어체를 어육과 뼈, 껍질로 분리하여 어육만 채취하는 기구이다.
① 롤식 : 회전하는 롤에 어육을 넣어 일정량을 채육하는 방식
② 스탬프식 : 망목(網目)모양으로 작은 구멍이 뚫려있는 회전원반 위에 어체를 얹고, 이 회전원반에 대해서 수직상하운동을 하는 압착반으로 어체를 압착하여 채육(採肉)하는 방식
③ 스크루식 : 회전축 끝에 나선면을 이룬 금속 날개가 달려있어서 회전을 하면서 채육하는 방식
④ 플레이트식 : 일정한 틀을 갖춘 판을 이용하여 원하는 형태의 어육을 채육하는 방식

2) 육만기(meat chopper)

원료육을 잘게 세절하는 기계로서, 탈수한 어육을 원료 투입구에 넣으면 몸통 내에서 screw shaft의 회전에 의해서 전진하면서 압출되며 출구의 다공판과 절단기에 의해서 세절된다. 다공판의 구멍 지름은 큰 것 10~20mm, 중간 3~5mm 및 작은 것 2mm 정도이다. 또 다공판을 한 장 사용하는 것도 있으나, 발열하여 육질을 변질시킬 수 있으므로 플레이트 구멍의 크기별로 2~3단 배열시킨 기계도 있다.

3) 육정제기(meat refiner)(1회 기출)

수세어육을 탈수 후 어육 중의 심줄(힘줄), 비늘, 잔뼈, 껍질 등을 제거하기 위한 처리 기계이다. 탈수어육을 투입구에 넣으면 망목원통 내를 screw shaft에 의해서 압송되면서, 지름 1.2~3.2mm의 망목을 통해서 어육은 걸러져 나오고 나머지 찌꺼기는 screw shaft 전면의 배출구를 통해서 나오게 된다. 원통부분은 발열하기 쉬우므로 냉각수를 순환하여 식히도록 한다.

4) 사일런트 커터(silent cutter)(1.6회기출)

① 어육페이스트 가공제품 등을 만들기 위해 미리 잘게 절단된 어육을 다시 세절시켜 다지는 기계이다.
② 천천히 회전하는 도넛 모양의 받침 접시에 대하여 직각방향으로 1,000~2,000rpm의 속도를 가지는 칼이 4~8개 붙어있다.
③ 수평으로 되어 있는 둥근 접시가 회전하면서 어육을 커터 쪽으로 보내주고 커터는 저속 또는 고속으로 회전하면서 어육을 세절한다.
④ 어육과 커터와의 접촉열에 의한 육질변화를 최소화하기 위해 쇄빙이나 냉수를 첨가한다.

5) 탈수기

수산물 속의 수분을 없애는 데 쓰는 기계.

06 수산물 포장관리

① 선별과 입상

1) 선별

(1) 선별의 의의

수산물의 선별은 불필요한 물질이나 부패된 어획물의 분리 및 제거와 객관적인 품질평가기준에 따라 등급을 분류하고 분류된 등급에 상응하는 품질을 보증함으로써 수산물의 균일성으로 상품가치

기출문제연구

어류를 이용하여 수산가공품을 제조할 때 여러 가지 어체 전처리를 한다. 어체 전처리 용어인 ① 세미 드레스(semi-dressed), ② 드레스(dressed), ③필렛(Fillet)에 대하여 서술하시오.

① 세미 드레스(semi-dressed) : Round 상태의 어체에서 아가미와 내장을 제거한 것

② 드레스(dressed) : 두부와 내장을 제거한 것

③ 필렛(Fillet) : 드레스 상태에서 척추골 부분을 제거하고 2개의 육편으로 처리한 것

기출문제연구

수산물 가공 중 전처리 공정에서 하는 어류의 처리 형태별 명칭을 설명한것이다. ( )에 알맞은 용어를 〈보기〉에서 찾아 쓰시오.

구 분	설 명
(①)	아무런 처리를 하지 아니한 통마리 생선이다.
(②)	아가미와 내장을 제거한 생선으로, G&G라고도 한다.
(③)	머리, 아가미와 내장을 제거한 다랑어를 증기로 삶은 다음 혈합육과 껍질을 제거한 육편이다.

〈 보 기 〉
드레스(Dressed), 로인(Loin), 세미드레스(Semi-dressed), 필렛(Fillet), 스테이크(Steak), 라운드(Round)

① 라운드(Round) ② 세미드레스(Semi-dressed) ③ 로인(Loin)

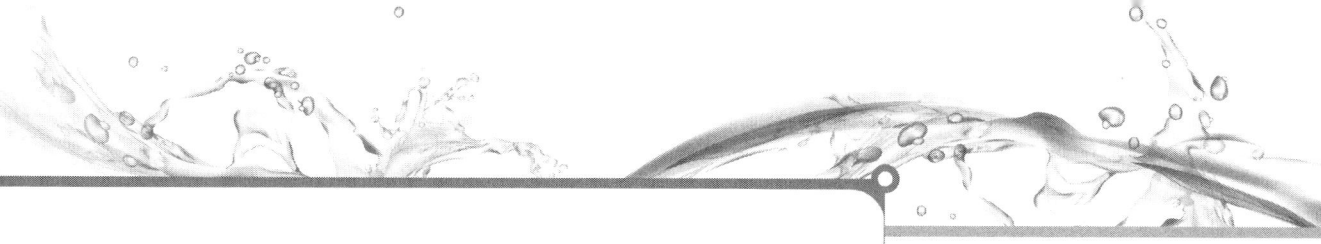

를 높이고 유통상의 상거래질서 공정성을 유지하도록 한다.

(2) 선별방법

① 어류 등

어류	▷ 어류 고유의 색채를 갖추고 눈알이 푸르고 맑으며 아가미가 선명하고 적홍색을 띄어야 한다. ▷ 비늘이 어체에 밀착되어 있고 표피에 상처가 없어야 한다. ▷ 불쾌한 냄새가 나지 않아야 한다.
생태	▷ 눈이 맑고 아가미가 선홍색이어야 한다. ▷ 어체를 손으로 눌렀을 때 단단해야 한다.
새우	▷ 껍질에 윤기가 있고 투명하며 머리가 달려 있는 것이 좋다. ▷ 머리 부분이 검게 되었거나 전체가 흰색으로 투명한 것은 피한다. ▷ 껍질은 잘 벗겨지지 않아야 한다.
게	▷ 발이 모두 붙어 있고 무거워야 한다. ▷ 입과 배 사이에 검은 반점이 없어야 한다.
문어 오징어	▷ 살이 두텁고 처지지 않아야 한다. ▷ 색체는 선명한 것이 좋고 하얗거나 붉은색 또는 변색된 것은 피하는 것이 좋다.

② 패류

패류	▷ 종 특유의 색깔과 광택 및 탄력성이 있어야 한다. ▷ 신선한 향기와 껍질에 윤기가 있어야 한다. ▷ 반투명으로 생활력을 갖고 있어야 한다.
조개류	가능한 살아있어야 한다.
대합	껍질이 두껍고 표면의 무늬가 엷어야 한다.
굴	▷ 몸집이 통통하고 탄력이 있어야 한다. ▷ 손으로 눌렀을 때 탄력이 있고 바로 오그라드는 것이 좋다.
바지락	껍질에 구멍이 없고 작은 것이 좋다.

③ 해조류

해조류	▷ 신선한 원료의 색과 향미, 중량 및 건조 상태를 보아야 한다. ▷ 협잡물이 없고 고유의 색에 홍조는 띠는 것이 좋다. ▷ 향미가 좋고 약간 비린내가 나며 바다냄새가 많이 날수록 좋다. ▷ 수분 함량이 15% 이하여야 한다.

미역	줄기가 가늘고 흑갈색으로 검푸른 빛에 잎이 넓은 것이 좋다.
다시마	국물용은 두꺼운 것이, 쌈용은 얇으면서 딱딱하게 건조되고 잡티가 없는 것이 좋다.

④ 건어류

건어류	일반적 선별방법은 해조류와 같다.
마른멸치	▷ 맑은 은빛을 내고 기름이 피지 않아야 한다. ▷ 수분함량이 20~30% 이하인 것이 좋다. ▷ 국물용 봄멸치는 기름을 약간 띠고 만져서 딱딱하지 않으며 부드러운 것이 좋다.
북어채	연한 노란색에 육질이 부드럽고 수분과 가루가 적은 것이 좋다.
마른 오징어	선명하고 곰팡이와 적분이 피지 않고 다리부분이 검은색을 띠지 않는 것이 좋다.

(3) 입상(入箱)

① 어상자

　㉠ 종류: 나무상자, 금속, 합성수지 고무 등

　㉡ 금속제와 합성수지 상자의 장점 단점

　　-장점: 여러 번 사용해도 잘 파손되지 않으며 냉각속도가 빠르고 오염이 적어 선도유지에 유리하다.

　　-단점: 가격이 비싸고 회수가 어렵다.

② 입상 방법

　㉠ 어상자는 깨끗하게 세척하고 내장을 제거한 어체는 복강 내 혈액과 내용물을 제거해야 한다.

　㉡ 입상 시 종류별, 크기별로 담고 혼합 입상을 피해야 한다.

　㉢ 어체의 길이가 어상자 보다 더 긴 것은 상자에 걸쳐 입상하지 않도록 해야 한다.

　㉣ 갈고리 사용은 가급적 피하고 던지거나 밟지 않아야 한다.

　㉤ 저장기간과 기온을 고려해 얼음과 고기의 양을 결정해야 한다.

　㉥ 얼음을 상자 바닥에도 깔고 입상하고 얼음 녹은 물은 쉽게 빠져 어체의 냉각이 잘 되도록 해야 한다.

　㉦ 상처 있는 고기나 선도가 안 좋은 것은 따로 선별 보관하여야 한다.

◎ 어체를 깨끗이 잘 배열하고 어체 손상이 없도록 해야 한다.
③ 입상 배열

배립형(背立形)	등이 위로 오게 하는 배열 ※ 저장기간이 10일 이내인 경우
복립형(腹立形)	복부가 위로 오게 하는 배열 ※ 저장기간이 10일을 초과하는 경우
평립형(平立形)	옆으로 가지런히 배열
산립형(散立形)	잡어 같은 작은 어종을 아무렇게나 배열하는 방법
환상형(環狀形)	어체가 상자 보다 긴 경우 상자 안에 환상으로 배열하는 방법(장어, 갈치 등)

④ 선상에서의 어획물 선별 및 상자담기
 ㉠ 부패를 막기 위해 신속히 처리한다.
 ㉡ 어획물에 상처가 나지 않도록 주의하여야 한다.
 ㉢ 상자당 어종별 크기별로 구분해서 담는다.

❷ 수산물 포장관리

1) 의의와 기능

(1) 포장의 의의

포장이란 수산물의 유통과정에 있어 그 보존성과 위생적 안전성을 높이고 편의성과 보호성을 부여하며 판매를 촉진하기 위하여 알맞은 재료나 용기를 사용하여 적절한 처리를 하는 기술을 의미한다.

(2) 기능 및 목적

어획에서부터 소비까지 이르는 과정에 있어 수송 중의 물리적 충격의 방지와 미생물에 의한 오염방지 및 빛, 온도, 수분 등에 의한 수산물의 변질을 방지한다.
 ① 제품의 수송 및 취급 중 손상을 방지한다.
 ② 표준화 및 정보제공 : 상품의 품질, 등급 및 생산정보의 표시 수단이 된다.
 ③ 유해물질의 혼입을 차단해 준다.
 ④ 상품의 수송, 하역, 보관과 유통상의 편의성을 제공한다.
 ⑤ 소비자 구매욕구 증대 : 상품의 브랜드 디자인을 포장면에 구현하여 소비자의 구매욕구를 촉진시킨다.

⑥ 수산물 분배의 단위로 취급한다.
- 식품 포장의 기능 및 목적
  - 식품을 오래 보관할 수 있게 한다.
  - 제품의 취급을 간편하도록 한다.
  - 소비자에게 내용물의 정보를 제공한다.
  - 유해물질의 혼입을 막아 식품의 안전성을 높인다.

2) 포장의 분류

(1) 기능에 따른 분류

① 겉포장(외포장)
  ㉠ 운반, 수송 및 취급을 목적으로 충격이나 진동 및 압력 등으로부터 보호한다.
  ㉡ 속포장한 수산물의 수송을 목적으로 한 외부포장이다.
  ㉢ 겉포장재의 재료
    - 골판지 상자
    - PE(폴리에틸렌)대, P.P(직물제)대
    - 그물망
    - 지대
    - 플라스틱상자
    - 다단식 목재 또는 금속재 상자
    - 스티로폼 상자 등

② 속포장
  ㉠ 상품을 몇 개씩 용기에 담아 유통 단위나 소비 단위로 만드는 것
  ㉡ 개개 상품의 손상 방지를 위해 외포장 내부에 포장하는 것
  ㉢ 소비자 구매의 편의성을 확보를 목적으로 하기도 한다.
  ㉣ 식품에 대한 수분, 습기, 광열 및 충격 등을 방지하기 포장재료를 사용한다.
  ㉤ 속포장 재료
    - 폴리에틸렌 등 각종 필름
    - 난자형 트레이
    - 유리 용기 등
      • 유리 용기의 특성
        - 산, 알칼리, 기름 등에 강하다.

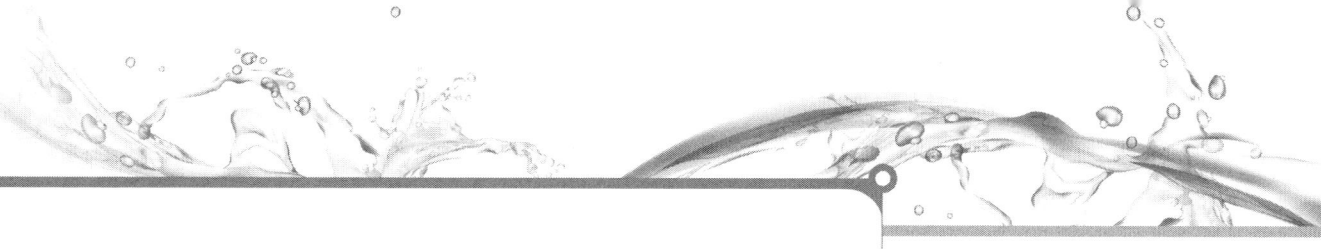

- 빛이 투과되어 내용물이 변질될 수 있다.
- 충격 및 열에 약하다.
- 포장 및 수송 경비가 많이 든다.

③ 낱개포장
  ㉠ 속포장의 일종이지만 특별히 상품을 하나씩 포장하는 방식이다.
  ㉡ 낱개포장은 특히 개당 가격이 비싼 상품의 부가가치를 높이기 위한 포장이다.
  ㉢ 일부 품목에서는 실 또는 끈 등으로 개봉된 부위를 결속하는 방법도 사용한다.

(2) 유통기능에 따른 분류
① 1차 포장 : 제품을 직접 담는 용기 혹은 필름백
② 2차 포장 : 안전성 향상을 위한 박스포장
③ 3차 포장(직송포장) : 수송 및 저장의 안전성과 효율을 높이기 위한 대단위 포장
  ※ 수산가공품의 묶음 단위
    • 마른 김 1첩 – 10장
    • 마른 김 1속 – 100장
    • 굴비 1두름 – 20마리
    • 마른 오징어 1축 – 20마리
    • 1뭇 – 생선 10마리, 미역 10가닥

(3) 포장재의 기본요건

겉포장재	속포장재
㉠ 외부의 충격방지 ㉡ 수송, 취급의 편리성 ㉢ 부적절한 환경으로부터 내용물의 보호	㉠ 적절한 공간확보와 충격의 흡수성 ㉡ 유통 중 발생할 수 있는 부패 또는 오염의 확산을 막을 수 있는 재질

(4) 포장재의 구비조건
① 위생성 및 안전성
  ㉠ 속포장재의 경우 포장재질로부터 유해물질이 내용물에 전이되지 않아야 한다.

ⓛ 속포장재를 사용하지 않고 바로 겉포장을 하는 경우 겉포장재의 위생성 및 안전성이 확보되어야 한다.
② 보존성, 보호성 및 차단성
㉠ 내용물의 보존성과 보호성에 적합하여야 하며 물리적 강도를 가져야 한다.
ⓛ 차단성
- 겉포장재 : 적정한 물리적 강도유지를 위한 방습성, 방수성이 있어야 한다.
- 속포장재 : 냄새의 차단성, 오염물질이나 휘발성 이취 발생물질의 노출위험 방지와 인쇄 잉크의 유기용매 냄새가 산물에 오염되는 경우도 있으므로 이러한 물질에 대한 차단성을 갖추어야 한다.
③ 작업성(기계화)
㉠ 보관시 공간점유면적이 최소화 : 접은 상태로 보관이 가능하도록 하여야 한다.
ⓛ 쉽게 펼쳐지고, 모양을 갖출 수 있어야 하며 봉합이 용이하도록 설계되어야 한다.
ⓒ 속포장재는 일정한 경탄성, 미끄럼성, 열접착성이 있어야 하고 정전기가 발생하지 않도록 대전성이 없어야 한다.
④ 인쇄 적정성 및 정보성
㉠ 인쇄적정성, 광택, 투명성 등 외관은 물론 상품의 특성이 잘 나타나야 한다.
ⓛ 속포장 필름의 경우는 상품의 품질이 쉽게 확인될 수 있도록 투명해야 소비자의 신뢰도를 높일 수 있다.
ⓒ 인증표시 등 소비자가 요구하는 정보가 제대로 표시되어야 한다.
⑤ 편리성
소비자 입장에서 해체 및 개봉이 편리해야 한다.
⑥ 경제성
포장재료의 생산비, 디자인 개발비 등은 모두 포장경비에 포함되므로 경제성을 갖추어야 한다.
⑦ 환경친화성
㉠ 분해성, 소각성이 좋아야 한다.

ⓛ 재활용, 재사용 시스템을 갖추어야 한다.
⑧ 예냉 가능성과 내열성

(5) 포장재의 종류 및 특성
① 골판지상자
  ㉠ 장점
   - 가볍고 적당한 강직성이 있어 기계적으로 가공하기 쉽다.
   - 접착 가공이 용이하고 개봉이 쉽다.
   - 조건에 맞는 강도 및 형태의 제작이 용이하다.
   - 대량 생산품의 포장에 적합하다.
   - 가볍고 체적이 작아 보관이 편리하므로 운송 및 물류비가 절감된다.
   - 작업이 용이하고 기계화와 생력화(省力化)가 가능하다.
   - 원료를 쉽게 구할 수 있고 가격이 저렴하다.
   - 재활용 또는 폐기물처리가 쉽다.
   - 외부충격을 완충하여 내용물의 손상을 방지한다.
  ㉡ 단점
   - 습기에 약하고 수분에 의한 강도가 저하된다.
   - 소단위 생산시 단위당 비용이 많이 든다.
   - 취급시 변형과 파손이 되기 쉽다.
  ㉢ 방수골판지 상자
   ■ 발수골판지
    단시간 물이 떨어졌을 경우에 물이 방울로 되어 흘러 물의 침투를 방지하도록 표면 가공한 골판지
    ※ 발수도: R0, R2, R4, R6, R7, R8, R9, R10로 나타내며 R값이 커질수록 방수성이 높다.
   ■ 차수골판지
    장시간 물과 접촉하여도 물을 거의 통과시키지 않도록 가공한 골판지
   ■ 내수골판지
    장시간 침수시켰을 경우 그다지 강도가 떨어지지 않도록 골판지용 라이너, 골판지용 골심지, 접착제 또는 골판지에 가공한 골판지
② 플라스틱상자

㉠ 폴리프로필렌 성형수지에 규정된 2종 05500급 이상 또는 폴리에틸렌 성형재료의 3종 3~4류를 사용한다.
㉡ 낙하 충격 및 하중변형에 견디는 강도를 필요로 한다.

③ PE대(폴리에틸렌대)
㉠ 폴리에틸렌 필름 봉투형태의 겉포장재로 내용물의 중량에 따라 적정한 두께가 정해져 있다.
㉡ 인장강도, 신장율, 인열강도 등은 KS M3509(포장용 폴리에틸렌 필름)에 따른다.

④ PP대(직물제 포대)
포장용 폴리올레핀 연신사로 직조한 포대포장으로 인장강도, 직조 밀도 등을 규정한다.

⑤ 그물망
고밀도 폴리에틸렌 모노필라멘트계 원단을 사용해 메리야스상으로 직조한 그물로서 포장단량에 따라 적당한 그물망의 강도를 무게로 정하고 있다.

⑥ PE, PP, PVC
㉠ PE(polyethylene): 가격이 싸고 거의 대부분의 형상으로 성형이 가능하며 가스의 투과도가 높다.
㉡ PP(polypropylene): 방습성, 내열성, 내한성, 투명성이 높아 투명포장 및 수축포장에 많이 이용된다.
㉢ PVC(염화비닐; polyvinyl chloride): 연질과 경질로 나누며 경질은 내유성 및 산과 알칼리에 가하고 가스 차단성이 높아 유지식품의 산패방지에 많이 이용되고 있다.

(6) 그 밖에 기능성 포장재
① 연신필름
㉠ 플라스틱 필름에 온도와 장력을 가하여 장력 방향으로 분자배열을 이루도록 만든 플라스틱 필름이다.
㉡ 인장강도, 내열성, 내한성, 충격강도가 좋다.
㉢ 수증기 및 기체의 투과도가 감소하여 차단성이 좋다.
㉣ 연신 온도 이상 가열하면 원래의 치수로 수축하는 성질을 이용하여 수축포장에 이용된다.

② 열 수축 필름
㉠ 열에 수축되는 성질이 있는 필름. 폴리염화비닐, 폴리에

틸렌, 폴리프로필렌, 폴리에스터, 염화비닐리덴을 가공한 것이 많다. 포장하고 열을 가하여 수축시켜 밀착 포장하는 필름을 통틀어 수축 필름이라 한다.
ⓛ 투명성, 광택성이 우수하여 상품 가치 및 보존성을 향상시킬 수 있다.
ⓒ 비용이 저렴하다.
ⓔ 복잡한 형상이나 여러 개의 상품을 한 번에 포장할 수 있다.

③ 도포필름
새로운 기능성 부여를 위하여 필름 표면에 여러 가지 물질을 도포하여 만든 필름을 말한다.

④ 적층필름
㉠ 다른 필름을 겹쳐 붙여서 가공한 필름을 말한다.
ⓛ 다른 두 종류 이상의 플라스틱 필름이나, 플라스틱과 알루미늄 박 또는 지류 등과 복합 가공된 필름으로 종류가 다양하다.
ⓒ 레토르트 파우치 등에 이용된다.
- 레토르트 파우치
레토르트 파우치는 적층 필름(lamination film)을 사용하는데 보통 성질이 각기 다른 플라스틱필름이나 알루미늄 포일 등을 3겹, 혹은 5겹을 붙여서 내열성, 기체투과성 그리고 열 접착성을 개선하고 있다.

⑤ 알루미늄 호일
㉠ 알루미늄 호일은 알루미늄을 얇고 판판하게 늘린 금속제이다.
ⓛ 가스투과방지, 광택성, 내식성, 가공성, 열전도성 및 기타 기계적 성질이 우수하다.
ⓒ 알루미늄 호일은 구겨서 어떤 용기에도 맞게 접어 넣을 수 있으며, 이를 다시 편 다음 물에 씻어 재활용할 수도 있다.

⑥ 가식필름(可食film)
식품의 코팅제로 쓸 수 있는 유연한 필름. 수분 손실, 호흡, 색의 변화를 줄임으로써 식품의 저장 기간을 연장시키거나, 산화를 방지하거나, 손상에 따른 손실을 줄여 포장의 필요성을 줄인다. 셀룰로스, 녹말, 곡류 단백질, 콩 단백질, 우

유 단백질 따위의 물질로 만든다.
  ㉠ 오블레이트
   - 원료전분으로는 감자, 고구마, 타피오카 등의 괴근 전분을 많이 사용하는데, 오블레이트는 전분유액을 만들어 기름(식용유)을 제거하고, 가열호화(전분의 α화)시켜 필름으로 제조한다.
   - 오블레이트는 흡습성이 커서 저장 시의 건조유지, 방습성유지가 중요하다.
  ㉡ 재제장-나투린케이싱(naturin casing)
   - 콜라겐 함량이 높은 동물의 껍질, 힘줄 등을 정제·가공하여 튜브모양으로 케이싱(casing)한 것
   - 비엔나소시지의 껍질, 어육소시지의 껍질로 사용된다.

❸ 포장방법

1) 진공포장

(1) 진공포장의 의의
 ① 폴리에틸렌 따위의 플라스틱 필름으로 만든 부대에 식품 등을 넣고 공기 펌프로 공기를 빼내고 밀봉한 포장.
 ② 포장 내부의 산소를 제거함으로써 주요 부패균인 호기성세균의 증식을 억제하고 지방산화를 지연시켜 저장성을 높이는데 목적이 있다.
 ③ 일반적으로 가스 투과도가 낮은 필름으로 포장하는 것이 미생물 증식을 더 억제시킨다.

(2) 진공포장에 의한 식품의 변질
진공포장은 포장 내부 산소의 저하로 옥시미이오글로빈(oxymyoglobin)이 디옥시미오글로빈(deoxymyoglobin) 형태로 바뀌며 육색은 적자색으로 변한다.

(3) 진공포장의 효과
 ① 호기성 부패균의 증식을 억제한다.
 ② 수분손실을 방지한다.
 ③ 제품의 부피를 줄여 수송 보관 등을 용이하게 한다.
 ④ 미오글로빈의 화학적 변성을 억제한다.

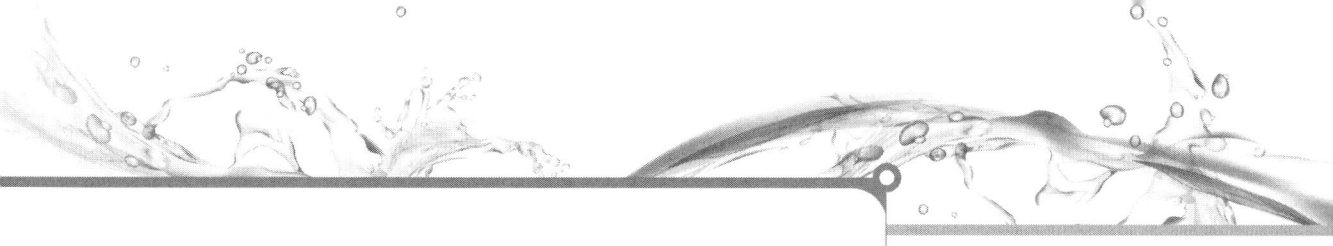

2) 입체진공포장

(1) form(형태)-fill(충전)-seal(접착)의 포장으로 폼(플라스틱 용기)에 필(내용물을 충전)하고 실(상부에 필름을 덮어 진공 후 밀봉)이 연속으로 이루어지는 포장이다.
(2) 진공포장에 비해 제품의 입체감이 두드러져 소비자 선호도가 높아지고 생산성이 우수한 포장이다.
(3) 고급 연제품, 육가공 프랑크 소시지 등에 사용된다.

3) 가스치환(충전)포장

(1) 포장 용기 중의 공기 조성을 N_2, CO_2, O_2 등의 불활성 가스로 치환하여 밀봉하는 포장방식이다.
(2) 불활성 가스의 충전은 상품을 불활성 가스에 저장하는 것과 같은 효과를 얻게 하여 변질이나 변패는 방지할 수 있다.
(3) 진공포장에서의 수축과 변형 및 파손 등이 일어날 수 있는 문제를 해결할 수 있다.
(4) 치환가스와 그 효과
 - 질소 : 식품의 향, 색, 산화방지
 - 이산화탄소 : 곰팡이, 세균의 증식억제
 - 산소 : 고기 색소의 발색
(5) 레토르토 살균 옥수수 : 질소와 이산화탄소 혼합가스로 치환 충전

4) 무균포장

(1) 식품을 살균한 후 살균 용기에 무균 상태로 포장하는 것이다.
(2) 즉석 밥, 슬라이스 햄, 아이스크림, 과즙음료 등에 이용된다.

5) 전자레인지 포장

전자레인지를 이용하여 간단히 빨리 먹을 수 있는 식품의 제공을 목적으로 한다.
① 장점
 - 가열시간이 짧고 식품의 품질과 영양 성분의 파괴가 적다.
 - 포장과 함께 가열조리가 가능하다.
② 단점

기출문제연구

수산 식품의 포장재로 사용되는 플라스틱 필름 또는 필름을 가공한 것에 관한 설명이다.

(   )에 알맞은 용어를 〈보기〉에서 찾아 쓰시오. [3점]

〈보기〉
○ 폴리에틸렌
○ 오블레이트
○ 적층필름
○ 폴리에스테르
○ 연신 필름
○ 폴리염화비닐

1. 폴리스티렌: 가볍고 단단한 투명재료이나 충격에 약하며, 기체 투과성이 커서 진공 포장이나 가스치환 포장에는 적당하지 못한 필름이다.
2. (①): 제조법에 따라 고압법, 중압법, 저압법으로 나누어진다. 수분차단성과 내화학성, 열접착성이 좋으며, 가격이 저렴하지만 기체 투과성이 큰 특징이 있다. 밀도가 낮은 이 필름은 내한성이 커서 냉동 식품 포장에 많이 사용된다.
3. (②): 통조림과 같이 고온에서도 살균이 가능한 유연 포장으로 제품의 수명이 길고, 사용 시 재가열, 개봉 등이 용이해 레토르트 파우치에 많이 쓴다.

▶① 폴리에틸렌 ② 폴리에스테르 (PET)

필름의 종류	표기	특징
폴리에틸렌	PE	- 물과 수증기 차단성 우수 - 산소차단성은 낮음
폴리프로필렌	PP	PE보다 경도, 인장강도, 투명성이 양호
폴리스티렌	PS	수증기 속에서 가열할 때 열전도 저항성이 큰 EPS가 됨
폴리에스테르	PET	- 기계적 강도가 우수 - 내열성, 기체수증기차단성, 유기용제 저항성이 높다.

- 식품 내부에서부터 가열되기 때문에 표면의 갈변이나 바삭한 조직감을 만들지 못한다.
- 식품의 형태에 따라 균일한 가열이 어렵다.

6) 탈산소제 첨가 포장

(1) 산소 차단성이 우수한 포장재에 식품과 함께 탈산소제를 봉입한 후 밀봉하는 방법이다.

(2) 곰팡이, 호기성 세균의 억제 등에 의한 부패방지와 지방의 산패방지, 색소 산화방지, 향기 또는 맛 보존 등을 목적으로 한다.

7) MA(Modified Atmosphere)포장

(1) 포장 원리

① 플라스틱 필름자루로 식품을 밀봉포장하면 호흡에 의해 산소가 소비되고 이산화탄소가 발생하는 동시에 플라스틱필름의 가스 투과성에 의해서 일정량의 가스가 투과되어 보존성을 강화시킨다.

② 플라스틱필름으로 포장하기 때문에 대량 저장은 곤란하고 또한 포장 내 가스조성은 정밀하게 제어할 수 없기 때문에 유통시에 단기간의 선도유지에 이용된다.

③ MA 저장용 필름에는 일반적으로 polyethylene이 사용된다.

(2) 문제점

① 이산화탄소 용해에 의한 신맛의 생성

② 이산화탄소 내성 미생물에 의한 2차 발효

③ pH 변화에 의한 보수성의 감소

국립수산물품질관리원고시 제2013-13호

수산물 표준규격」(농림수산검역검사본부 고시 제2012-145호)을
다음과 같이 개정 고시합니다.

2013년 5월 3일

국립수산물품질관리원장

수산물 표준규격

제1조(목적) 이 고시는 「농수산물품질관리법」(이하 "법"이라 한다) 제5조, 같은 법 시행령(이하 "영"이라 한다) 제42조제5항제2호 및 같은 법 시행규칙(이하 "규칙"이라 한다) 제5조 내지 제7조에 따라 수산물의 포장규격과 등급규격에 관하여 필요한 세부사항을 규정함으로써 수산물의 상품성 제고와 유통능률 향상 및 공정한 거래 실현에 기여함을 목적으로 한다.

제2조(정의) 이 고시에서 사용하는 용어의 뜻은 다음과 같다.
1. "표준규격품"이란 이 고시에서 정한 포장규격 및 등급규격에 맞게 출하하는 수산물을 말한다. 다만, 등급규격이 제정되어 있지 않은 품목은 포장규격에 맞게 출하하는 수산물을 말한다.
2. "포장규격"이란 거래단위, 포장치수, 포장재료, 포장방법, 포장설계 및 표시사항 등을 말한다.
3. "등급규격"이란 수산물의 품종별 특성에 따라 형태, 크기, 색택, 신선도, 건조도 또는 선별상태 등 품질구분에 필요한 항목을 설정하여 특, 상, 보통으로 정한 것을 말한다.
4. "거래단위"란 수산물의 거래시 포장에 사용되는 각종 용기 등의 무게를 제외한 내용물의 무게 또는 마릿수를 말한다.
5. "포장치수"란 포장재 바깥쪽의 길이, 너비, 높이를 말한다.
6. "겉포장"이란 산물 또는 속포장한 수산물의 수송을 주목적으로 한 포장을 말한다.
7. "속포장"이란 소비자가 구매하기 편리하도록 겉포장 속에 들어 있는 포장을 말한다.
8. "포장재료"란 수산물을 포장하는데 사용하는 재료로써 식품위생법 등 관계 법령에 적합한 골판지, 그물망, P.P, P.E, P.S, PPC 등을 말한다.

제3조(거래단위) ① 수산물의 표준거래단위는 3kg, 5kg, 10kg, 15kg 및 20kg을 기본으로 한다. 다만, 형태적 특성 및 시장 유통여건을 고려한 어종별 표준거래단위는 별표 1과 같다.

② 5kg 미만, 최대 거래단위 이상 등 표준거래단위 이외의 거래단위는 거래 당사자간의 협의 또는 시장 유통여건에 따라 사용할 수 있다.

수산물의 품목별 표준거래 단위(제3조 관련)[별표1]

종류	품목	표 준 거 래 단 위
선	고등어	5kg, 8kg, 10kg, 15kg, 16kg, 20kg,
	삼치	5kg, 7kg, 10kg, 15kg, 20kg

어류	조기	10kg, 15kg, 20kg
	양태	3kg, 5kg, 10kg
	수조기	3kg, 5kg, 10kg
	병어	3kg, 5kg, 10kg, 15kg
	가자미류	3kg, 5kg, 7kg, 10kg
	숭어	3kg, 5kg, 10kg
	대구	5kg, 8kg, 10kg, 15kg, 20kg
	멸치	3kg, 4kg, 5kg, 10kg
	가오리류	10kg, 15kg, 20kg
	곰치	10kg, 15kg, 20kg
	넙치	10kg, 15kg, 20kg
	뱀장어	5kg, 10kg
	전어	3kg, 5kg, 10kg, 15kg, 20kg
	쥐치	3kg, 5kg, 10kg
	가다랑어	15kg, 20kg
	놀래미	5kg, 10kg, 15kg
	명태	5kg, 10kg, 15kg, 20kg
	조피볼락	3kg, 5kg, 10kg, 15kg
	도다리류	3kg, 5kg, 10kg
	참다랑어	10kg, 20kg
	갯장어	5kg, 10kg
	그 밖의 다랑어	15kg, 25kg
	서대	3kg, 5kg, 10kg, 15kg
	부세	5kg, 7kg, 10kg
	백조기	5kg, 7kg, 10kg, 15kg, 20kg
	붕장어	4kg, 8kg
	민어	8kg, 10kg, 15kg, 20kg
	전갱이	6kg
패류 등	생굴	0.2kg, 1kg, 3kg, 10kg
	바지락	3kg, 5kg, 10kg, 20kg
	꼬막	3kg, 5kg, 10kg
	피조개	3kg, 5kg, 10kg
	오징어	5kg, 8kg, 10kg, 15kg, 20kg
	화살오징어	3kg, 5kg, 10kg
	문어	3kg, 5kg, 10kg, 15kg, 20kg
	우렁쉥이	3kg, 5kg, 10kg

제4조(포장치수) 수산물의 포장치수는 별표2에서 정하는 한국산업규격(KS M3808)에서 정한 발포폴리스틸렌(P.S) 상자의 포장규격 및 한국산업규격(KS A1002)에서 정한 수송포장계열치수 T-11형 파렛트(1,100×1,100mm)의 평면 적재효율이 90%이상인 것을 우선 적용하고, 높이는 해당 수산물의 포장이 가능한 적정높이로 한다.

제5조(포장치수의 허용범위) ① 골판지상자 및 발포폴리스틸렌상자

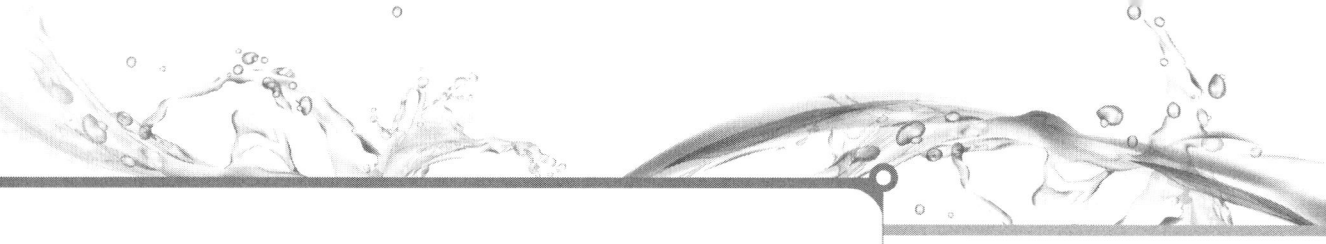

(P.S)의 포장치수 중 길이, 너비의 허용범위는 ±2.5%로 한다.
　② 그물망, 직물제포대(P.P대), 폴리에틸렌대(P.E대)의 포장치수의 허용범위는 길이의 ±10%, 너비의 ±10mm, 지대의 경우에는 각각 길이·너비의 ±5mm로 한다.
　③ 속포장의 규격은 사용자가 적정하게 정하여 사용할 수 있다.

제6조(포장재료 및 포장재료의 시험방법) 포장재료 및 포장재료의 시험방법은 별표 3에서 정하는 기준에 따른다.

제7조(포장방법) 포장은 내용물이 흘러나오지 않도록 하여야 하며, 내용물이 보이도록 개방형으로 포장하는 경우에는 적재하는데 용이하여야 한다. 다만, 별표5와 같이 포장방법이 달리 정해진 품목은 그 규정에 따른다.

제8조(포장설계) ① 골판지 상자의 포장설계는 KS A1003(골판지상자 형식)에 따른다.
　② 별표5에서 정한 품목의 포장설계는 별지 그림에서 정한 바에 따른다.

제9조(표시방법) 표준규격품의 표시방법은 별표4에 따른다.

제10조(등급규격) ① 수산물 종류별 등급규격은 별표 5와 같다.
　② 등급규격이 정하여진 품목중 발포폴리스틸렌상자(P.S) 포장이 가능한 품목은 별표2에서 정한 포장규격을 사용할 수 있다.

제11조(표준규격의 특례) 포장규격 또는 등급규격이 제정되어 있지 않은 품목 또는 품종은 유사 품목 또는 품종의 포장규격 또는 등급규격을 적용할 수 있다.

[별표 2]
수산물의 표준포장규격(제4조 관련)
1. 표준포장규격(거래단위별 공통규격)

구분	거래단위 (kg)	포장규격				KS규격	
		길이 (mm)	너비 (mm)	높이(mm)		1단 적재 상자수	규격 번호
				낮은 상자	높은 상자		
전체 어종	5이하	488	305	135	150	2×4	11-31
		545	345			2×3	신규
	5~10	545	345	135	150	2×3	신규

공통규격	거래단위	길이	너비	높이(mm) 낮은상자	높이(mm) 높은상자	1단적재상자수	규격번호
	10~15	550	366			2×3	11-16
		550	366	135	150	2×3	11-10
		580	435			4	신규
	15~20	580	435	145	155	4	신규
		660	440			2	11-10
포장재료	한국산업규격 KS M3808 발포폴리스틸렌 단열통 1호 내지 3호 규격에 준하여 밀도 0.025g/cm³ 이상의 것을 사용						

주 : 1. 포장규격 : 한국산업규격 수송포장계열치수(KS A1002) 또는 적재효율 90% 이상인 신규 규격을 우선 적용
   2. 1단적재상자수 : KS A1002의 T-11 표준파렛트(1.1m×1.1m)에 1단으로 적재시 상자 개수
   3. 규격번호 : T-11 표준파렛트(1.1m×1.1m) 69개 수송포장계열치수의 일련번호
   4. 상자 두께 : 길이 및 너비 두께는 25mm, 바닥 두께는 44mm를 적용
   5. 뚜껑 높이 : 40mm 적용. ※ 단 굴, 오징어의 상자두께와 뚜껑높이는 도매시장에서 사용하는 어상자 규격을 그대로 적용

2. 어종별 예외포장규격

구분	거래단위(kg)	포장규격 길이(mm)	포장규격 너비(mm)	높이(mm) 낮은상자	높이(mm) 높은상자	KS규격 1단적재상자수	KS규격 규격번호
고등어	10~20	550	366	150		6	11-25
		620	400	143		4	신규
오징어	20	545	345	150		6	신규
삼치	5~20	590	360	120		4	신규
		628	435	120		4	신규
갈치	3	687	412	120		4	11-8
	10~15	830	366	130		3	신규
굴	5이하	260	260	220		16	신규
바지락	5이하	366	366	230	270	9	11-46
		488	305	240	260	8	11-31
포장재료	한국산업규격 KS M3808 발포폴리스틸렌 단열통 1호 내지 3호 규격에 준하여 밀도 0.025g/cm³ 이상의 것을 사용						

* 단, 표준포장규격(거래단위별 공통규격)에 맞게 출하한 경우에도 표준규격품으로 인정한다.

[별표 3]
포장재료 및 포장재료의 시험방법(제6조 관련)
포장재료는 식품위생법에 따른 용기·포장의 제조방법에 관한 기준과 그 원재료에 관한 규격에 적합하여야 한다.

1. 골판지 상자
   ① 표시단량별 골판지 종류

표시단량	5kg 미만	5kg 이상 10kg 미만	10kg 이상 15kg 미만	15kg 이상
골판지종류	양면골판지 1종	양면골판지 2종	이중양면 골판지1종	이중양면 골판지2종

   ② 골판지의 품질기준 및 시험방법은 KS A1059(상업포장용 골판지), KS A1502(외부포장용 골판지)에서 정하는 바에 따른다.

2. P.E대(폴리에틸렌대)
   ① 표시단량별 P.E 두께

표시단량	5kg 미만	5kg 이상 10kg 미만	10kg 이상 15kg 미만	15kg 이상
P.E 두께	0.03mm이상	0.05mm이상	0.07mm이상	0.10mm이상

   ② P.E 종류 및 두께에 대한 인장강도, 신장율, 인열강도 등은 KS M3509(포장용 폴리에틸렌 필름)에 따른다.

3. P.S대(폴리스틸렌대)

밀 도 (g/cm³)	굴곡강도 (N/cm²)	흡수량	연소성
0.025 이상	20이상	두께 30mm 미만 2.0이하, 두께 30mm 이상 1.0이하	3초 이내에 꺼져서 찌꺼기가 없고 연소한계선을 초과하여 연소하지 않을 것

4. P.P대(직물제 포대)

섬 도 (데니아)	인장강도 (kgf)	봉합실 인장강도(kgf)	적주밀도 (올/5cm)	기 타
900±10	3.0이상	4.0이상	20±2	원단의 위사 너비는 4~6mm 이내로 접혀진 원사로 제작한다.

   ※ 원단은 KS A1037(포대용 폴리올레핀 연신사)의 폴리프로필렌 연신사로 직조한다.
   5 표시단량별 그물망의 무게

III 수산물품질관리사

기출문제연구

수산물 표준규격상 '수산물의 품목별 표준거래 단위'에서 20 kg을 표준거래단위로 사용하는 품목만을 아래 〈보기〉에서 모두 고르시오.

〈 보 기 〉
숭어, 양태, 삼치, 조기, 고등어

▶삼치, 조기, 고등어

종류	품목	표준거래단위
선어류	고등어	5kg, 8kg, 10kg, 15kg, 16kg, 20kg
	삼치	5kg, 7kg, 10kg, 15kg, 20kg
	조기	0kg, 15kg, 20kg
	양태	3kg, 5kg, 10kg
	숭어	3kg, 5kg, 10kg

표시단량	5kg 미만	5kg 이상 10kg 미만	10kg 이상 15kg 미만	15kg 이상
포장재무게	고밀도 폴리에틸렌 모노필라멘트계이며, 15g이상 한 것	25g이상	35g이상	메리야스 장으 45g이상

[별표 4]
표준규격품의 표시방법(제9조 관련)

표준규격품을 출하하는 자는 규칙 제5조 제1항의 규정에 따라 "표준규격품" 문구와 함께 품목, 생산지역, 무게, 생산자의 성명 또는 생산자단체의 명칭, 출하자의 성명 및 전화번호를 포장 외면에 표시하여야 한다. 단, 품종을 표시하여야 하는 품목과 무게 또는 마릿수의 표시방법은 아래 2항과 같다.

① 표시양식(예시)

표준규격품	표 시 사 항			
	품 목		생산지역	
	생 산 자		출 하 자	
	무게(마릿수)	kg(마리)	연 락 처	

※ 무게는 반드시 표기하여야 하며 필요시 마릿수를 병기할 수 있다.

② 일반적인 표시방법
㉠ 표시사항은 가급적 한 곳에 일괄표시 하여야 한다.
㉡ 품목의 특성, 포장재의 종류 및 크기 등에 따라 양식의 크기와 글자의 크기는 임의로 조정할 수 있다.
㉢ 위 표시사항 외에 추가 표시사항이 있는 경우에는 추가할 수 있다
㉣ 원양산의 생산지 표시는 수산물품질관리법시행령 제18조제2항에서 정하는 바에 따른다.

수산물 품질관리 관련 법령

제4장 | 수산물 저온 유통 및 활어 수송

01 콜드체인시스템

1 의의

(1) 어획 즉시 품온을 낮춰 어획에서부터 판매까지 적정 저온이 유지되도록 관리하는 체계를 콜드체인시스템 또는 저온유통체계라 한다.
(2) 수산물의 신선도 및 품질을 유지하기 위하여 알맞은 적정 저온으로 냉각시켜 저장·수송·판매에 걸쳐 적정온도를 일관성 있게 관리하는 것이다.
(3) 콜드체인(cold chain) 시스템이란 어획 후 선별포장하여 예냉하고 저온 저장하거나 냉장차로 저온수송하여 전 유통 과정을 제품의 신선도유지에 적합한 온도로 관리하여 어획 직후의 신선한 상태 그대로 소비자에게 공급하는 유통체계로 신선도유지, 출하조절, 안전성확보 등을 위해서 중요한 시스템이다.

2 관리방법

(1) 산지: 출하되기 전까지 적정 저온에 저장할 수 있는 저온저장고가 필요하다.
(2) 운송: 냉장차량의 보급으로 저온을 유지하며 산지에서 소비지까지 운송되어야 한다.
(3) 판매: 적정 저온을 유지할 수 있는 냉장시설이 판매대에도 설치되어야 한다.

3 저온유통시스템의 필요성

(1) 신선한 어패류의 공급이 가능해진다.
(2) 생산에서 소비까지의 유통 전 과정에서 변질 및 부패에 의한

ⅠⅠⅠ 수산물품질관리사

> **기출문제연구**
>
> 농수산물(선어·냉동품)을 저온유통체계(Cold Chain System)로 유통하는 2가지 장점을 쓰시오.
>
> ▶ 선도유지, 출하시기조절, 유통비용절감, 안전성확보

감모율이 줄어들어 유통비용이 줄어든다.
(3) 어패류의 불가식부를 제거하여 유통하므로 수송 및 유통경비의 절감을 꾀할 수 있다.
(4) 출하 시 품질을 유지할 수 있어 출하시기 조절이 가능하고 수취 가격을 높을 수 있다.
(5) 상품의 표준화를 이룰 수 있는 기반이 조성된다.

④ 저온유통설비

(1) 냉동차

① 냉각장치의 유무에 따라 보냉차와 냉동차로 분류한다.
② 보냉차
 ㉠ 드라이아이스식: 드라이아이스의 승화열을 이용하여 냉각하는 방법으로 이동 중 수산물에 직접 접촉하지 않도록 하여야 한다.
 ㉡ 얼음식: 얼음의 융해열을 이용하여 냉각하는 방법으로 0℃ 이하의 온도 유지는 불가능하다.
③ 냉동차
 ㉠ 기계식
  – 현재 냉동차에 이용되는 가장 대표적인 방법이다.
  – 냉동차 자체에 냉동기의 증발기가 있다.
 ㉡ 액체질소식
  – 비점 −196℃인 액체질소의 기화 잠열을 이용하는 방법이다.
  – 급속냉각이 가능하다.
  – 소음이 없고 구조가 단순하여 고장이 적다.
 ㉢ 냉동판식
  – 축냉제를 금속용기에 충진하여 냉매배관을 통해 냉각시킨 후 축냉제의 융해 잠열로 냉각하는 방법이다.
  – 고장이 적고 취급이 간단하며 유지비가 적게 든다.
  – 냉동판의 중량으로 인해 적재량이 감소한다.
  – 사용 온도 범위가 다양하지 못하다.

(2) 냉동컨테이너

① 컨테이너 내부에 냉동기를 장치하여 냉동식품의 운송에 사

용되는 것으로서 냉각장치의 설비 방식에 따라 별치식 냉동 컨테이너와 내장식 냉동컨테이너의 두 종류로 분류된다.
② 냉동기를 이용하여 전 수송과정에서 지정된 온도를 유지할 수 있도록 설계되어 있다.
③ 냉동기를 컨테이너에 설치하므로 냉동사이클의 반복으로 수송되는 화물을 적정 온도로 유지시킬 수 있다.

(3) 쇼케이스

① 소비자를 상대로 상품의 진열 판매 시 상품의 온도유지를 목적으로 하는 냉장 또는 냉동장치를 의미한다.
② 용도별 구분
  ㉠ 냉장용: 0~10℃의 온도로 식품을 보관하는 쇼케이스
  ㉡ 냉동용: -18℃ 이하의 냉동식품의 보관을 목적으로 하는 쇼케이스
③ 형태별 구분
  ㉠ 오픈형
   - 상품 진열장에 문이 없이 내부가 오픈된 쇼케이스
   - 오픈으로 인한 외기 유입을 에어 커튼을 이용하여 막는다.
   - 현재 국내에서 가장 많이 사용되고 있다.
  ㉡ 세미 오픈형 쇼케이스
   - 오픈형 윗면에 유리문을 붙인 형태
   - 통상적으로 문을 닫은 상태로 유지하며 고객이 물건을 고를 때만 열리게 되므로 온도유지가 오픈형에 비해 쉽다.
  ㉢ 클로즈형
   - 진열장에 유리문을 부착한 형태
   - 물건은 고객이 문을 열고 직접 꺼내므로 온도 유지에 유리하다.

02 시간-온도 허용한도

❶ T.T.T의 의의

식품의 저장기간과 품온 사이에 식품별로 상호 허용성이 존재하는 관계를 숫자적으로 처리하는 방법이 T.T.T개념이다.

① T.T.T는 품질유지 특성곡선으로부터 각 품온에서의 1일 당 품질변화량을 구할 수 있다.
② 동결식품의 상품가치에 대한 허용(tolerance)되는 경과시간 (time) 동안 유지되는 품온(temperature)의 관계를 숫자로 나타내는 개념이다.
③ 저장 시간과 유지되는 품온의 관계에 따라 식품별로 상호 허용성이 존재하는 관계를 숫자적으로 처리하는 방법으로 냉동식품의 품질저하의 정도를 알 수 있는 방법이다.
④ 동결품은 품온이 낮을수록 품질 보존 기간이 길어진다.
⑤ T.T.T는 동결식품의 유통과정 중 식품의 품질유지를 위한 온도 설정의 중요한 지침이 된다.

❷ 유통 중 T.T.T값 계산

① 각 온도에서 1일 품질 변화량을 산출한다.

$$\text{일 품질 저하율}(\%/\text{일}) = \frac{100\%}{\text{실용저장기간(일수)}}$$

② 각 온도에서 저장일수와 1일 품질 변화량을 곱하여 저장 품질변화량을 산출한다.
③ 각 온도에서 산출한 저장 품질변화량을 모두 합하여 전 온도에서 저장 품질 변화량, 즉 T.T.T값을 산출한다.
④ T.T.T 값과 식용성 판단
  - 계산값 1.0 이하 : 동결식품의 품질 양호
  - 계산값 1.0 이상 : 품질 악화

❸ 품질저하의 누적

(1) 일반적으로 온도별 저장기간에 따른 품질저하는 생산에서부터 소비까지 각 단계를 지나며 누적되며 증가한다.
(2) 누적 합계는 단계적 순서가 바뀌어도 변화가 없다.

03 활어의 수송

❶ 개요

(1) 어패류를 살아있는 상태로 수송하는 것을 의미한다.
(2) 활어의 수송은 바다에서는 활어 어선이 이용되며 육지에서는 주로 활어차가 이용되고 있다.
(3) 대부분의 어류는 물 밖에서는 생존이 불가능하므로 수조에 담아 수송한다.
(4) 횟감용 어패류, 양식용 치어, 관상용 어류의 수송에 많이 이용된다.
(5) 공기 중에서 장시간 살 수 있는 게, 새우, 조개, 뱀장어 등은 상자 또는 바구니에 담아 수송할 수도 있다.

❷ 활어수송의 유의사항

(1) 저온
① 수송 중 수온은 낮게 유지하여야 한다.
② 수송 중 낮은 수온은 활어의 생리대사를 억제시킬 수 있다.
③ 높은 수온은 활어의 영양성분의 소비가 많아지므로 품질이 떨어진다.

(2) 산소의 보충
① 수송 중 수조 내에 산소 공급 장치를 이용하여 산소를 공급하여야 한다.
② 수조 내 산소의 부족은 활어가 질식할 수 있다.

(3) 상처의 예방
① 수조의 크기를 고려하여 적정량의 활어를 수송하여야 한다.
② 수조의 크기에 비하여 많은 양의 활어는 마찰 등에 의한 상처를 입거나 비늘이 떨어질 수 있다.

(4) 수조 내 오물의 제거

① 수조 내 물은 여과 장치를 이용해 배설물 등 오염물을 제거하여야 한다.
② 수송을 위해 대량의 활어를 수조에 넣을 경우 배설물 또는 피부에서의 점질 물질 등에 의해 수질이 오염될 수 있다.
③ 수송 중 대사량의 증가로 인하여 배설물이 많아질 수 있으므로 수송 전에는 먹이를 주지 않는다.

(5) 위생관리

① 활어의 수송 전, 후 소독 등 위생관리를 철저히 하여야 한다.
② 대부분의 활어는 횟감용 등으로 소비자가 가열하지 않고 섭취하게 되므로 균 처리 장치를 설치하는 등 병원균이나 식중독 균에 오염되지 않도록 위생관리를 하여야 한다.

③ 활어 수송법

(1) 활어차 수송법

① 공기나 산소를 보충하는 수조에 활어를 넣고 수송하는 방법
② 대량의 활어를 수송할 수 있어 가장 많이 사용되는 방법이다.
③ 단점으로는 수조 설비 설치 비용, 특수 차량의 필요성, 어종에 따른 저온 생리특성의 불확실성, 수송 중 폐사 위험 등이 있다.

(2) 마취 수송법

① 마취 약품 또는 냉각을 이용하여 마취시켜 운송하는 방법
② 마취는 대사기능을 저하시켜 취급이 쉽고 상처가 적다.
③ 단점으로 위생상 안전성 여부와 소비자에게 혐오감을 줄 수 있다.

(3) 침술 수면 수송법

① 침술을 이용하여 어류의 활동력을 저하시키며 가수면 상태에 빠뜨려 수송하는 방법
② 단점으로 시간이 많이 걸리고 어체를 일일이 처리해야 하는 문제점이 있다.

(4) 인공동면 수송법

① 수온을 4~5^{0}C로 낮추어 어류의 기초대사활동을 줄여 생체리듬을 조절한 후에 약 2^{0}C의 동면유도장치 안에서 동면에 들게 한다.
② 이 때 물 없이 포장하여 장거리 수송을 할 수 있다.
③ 수송이 끝난 후 어류를 수조에 다시 넣으면 동면에서 깨어난다.
④ 현재는 넙치에서 시도되고 있으나 널리 활용되고 있는 방법은 아니다.

4 활어 수송시 산소의 보충

(1) 포기법

① 수조안의 물과 공기 또는 산소를 접촉시켜 물 속에 산소가 녹아들어가게 하는 방법이다.
② 기체주입법
   기체 분사기를 이용하여 산소 또는 공기를 수조 안의 물에 미세한 기포로 불어 넣는 방법으로 가장 많이 사용되는 방법이다.
③ 살수법
   압력수를 수조 위에서 분사하여 산소가 녹아들어가는 것을 촉진시키는 방법이다.
④ 산소봉입법
   수조의 물 일부를 산소로 치환하는 방법으로 치어 또는 고급어종의 소량 수송에 적합하다.

(2) 환수법

① 활어를 활어선을 이용하여 수송할 때 이용된다.
② 배의 측면 또는 바닥에 환수구를 만들어 외부의 신선한 물과 연속적으로 교류시키는 방법이다.

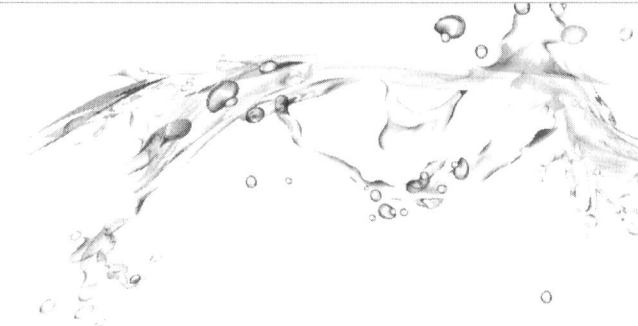

MEMO

제5장 | 수산물 가공

❶ 수산물 가공 일반

수산물 가공이란 구입한 수산물 또는 포획·채취하거나 양식한 수산물을 원재료로 사용하여 염장·건조·훈제·절임·통조림·냉동 등 기타 기술적 처리를 통해 가공하는 것

(1) 수산가공 원료의 일반적 특성
① 어획시기의 한정성
② 어획장소의 한정성
③ 생산량의 불확실성
④ 어종의 다양성

(2) 수산물 가공처리의 목적
① 저장성 향상
② 위생성과 안전성 향상
③ 운반 및 수송 등 유통의 편리화
④ 효율적 이용과 소비의 편리성 증대
⑤ 부가가치의 향상

❷ 건제품

1) 건제품의 가공 원리

(1) 개요
① 건제품이란 어패류를 태양열 또는 인공열로 건조시켜 저장성을 향상시킨 제품이다.
② 수산가공품의 장기 저장의 한 방법으로 그 역사성이 가장 깊다.
③ 건제품은 어패류 내 수분을 감소시킴으로 미생물 및 효소의 활성을 억제시켜 저장성을 높인 제품이다.

④ 최근에는 저온 또는 포장 등의 다른 저장 기술과 결합하여 제품의 맛, 조직감 등을 향상시키며 비교적 수분 함량이 많은 제품들이 소비자 기호를 고려하여 생산이 늘고 있다.

(2) 가공원리
① 수산물의 수분을 제거하여 수분활성도를 낮춰 미생물의 발육을 억제시킴과 동시에 독특한 풍미 및 조직을 가지도록 하는 것이다.
② 수산물의 저장성은 미생물 이용이 가능한 수분의 양에 따라 결정된다.
③ 수분량이 많으면 수분활성도가 높고 수분량이 적으면 수분활성도가 낮다.
④ 수분의 제거 방법으로는 증발, 가압, 흡수제의 이용 등이 있다.
⑤ 건제품은 건조 과정 중 근섬유가 치밀하게 되고 알맞은 강도 및 탄력을 가지며 수분의 감소로 농축된 맛 성분을 함유하여 독특한 풍미와 감촉을 지니게 된다.

(3) 건조 방법
① 천일건조법
  ㉠ 태양의 복사열 또는 바람 등과 같은 천연 자연 조건을 이용하는 건조방법으로 가장 오래된 방법이다.
  ㉡ 간편하며 비용이 적게 들어간다.
  ㉢ 넓은 공간이 필요하다.
  ㉣ 날씨의 영향을 많이 받는다.
  ㉤ 지방 함량이 높은 수산물은 건조 중 품질이 열화된다.
  ㉥ 바닷가에서 어패류 및 해조류 건조에 많이 이용된다.
② 동건법
  ㉠ 겨울철 일교차로 동결과 해동을 반복시켜 건조시키는 방법이다.
  ㉡ 밤의 낮은 기온은 수산물 내 수분을 동결시키고 낮에 상승된 온도는 산물 내 수분을 해동시키면서 수분이 외부로 빠져나오는 과정이 반복되면서 수산물이 건조되는 원리이다.
  ㉢ 동결 시 생기는 얼음결정은 수산물의 세포를 파괴하고

해동 시에는 수용성 성분이 제거되는 과정이 반복되며 독특한 물성을 갖게 된다.

② 동건품은 동결 과정에서 생긴 빙결정이 녹으면서 조직에 구멍이 생기며 스펀지와 같은 조직이 된다.

⑩ 최근 자연상태가 아닌 냉동기를 이용하는 경우가 늘고 있다.

⑪ 건조장 적지 : 야간의 기온이 -5^0C 전후, 주간 0^0C 이상 되는 곳

⑫ 한천과 황태의 건조에 많이 이용된다.

③ 열풍건조법

㉠ 수산물을 건조기에 넣고 열풍을 이용하여 건조시키는 방법이다.

㉡ 비교적 기계도 단순하고, 건조 속도가 빨라 천일건조법에 비해 비교적 일정한 품질의 제품을 생산할 수 있다.

㉢ 기후 조건의 영향을 받지 않는다.

㉣ 어류 및 어분 등의 건조에 이용된다.

④ 냉풍건조법

㉠ 건조한 냉풍을 이용하여 수산물을 건조시키는 방법이다.

㉡ 건조 온도가 낮아 효소반응과 지질 산화 및 변색 억제로 색깔이 좋은 제품의 생산이 가능하다.

㉢ 건조속도는 열풍건조법에 비해 느리고 설비비가 비싸다.

㉣ 냉풍의 온도는 15~35^{0}C, 상대습도는 20% 정도이다.

㉤ 오징어, 멸치 등의 건조에 이용된다.

⑤ 배건법(焙乾法-fire-drying method)

㉠ 원료를 배건 선반에 널어 배건로 위에 쌓아 올리고 화상에 땔감을 태워 그 때의 복사열과 상승기류에 의하여 수분을 증발, 제거시키는 방법이다.

㉡ 열원으로는 장작 외에 숯불, 전열, 가스스토브 등이 사용되기도 한다.

㉢ 본질적으로 훈건법과 비슷하나 훈건법에서는 화상에서 발생하는 훈연에 의해 건조되는데 비해서 배건법은 땔감을 태울 때 발행하는 열로써 건조하는 점이 다르다.

㉣ 나무 등을 태울 때 발생하는 훈연 성분 중 항균, 항산화 성분으로 인해 저장성이 향상된다.

ⓜ 가다랑어를 삶은 후 배건한 가스오부시가 대표적이다.

⑥ 감압건조법
  ㉠ 밀폐된 건조기에 수산물을 입고하고 진공펌프 등으로 일정온도에서 감압으로 압력을 낮추어 건조시키는 방법
  ㉡ 지방의 산화 및 단백질의 변성이 적고 소화율이 높은 제품을 생산할 수 있다.
  ㉢ 생산에 비용이 많이 들고 연속 작업이 안 된다.

⑦ 동결건조법
  ㉠ 수산물을 동결시킨 상태로 낮은 압력에서 빙결정을 승화시켜 건조시키는 방법이다.
  ㉡ 수산물 내부의 수분은 고체상태인 얼음에서 액체 상태를 거치지 않고 기체로 승화되면서 제거된다.
  ㉢ 건조 중 품질변화가 가장 적고 가장 효율적인 건조법이다.
  ㉣ 색, 맛 등 물성의 변화가 최대한 억제되고 복원성이 좋은 제품을 생산할 수 있다.
  ㉤ 단점으로 빙결정의 승화로 인해 다공성이며 부스러지기 쉽고 수분의 흡수와 지질 산패가 잘 일어난다.
  ㉥ 북어, 건조 맛살, 전통국 등의 생산에 이용되고 있다.

⑧ 분무건조법
  ㉠ 액체 상태의 원료를 열풍($130{\sim}170^0C$) 속에 미립자 상태로 분산시켜 순간적으로 건조시키는 방법
  ㉡ 건조 시간이 짧다.
  ㉢ 열에 의한 단백질 변성이 적어 품질이 우수하다.
  ㉣ 대량의 제품을 연속적, 경제적으로 건조할 수 있다.

2) 건제품의 종류

건제품	건조방법	종류
소건품	수산물을 아무런 전처리 없이 그대로 건조한 제품	마른오징어, 마른대구, 마른김, 마른미역 등
자건품	자숙한 후 건조한 제품	마른멸치, 마른해삼, 마른새우, 마른패주 등
동건품	자연적 기후조건 또는 기계적으로 동결 및 해동을 반복하여 건조한 제품	황태, 한천, 과메기 등
염건품	소금에 절인 후 건조한 제품	굴비, 염건고등어 등
훈건품	훈연하면서 건조한 제품	훈연오징어, 훈연굴 등
조미건품	조미 후 건조한 제품	조미오징어, 조미쥐치 등
배건품	불에 구워서 건조한 제품	가스오부시 등

(1) 소건품(燒乾品)
  ① 수산물을 날 것 그대로 또는 전처리하여 물로 씻은 후 건조한 제품으로 건제품 중 가장 먼저 개발된 방법이다.
  ② 어패류 보다는 해조류 품목의 생산이 많으며 저장성의 부여, 풍미 개선의 효과가 있다.
  ③ 주로 기온이 낮은 한랭한 지역에서 발전된 방법이다.
  ④ 건조 전 가열처리가 없기 때문에 고온다습한 계절에는 세균 또는 자가소화 효소의 작용으로 건조 중 육질이 연화될 수 있다.
  ⑤ 마른오징어, 마른명태, 마른대구, 마른상어지느러미, 마른김, 마른미역 등이 있다.
  ⑥ 제조시 유의사항
    ㉠ 선도가 좋은 원료를 사용하여야 한다.
    ㉡ 맑은 물을 이용하여 염분을 제거한 후 건조하여야 한다. 바닷물을 수세에 이용하면 흡습성이 강하게 되고 광택이 떨어진다.
    ㉢ 음건 후 양건하여야 한다.
    ■ 마른오징어
    ㉠ 오징어의 내장 및 눈 등을 제거한 후 세척하여 건조한다.
    ㉡ 특유의 향미가 있다.
    ㉢ 황갈색 또는 황백색이다.
    ㉣ 다리나 흡반의 탈락이 적다.
    ㉤ 표면에 적당량의 흰 가루 성분
      베타인 및 타우린, 글루탐산, 히스티딘 등의 유리아미노산이 주성분이다.

(2) 자건품(煮乾品, boiled-dried products)
  ① 원료를 삶은 후 건조한 제품을 말한다.
    ※ 자숙(煮熟) : 김으로 쪄서 익힌다는 뜻
  ② 자숙의 기능
    - 조직 중 자가소화 효소를 불활성화 시키고 미생물을 사멸시켜 부패를 막는다.
    - 육단백질을 응고시켜 일부 수분과 피하지방을 제거함과 동시에 보다 쉽게 건조시키기 위한 것이다.

기출문제연구

동건품은 겨울철 야간에 식품 중의 수분을 동결시킨 후 주간에 녹이는 작업을 여러 번 되풀이하여 수분을 제거, 건조시킨 제품이다. 이와 같은 가공원리를 이용하여 만드는 수산가공품을 〈보기〉에서 모두 찾아 쓰시오.

〈보기〉
굴비, 과메기, 마른멸치, 마른오징어, 한천, 황태

▶ 황태, 한천, 과메기

③ 부패하기 쉬운 소형 어패류의 건조에 많이 이용된다.
④ 대표적인 제품 : 마른멸치, 마른새우, 마른해삼, 마른전복, 마른패주 등
  ■ 마른멸치
    ㉠ 다른 원료와는 달리 멸치는 자가소화 효소가 강력하여 원료를 육상으로 수송하지 않고 어획 후 바로 어선에서 자숙처리 한다.
    ㉡ 채발에 얇게 펴 염도 5~6% 끓는 물에 넣어 어체가 떠오를 때까지 삶은 후 물을 뺀다.
    ㉢ 대부분 자숙한 멸치는 육상으로 이송하여 건조하나 최근 주로 냉풍건조를 한다.

(3) 동건품(凍乾品, frozen dried product)
① 원료를 자연저온에 의해서 동결한 후 융해하는 과정을 반복시키면서 건조한 제품이다.
② 수산물 조직 내 수분을 동결과 융해를 반복하여 탈수, 건조시켜 만든 제품이다.
③ 일반적으로 자연냉기를 이용하여 겨울철 밤에 동결시킨 후 낮에 녹이는 작업을 반복하지만 최근 기계적 조건에 의해 제조하기도 한다.
④ 대표적인 제품 : 동건 명태, 과메기, 한천 등
  ■ 마른명태
    ㉠ 명태의 내장을 제거한 후 아가미나 코를 꿰어 묶는다.
    ㉡ 담수($2~3^0C$)에 2~5일간 담가 수세 및 표백하고 어체에 물을 충분히 흡수시킨다.
    ㉢ 야외 건조대에 걸어 동결시킨다.
    ㉣ 야간에 동결된 어체는 낮에 얼음이 녹으면서 수분의 일부가 유출되고 밤에 다시 어는 과정이 반복되며 건조가 진행된다.

(4) 염건품(鹽乾品, salted and dried fish)
  정어리, 전갱이, 꽁치, 고등어, 대구 등의 제품이 있음.
① 원료를 그대로 또는 적당히 조리하여 수세한 다음 물간 또는 마른간 하여 건조시킨 제품.

② 식염을 가함으로써 제품이 적당한 짠맛을 내게하여 식미를 향상시키고, 탈수와 동시에 소금의 방부력과 건조를 조합시켜 저장성이 있게 하기 위한 것임.

③ 최근 짠맛을 피하는 소비자가 많아 짠맛이 적고 수분 함량이 많은 염건품의 선호도가 높아 제조법도 변화되어 가고 있다.

④ 염지 방법 : 물간법과 마른간법 등

⑤ 대표적인 제품 : 굴비, 간대구포, 염건고등어, 염건 꽁치, 염건 숭어알 등

■ 굴비
  ㉠ 아무런 전처리 없는 조기를 원형 그대로 물간 또는 마른간을 한 후 건조한 것
  ㉡ 염지방법은 물간의 경우 포화식염수에 7~10일간 침지, 마른간의 경우 원료 무게의 15~30%의 식염을 뿌려 약 7일간 염장한다.
  ㉢ 어체의 크기에 따라 선별 후 3~4회 세척하여 이물질을 제거한다.
  ㉣ 건조대에 걸어 2~3일 그늘에서 건조한다.
  ㉤ 최근 수분함량이 높고 염분의 농도가 낮은 제품도 만들어지는데 이런 제품은 저장성이 약하므로 저온에 보관, 유통하여야 한다.

(5) 자배건품

① 원료어육을 자숙, 배건 및 일건을 시킨 건제품
② 대표적 제품으로 가스오부시가 있다.
③ 가스오부시는 가다랑어 같은 적색육 어류를 원료로 자숙 및 배건하여 제조한 제품을 말한다.

■ 가스오부시

가쓰오부시(鰹節, Kastuobushi)는 가다랑어를 필렛으로 만들어 자숙, 배건, 곰팡이 붙이기 등을 거쳐 충분히 건조시킨 일본의 독특한 수산 가공품의 하나이다. 가쓰오부시에는 비교적 대형어로 만든 혼부시(本節)와 소형어로 만든 가메부시(龜節)가 있다. 가쓰오부시는 주로 국물을 만드는 데 쓰이는데, 독특한 감칠맛과 향기가 있다. 병원세균의

증가와는 무관하다.
※ 가스오부시를 만들 때 곰팡이 붙이기를 하는 이유
- 지방함량의 감소
- 수분함량의 감소
- 제품의 풍미 증가

3) 건제품의 가공 및 저장 중 품질변화

(1) 건조 중 변화

① 단백질 변성
㉠ 수산물의 건조는 외관, 수분함량, 조직감, 맛 등이 달라지고 물에 담가도 원래 상태로 복원되지 않는 단백질 변성이 일어난다.
㉡ 어육 건조의 경우 건조도에 비례하여 육단백질의 불용화가 진행되며 불용화 되는 것은 대부분 myosin 단백질이다.
㉢ 그러나 동결건조법에 의해 건조된 제품은 다시 수분의 흡수로 복원될 때 원래대로 복원이 잘되는 특징이 있으며 이는 건조 조건이 적당하면 myosin 단백질의 용해성이 거의 변하지 않기 때문이다.

② 지질의 산화
㉠ 어체의 지방은 건조 중 수분의 이동에 따라 표면으로 이동하게 되고 이는 공기나 빛의 영향으로 산화된다.
㉡ 어패류의 지방은 불포화지방산이 많아 쉽게 산화, 분해되어 산패 및 갈변의 원인이 되기도 한다.

③ 색소의 퇴색
㉠ 색소는 불포화 결합을 가지고 있어 산소나 광에 의해 쉽게 산화, 분해되어 퇴색하게 된다.
㉡ 새우의 적색 색소인 카로티노이드(carotenoid)계 아스타크산틴(astaxanthine)은 산화되면서 적색이 소실되면 상품 가치를 상실하게 된다.

④ 엑스성분의 소실
㉠ 자건품은 자숙 중 엑스 성분이 상당량 자숙수로 유실된다.
㉡ 소건품 및 염건품은 자건품에 비해 엑스성분의 손실이 적고 자가소화 효소가 불활성화 되지 않아 건조 중 효

소작용으로 엑스성분의 양이 증가한다.
　　ⓒ 엑스성분이 많은 수산물을 건조하면 흡습성이 커지고, 아미노산 또는 당류를 많이 함유한 수산물은 건조 중 갈변의 우려가 있다.
　　ⓔ 건조는 수분의 탈수로 인해 상대적으로 엑스성분은 농축되므로 맛은 강해진다.
　⑤ 소화율의 저하
　　㉠ 어육 건조 온도가 지나치게 높으면 소화율은 떨어진다.
　　ⓒ 건조 온도가 높을수록 소화율은 떨어진다.

(2) 저장 중의 변화
　① 수분의 흡수 및 건조
　　㉠ 건제품은 수분의 함량이 상당히 낮기 때문에 제품 주위의 상대습도의 영향을 많이 받게 된다.
　　ⓒ 주위의 상대습도에 따라 수분의 흡수 및 건조가 일어날 수 있으므로 주의하여야 한다.
　　ⓔ 수분의 흡수는 외관이 나빠지며 수분 함량이 15% 정도가 되면 곰팡이가 생육하게 된다.
　② 지질의 산화 변색
　　㉠ 지방 함량이 높은 건제품은 장기저장 시 산소와 접촉하는 경우 산화 변색 및 산패되어 악취 및 떫은 맛을 내게 된다.
　　ⓒ 지질의 산화 및 변색의 방지를 위해 진공포장, 불활성 가스치환포장, 탈산소제 봉입 포장, 탈기 및 밀봉, 산화방지제의 사용 등의 방법을 이용하기도 한다.
　③ 갈변
　　㉠ 어육은 단백질 식품이기 때문에 비효소적 갈변을 일으키기 쉽다.
　　ⓒ 마른오징어, 마른대구 등에서 볼 수 있는 갈변은 Maillard형 갈변이 일어난다.
　④ 충해
　　㉠ 소건품과 자건품은 건제품 중에서도 가장 충해를 받기 쉽다.
　　ⓒ 7~9월의 고온기에 특히 피해 입기 쉽다.
　　ⓔ 해충은 건조한 단백질을 즐겨 먹고 어두운 곳을 좋아하

므로 제품을 쌓아둘 때 피해 입기 쉽다.
② 충해의 억제는 밀봉, 냉장, 천일건조, 진공포장, 불활성 가스치환 포장, 약제 훈증 등의 방법으로 억제가 가능하다.

③ 훈제품

1) 훈제품의 가공원리

(1) 개요 및 가공원리

① 훈제품은 미리 소금에 절인다든지 전처리를 한 원료를 훈연 중에 접촉시켜, 건조와 동시에 훈연 중의 성분을 흡수케하여 독특한 향미와 보존성을 부여시킨 제품.
② 훈연 중 건조에 따른 수분 감소, 첨가하는 식염과 연기 중 방부성 물질 등에 의해 보존성이 주어지는 원리를 이용한 것이다.
③ 연기 속에는 포름알데히드, 페놀류, 유기산류 등이 항균성을 갖고 있으며 특히 페놀류는 항균성, 항산화성을 갖고 있으나 발암성 물질인 벤조피렌이 생성될 수도 있다.
④ 연기는 독특한 냄새와 신맛, 쓴맛 등의 성분을 지니고 있어 원료 자체의 비린내 등을 감소시키고 새로운 풍미를 갖게 한다.
⑤ 훈제 재료로 쓰이는 나무는 수지가 적고 단단한 것이 좋으며 수지가 많은 경우 그을음이 많고 불쾌한 맛을 줄 수 있다.

(2) 훈제 방법

① 냉훈법
  ㉠ 전어체(내장 포함)에 다량의 염을 가하여 염지한 후, 육이 단단해질 때까지 2~3주간 냉훈(저온상태의 훈건)하는 방법
  ㉡ 단백질이 응고하지 않은 저온에서(10~30℃, 보통 25℃ 이하) 1~3주 정도의 비교적 오랜 시간 훈제하는 방법
  ㉢ 제품의 건조도가 보통 30~35% 정도로 높아 1개월 이상 보존 가능한 제품을 생산할 수 있다.
  ㉣ 온훈법에 비해 저장성은 좋으나 풍미는 떨어진다.
  ㉤ 연어, 대구, 청어, 송어 등에 사용된다.
  • 냉훈품의 저장성 증가 요인

- 훈연 중 건조에 의한 수분의 감소
- 훈연 성분 중의 항균성 물질
- 첨가된 소금의 영향

② 온훈법
  ㉠ 30~80℃ 정도의 온도에서 3~8시간의 비교적 짧은 시간에 훈제하는 방법
  ㉡ 낮은 건조도로 수분 함량이 높아 보존성은 낮으나 풍미가 좋다.
  ㉢ 제품의 수분함량은 50~65%, 염분은 2.5~3.0%정도이므로 저장성이 낮아서 보존기간은 기온에 따라 다르기는 하나 보통 4~5일 정도이다.
  ㉣ 보존성 보다는 풍미를 목적으로 하는 훈제법이다.
  ㉤ 연어, 송어, 오징어, 문어, 뱀장어, 청어 등에 이용한다.

③ 열훈법
고온에서 단시간 훈연 처리를 하여 저장성보다 향미에 중점을 둔 훈제품.
  ㉠ 100~120℃의 고온에서 2~4시간 정도의 짧은 시간에 훈제하는 방법
  ㉡ 원료어는 원형 그대로 또는 처리한 다음 단시간 염지 물빼기를 한 다음 풍건하여 50~90℃ 고온에서 하고 보통 3~8시간 훈건한다.
  ㉢ 저장성보다 향미에 중점을 둔 훈제품.
  ㉣ 수분 함량이 60~70% 정도로 높아 저장성이 낮다.
  ㉤ 뱀장어 오징어 등이 대표적이다.

④ 액훈법
  ㉠ 목재의 건류(乾溜) 또는 목탄 제조시에 생기는 연기성분을 냉각하여 얻어지는 목초액을 목적에 따라서 정제한 것을 훈액이라고 하는데, 이 훈액을 소금에 절이거나, 담근 후 건조하여, 훈연제품과 같은 향기를 부여한 제품을 만드는 방법.
  ㉡ 훈연액에 어패류를 직접 침지 후 꺼내 건조 또는 훈연액을 가열하여 나오는 연기에 훈제하는 방법
  ㉢ 단시간에 많은 제품의 가공이 가능하다.
  ㉣ 시설이 간단하며 일손이 적게 든다.

ⓜ 단점으로는 훈연액에 의한 품질 변화와 훈연액의 농도 또는 침지 시간을 맞추기 어렵다.
⑤ 전훈법
  ㉠ 훈연실에 전선을 배선하여 이 전선에 원료 육을 고리에 걸어 달고 밑에서 연기를 발생시킨다. 이어 전선에 고전압의 직류 또는 교류전기를 흘려 코로나 방전을 시키면 대전을 하게 되는 연기성분은 반대의 극이 되어 있는 원료육에 효율적으로 부착하게 되는 원리를 이용한 훈제법이다.
  ㉡ 전훈법은 같은 온도에 있어서 온훈법에 요하는 시간의 약 1/2 이내의 시간으로 같은 정도의 착색을 볼 수 있다.
  ㉢ 햄, 소시지 등의 훈연에 사용된다.

2) 훈제품의 가공

(1) 훈제품의 일반적 제조 공정

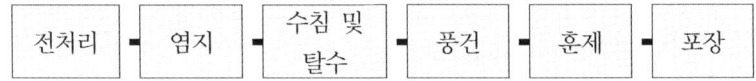

(2) 수산물 훈제품은 대부분 냉훈품과 온훈품이며 연어 훈제품과 오징어 조미 훈제품이 대표적이다.

(3) 연어 냉훈품
 ① 연어를 전처리 후 염지 및 냉훈한 수산가공품으로 어류 훈제품 중 가장 고급품에 속한다.
 ② 연어 냉훈품에는 아가미를 제거한 유두 냉훈품과 머리를 제거한 무두 냉훈품 및 필레 처리한 필레 냉훈품이 있다.

(4) 오징어 조미 온훈품
오징어의 내장 등을 제거하고 박피한 후 조미 및 훈건하여 제조한다.
 ② 조미 오징어 육을 훈제 후 수분 함량을 50% 정도로 만든 후 충분히 냉각하여 수분의 분포를 고르게 한다.
 ③ 냉각을 마친 육은 롤러에 넣고 육을 펴서 줄무늬를 넣고 압착시킨다.

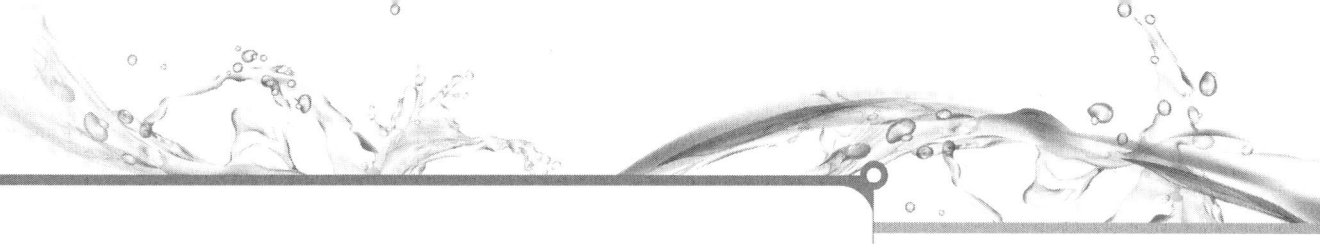

3) 훈제품의 가공 및 저장 중 품질변화

(1) 훈연 중 변화
① 단백질의 변성
훈연 중 단백질의 변성은 훈연 방법 및 조건에 따라 차이가 크게 난다.
② 지질의 산화
㉠ 훈연성분 중에는 페놀성분을 포함한 여러 항산화 성분의 존재로 다른 건제품에 비해 훨씬 미약한 정도의 산패만 진행된다.
㉡ 훈제품의 큰 특징 중 하나는 지질의 산화 억제이다.
③ 색소의 퇴색
훈연성분 중 항산화성분에 의해 건제품에 비해 상당한 억제가 가능하다.
④ 소화율의 저하

(2) 저장 중 변화
① 수분의 흡수 및 건조
② 갈변
훈제품 역시 갈변을 일으키기 쉽지만 훈제품의 경우 제품 자체가 갈색 또는 흑색을 나타내고 있어 갈변에 의한 제품의 품질 저하는 거의 없다.

④ 염장품

1) 염장품의 가공원리

(1) 개요
수산물을 식염에 절이거나 식염수에 침지하여 어체의 수분함량을 줄이고 어체에 식염을 침투시킨 것을 의미한다.
① 식염이 가지고 있는 높은 삼투압에 의해 탈수 및 식염 침투에 의한 수분활성도를 저하시켜 저장성을 가지도록 하는 제품이다.
② 염장을 하면 삼투압작용을 통해 맛, 조직감, 저장성이 향상된다.
③ 염기가 식품 내에 침투하면서 세균 및 자가소화 효소작용을

억제함으로써 변질 및 부패를 방지한다.
④ 염분은 미생물 작용을 억제하기는 하지만 살균작용을 하는 것은 아니다.

(2) 식염의 방부 효과
① 의의
  ㉠ 식염은 방부효과, 안전성, 풍미, 간편성, 가격 등을 보면 다른 식품 방부제와 비교하여 많은 장점을 가지고 있다.
  ㉡ 식염의 방부효과는 식염 자체의 살균력이라기보다는 여러 작용들의 복합효과이다.
② 탈수작용
  ㉠ 식염수의 고삼투압에 의해 세균 세포의 탈수는 세균의 원형질 분리를 일으켜 사멸시킨다.
  ㉡ 탈수작용으로 수분활성도를 저하시켜 미생물의 생육을 어렵게 한다.
  ㉢ 탈수작용은 미생물이 이용할 수 있는 자유수를 감소시켜 미생물 작용이 어렵게 한다.
③ 단백질 분해효소 작용의 억제
  식염의 구성 원소가 단백질 분해효소가 결합하여야 할 peptide 결합 위치에 먼저 결합하여 효소 결합을 원천적으로 봉쇄한다.
④ 식염수에 대한 산소 용해도의 감소
  식염수 농도가 증가할수록 산소용해도는 감소하고 이는 호기성 세균의 발육을 억제시킨다.
⑤ 염소이온의 직접적인 방부 작용

(3) 식염 농도에 대한 세균의 발육
① 식염에 대한 세균의 저항성
  세균의 식염 저항성은 일반적으로 병원균<부패균, 간균<구균, 번식체<포자(spore)의 관계에 있다.
② 식염에 대한 통성 또는 편성호염성 세균의 특징
  통성 또는 편성호염성세균의 식염 처리에 대해 세균의 발육이 극히 완만해지며 단백질 분해 작용이 약해지며 급격한 부패는 진행하지 않는다.

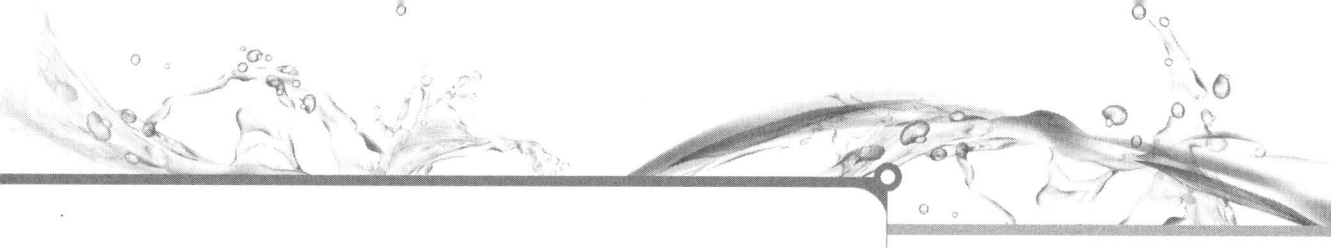

2) 염장 방법

(1) 일반법

① 마른간법

㉠ 원료에 직접 식염을 뿌려 염장하는 방법

㉡ 일반적으로 사용되는 식염의 양은 원료무게의 20~35% 정도이다.

㉢ 식염은 식품표면의 수분이나 또는 내부에서 삼출한 수분에 녹아 포화식염수를 만듦으로 식품표면은 항상 포화식염수로 둘러싸여 있는 형태가 된다.

㉣ 원료 전체에 식염을 고루 비벼 뿌리고 겹겹이 쌓아 염장할 때에는 원료의 쌓은 층 사이에도 식염을 뿌려준다.

㉤ 염장품 : 염장고등어, 염장멸치, 염장명태알, 캐비어, 염장미역 등

■ 마른간법의 장단점

장점	단점
• 설비가 간단하다. • 포화 염수 상태로 탈수효과가 크다. • 식염의 침투가 빨라 염장 초기의 부패가 적다. • 염장피해를 부분적으로 그칠 수 있다.	• 식염 침투가 불균일하다. • 탈수가 강하여 제품 외관이 불량하고 수율이 낮다. • 지방 함량이 높은 어류는 어체가 공기와 접촉하게 되므로 지방이 산화되기 쉽다.

② 물간법

㉠ 식염을 녹인 소금물에 원료를 담가 염장하는 방법

㉡ 소금이 침투됨에 따라 원료에서 수분이 탈수되므로 염수의 농도는 묽어진다.

㉢ 염수의 농도를 일정하게 유지하기 위하여 식염을 수시로 보충하고 염수를 교반하여야 한다.

㉣ 육상에서의 염장과 소형어 염장에 주로 이용한다.

기출문제연구

수산물을 염장하는 방법 중 물간법의 장점을 3가지만 서술하시오

1) 소금의 침투가 균일하다.
2) 산화가 적다.
3) 탈수가 적어 외관, 풍미, 수율이 좋다.
4) 제품의 짠맛을 조절할 수 있다.

■ 가스물간법의 장단점

장점	단점
• 식염의 침투가 균일하다. • 원료와 공기의 접촉이 없어 산화가 적다. • 과도한 탈수가 없어 외관, 풍미, 수율이 좋다. • 제품의 짠맛을 조절할 수 있다.	• 식염의 침투 속도가 느리다. • 식염의 양이 많이 필요하다. • 염장 중 소금의 보충이 필요하고 자주 교반해야 한다. • 마른건법에 비해 탈수효과가 적고 어체가 무르다.

■ 가스마른간법과 물간법의 비교

구분	마른간법	물간법
식염 침투 속도	빠르다	완만하다
초기 부패	적다	많다
염장이 잘못되었을 때 손실	일부	전체
어육 중 영양 성분 유실	적다	많다
식염 침투의 균일성	불균일하다	균일하다
탈수 정도	많다	적절하다
수율	낮다	높다
지방의 산화	많다	적다
짠맛의 조절	불가능하다	가능하다

③ 개량물간법
  ㉠ 마른간법과 물간법의 단점을 보완한 개량 염장방법이다.
  ㉡ 마른간을 한 다음 누름돌을 얹어 가압하여 어체로부터 스며 나온 수분이 소금물층이 형성되어 결과적으로 물간이 되도록 하는 방법이다.
  ㉢ 염장초기 부패 우려가 적다.
  ㉣ 소금의 침투가 균일하다.
  ㉤ 제품의 외관과 수율이 양호하다.
  ㉥ 지방 산화를 억제할 수 있고 변색을 방지할 수 있다.
④ 개량마른간법
  ㉠ 물간으로 수산물의 표면에 부착된 세균 및 점질물 등을 제거한 후 마른간으로 염장 효과를 높이는 방법이다.

ⓒ 기온이 높은 계절 또는 선도가 불량한 수산물의 염장에 사용한다.

(2) 특수법
　① 변압염장법
　　㉠ 감압으로 식품 조직 내 기체를 제거하고 염수를 주입하여 물간 후 식염의 침투를 용이하게 한 염장방법이다.
　　㉡ 염장 시간은 단축할 수 있으나 경비가 많이 든다.
　② 염수주사법
　　㉠ 대형 어육에 주사기로 염수를 주사한 후 일반 염장법으로 염장하는 방법이다.
　　㉡ 염장 시간의 단축과 경비가 적게 든다는 장점이 있다.
　③ 압착염장법
　　㉠ 마른간 후 물간을 하여 식염의 침투를 완료시키고 염수에서 건져 가압하여 과잉 염수를 수분과 함께 압출시키는 방법이다.
　　㉡ 염도의 조절로 풍미를 개선할 수 있다.
　　㉢ 대량 생산에는 부적절하다.
　④ 가온염장법
　　㉠ 염지액을 가온하여 온도를 항상 50℃가 되도록 하는 염장방법이다.
　　㉡ 주로 축육에 이용하여 축육의 자가소화를 촉진시켜 풍미, 연도 등을 개선하는 장점이 있다.
　　㉢ 단점은 관리를 잘못하게 되는 경우 변패의 위험이 있다.
　⑤ 맛사지법
　　비교적 대형의 원료를 massage 또는 tumbler에서 교반하여 염지액의 침투, 염용성 단백질의 추출, 원료의 조직 파괴를 촉진하여 염장 시간 단축 및 결착성을 향상시킬 수 있다.

(3) 염장 중 소금의 침투에 영향을 미치는 요인
　① 식염량이 많을수록 침투속도는 빠르다.
　② 식염에 Ca염 및 Mg염이 존재하면 침투를 저해한다.
　③ 어체에 지방함량이 높으면 침투를 저해한다.
　④ 염장온도가 높을수록 침투속도는 빠르다.

⑤ 염장방법에 따라 초기 침투속도 : 마른간법 〉개량물간법 〉물간법
⑥ 18%이상의 식염수에 염장하는 경우 : 물간법 〉마른간법

3) 염장품의 가공

(1) 염장품

염장고등어, 염장조기, 염장대구, 염장연어알, 캐비어, 염장해파리, 염장미역 등이 있다.

(2) 대표적인 염장품은 염장고등어로 간고등어, 자반고등어로 불리며 어체 처리방법에 따라 배가르기와 등가르기로 나눈다.

4) 염장품의 가공 및 저장 중 품질변화

(1) 염장 중의 변화

① 식염의 침투
  ㉠ 염장 중 식염의 침투는 확산 및 삼투에 의하여 이루어진다.
  ㉡ 식염의 침투는 탈수를 유도한다.
  ㉢ 탈수는 어체의 염분과 식염수의 농도가 평형을 이룰 때까지 계속된다.

② 수분함량의 변화
  ㉠ 염장어의 수분함량은 염장 조건에 따라 달라진다.
  ㉡ 마른간은 수분을 일방적으로 감소시키며 사용되는 식염량이 많아질수록 탈수량도 많아진다.
  ㉢ 물간에 있어 10% 이상의 식염수를 사용하면 농도가 높을수록 탈수는 빠르게 진행되고 탈수량도 많아지나 10% 이하의 식염수를 이용한 물간은 염장 전보다 어육 중 수분이 오히려 증가한다.

③ 무게의 변화
  ㉠ 염장은 식염의 침투에 따른 수분함량의 변화와 육성분 일부가 유출되며 무게가 변화된다.
  ㉡ 마른간에 있어 식염 사용량이 많아질수록 탈수량도 많아져 무게의 감소가 크다.
  ㉢ 물간은 식염수의 농도가 높을수록 탈수량이 많아지지만 10% 이하의 식염수를 사용하면 수분량은 오히려 증가

하여 제품 무게가 증가한다.
(2) 저장 중의 변화
① 지방의 산화
　㉠ 염장어의 저장 중 지방의 산화에 의한 산패와 유지의 산화 변색으로 불쾌한 자극성 냄새와 떫은 맛 및 복부의 황갈색의 변화가 나타난다.
　㉡ 이러한 변화는 외관 저하, 영양 저하, 풍미의 저하를 가져온다.
　㉢ 염장 시 항산화제의 사용은 이러한 지방의 산화를 방지할 수 있다.
② 자가소화
　㉠ 식염의 농도가 높아질수록 자가소화는 억제되지만 식염 농도가 포화 상태에 달하여도 완전히 정지하지는 않는다.
　㉡ 자가소화는 저온에서는 천천히 진행되며 온도가 높아질수록 속도가 빨라지므로 염장품은 저온에 저장하는 것이 바람직하다.
　㉢ 염장 시 여러 효소를 많이 함유하고 있는 내장의 제거는 자가소화를 억제하는데 도움이 된다.
③ 부패
　㉠ 염장어는 어육 중에 식염의 농도가 높고 저장 온도가 낮으면 주로 자가소화만 일어나지만 저장 온도가 높고 식염의 농도가 낮으면 부패가 일어난다.
　㉡ 어육 중 식염 농도가 20% 이상 시 상온에서 부패의 염려가 적고 식염량이 같은 경우 수분함량이 적은 쪽이 저장성이 좋아진다.
　㉢ 부패를 줄이기 위해서는 식염량을 늘려 탈수율을 높이고 어육에 식염을 잘 침투시켜 저온에 저장하는 것이 좋다.
④ 곰팡이에 의한 변질
　㉠ 곰팡이는 세균이 발육이 힘든 낮은 수분활성도에서도 생육이 가능하여 염장품에서도 발생하는 경우가 있다.
　㉡ 곰팡이는 호기성이므로 염장품의 표면이 공기와 접촉하는 경우 발생하기 쉽다.
　㉢ 곰팡이의 발생 시 색소에 의해 염장품에 흰색, 흑색, 적색 또는 자색의 반점과 함께 냄새가 나서 상품성이 낮

아진다.
②곰팡이의 발생은 저온저장으로 방지 할 수 있다.
⑤ 적변
①염장어는 여름철 고온 다습한 경우 색깔이 적색으로 변할 수 있다.
②적변의 원인은 호염성 색소형성세균이 식염 속에서 발육하기 때문이다.
③연어, 송어, 대구 등의 염장품에서 발생하며 염장 대구의 피해가 특히 크다.
④호염성 세균에 의한 변색 방지는 염장품을 식염수에 잠긴 상태로 저장하거나 진공포장 또는 저온저장 한다.
⑥ 염장품의 저장성
①염장 시 식염량이 많을수록 식염의 침투속도 및 침투량이 많아져 저장에 유리하다.
②지방함량이 적은 어종은 식염의 침투가 빠르고 지방함량이 많은 어종과 대형어는 식염의 침투속도가 느리므로 저온에서 염장하여 초기 부패가 생기지 않도록 하여야 한다.
③아가미 및 내장을 제거하지 않은 경우 부패하기 쉬우므로 식염량을 늘리고 저온에서 염장하는 것이 좋다.

⑤ 발표식품(젓갈)

1) 발효식품의 개요
① 어패류의 살·알·창자 등을 소금에 짜게 절여 상온에서 일정 기간 동안 발효시킨 식품의 총칭.
② 젓갈은 식염을 첨가하여 저장성을 부여하면서 독특한 풍미를 갖게 하는 우리 고유의 전통 수산발효식품이다.
③ 넓은 의미에서 식해와 액젓(어간장)을 포함한다.
④ 젓갈은 발효과정에서 어육 자체의 자가소화효소가 미생물에 의해 분해되어 소화흡수가 잘 되고, 단백질이 아미노산, 올리고당, 유기산, 뉴클레오티드, 단당류 등으로 분해되어 고유한 감칠맛과 독특한 풍미를 내며, 비타민 B_1·B_2·칼슘 등이 풍부하다.

⑤ 염장품과 젓갈 가공원리의 차이점은 육질의 분해과정이 다르다는 것이다.

2) 발효식품의 종류

(1) 원료에 따른 분류
① 육젓(근육)
　㉠ 어류: 고등어젓, 갈치젓, 까나리젓, 멸치젓, 밴댕이젓, 전어젓, 자리젓, 준치젓 등
　㉡ 갑각류: 게젓, 새우젓 등
　㉢ 연체류: 꼴뚜기젓, 낙지젓, 오징어젓 등
　㉣ 패류: 굴젓, 바지락젓, 소라젓, 어리굴젓, 대합젓 등
② 내장, 아가미
　갈치속젓, 대구아가미젓, 전복내장젓, 창란젓, 해삼창자젓 등
③ 생식소
　게알젓, 대구알젓, 명란젓, 성개알젓, 숭어알젓, 연어알젓 등

(2) 가공방법에 따른 분류
① 육젓
　㉠ 어패류의 원형을 유지
　㉡ 어패류에 식염만을 사용하여 2~3개월 상온 발효시켜 만든 발효 젓갈
② 액젓
　㉠ 어패류의 원형이 유지되지 않는 젓갈
　　- 어패류를 1년 이상 숙성·액화시켜 어패류의 근육을 완전히 분해시킨다.
　㉡ 발효기간을 길게 하여 더욱 분해시켜 만든다.
　㉢ 멸치액젓, 까나리액젓 등이 대표적이다.
　㉣ 액젓의 총질소 측정방법 : 킬달(kjeldahl)법
　　※ 킬달법 : 유기물 중의 질소량을 측정하는 방법으로 질소를 함유한 유기물을 촉매의 존재하에서 황산으로 가열분해하면, 질소는 황산암모늄으로 변한다(분해). 황산암모늄에 NaOH를 가하여 알카리성으로 하고, 유리된 NH_3를 수증기 증류하여 희황산으로 포집한다(증류).

이 포집액을 NaOH로 적정하여 질소의 양을 구하고(적정), 이에 질소 계수를 곱하여 조단백의 양을 산출한다.

■ 식품공전상 액젓의 규격 항목
(1) 총질소(%) : 액젓 1.0 이상(다만, 곤쟁이 액젓은 0.8 이상), 조미액젓 0.5 이상
(2) 대장균군 : n=5, c=1, m=0, M=10(액젓, 조미액젓에 한한다.)
(3) 타르색소 : 검출되어서는 아니 된다(다만, 명란젓은 제외한다).

(3) 전통젓갈과 저염젓갈

① 전통젓갈
  ㉠ 어패류에 식염을 20% 이상을 넣어 숙성 발효시킨다.
  ㉡ 식염의 함량이 높아 장염 비브리오균 등이 생육할 수 없어 식중독 위험이 적다.
  ㉢ 식염의 농도는 약 10~20%
  ㉣ 숙성기간은 약 10~20일 정도로 저염젓갈에 비해 길다.
  ㉤ 전통 젓갈의 제조원리는 식염의 방부작용과 자가소화효소의 작용이다.
  ㉥ 상온 저장이 가능하며 보존성이 높다.
  ㉦ 보존식품이다.

② 저염젓갈
  ㉠ 식염의 농도를 7% 이하로 하여 단기간 숙성시킨 것
  ㉡ 식염의 농도가 낮아 장염비브리오균 등의 증식으로 식중독 위험이 있다.
  ㉢ 식염의 농도는 약 4~7% 정도이다.
  ㉣ 숙성기간이 0~3일 정도로 짧다.
  ㉤ 저염 젓갈은 첨가물을 사용하여 보존성을 부여한 기호성 위주의 제품이다.
  ㉥ 보존제, 수분활성도의 조절 등을 이용하여 보존한다.
  ㉦ 보존성이 낮아 냉장 보관하여야 한다.
  ㉧ 에탄올, 솔비톨, 젖산 등을 첨가하여 부패를 억제한다.

(4) 젓갈의 가공방법

멸치젓	• 일반적으로 마른간법으로 제조한다. • 봄에 담근 것을 춘젓, 가을에 담근 것을 추젓이라고 한다.
새우젓	• 어획 직후 선상에서 선별한 후 바로 가염처리하여야 한다. • 소금량은 젓갈 중 가장 많은 35% 정도로 처리한다. • 새우껍질의 두께와 내장의 활성효소 때문에 소금량을 많이 한다. • 새우젓의 종류 동백하젓(1~2월), 춘젓(3~4월), 오젓(5월), 육젓(6월), 자젓 (7~8월), 추젓(9~10월)
명란젓	〈제조공정〉 명란 채취 -〉 물빼기 -〉 염지 -〉 숙성 및 포장 • 명란 채취 : 명란의 복부를 갈라 내장과 함께 명란을 채취한다. • 물빼기 : 명란을 3%의 소금물로 수세한다. • 염지 : 소금물에 담근다. 이 때 아질산나트륨(발색제)를 5ppm 이하 농도로 첨가할 수 있다. • 숙성 및 포장 : 염지 후 다시 수세하고, 숙성은 $10^0°C$ 이하에서 2일 또는 7~15일 진행한다.

(5) 식해(食醢)

① 생선을 토막친 다음 조·밥 등의 전분질과 소금·고춧가루·무 등을 넣고 버무려 삭힌 음식.

② 곡식의 식(食)자와 어육으로 담근 젓갈 해(醢)자를 합쳐 표기한 것으로 한국·중국·일본 등지에 고루 분포하는 음식이다.

③ 대개 기본재료는 엿기름·소금·생선·좁쌀이나 찹쌀 등이다. 여기에 고추·마늘·파·무·생강 등 매운 양념이 첨가된다.

④ 대표적 식품 : 함경도 가자미식해·도루묵식해, 강원도 북어식해, 경상도 마른고기식해, 황해도 연안식해 등과 갈치도 식해 원료로 사용한다.

⑥ 연제품

1) 연제품의 가공원리

(1) 개요

① 소량의 식염을 가하여 고기갈이를 한 육에 부원료를 첨가하여 맛과 향을 낸 후 가열하여 겔(gel)화 시킨 제품이다.

② 원료의 사용범위가 넓다.
③ 어떤 소재라도 배합이 가능하다.
④ 맛의 조절이 자유롭다.
⑤ 외관과 향미 및 물성이 어육과는 다르고 바로 섭취가 가능하다.
⑥ 게맛 어묵이 대표적이다.

(2) 가공원리

어육에 2~3% 식염을 가한 후 고기갈이를 하여 어육 중의 염용성 단백질인 actomyosin을 용출하여 가열하여 그물모양의 엉킨 상태가 되도록 탄력있는 겔로 만든다.

2) 연제품의 원료

(1) 원료에 따른 겔 형성
  ① 어종에 따라 온수성 > 냉수성, 백색육 > 적색육
  ② 선도에 따라 양호 > 불량
(2) 원료의 특성 및 주요어장
  ① 냉수성 어종

명태	• 주요어장은 북태평양과 알래스카 베링해이다. • 연제품 최대 원료로 감칠맛은 없다. • 선도가 좋을 경우 탄력이 강하다. • 자연응고 및 되풀림이 쉽다. • 포름알데히드 생성으로 단백질 동결 변성이 쉽다.
대구	• 북반구 한랭지역에 서식하며 주요어장은 북태평양이다. • 단백질 분해효소의 활성이 강해 겔 강도가 약하다. • 명태에 비하여 백색도는 떨어지지만 감칠맛이 있다. • 자연 응고 및 되풀림이 쉽다.
임연수어	• 주요어장은 일본 홋카이도 등 북태평양이다. • 겔 형성능이 크고 자연 응고가 어렵다. • 감칠맛이 있다. • 구운 어묵, 튀김 어묵에 이용된다.

② 온수성 어종

실꼬리돔	• 주요어장은 태국, 베트남 등 동남아시아이다. • 육색이 희고 감칠맛이 풍부하다. • 겔 형성능이 좋다. • 명태 대체어종으로 이용된다. • 고온 및 저온에서 자연 응고와 되풀림이 쉽다. • 60℃ 부근에서 극단적으로 탄력이 저하된다
조기류	• 주요어장은 중국, 한국, 베트남, 인도해역이다. • 탄력이 강한 고급 어묵용 원료로 이용된다. • 자연 응고가 약간 쉽고 되풀림이 극히 쉽다. • 황조기와 백조기가 주 어종이다.
매통이	• 주요어장은 태국, 베트남, 인도, 중국 남부해역이다. • 육색이 대단히 희고 감칠맛이 강하다. • 40~50℃의 고온 자연 응고 시 겔 강도가 강하다. • 선도 저하 시 되풀림이 쉽다. • 포름알데히드 생성으로 단백질의 동결 변성이 쉽다.

3) 연제품의 종류

(1) 형태에 따른 분류

판붙이 어묵	작은 판에 연육을 붙여 찐 제품을 말한다.
부들 어묵	꼬치에 연육을 발라 구운 제품을 말한다.
포장 어묵	플라스틱 필름을 이용하여 포장 및 밀봉하여 가열한 제품을 말한다.
어단	공 모양으로 성형하여 기름에 튀긴 제품을 말한다.
어육 소시지	명태 등의 냉동 어묵 50-60 %에 돼지 지방 및 향신료를 섞어 만든 것을 케이싱 (밀폐)한 다음 레토르트 살균 가마에서 고온 고압 살균을 실시하여 완성된다.
기타	집게 다리, 바닷가재, 새우 등의 틀에 넣어 가열한 제품 및 다시마 같은 것으로 말아서 만든 제품이 있다.

기출문제연구

어육연제품은 가열 방법에 따라 다음과 같이 분류할 수 있다. ( )에 알맞은 제품 종류를 〈보기〉에서 찾아 쓰시오.

가열 방법	가열 온도 (℃)	가열 매체	제품 종류
증자법	80 ~ 90	수증기	(①)
배소법	100 ~ 180	공기	구운 어묵
탕자법	80 ~ 95	물	(②)
튀김법	170 ~ 200	식용유	(③)

〈 보 기 〉
어육 소시지, 어단, 판붙이 어묵

➡ ① 판붙이 어묵 ② 어육소시지
③ 어단

기출문제연구

냉동연육 제조 시 어육을 수세(水洗)하는 이유 2가지와 연육에 당을 첨가하는 이유 1가지를 서술하시오

➡ 1. 수세이유 : 수용성 단백질과 지질 제거

2. 당 첨가이유 : 습윤효과와 보습효과 및 감미

기출문제연구

A수산물품질관리사는 지역 수산업협동조합에서 보관(개별 무포장)하고 있던 냉동고등어가 다음과 같은 사유로 불합격처리 되어 그 예방법을 설명해 주었다. 수산물품질관리사가 설명한 예방법을 쓰시오. (단, 온도 관리 등 시설과 관련된 내용은 제외한다.)

항목	불합격 사유
건조 및 유소	건조가 되어 있고, 유소현상이 발생하였다.

➡ 염지법 등 적절한 염분이 함유된 물처리를 하여 보관

기출문제연구

어육 연제품을 제조할 때 동결연육을 고기갈이 하고 성형한 후, 튀김, 구이, 삶기, 찜 등 다양한 가열처리를 하는 이유를 3가지만 서술하시오.

➡ 살균효과, 풍미향상, 보존성 향상, 효소의 불활성화, 독소 제거, 변패 방지

(2) 가열 방법에 따른 분류

찐 어묵	소량의 식염과 어육을 함께 갈아 나무판에 붙여 수증기로 찐 제품이다.
구운 어묵	꼬챙이에 고기갈이 한 어육을 발라 구운 제품이다.
튀김 어묵	고기갈이 한 어육을 일정모양으로 만들어 기름을 이용해 튀긴 제품이다.
게맛 어묵	동결 연육을 이용해 게살, 새우살, 및 바닷가재살의 풍미와 조직감을 가지도록 만든 제품이다.

4) 연제품 겔 형성에 영향을 미치는 요인

어종 및 선도	① 경골어류, 해수어, 백색육, 온수성 어종이 겔 형성력이 좋다. ② 냉수성 어류의 단백질에 비해 온수성 어류의 단백질이 더 안정하다. ③ 선도가 좋을수록 겔 형성능이 좋다.
수세	① 어육 내 지질 및 수용성 단백질은 겔 형성을 방해하므로 수세로 제거하는 것이 좋다. ② 수세는 지질 및 수용성 단백질 등을 제거하여 색이 좋아지게 한다. ③ 수세로 근원섬유 단백질이 농축되므로 겔 형성력이 좋아져 탄력이 좋은 제품을 얻을 수 있다.
식염의 농도	식염을 고기갈이 때 첨가하면 근원섬유 단백질의 용출을 도와 겔 형성에 도움이 되며 맛을 좋게 한다.
고기갈이 온도와 어육의 pH	① 0~10°C에서 단백질 변성이 적으므로 10°C 이하에서 고기갈이를 한다. ② 고기갈이 어육의 pH는 6.5~7.5에서 겔 형성이 가장 강하다.
가열	① 가열 시 온도가 높고 속도가 빠를수록 겔 형성이 강하다. ② 가열은 급속 가열이 좋다. ③ 저온에서 장시간 가열 시 탄력이 약한 제품이 생산된다
첨가물	① 조미료, 증량제, 탄력보강제, 광택제 등이 첨가물로 사용된다. - D-솔비톨(합성향료), 중합인산염(산도조절제) ② 조미료는 설탕, 소금, 물엿, 글루탐산나트륨 등이 사용된다. ③ 탄력의 보강 및 광택을 목적으로 달걀흰자가 사용된다. ④ 지방은 맛의 개선 또는 증량을 목적으로 사용된다. ⑤ 녹말은 감자 녹말, 고구마 녹말, 옥수수 녹말 등이 탄력보강제 및 증량제로 사용된다.

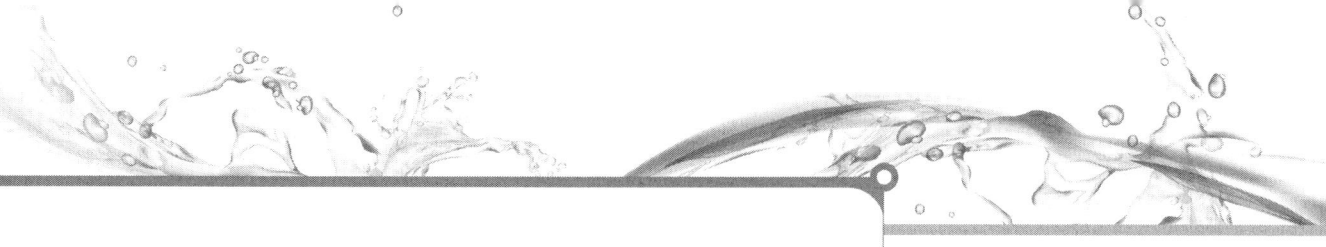

5) 연제품의 품질변화

(1) 포장에 따른 저장성
① 무포장 또는 간이포장
　㉠ 2차 오염에 의해 표면에서부터 변질이 시작된다.
　㉡ 상온에서 유통기간이 매우 제한적이다.
② 진공포장
　㉠ 대부분 Bacillus속 균에 의해 변질된다.
　㉡ 10℃ 이하에서 유통 시 1개월 정도 저장성을 갖는다.
　㉢ 저장 온도가 높아지면 표면에 기포, 점질물의 생성, 반점의 생성, 연화 및 산패 등이 일어난다.

(2) 변질 방지
① 가열 직후 남아있는 세균의 수를 최대한 줄인다.
② 2차 오염의 기회를 차단한다.
③ 1~5℃의 저온 저장으로 세균의 증식을 억제한다.
④ 중심온도 75℃ 이상 가열로 세균 사멸
⑤ 소르브산 또는 소르브산 칼슘 등 보존료를 사용하고 포장 등의 방법을 이용하여 변질을 방지한다.

　※ ATPase
　　- 어묵의 주원료인 연육을 동결 저장할 때 단백질의 변성지표
　　- 에이티피(ATP)를 에이디피(ADP)로의 분해를 촉매하는 가수 분해 효소. 모든 생명체에서 에너지를 생산하는 기본적인 반응이다. 고기와 물고기의 저장 중 단백질 변성 지표로 쓸 수 있다

6) 동결수리미(Surimi)

(1) 동결수리미
① 어육에 적당량의 소금(2~3%)을 첨가하여 어육의 고기갈이를 하면 염용성 단백질인 미오신(myosin)과 엑토미오신(actomyosin) 단백질이 용출하여 점도가 높은 형상을 이루는데 이것을 수리미라 한다.
② 정제, 안정화하여 냉동한 제품.
③ 생선을 깨끗한 물로 여러 번 씻어 수용성 단백질을 없애고 쉽게 젤이 되는 근원섬유 단백질을 추출하여 체에 밭쳐 눌

러 원래 수준으로 수분을 조절(약 80퍼센트)한 뒤 냉동 변성을 막기 위하여 당, 솔비톨과 인산염을 넣어 안정화시킨 것이다.

(2) 동결수리미의 제조
① 채육 공정
㉠ 머리, 내장을 제거한다.
㉡ 10^0C 정도의 물로 비늘과 어피 등을 제거한다.
㉢ 채육기에서 살을 발라낸다.
② 수세 공정
㉠ 수세의 목적 : 혈액, 지방, 색소, 수용성단백질 및 껍질의 제거
㉡ 어육의 결제 조직, 흑피, 뼈, 껍질의 소편, 적색육 등의 제거
㉢ 탈수 : 최종 수분 함량은 70~80%
③ 첨가물 혼합 및 충전
㉠ 무염연육 : 6% 설탕과 0.2~0.3%의 중합인삼염 첨다
㉡ 가염연육 : 2~3%의 소금 첨가
④ 동결 및 저장
㉠ 동결방법 : 접촉식 동결장치 또는 공기동결장치 사용
㉡ 저장 : 일반적으로 -18^0C 이하로 저장

❼ 조미가공품

1) 조미가공품의 가공원리

(1) 수산물을 조미하여 자숙, 건조, 배소(불에 쬐어 익힘) 및 발효시켜 저장성과 풍미를 가지도록 한 제품
(2) 자숙, 배소 등의 고온 가열로 미생물을 사멸시키고 조미성분 중 당이나 식염에 의하여 수분활성도를 저하시킴으로 저장성이 부여된다.

2) 조미가공품의 종류

(1) 조미 자숙품
① 개요

　　㉠ 수산물을 간장과 설탕을 주 재료로 한 진한 조미액으로 고온으로 장시간 자숙하여 조미와 함께 보존성을 부여한 제품
　　㉡ 특별한 설비가 필요하지 않다.
　　㉢ 원료를 그대로 이용할 수 있다.
　　㉣ 휴대가 간편하고 바로 섭취가 가능하다.
② 조미액
　간장, 설탕, 물엿, 화학조미료 등을 배합한 진한 것을 사용하고 광택과 점성을 위해 한천, 젤라틴, 녹말 등을 더하기도 한다.
③ 제조방법
　㉠ 자숙법
　　- 솥에 조미액을 끓여 놓고 원료를 넣어 조미액이 원료에 침투할 때까지 자숙한 후 건져 올리는 방법
　　- 새우, 바지락 등과 같이 모양이 부서지기 쉬운 원료에 이용한다.
　㉡ 조림법
　　조미액을 원료가 전부 흡수할 수 있을 정도로 넣고 원료에 조미액이 모두 흡수될 때까지 조리하는 방법
④ 대표적 제품 : 오징어 조미자숙품, 까나리 조미자숙품, 다시마 조미자숙품 등

(2) 조미 건제품
① 개요
　소형의 어패류를 조미액에 침지 후 건조하여 조미와 보존성을 부여한 제품
② 종류
　㉠ 꽃포류 : 생원료를 조미액에 침지한 후 건조한 제품
　㉡ 조미 배건품 : 배건한 원료를 조미액에 침지한 후 건조한 제품

(3) 조미구이 제품
① 개요
　원료에 조미액을 바른 후 숯불, 적외선 등의 배소기로 구워 만든 제품

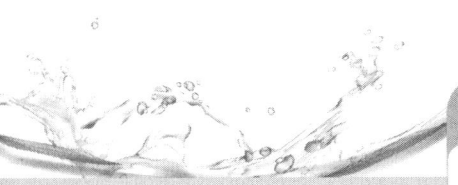

② 종류

뱀장어 조미구이, 방어조미구이 등이 있다.

(4) 발효 조미품
① 개요

어패류를 염장 후 쌀겨, 간장, 식초, 된장, 누룩 등에 담금하여 독특한 풍미가 나게 한 일종의 저장 식품이다.

② 대표적 제품 : 쌀겨 절임제품과 식초 절임제품 등

3) 조미제품의 저장 중 품질변화

(1) 조미제품의 저장성
① 조미액이 침투되어 있고 건조 또는 가열로 농축되어 있어 어느 정도 저장성을 가지고 있다.

② 식초 담금의 경우 아세트산(acetic acid) 농도가 1% 이상일 경우 1~3일 본담금을 하면 부패균이나 병원균은 모두 사멸한다.

③ 조미조림품은 조미액과 같이 가열하면 미생물은 살균되고 수분함량이 낮아지며 소금 농도가 높아져 미생물의 증식이 억제된다.

(2) 조미제품의 품질변화
① 조미제품을 장기 저장하는 동안 세균의 오염 또는 곰팡이의 번식은 방치 시 문제가 된다.

② 공기 중 상대습도가 90% 이상이면 제품의 수분함량이 높아져 미생물 번식의 원인이 된다.

③ 조미제품의 장기 저장은 방습용 포장재를 이용하고 저온에 저장하는 것이 효과적이다.

⑧ 해조류 가공품

1) 해조류 가공품의 개요
(1) 해조류의 가공품은 크게 해조류 자체를 이용하는 것과 해조류에 함유된 특수 성분을 추출하여 이용하는 두 가지로 나눌 수 있다.

① 해조류 자체 이용은 마른 김, 마른 미역, 마른 다시마 등이 있다.
② 한천, 알긴산, 카라기난 등은 해조류에 함유된 특수 성분을 추출 및 분리하여 이용하는 경우이다.

(2) 해조류의 이용
① 최근 해조류를 식량 자원으로 재평가하려는 것이 세계적인 추세이다.
② 건강보조식품, 생리활성 물질의 공급원으로 이용이 늘고 있다.

2) 해조류 가공품의 종류

(1) 김
① 마른 김 가공
   ㉠ 제조 공정: 원초 채취 → 절단 → 수세 → 초제 → 탈수 → 건조 → 결속 → 열처리 → 포장
   ㉡ 세척: 채취기로 원초를 채취하여 세척탱크 내에서 교반하여 세척한다.
   ㉢ 탈수 및 건조: 세척한 원초를 찬물에 풀어 잘 섞고 김 되로 떠서 탈수하여 건조한다.
   ㉣ 결속: 건조된 김을 발에서 떼어 낸 후 협잡물, 잡태 등의 이물질을 제거하고 10장을 한 첩으로 접고 10첩을 한 속으로 결속한다.
   ㉤ 열처리: 마른 김을 열처리하여 김의 수분을 낮추면 장기 저장할 수 있다.
   ㉥ 포장: 열처리 후 포장상자에 방습지를 깔고 김을 넣은 후 밀봉하여 포장한다.
② 조미김
   ㉠ 마른 김을 조미 후 건조한 제품
   ㉡ 식용유 등 조미액을 발라 구운 후 절단하고 방습제를 넣어 밀봉, 포장한다.
   ㉢ 저장 또는 유통 중 지방의 산화로 품질에 영향을 미칠 수 있다.

(2) 마른 미역
① 종류

⊙ 소건미역: 채취한 미역을 깨끗하게 세척한 후 건조한 미역
⊙ 화건미역: 생미역에 초목을 태운 재를 섞어서 건조한 미역
⊙ 염장 데친 미역: 끓는 물로 미역을 데쳐서 효소를 불활성화 시킨 후 소금으로 염장한 미역
⊙ 염장 썬 미역: 염장 미역을 세척 한 후 절단기로 4~5cm 크기로 절단한 후 포장한 미역
⊙ 실 미역: 염장한 미역의 잎사귀만 선별하여 세척한 후 건조시켜 포장한 미역

② 염장미역의 가공
⊙ 채취한 미역을 3~4% 식염수에 끓여 30~60초 정도 데친 후 찬물로 냉각 후 탈수 한다.
⊙ 탈수된 미역에 마른간법으로 식염(30~49%)을 뿌린 후 염지탱크에 넣어두면 수분이 배어나와 물간형태로 된다.
⊙ 충분히 염장된 미역은 탈수 후 줄기, 변색 또는 파손된 잎 등을 제거하고 다시 식염을 혼합하여 제조한다.

③ 마른 썬 미역의 가공
⊙ 원료는 염장미역을 사용한다.
⊙ 염장미역을 수세로 과잉된 염분을 낮추고 압착기로 탈수한다.
⊙ 탈수된 미역에서 불량을 제거한 후 일정 크기로 절단하여 건조한다.
⊙ 건조된 미역은 이물질을 제거한 후 포장한다.

(3) 한천

① 원료
⊙ 원료로 홍조류가 이용되며 대표적인 것으로 우뭇가사리와 꼬시래기가 있다.
⊙ 해조류를 열수로 추출하여 얻은 액을 냉각하여 생기는 우무를 동결, 탈수, 건조한 것이다.
⊙ 우뭇가사리 등에 세포벽에 있는 다당류를 이용한다.
⊙ 전 세계적으로 꼬시래기가 가장 많이 사용된다.

② 제조 방법

자연 한천 제조법	• 겨울철 일교차를 이용하여 동결과 해동을 반복하는 동건법으로 제조하는 방법이다. • 자연 한천은 건조장의 조건이 중요한 요인이다. • 밤의 최저온도가 -5~-10℃ 낮의 최고 온도가 5~10℃ 정도에 날씨가 맑고 바람이 적은 곳이 적당하다. • 별도의 전처리 없이 상압에서 끓는 물로 장시간 자숙 후 추출한다. • 추출한 한천의 성분을 여과 후 응고시켜 만든 우무를 일정 크기로 전단해 동건한다. • 제조과정 원료(우뭇가사리) → 수침 → 수세 → 자숙 및 추출 → 여과 → 절단 → 동결건조
공업 한천 제조법	• 냉동기를 이용하여 동결하므로 자연 조건의 영향을 받지 않고 연중 생산이 가능하다. • 탈수법은 동결탈수법과 압착탈수법이 있다. • 우뭇가사리는 동결탈수법을 이용하고 꼬시래기는 압착탈수법을 이용하여 생산한다. • 꼬시래기는 알칼리 전처리를 해야 품질이 좋은 한천을 생산할 수 있다.

③ 한천의 성질
　㉠ 중성 다당류인 아가로스(agarose) 70~80%와 산성 다당류인 아가로펙틴(agaropectin) 20~30%로 구성된 혼합물이다.
　㉡ 응고력, 보수성, 점탄성이 강하다.
　㉢ 사람의 소화 효소 및 미생물에 의해 분해되지 않는다.
　㉣ 응고력이 강할수록 아가로스의 함유량이 많다.
　㉤ 냉수에서는 녹지 않지만 80℃ 이상 뜨거운 물에는 잘 녹는다.

④ 용도
　㉠ 식품가공용
　　- 우무 요리, 일본 요리, 중국 요리 등에 용리용으로 이용
　　- 양갱, 젤리, 잼 등의 제과용으로 이용
　　- 아이스크림, 요구르트의 안정제 등의 유제품용으로 이용
　　- 맥주, 청주, 포도주, 식초 등의 정정제로 이용

- 저칼로리의 건강식품으로 이용
ⓒ 정장제, 외과 붕대, 치과 인상제, 변비예방치료제 등의 의약품으로 이용한다.
ⓒ 치약, 로션, 샴푸 등 공업용으로 이용
ⓔ 미생물의 배지, 조직 배양용, 겔 여과제, 분석 시약용으로 이용되기도 한다.

(4) 알긴산(alginic acid)
① 원료
  ⓐ 갈조류의 점질성 다당류이다.
  ⓑ 갈조류 중 미역, 감태, 다시마, 톳 등이 이용된다.
② 제조 방법
  ⓐ 제조과정: 원료 → 전처리 → 추출 → 여과 → 표백 → 응고 → 탈수 → 중화 → 건조 → 분쇄 → 포장
  ⓑ 전처리: 원료 중 알긴산 외의 성분을 제거하는 동시에 추출을 용이하게 하며 방법으로는 원료를 묽은 알칼리 용액과 묽은 산 용액에 처리하는 방법이 있다.
  ⓒ 추출: 전처리 과정을 거친 원료를 탄산나트륨 또는 수산화나트륨 등 알칼리 용액으로 가온 처리하여 알긴산을 알긴산나트륨으로 바꾸어 용출시킨다.
  ⓓ 여과: 추출액에 섞인 섬유질 찌꺼기를 제거한다.
  ⓔ 표백 및 응고: 여과 후 차아황산나트륨($Na_2S_2O_4$) 용액을 가하여 표백한 후 묽은 황산으로 알긴산을 응고시킨다.
③ 알긴산의 성질
  ⓐ 만누론산(mannuronic acid)과 글루론산(guluronic acid)으로 구성된 고분자 산성 다당류이다.
  ⓑ 물에 녹지 않는다.
  ⓒ 칼슘 등 2가 금속 이온과 결합하면 겔을 만드는 성질이 있다.
  ⓓ 콜레스테롤, 중금속, 방사선 물질 등을 몸 밖으로 배출하며 장의 활동을 활발하게 하는 기능이 있다.
  ⓔ 점성, 겔 형성력, 막 형성력, 유화 안정성 등의 성질이 있다.
④ 알긴산의 용도
  ⓐ 쥬스류 점도증강제, 아이스크림 안정제, 양조 등 식품산업용으로 이용된다.

ⓛ 인쇄용지 광택제, 용수 응집제, 직물용 호료(糊料) 등의 공업용으로 이용된다.
ⓒ 로션, 크림 등의 점도증강제로 화장품에 이용된다.
ⓔ 물의 정수제, 방사능물질의 제거 기능 등에 이용된다.

(5) 카라기난
① 원료
　㉠ 진두발, 돌가사리, 카파피쿠스 알바레지 등 홍조류의 산성 점질 다당류이다.
　㉡ 우리나라에서는 원료의 대부분을 동남아, 남미에서의 수입하고 있다.
② 제조 방법
　㉠ 제조과정
　　원료 → 수세 → 추출 → 여과 → 알코올 탈수 → 건조 → 분쇄 → 포장
　㉡ 수세 및 추출: 수세로 불순물을 제거하고 자숙하여 카라기난을 추출한다.
　㉢ 여과: 열수를 가하여 점도를 낮추어 여과 후 원심 분리기로 정제한다.
　㉣ 알코올 탈수: 메틸알코올을 가하여 다시 탈수 정제한 후 알코올을 제거하고 건조하여 분쇄한다.
③ 카라기난의 성질
　㉠ 한천에 비해 응고력은 약하나 점성이 매우 크고 투명한 겔 형성을 한다.
　㉡ 단백질과 결합하여 단백질 겔을 형성한다.
　㉢ 70℃ 이상의 물에 완전히 용해된다.
　㉣ 결착성, 겔 형성력, 점성, 유화 안정성, 현탁 분산성 등의 기능이 있다.
④ 용도
　㉠ 육가공, 연제품 등의 식품산업용으로 사용
　㉡ 수산 냉동품의 글레이즈제로 이용
　㉢ 아이스크림 안정제, 초콜릿 우유의 침전방지제, 식빵의 조직 개량제 및 보수제 등에 이용된다.
　㉣ 화장품 및 치약의 점도 증가제로 이용된다.

(6) 후코이단(fucoidan)
끈적끈적한 점질 구조의 황산염화한 다당류로 고미역, 다시마 등 갈조류에 들어있는 성분이다.

⑨ 통조림

1) 통조림의 가공원리

(1) 개요
① 원료를 용기에 담고 공기를 제거하여 밀봉한 후 가열 살균하여 상온에서도 변질되지 않고 장기간 보존할 수 있도록 만든 제품이다.
② 원료를 금속용기에 넣고 밀봉하였더라도 가열 살균 처리하지 않은 제품은 통조림으로 보지 않는다.
③ 초기 용기로 유리병을 사용하다 현재는 금속 용기가 주로 이용되고 있다.
④ 참치, 꽁치, 골뱅이, 굴 통조림 등이 대표적인 수산물 통조림이다.

(2) 가공원리
① 저장성이 없는 원료를 전처리하여 밀봉기에서 탈기 후 뚜껑을 봉하는 밀봉공정을 동시에 마친 다음 레토르트 내에서 살균처리하고 급냉 공정을 처리하여 상온에서 유통이 가능하도록 한 제품을 말한다.
② 탈기, 밀봉, 살균, 냉각 공정을 통조림의 장기저장을 가능하게 하는 핵심 4대 공정이다.

(3) 장점
① 밀봉 후 가열 살균하므로 장기 보존할 수 있다.
② 살균으로 세균의 대부분이 사멸하기 때문에 식중독으로부터 안전한 식품이다.
③ 고온 가열로 별도의 조리 과정 없이 바로 섭취가 가능한 간편식품이다.
④ 가볍고 깨질 우려가 없으며 휴대가 간편하다.

(4) 단점

① 내용물의 직접적인 확인이 불가능하다.
② 원료에 따른 제품의 맛에 차이가 없다.

2) 통조림의 일반적 제조 공정

세정 → 조리 → 담기(살쟁임) → 조리액 채우기 → 탈기(脫氣) → 밀봉 → 살균 → 냉각

(1) 전처리
① 원료의 반입 및 선별
반입된 원료는 신속히 크기, 선도, 상처 등에 따라 선별한다.
② 원료처리
지느러미, 머리, 내장 등을 제거한다.
③ 수세 및 탈수
어체의 표면 및 내장 주변의 오염물을 제거하고 탈수한다. 이때 수세수의 오염 및 온도 상승에 유의해야 한다.
④ 절단
어체의 중심선에서 직각으로 절단한다.
⑤ 혈액제거
curd(어체 표면에 부착되는 두부 모양의 응고물)의 생성을 방지하는 공정이나 선도저하 우려 또는 기온이 높은 경우에는 생략한다.
⑥ 염지
㉠ 10~15% 식염수에 20~30분간 침지한다.
㉡ 어피의 탈피 방지
㉢ 육조직의 수축
㉣ 염미 부여
㉤ 혈액 제거
㉥ 색택 향상
㉦ curd 생성 방지를 목적으로 한다.
㉧ 염지 중 품질저하를 목적으로 저온을 유지하여야 한다.

(2) 살쟁임
① 전처리가 끝난 원료를 주입액과 함께 용기에 채우는 공정
② 주입액 첨가의 목적

㉠ 맛 조정
㉡ 살균 시 열전달 향상
㉢ 관벽에 원료의 부착 방지
㉣ 고형물의 파손 방지
③ 주입액의 종류
㉠ 보일드통조림: 묽은 식염수
㉡ 가미통조림: 조미액
㉢ 기름담금통조림: 유지

(3) 탈기
① 밀봉 전 용기 내부의 공기를 제거하는 공정
② 목적
㉠ 관내부의 부식 억제
㉡ 산화로 인한 내용물의 색택과 향미의 변화 방지
㉢ 가열살균 시 밀봉부의 파손 또는 이그러짐 방지
㉣ 호기성 미생물의 발육 억제
㉤ 변패관의 식별 용이
③ 방법
㉠ 가열탈기법
원료를 뜨거울 때 용기에 채워 밀봉하거나 원료를 용기에 채워 가밀봉 후 탈기함에서 용기채 가열하여 밀봉하는 방법
㉡ 기계적 탈기법
 - 진공 밀봉기를 이용 감압장치 내에서 탈기와 밀봉을 동시에 실시하는 방법이다.
 - 장점: 가열처리하지 않으므로 원료의 성분변화가 적고 작업면적이 좁으며 위생적이다.
 - 단점: 원료에 흡장, 용해되어 있는 공기가 불완전하게 제거된다.
㉢ 증기분사법: 관 내부에 증기를 분사하여 공기를 증기로 치환 후 밀봉하여 진공을 얻는 방법
④ 진공도 측정
㉠ 진공도의 개념
 - 어느 공간에 공기가 전연 없는 상태를 진공이라 말한다.

- 보통 완전 진공은 얻기가 어려우므로 상압(760mmHg)보다 낮은 상태를 진공이라고 표시하고 상압에 비하여 진공의 상태를 비교하는 것을 진공도로 표시한다.
- 진공으로 만든 용기 내에 남아 있는 기체의 압력을 그 때의 진공도라 하고 mmHg로 나타낸다.

ⓒ 통조림의 관내진공도
- 통조림을 제조할 때 이용하며, 관내 기압과 밖의 대기압과의 압력차를 말하고, 보통 수은주의 높이로 표시함.
- 관내진공도 = 관외대기압 - 진공도

ⓒ 진진공도 측정 산식

$$진진공도 = 측정진공도 + \left(\frac{진공도}{상부공간 내용적}\right) + 진공계침 내용적$$

(4) 밀봉

① 공기의 유통 및 미생물의 침입 방지를 목적으로 curl을 flange 밑으로 말아 넣어 압착하여 기밀상태를 유지하도록 한 방법이다.

② 밀봉에 사용되는 기계는 밀봉기(seamer)라 한다.

③ seamer 주요 3부분의 역할(3회 기출)

ⓐ lifter: 관을 들어 올려 chuck에 접합시켜 주는 역할을 한다.

ⓑ seaming chuck
- 밀봉 시 lifter와 함께 관을 고정하는 역할을 한다.
- seaming roll이 밀봉부를 압착하여 밀봉할 때 대벽 역할을 한다.

ⓒ seaming roll
- 제 1 roll: 뚜껑 curl부를 flange 밑으로 말아 넣어 2중으로 겹쳐서 굽히는 역할을 한다.
- 제 2 roll: 1 roll에서 말아 넣은 것을 더욱 압착하여 견고하게 접착시켜 밀봉을 완성시킨다.

(5) 살균

① 밀봉 후 즉시 레토르트에 넣어 가열 살균한다.
② pH에 따른 통조림의 살균

㉠ Clostridium botulinum균의 포자는 내열성에 강하고, 맹독성이며 혐기세균이다. 이 균의 발육 한계 pH는 pH4.5로 pH4.5 이상의 식품은 균의 증식이 가능하므로 고온 살균을 pH4.5 이하인 식품은 저온살균을 한다.

㉡ 알칼리 식품은 황화수소 가스 발생으로 흑변이 발생할 수 있다.

③ pH에 따른 통조림의 분류

㉠ 강산성
- pH3.7 이하
- 절임식품, 발효식품 등

㉡ 산성식품
- pH3.7~4.5
- 토마토, 파인애플, 복숭아 등의 과실

㉢ 중산성 식품
- pH4.5~5.0
- 고기와 야채 혼합물 등

㉣ 저산성 식품
- pH5.0~6.8
- 축육, 어육, 유제품 등

㉤ 알칼리성 식품
- pH7.0 이상
- 새우, 게 등

④ 식품공전에 규정된 통조림 식품의 제조·가공 기준 및 가열 지표세균

장기보존식품인 통조림의 멸균은 제품의 중심온도가 120℃, 4분간 또는 이와 동등 이상의 효력을 갖는 방법으로 열처리하여야 한다. pH 4.6을 초과하는 저산성식품은 제품의 내용물, 가공장소, 제조일자를 확인할 수 있는 기호를 표시하고, 멸균공정작업에 대한 기록을 보관하도록 하고 있다. 이러한 통조림의 가열 살균 또는 멸균의 지표세균은 Botulinus균이다

(6) 냉각

① 목적

㉠ 조직의 연화 및 황화수소(H_2S)가스의 생성 억제
- 고온 살균 후 급속 냉각하지 않으면 고온에 의한 조직의 연화 및 황화수소가스가 발생해 금속과 결합하여 흑변이 발생한다.
㉡ struvite($Mg(NH_4)PO_4 6H_2O$)의 생성 억제
- 무독성 유리모양의 결정으로 인체에 무해하나 소비자 거부감을 주는 struvite 성장을 억제한다.
㉢ 호열성 세균의 발육억제
② 냉각방법
㉠ struvite가 문제되지 않는 통조림
- 내용물의 평균온도 38℃ 정도에서 냉각을 종료하고 여열로 관외면 수분을 증발 시킨다.
㉡ struvite가 문제되는 통조림
- 내용물의 평균 품온이 상온이 되도록 냉각하고 관외면 수분을 별도로 제거하여야 한다.

3) 통조림 종류

(1) 보일드 통조림
① 주입액: 식염수
② 종류 : 고등어 보일드 통조림, 꽁치 보일드 통조림, 굴 보일드 통조림, 연어 보일드 통조림 등

(2) 가미 통조림
① 주입액: 조미액
② 종류 : 골뱅이 가미 통조림, 소라 가미 통조림, 꽁치 가미 통조림, 정어리 가미 통조림 등

(3) 기름담금 통조림
① 주입액: 식용유
② 종류 : 굴 훈제기름담금 통조림, 참치 기름담금 통조림, 홍합 훈제기름담금 통조림, 바지락 훈제기름담금 통조림 등

(4) 기타 통조림
① 주입액: 토마토 페이스트 등

② 종류 : 고등어 토마토담금 통조림, 정어리 토마토담금 통조림 등

4) 통조림 용기의 종류

(1) 스틸 캔
① 두께 0.3mm 이하의 얇은 철판을 이용하며 철판은 주석도금과 무주석 철판 2종이 있다.
② 주석도금 철판
  ㉠ 철판 양면을 주석으로 도금한 것이다.
  ㉡ 주로 쓰리피스 캔에 많이 이용된다.
③ 무주석 철판
  ㉠ 주석 대신 크롬 또는 니켈로 도금한 철판이다.
  ㉡ 원가는 주석도금 철판에 비해 싸지만 스리피스 용접 캔에는 사용할 수 없어 투피스 캔에 주로 사용된다.
  ㉢ 참치 등 수산물 통조림의 투피스 캔에 많이 사용한다.

(2) 알루미늄 캔
① 장점
  ㉠ 통조림 내용물에서 금속 냄새가 없고 변색이 없다.
  ㉡ 가볍고 녹이 생기지 않는다.
  ㉢ 고급스러운 외관으로 상품성이 뛰어나다.
  ㉣ 뚜껑을 따기 쉬운 캔을 만들 수 있다.
② 단점
  강도가 약하고 소금에 의한 부식에 약하다.
③ 참치 등의 수산물 통조림과 탄산음료, 맥주, 유제품 등 대부분 식품에 많이 사용되고 있다.

(3) 스리피스 캔
① 뚜껑, 밑바닥, 몸통 세부분으로 이루어진 원형이나 사각관을 말한다.
② 몸통의 사이드 시임 접착 방식에 의해 납땜 캔, 접착 캔, 용접 캔으로 분류한다.
③ 용접 캔이 접착 강도, 원가 및 위생성이 좋아 가장 많이 쓰인다.
④ 식품용으로 사용이 크게 줄고 있다.

(4) 투피스 캔

① 몸통과 바닥이 하나로 되어 있는 몸통과 뚜껑 2부분으로 구성되어 있는 캔을 말한다.
② 수산물 및 식품용 통조림의 대부분을 차지하고 있다.

5) 통조림 품질의 변화 및 관리

(1) 품질 변화

① 흑변
  ㉠ 어류패 가열 시 단백질이 분해되면서 발생하는 황화수소가 캔의 철 또는 주석과 결합하여 캔 내면에 흑변이 일어난다.
  ㉡ 원료의 선도가 나쁠수록 pH가 높을수록 많이 발생한다.
  ㉢ 원료로 참치, 새우, 게, 바지락 등을 이용 시 흑변을 일으키기 쉽다.
  ㉣ C-에나멜 캔 또는 V-에나멜 캔의 사용으로 흑변을 예방할 수 있다.
  ㉤ 게살 통조림의 경우 가공 시 황산지에 게살을 감싸는 것은 황화수소의 차단으로 흑변을 방지하기 위함이다.

② 허니콤(Honey comb)
  ㉠ 참치 통조림에서 흔히 볼 수 있으며 어육 표면에 벌집 모양의 작은 구멍이 생기는 것이다.
  ㉡ 어육 가열 시 어육 내부에서 발생된 가스가 배출되면서 생긴 통로이다.
  ㉢ 예방을 위해서는 어체 취급 시 상처를 방지해야 한다.

③ 스트루바이트(struvite)
  ㉠ 통조림에 유리 조각 모양의 결정이 생기는 현상이다.
  ㉡ 중성 또는 알칼리성 통조림에 나타나기 쉽다.
  ㉢ 꽁치 통조림에서 많이 생기며 참치 통조림에서도 pH6.3 이상 시 나타날 수 있다.
  ㉣ 스트루바이트 최대 결정 생성 범위는 30~50℃ 이므로 예방을 위해서는 살균 후 급냉시켜야 한다.

④ 어드히젼(adhesion)
  ㉠ 캔의 개봉 시 어육의 일부가 뚜껑 또는 용기 내부에 눌러붙어 있는 현상이다.
  ㉡ 어육과 용기면 사이에 수분이 있으면 일어날 수 없다.

기출문제연구

수산물 통조림의 가공 및 보관 과정 중 발생할 수 있는 품질의 변화와 변형관을 설명한 것이다. (   )에 알맞은 용어를 〈보기〉에서 찾아 쓰시오.

1. (①) : 어육에서 발생한 황화수소와 어육이나 캔에 존재하는 금속성분이 결합하여 발생하는 현상을 말한다.

2. (②) : 가열처리로 어육 중의 수용성 단백질이 응고하고 이곳을 어육 내부에서 발생한 가스가 통과하면서 만든 통로가 여러 개의 작은 구멍을 만드는 현상을 말한다.

3. (③) : 가열 살균 후에 급격히 증기를 배출해 캔의 내압이 외압보다 커져서 캔의 몸통 부분이 불룩하게 튀어나온 현상을 말한다

〈 보 기 〉
○ 허니콤   ○ 버클캔
○ 어드히젼 ○ 스트루바이트
○ 패널캔   ○ 흑변

▶① 흑변 ② 허니콤 ③ 버클캔

① 흑변 : 흑변(Sulfide spoilage 또는 black stains)은 통조림 내용물 중 단백질 등이 환원돼 생성된 황화수소 가스와 용기 내부에서 용출된 철 등 금속성분이 결합해 검은색의 황화철을 형성함으로써 나타나는 현상으로 수산물, 옥수수, 육류 통조림에서 주로 나타난다.

② 허니콤 : 참치 통조림 등에서 어육의 표면에 벌집 모양의 작

은 구멍이 생기는 현상
③ 버클캔 : 캔의 외압보다 내압이 커져서 캔 몸통 부분이 볼록하게 튀어나오는 현상

ⓒ 예방
- 캔 내면에 식용유 유탁액의 도포 또는 물을 분무한다.
- 어육 표면에 식염을 뿌려 수분이 스며 나오게 한다.

⑤ 커드(curd)
㉠ 어류의 보일드 통조림 표면에 두부 모양의 응고물이 표면에 생긴 것을 말한다.
㉡ 가열 살균 시 어육 내 수용성 단백질이 녹아 나와 응고되면서 생성된다.
㉢ 선도가 나쁜 원료를 사용할 때 생기기 쉽다.
㉣ 예방
- 어육을 살쟁임 전에 식염수에 담가 수용성 단백질을 미리 용출시킨다.
- 육편과 육편 사이에 틈이 없도록 살쟁임을 한다.
- 살쟁임 후 어육 표면온도가 빨리 50℃ 이상 되도록 가열한다.

(2) 캔의 변형

평면 산패	㉠ 가스 생성 없이 산을 생성한 캔을 말한다. ㉡ 외관은 정상이고 내용물의 확인으로 산패여부를 알 수 있다.
플리퍼	㉠ 캔의 뚜껑, 밑바닥 외의 어느 한쪽 면이 약간 부풀어 있는 캔 ㉡ 부풀어 있는 부분을 누르면 소리와 함께 원상태로 회복된다.
스프링거	㉠ 캔의 뚜껑 또는 밑바닥이 플리퍼 보다 심하게 부풀어 있는 캔 ㉡ 부푼 면을 누르면 반대쪽이 소리와 함께 부풀어 튀어나온다.
스웰 캔	변질이 심하게 일어나 캔 뚜껑 및 밑바닥 모두가 부푼 상태의 캔을 말한다.
버클 캔	㉠ 캔의 내압이 외압보다 커서 몸통 부분이 볼록하게 튀어나와 있는 상태의 캔을 말한다. ㉡ 버클 캔의 발생이 쉬운 경우 • 가열 살균 후 급격한 증기의 배출한 경우 • 살쟁임을 과하게 한 경우 • 가열 살균 전 변질된 경우 • 배기가 불충분하게 된 경우 • 수소 팽창이 일어난 경우
패널 캔	㉠ 버클 캔과 반대 현상이다. ㉡ 캔의 내압이 외압보다 낮아 캔 몸통이 안쪽으로 오목하게 들어간 상태의 캔을 말한다. ㉢ 패널 캔이 발생하기 쉬운 경우 • 진공도가 높은 대형 캔의 고압 살균 시 수증기의 급격한 주입으로 레토르트 압력이 급격히 높아지는 경우 • 가열 살균 후 가압 냉각 시 캔의 내압이 낮아졌으나 공기압이 너무 높은 경우

(3) 통조림 품질검사 및 일반검사 항목

구분	검사항목	
품질검사	• 일반검사 • 세균검사 • 화학적 검사 • 밀봉부위검사	
일반검사	표시사항 및 외관검사	제품의 표시항의 적정성과 외관의 적합성 조사
	타관검사	통조림의 뚜껑 또는 밑바닥을 타검봉으로 가볍게 두드려 그 음향 및 진동의 감촉으로 내용물의 상태, 양 등을 판별한다.
	진공도검사	진공계를 통조림의 익스펜션링 융기부에 수직으로 눌러 진공상태를 측정한다.
	가온 검사	통조림 제품 최종 검사 전에 항온기를 사용하여 통조림을 세균이 발육하기에 알맞은 온도 ($37~55^0C$)에 두어, 변패할 관을 빨리 검출해내는 방법이다. 즉 통조림을 만든 후 관내가 무균인가 아닌가를 검사하는 방법의 하나가 가온검사이다.
	개관검사	캔 내용물의 냄새, 색, 육질상태, 맛, 액즙의 맑은 정도 등의 검사
	내용물의 무게 검사	제품에 표시된 무게만큼 들어 있는지 검사

⑩ 기능성 수산식품

1) 수산물의 기능성 물질

(1) 간유

① 신선한 어류의 간에서 얻은 기름을 말한다.

② 대구, 명태, 상어 등의 간을 원료로 한다.

③ 비타민 A, D와 에이코사펜타엔산(EPA; eicosapentaenoic acid), 도코사헥사엔산(DHA; docosahexaenoic acid) 함량이 높다.

④ 기력보호, 혈액순환 개선, 중성지질의 감소, 피부 건강, 뼈 건강 등의 기능성을 가지고 있다.

(2) EPA와 DHA

① 고도의 불포화지방산(오메가-3 지방산)이다.

② 대구와 명태의 간과 고등어 정어리의 근육, 참치 머리 특히 안와에 DHA 함량이 높다.

기출문제연구

수산물 통조림의 가공 저장 중 일어나는 품질 변화 현상에 관한 내용이다. ( )에 올바른 용어를 쓰시오.

어패류를 가열하면 육 단백질이 분해되어 (①)가 발생할 수 있으며, 이는 원료의 선도가 나쁠수록, 그리고 pH가 높을수록 많이 발생한다. 이 성분이 통조림 용기의 (②)과 결합하면 캔 내면에 (③)이 일어난다. 이 현상을 일으키기 쉬운 원료는 참치, 게, 새우 및 바지락 등이 있으며, 이를 방지하기 위해서는 (④)캔을 사용해야 한다.

▶ ① 황화수소 ② 철 또는 주석
③ 흑변 ④ 에나멜

㉠ 어류패 가열 시 단백질이 분해되면서 발생하는 황화수소가 캔의 철 또는 주석과 결합하여 캔 내면에 흑변이 일어난다.

㉡ 원료의 선도가 나쁠수록 pH가 높을수록 많이 발생한다.

㉢ 원료로 참치, 새우, 게, 바지락 등을 이용 시 흑변을 일으키기 쉽다.

㉣ C-에나멜 캔 또는 V-에나멜 캔의 사용으로 흑변을 예방할 수 있다.

㉤ 게살 통조림의 경우 가공 시 황산지에 게살을 감싸는 것은 황화수소의 차단으로 흑변을 방지하기 위함이다.

③ 고도 불포화지방산의 특징
  ㉠ 인체 내 생리활성 기능이 우수하다.
  ㉡ 등푸른 생선인 고등어, 꽁치, 정어리, 방어, 참치 등에 많이 함유되어 있다.
  ㉢ 불안정하여 산소, 자외선 및 금속의 영향으로 변질되기 쉽다.
  ㉣ 공기와 접촉으로 산패하기 쉽고 산패로 이취의 발생과 기능이 떨어진다.
④ EPA(eicosapentaenoic acid)
  ㉠ 구조: 탄소 20개, 이중 결합 5개의 고도 불포화지방산이다.
  ㉡ 기능성
    – 혈중 콜레스테롤 및 중성 지방함량 저하
    – 혈소판 응집 기능
    – 고지혈증, 동맥경화, 혈전증 및 심장질환 예방
    – 면역력 강화
    – 항암효과
⑤ DHA(docosahexaenoic acid)
  ㉠ 구조: 탄소 22개, 이중결합 6개의 고도 불포화지방산이다.
  ㉡ 기능성
    – 혈행 개선 및 혈액 내 중성지질 개선
    – 동맥 경화, 혈전증, 심근경색 및 뇌경색 예방
    – 기억력 개선으로 학습능력 증진
    – 시력 향상
    – 당뇨, 암 등의 성인병 예방

(3) 스쿠알렌(squalene)
  ① 깊은 바다에 서식하는 상어 간유에 많이 함유되어 있다.
  ② 기능
    ㉠ 활성산소의 제거 및 지방 변화에 의한 질병 등의 부작용 예방 등 항산화작용을 한다.
    ㉡ 면역작용, 간 기능 개선 작용 등의 기능이 있다.
    ㉢ 산소 수송 기능의 강화 작용 등을 한다.

(4) 키틴(chitin) 및 키토산(chitosan)
  ① 키틴(chitin)

　　㉠ 게, 새우 등의 껍데기를 이루는 동물성 식이섬유의 한 종류이다.
　　㉡ 게 새우 등의 갑각류 등의 껍데기와 오징어 등의 연체 동물의 골격 성분에 많다.
② 키토산(chitosan)
　　㉠ 키틴의 분해로 만들어진다.
　　㉡ 키토산이 분해되면 글루코사민(glucosamine)이 된다.
③ 키틴과 키토산의 기능 및 이용
　　㉠ 항균작용
　　㉡ 혈류 개선 및 콜레스테롤 감소
　　㉢ 인공 뼈, 피부 등 의료용 재료로 이용된다.
　　㉣ 수술용 실, 인조 섬유 등이 이용된다.
　　㉤ 다이어트 식품으로 이용된다.

(5) 콘트로이틴황산(chondroitin sulfate)
① 점질성 다당류의 한 종류로 단백질과 결합상태로 존재하여 뮤코다당 단백이라고도 한다.
② 상어, 홍어, 가오리 등 연골어류의 연골조직에 많이 함유되어 있으며 오징어, 해삼에도 함유되어 있다.
③ 상어 연골이 원료로 많이 사용된다.
④ 기능
　　㉠ 관절과 연골 건강에 도움이 되어 관절염을 예방한다.
　　㉡ 노화방지
　　㉢ 피부 보습작용 등이 있다.

(6) 콜라겐(collagen) 및 젤라틴(gelatin)
① 콜라겐(collagen)
　　㉠ 어류의 껍질 및 비늘에서 추출한다.
　　㉡ 동물의 거의 모든 부위에 존재하며 조직의 형태 유지 기능을 한다.
　　㉢ 기능
　　　- 피부 재생 및 보습효과
　　　- 관절 건강에 기여한다.
　　　- 소시지 케이싱 등 식품 소재로 이용된다.

② 젤라틴(gelatin)
  ㉠ 콜레겐을 열수로 처리하여 얻어지는 유도 단백질로 콜라겐을 가열하면 젤라틴이 된다.
  ㉡ 이용
    - 캡슐, 정제, 지혈제, 파스 등 의약품의 소재로 이용된다.
    - 식품용 젤리에 이용된다.

(7) 한천
  ① 우뭇가사리와 꼬시래기 등 홍조류에서 추출한다.
  ② 찬물에 잘 녹지 않으며 가열하면 녹고 식히면 젤이 형성된다.
  ③ 인체가 소화 및 흡수하지 못한다.
  ④ 변비의 개선 기능이 있고 저 칼로리 건강식품이다.

(8) 스피룰리나(spirulina)
  ① 열대성 미세조류로 엽록소, 카로티노이드, 필수지방산 등의 함량이 높다.
  ② 항산화, 체질개선, 콜레스테롤 감소 등의 기능이 있다.

(9) 클로렐라(chlorella)
  ① 민물에서 서식하는 단세포 녹조식물이다.
  ② 엽록소, 카로티노이드, 비타민, 필수지방산, 철분, 식이섬유 등이 풍부하다.
  ③ 피부건강, 항산화 및 체질개선, 콜레스테롤 감소의 기능이 있다.

(10) 베타인
  ① 메틸기를 세 개 가진 아미노산으로서 식품의 감칠맛 성분이다.
  ② 메틸기 공여를 통해 메싸이오닌 합성을 촉진하여 항지간작용 및 혈압 강하, 항혈당작용, 시력회복, 해독작용, 세포 복제 기능 등의 작용을 한다.
  ③ 오징어, 새우 등 연체동물과 갑각류에 함유되어 있는 염기성 물질이다.

(11) 알긴산
  ① 알긴산(alginic acid)은 갈조류(미역, 다시마, 감태, 모자반,

톳)에 함유되어 있는 점질성 다당류이다.
② 알긴산의 성질
- ㉠ 만누론산(mannuronic acid)과 글루론산(guluronic acid)으로 구성된 산성 다당류이다.
- ㉡ 물에는 녹지 않으며, Ca^{2+}과 결합하면 겔(Gel)을 만드는 성질이 있다.
- ㉢ 알긴산은 점성, 겔(Gel) 형성력, 유화안정성(물과 기름을 혼합시켜 그 상태를 유지하는 성질) 등의 성질을 가지고 있다.
- ㉣ 알긴산은 장의 활동을 활발하게 해준다.
- ㉤ 알긴산은 콜레스테롤, 중금속, 방사선 물질 등을 몸 밖으로 배출시켜 주는 기능이 있다.

2) 기능성 수산 가공품의 종류

(1) 고시형
① 식품의약품안전처에서 기능성을 인정하고 고시한 것
② 종류 및 효능
- ㉠ 글루코사민: 관절 및 연골의 건강
- ㉡ N-아세틸글루코사민: 피부보습, 관절 및 연골 건강
- ㉢ 스쿠알렌 : 항산화 작용
- ㉣ 알콕시글리세롤 함유 상어간유: 면역력 증진
- ㉤ 오메가-3 지방산 함유 유지: 혈중 중성 지질 개선 및 혈행 개선
- ㉥ 뮤코다당.단백 : 관절 및 연골 건강
- ㉦ 키토산, 키토올리고당 : 콜레스테롤 개선
- ㉧ 스피룰리나 : 피부건강, 항산화, 콜레스테롤 개선
- ㉨ 클로렐라 : 피부 건강 및 항산화

(2) 개별인정형
① 식품의약품안정처에 개인 또는 사업자가 특정원료의 기능성을 개별적으로 인정받은 것
② 종류 및 효능
- ㉠ DHA 농축 유지: 혈중 중성지질 감소, 혈행 개선
- ㉡ 연어 펩타이드: 혈압저하

ⓒ 정어리 펩타이드: 혈압 조절
ⓔ 김 올리고 펩타이드: 혈압 조절
ⓜ 콜라겐 효소분해 펩타이드: 피부 보습
ⓗ 분말한천: 배변 활동

제6장 | 수산물의 위생관리

01 안정성

① 위해요소 중점관리기순 (HACCP)

1) 의의

(1) 의의

식품의 원재료 생산에서부터 제조, 가공, 보존, 유통단계를 거쳐 최종 소비자가 섭취하기 전까지의 각 단계에서 발생할 우려가 있는 위해요소를 규명하고, 이를 중점적으로 관리하기 위한 중요관리점을 결정하여 자주적이며 체계적이고 효율적인 관리로 식품의 안전성(safety)을 확보하기 위한 과학적인 위생관리체계라 할 수 있다.

(2) HACCP의 구성
- ㉠ 위해분석(HA) : 위해가능성이 있는 요소를 찾아 분석·평가하는 것
- ㉡ 중요관리점(CCP) : 위해 요소를 방지·제거하고 안전성을 확보하기 위하여 중점적으로 다루어야 할 관리점

(3) 사전전 관리 개념

HACCP은 최종 제품을 검사하여 안전성을 확보하는 개념이 아니라 식품의 생산 유통 소비의 전 과정을 통하여 지속적으로 관리함으로써 제품 또는 식품의 안전성(Safety)을 확보하고 보증하는 예방 차원의 개념이다. 따라서 HACCP은 식중독을 예방하기 위한 감시 활동으로 식품의 안전성, 건전성 및 품질을 확보하기 위한 계획적 관리시스템이라 할 수 있다.

(4) HACCP 선행요건
① 작업장 관리(청소 및 살균)

기출문제연구

식품안전관리인증기준(HACCP)은 공통기준으로 7원칙 12절차의 체계를 적용한다.

7원칙 중 ( )에 알맞은 수행 내용을 쓰시오.

원칙 1	원칙 2	원칙 3	원칙 4
위해요소분석	(①)	(②)	(③)

원칙 5	원칙 6	원칙 7
개선조치방법 수립	검증절차 및 방법 수립	문서화, 기록유지방법 설정

▷ ① 중요관리점(CCP) 결정 ② CCP한계기준 설정 ③ CCP 모니터링체계 확립

② 개인위생관리
③ 교육관리
④ 세척·소독관리
⑤ 시설·설비관리
⑥ 회수프로그램관리
⑦ 교차오염방지
⑧ 동물용의약품 및 사료관리
⑨ 용수관리

2) HACCP 7원칙과 12절차

12절차		
준비단계		HACCP팀 구성
		제품설명서 작성
		용도확인
		공정흐름도 작성
		공정흐름도 현장확인
7원칙		(HA)위해요소분석
		(CCP) 중요관리점 결정
		CCP 한계기준 설정
		CCP 모니터링체계 확립
		모니터링결과 개선조치방법 수립
		검증절차 및 방법 수립
		문서화, 기록유지방법 설정

3) 중요성

(1) 수산물을 포장하고 가공하는 동안 물리적, 화학적 그리고 미생물 등의 오염을 예방하는 일은 안전한 수산물의 생산에 필수적인 것이다.

(2) HACCP은 자주적이고 체계적이며 효율적인 관리로 식품의 안전성을 확보하기 위한 과학적인 위생관리체계라 할 수 있다.

4) 국내 수산가공품의 HACCP 적용 현황

(1) 국내 수산가공품 중 HACCP 의무 적용품목은 어묵 등 7품목이다.
  ① 어묵가공품 중 어묵류
  ② 냉동수산식품 중 어류, 연체류, 패류, 갑각류, 조미가공품
  ③ 저산성 통조림, 병조림 중 굴 통조림

(2) 7품목 외 품목은 의무 이행은 아니며 업체의 희망에 따라 기준에 적합한 경우 승인하는 자율적 지정제도로 운영되고 있다.

❷ 수산물 식중독 관리

1) 식중독

(1) 개요
 ① 정의
  ㉠ 식중독이란 식품의 섭취에 연관된 인체에 유해한 미생물 또는 유독 물질에 의해 발생했거나 발생한 것으로 판단되는 감염성 또는 독소형 질환(식품위생법 제2조 제14호)을 말합니다.
  ㉡ 음식물에 미생물, 유독성 물질 등의 혼입 또는 오염으로 발생하는 것으로 급성위장염 등의 생리적 장해가 발생하는 것을 말한다.
 ② 원인
  ㉠ 식중독 세균인 비브리오, 살모넬라, 포도상구균 등에 노출된 식품의 섭취로 발생한다.
  ㉡ 식중독의 80% 이상이 세균성 식중독이다.
 ③ 증상
  ㉠ 가장 일반적인 증상은 설사 및 복통이며 그 외 발열, 구토, 두통이 나타나기도 한다.
  ㉡ 전염성은 아니다.

(2) 식중독의 분류

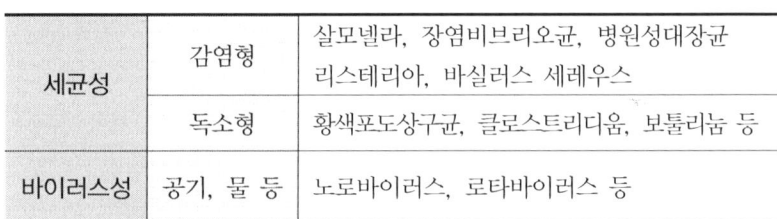

세균성	감염형	살모넬라, 장염비브리오균, 병원성대장균 리스테리아, 바실러스 세레우스
	독소형	황색포도상구균, 클로스트리디움, 보툴리늄 등
바이러스성	공기, 물 등	노로바이러스, 로타바이러스 등

■ 감염형 식중독
① 개요
　㉠ 음식물과 함께 섭취한 병원균이 체내에서 증식하거나 균을 다량으로 섭취하거나 해서 장관점막에 감염이 성립하고 장질환이 나타나는 경우를 말한다.
　㉡ 이 유형의 중독은 균의 증식까지 시간이 걸리기 때문에 비교적 잠복기가 길다(12~24시간).
　㉢ 종류 : 장염비브리오, 살모넬라속, 병원대장균, 프로테우스속, 장구균, 웰슈균 세레우스균등을 들 수 있다.
② 장염 Vibrio 식중독
　㉠ 원인균 : 장염 비브리오균(Vibrio parahaemolyticus)
　㉡ 특징
　　- 장염 비브리오균은 바닷물과 갯벌에 분포하고 수온이 20℃가 넘으면 활발히 증식하고 5℃ 이하에서 증식이 불가능합니다. 열에 약해서 60℃에서 15분, 100℃에서 수 분 내 사멸합니다.
　　- 생육적온 37℃의 중온균이며 염분 농도 3~4%에서도 잘 자라는 호염성균이며, 바닷가 연안의 해수, 해초, 플랑크톤 등에 분포한다.
　　- Vibrio vulnificus는 패혈증을 일으키는 병원균으로 어패류 등에서 발견된다. 비브리오균에 오염된 어패류를 생식하거나 피부의 상처를 통해 감염되었을 때 발생한다. 평균 1-2일의 잠복기를 거쳐 패혈증을 유발하며 다양한 피부병변과 오한, 발열 등의 전신증상과 설사, 복통, 구토, 하지통증이 동반된다.
　　　　※ 패혈증 비브리오균
　　　　　• 비브리오균은 8월 기준 해수 염도 24% 이상에서 잘 번식한다.

- 잠복기는 20~48시간이다.
- 증상 : 급성발열, 오한, 혈압저하, 복통, 설사 등이 동반된다.
- 끓는 물 100℃에서 1~2분 가열하면 쉽게 사멸한다.
  - Vibrio parahaemolyticus 는 해수 또는 기수에 서식하는 호염성 세균이다.

ⓒ 원인식품
- 어패류가 가장 흔한 오염원이고 생선이나 조개의 껍질, 내장, 아가미 등에 존재

ⓔ 증상
- 복통, 구토, 메스꺼움, 설사, 발열 등 급성위장염 형태의 증상이 나타난다.

② Salmonella 식중독
  ⓐ 원인균 : Salmonella enteritidis, Salmonella typhimurium 등이다.
  ⓑ 살모넬라균은 가열에는 약하지만 저온, 냉동 및 건조 상태에 사멸되지 않습니다. 식중독은 무더운 6~9월에 가장 많이 발생하고 겨울에는 발생빈도가 낮다.
  ⓒ 식중독을 유발하는 살모넬라균은 동물에서 감염되는 경우가 대부분이며 주로 닭과 같은 가금류가 가장 흔한 감염원이다
  ⓔ 증상
  - 구토, 복통, 메스꺼움, 설사, 발열 등의 증세를 보인다.

③ 병원성 대장균 식중독(오염지표)
  ⓐ 원인균 : Escherichia coli 중에서 인체에 감염되어 나타내는 균주이다.
  ⓑ 특징
  - 식품 및 물의 오염 지표로 이용된다.
  - 그람음성, 무포자 간균이다.
  ⓒ 원인식품 : 육가공품, 튀김류, 채소, 샐러드 등이 있다.
  ⓔ 증상 : 설사, 발열, 복통 등의 증상이 나타난다.

④ Listeria 식중독
  ⓐ 원인균 : Listeria monocytogenes

ⓒ 특징
- 그람양성 무포자 간균이다.
- 통성혐기성균이며 내염성, 호냉성균이다.
- 냉장온도에서도 증식할 수 있다.
ⓒ 원인식품 : 식육가공품, 유제품, 가금류, 채소류 등이 원인식품이며 호냉균이므로 장기간 냉장고에 보관한 식품은 피해야 한다.
ⓔ 감염원 : 오염된 물, 오염된 식품, 감염된 동물과의 직접적인 접촉으로 발병한다.
ⓜ 증상: 미열, 위장염, 복통, 설사 등 유행성 감기와 비슷한 증상을 보이며 뇌막염, 자궁내막염, 패혈증 수막염 등의 증상이 나타난다.

■ 독소형 식중독
① 황색포도상구균 식중독 Botulinus 식중독 Cereus 식중독
  ㉠ 원인균 : Staphylococcus aureus(황색포도상구균)
  ㉡ 특징
  - 포도상구균은 넓은 범위의 온도에서 증식이 가능해서 조리한 음식물을 실온에 보관하는 경우 발생하기 쉽다.
  - 비교적 열에 강한 세균으로 80℃에서 30분 이상 가열하면 사멸되지만 포도상구균에 의해 생산된 독소는 100℃에서 30분간 가열해도 파괴되지 않는다.
  - 독소 : 엔테로톡신(enterotoxin)
  ㉢ 감염원
  - 음식을 조리한 사람의 손이나 코 점막, 상처 부위에 있던 포도상구균에 의해 음식물이 오염되면, 높은 기온과 습도에서 증식하여 식중독을 일으킨다.
  - 화농성 질환에 걸린 식품관계자에 의해 감염될 수 있다.
  ㉣ 증상
  - 오염된 음식물을 섭취하고 2~4시간 후에 구토와 복통, 메스꺼움, 설사 증상이 급격히 나타났다가 빨리 좋아지는 특징이 있다.
② Botulinus 식중독
  ㉠ 원인균 : Clostridium botulinum

　　ⓒ 특징
　　　- 그람양성 간균이며 편성혐기성균이다.
　　　- 독소 : Neurotoxin 신경독으로 열에 약해 80℃에서 30분정도의 가열로 파괴되며 저항력이 강하다.
　　ⓒ 증상 : 구토, 메스꺼움, 복통, 설사 등 급성위장염 형태의 증상과 두통, 신경장애, 마비 등의 신경 증상을 나타내며 심할 경우 호흡마비 등이 나타난다.
　　ⓔ 클로스트리듐 보틀리눔(Clostridium botulinum) 포자의 사멸 시간
　　　　• 100^0C : 33분
　　　　• 110^0C : 32분
　　　　• 120~121^0C : 약 4~7분
③ Cereus 식중독
　　㉠ 원인균 : Bacillus cereus
　　ⓒ 특징
　　　- 그람양성 통성혐기성균으로 아포를 가진다.
　　　- 내열성으로 135℃에서 4시간 가열해도 견딘다.
　　ⓒ 증상 : 복통, 메스꺼움, 설사, 두통, 발열 등 강한 급성위장염 형태의 증상을 보인다.

■ 바이러스성 식중독
① 노로 바이러스
　　㉠ 개요
　　　- 크기가 매우 작고 구형인 바이러스로 주로 겨울철에 급성위장관염을 일으키고 선진국에서 가장 흔한 겨울철 식중독의 원인균이다.
　　　- 비가열 패류를 섭취할 경우 감염될 수 있다.
　　ⓒ 환자의 분변에 포함된 노로 바이러스에 의해 오염된 식품과 물을 가열하지 않고 섭취할 경우 감염되고, 환자의 건조된 분비물(분변 또는 구토물)에 포함된 소량의 바이러스가 호흡기를 통해 인간끼리 전파 감염되어 식중독을 일으킬 수도 있다.
　　ⓒ 증상
　　　- 감염 후 24-48시간의 잠복기를 거쳐 설사, 복통, 구토,

두통, 발열, 근육통 등 증상을 유발하고 3일 이내 자연 치유됩니다.
　ⓔ 예방
　　- 식품을 조리할 때에는 85℃에서 1분 이상 가열한 후 조리해야 하며, 조리된 음식을 맨손으로 만지지 않고, 채소류 등 비가열 식품은 흐르는 물에 깨끗이 씻은 후에 섭취한다.
② 수산물에서 발생되는 바이러스성 식중독의 특징(1회 기출)
　㉠ 사람과 일부 영장류의 장내에서 증식하는 특징이 있다.
　㉡ 소량으로도 감염되며 발병율도 높다.
　㉢ 약제에 대한 내성이 강하여 제어가 곤란하다.
　㉣ 바이러스성 식중독은 대부분 2차 감염된다.

2) 어패류의 독

(1) 복어독

① 개요
　㉠ 복어의 장기, 주로 난소 및 간에 많이 함유되어 있는 독소. 식용으로 공급하는 복어에 많이 함유되어 있는데, 청복 등에는 거의 독성이 없다. 피부, 장 등에 독이 있는 것도 있으나 혈액은 거의 무독이다.
　㉡ 식품공전상 국내 식용가능 복어 종류는 21종이다.
　㉢ 대단히 독성이 강하여, 성인의 경우 0.5mg이 치사량으로, 청산나트륨의 약 1,000배에 달하는 독성이다. 복어독의 치사량은 성인 기준으로 10,000마우스단위(MU)로 알려져 있다.

① 독성분
　㉠ Tetrodotoxin(테트로도톡신)
　㉡ 복어의 알과 생식선, 간, 내장 피부 등에 함유되어 있다.
　㉢ 독성이 강하고 물에 녹지 않는다.
　㉣ 열에 안정하여 끓여도 파괴되지 않는다.
　㉤ 복어독은 알칼리성에 불안정하여 분해된다.
　㉥ 식품공전상 복어독 기준 : 10MU/g 이하

② 잠복기 및 증상
　㉠ 잠복기: 식후 30분~5시간

ⓒ 중독 증상은 혀의 지각마비, 구토, 감각의 둔화, 보행곤란 등 단계적으로 진행된다.
　　ⓒ 골격근 마비, 호흡곤란, 의식의 혼탁, 의식 불명, 호흡정지로 사망에 이르게 된다.
　　ⓔ 청색증(syanosis)이 나타난다.
　　ⓜ 진행속도가 빠르고 해독제가 없어 치사율이 높다.

(2) 패류 독소 식중독
① 패류를 가열, 조리, 냉장, 냉동해도 파괴되지 않는다.
② 마비성패류독소 식중독(PSP) 증상은 섭취 후 30분 내지 3시간 이내에 마비, 언어장애, 오심, 구토 증상을 나타낸다.
③ 설사성 패류독소 식중독(DSP)은 설사가 주요 증상으로 나타나고 구토, 복통을 일으킬 수 있다.
④ 기억상실성 패류독소 식중독(ASP)는 기억상실이 주요 증상으로 나타나고. 메스꺼움, 구토를 일으킬 수 있다.

■ 패독소 기준
· 마비성 패독 : 패류, 피낭류(멍게, 미더덕, 오만등이 등) 0.8mg/kg 이하
· 설사성 패독 : 이매패류 0.16mg/kg 이하
· 기억상실성 패독 : 패류, 갑각류 20mg/kg 이하

(3) 마비성 조개류
① 홍합, 대합, 검은 조개 등에서 중독을 일으킨다.
② 독성은 9~10월 가장 강하고 내열성이다.
③ 독성분 : 삭시톡신(Saxitoxin), 프로토고니오톡신(Protogonyautoxin), 고니오톡신(Gonyautoxin)
　· 삭시톡신 : 마비성패중독의 원인독의 하나. Saxidomus giganteus에서 분리되었다. 일종의 염기성 물질로, 독성은 복어독과 비슷하고 청산나트륨의 1,000배에 해당한다. 조개, 홍합, 가리비 등 조개류에 존재한다.
④ 잠복기: 식후 30분~5시간
⑤ 증상: 입술, 혀 등 안면 마비, 사지마비, 언어 장애 등이 나

타나는 신경마비성 독소이다.
⑥ 식품공전상 마비성 패독 기준 : 0.8 mg/kg 이하

(4) 굴, 바지락, 모시조개 중독
① 독성분: 베네루핀(Venerupin)
② 독성은 2~5월 강하고 내열성이다.
③ 잠복기는 1~3일
④ 주요증상은 무기력, 급성위장염, 장점막 출혈, 황달, 피하출혈반응 등의 간독소이다.

(5) 소라, 골뱅이 등 나사모양의 껍질을 가진 패류 중독
① 자연독소 : 테트라민(Tetramine)
② 이 독소는 가열해도 제거되지 않기 때문에 삐뿔이소라(갈색띠매물고둥), 털골뱅이류, 전복소라(관절매물고둥), 참소라(피뿔고둥) 등 독성이 있는 권패류는 조리할 때 반드시 독소가 있는 침샘을 제거해야 하며 먹을 때도 침샘이 제거됐는지 살펴야 한다.
③ 증상 : 섭취 후 30분 정도가 지난 뒤 두통, 멀미, 구토, 설사, 시각장애 등의 증상이 나타난다.

(6) 플랑크톤 오염
시구아톡신은 시구아톡신은 전압 개폐 나트륨 이온 통로를 간섭하여 신경세포 활성화하고 경련을 유발한다.
① 마비성패중독 : 시구아톡신(Ciguatoxin)
② 플랑크톤의 일종인 쌍편모조류(dinoflagellates)에서 생성된 시구아테라(ciguatera) 발명의 원인 물질이다.
③ 시구아테라에 중독되면 6 시간 내에 구토, 설사, 복통과 같은 위장관 증상이 시작되어 하루나 이틀이 지나야 없어진다.
④ 시구아톡신은 열을 가해도 변하지 않으므로 익혀 먹는다고 해서 시구아테라를 피할 수 있는 것은 아니다. 따라서 의심되는 물고기나 조개류는 아예 먹지 않는 것이 좋다.

(4) 어패류 독성물질 정리

복어독	1. 독성분 ① Tetrodotoxin(테트로도톡신) ② 복어의 알과 생식선, 간, 내장 피부 등에 함유 ③ 독성이 강하고 물에 녹지 않는다. ④ 열에 안정하여 끓여도 파괴되지 않는다. 2. 중독 증상은 혀의 지각마비, 구토, 감각의 둔화, 보행곤란 등이 순차적으로 오며 골격근 마비, 호흡곤란, 의식의 혼탁, 의식 불명, 호흡 정지로 사망에 이르게 된다. 3. 청색증(syanosis)이 나타난다. 4. 독이 가장 많은 5~6월의 산란 직전에는 특히 주의한다.
마비성 조개류	1. 독성분 : 삭시톡신(Saxitoxin), 프로토고니오톡신(Protogonyautoxin), 고니오톡신(Gonyautoxin) 2. 홍합, 대합, 검은 조개 등에서 중독 3. 독성은 9~10월 가장 강하고 내열성 4. 증상: 입술, 혀 등 안면 마비, 사지마비, 언어 장애 등이 나타나는 신경마비성 독소이다.
굴 바지락 모시조개	1. 독성분: 베네루핀(Venerupin) 2. 독성은 2~5월 강하고 내열성이다. 3. 주요증상은 무기력, 급성위장염, 장점막 출혈, 황달, 피하 출혈반응 등의 간독소이다.
독성물질 정리	<table><tr><th>어패류</th><th>함유물질</th><th>함유부위</th></tr><tr><td>복어</td><td>테트로도톡신(Tetrodotoxin)</td><td>간장, 난소 등</td></tr><tr><td>바지락</td><td>베네루핀(Venerupin)</td><td>내장</td></tr><tr><td rowspan="2">굴</td><td>베네루핀(Venerupin)</td><td>내장</td></tr><tr><td>삭시톡신(Saxitoxin)</td><td>근육, 내장</td></tr><tr><td rowspan="2">홍합</td><td>삭시톡신(Saxitoxin)</td><td>근육, 내장</td></tr><tr><td>삭시톡신(Saxitoxin)</td><td>간장</td></tr><tr><td>해삼</td><td>홀로수린(Holothurin)</td><td>내장</td></tr><tr><td>뱀장어</td><td>이크티오톡신(Ichthyotoxin)</td><td>혈액</td></tr><tr><td>문어</td><td>티라민(Tyramine)</td><td>타액</td></tr></table>

3) 기생충

① 간흡충(간디스토마)
  - 제1중간숙주인 쇠우렁이 등의 민물 조개류에 먹힌 후 그

안에서 다음 단계로 성장하게 된다.
- 중간단계로 자란 간흡충은 중간숙주의 몸에서 나와 물속에서 헤엄치며 돌아다니다가 제2중간숙주인 잉엇과에 속하는 민물고기에 달라붙어 근육 내로 들어간다. 제2중간숙주에 속하는 민물고기에는 참붕어, 붕어, 잉어, 누치, 향어 등이 있다.

② 폐흡충(폐디스토마)

민물에 사는 가재나 게가 인체 감염원으로, 다슬기, 가재즙이나 민물게장을 먹을 때 기생충의 유충이 사람에게 들어와 폐에 병변을 일으킨다.

③ 고래회충(아니사키스)
- 생활사 : 바닷물에 있던 충란에서 나온 제2기 유충은 해산갑각류(제1중간숙주)에 먹혀 갑각류 체내에서 탈피를 통해 제3기 유충이 된다. 유충을 먹은 해산갑각류는 물고기나 오징어(제2중간숙주)에게 먹혀 유충을 전달하고, 이 유충은 물고기의 복강 내 장기나 근육, 피부 밑 등에 자리한다. 그러다 제2중간숙주를 고래, 돌고래, 바다표범 등 바다 포유류가 잡아먹으면 그 위에서 성충으로 성숙하게 된다. 성충은 여기서 다시 충란을 낳아 바닷물로 흘려보낸다.
- 사람 체내에서의 기생충 형태 : 선형으로 긴 실모양
- 아니사키스(anisakis) 유충은 고래, 돌고래, 물개 등의 해양 포유류의 위장에 기생하는 선충류의 유충을 통칭하는 것이며, 고래회충증은 이 유충에 감염된 해산 어류 등을 날것으로 먹었을 때 인체에 감염되어 나타나는 기생충 감염성 질병이다.
- 회로 먹는 어류의 경우 붕장어(아나고), 크릴새우, 오징어, 낙지, 광어, 방어, 고등어 등에서 유충이 많이 나타난다.
- 증상

감염 후 3~5시간이 지나면 배가 메스껍고 거북하기 시작하며, 식은땀이 나면서 복통이 시작되는데 위염이나 위궤양과 그 증세가 비슷하다. 충체가 위장벽을 파고 들어가면 위염이나 위궤양과 같은 증상이 나타나게 된다.
- 예방법

㉠ 영하 20도 이하에서 24시간 냉동시키거나 또는 70도 이상으로 가열하여 먹는다.

　　　ⓒ 생선의 내장 섭취는 피한다.
　④ 구두충
　　- 오렌지색으로 비교적 대형이다.
　　- 어류의 내장에서 흔히 발생된다.
　　- 명태에 흔하며 대구, 청어 및 가자미류에서도 발견된다.

4) 중금속 중독

(1) 수은중독 증상
　① 수은은 신경작용 효과가 가장 두드러진다.
　② 주요증상
　　불안, 우울증, 기억력감퇴, 무감각, 병적인 수줍음, 청각과 언어상 문제 등
　③ 수산물과 수은
　　- 물고기는 사는 물에서 수은을 얻는다.
　　- 모든 종류의 물고기는 어느 정도의 수은을 함유하고 있다.
　　- 상어와 황어는 이 중 가장 흔하다. 큰눈참치, 말린, 왕고등어도 수은 함량이 높다.
　④ 미나마타병 : 수은 중독으로 인한 신경학적 증후군

(2) 유해 중금속에의한 식중독
　① 식품공전에는 수산물 중 연체류에 대해 수은, 납, 카드뮴 기준이 설정되어 있다.
　② 수은 중독시 사지마비, 언어장애 등을 유발하며, 임산부의 경우 기형아 출산의 원인이 된다.
　③ 수은 중독시 신장 장애를 유발하며, "미나마타병"이라고도 한다.
　④ 카드뮴 중독시 관절 통증을 유발하며, "이타이이타이병"이라고도 한다.

(4) 한국 식품공전 상 수산물의 중금속 기준

대상식품	납	카드뮴	수은	메틸수은
어류	0.5 이하	0.1 이하 (민물 및 회유어류) 0.2 이하 (해양어류)	0.5 이하 (심해성 어류, 다랑어류, 새치류는 제외)	1.0 이하 (심해성 어류, 다랑어류, 새치류에 해당된다)
연체류	2.0 이하 (다만, 내장을 포함한 낙지 2.0 이하)	2.0 이하 (다만, 내장을 포함한 낙지 3.0 이하)	0.5 이하	
갑각류	1.0 이하 (다만, 내장을 포함한 꽃게류는 2.0 이하)	1.0 이하 (다만, 내장을 포함한 꽃게류는 5.0 이하)	–	
해조류	–	0.3 이하 (조미김을 포함)	–	

제7장 | 수산물유통관리

① 수산물 유통관리의 개요

1) 수산물 유통의 의의

수산물 유통이란 수산업자가 생산한 수산물이 최종 소비자에 이르기까지의 수산물 집하·교환·분배 과정을 말한다.

2) 수산물 유통의 특성

① 부패성
② 계절적.지역적 편재성
③ 가격의 불안정성
④ 표준규격화의 어려움
⑤ 높은 유통마진
⑥ 수산물 구매의 소량 분산성

3) 수산물 유통활동

① 상적 유통활동 : 상거래 활동, 유통경제금융활동, 상적 유통 조성활동 등
② 물적 유통활동 : 운송.보관활동, 정보유통활동 등

② 유통의 기능

1) 구매기능(수집기능)

① 유통업자가 생산자로부터 물건을 구매하고 대금을 지불하는 과정이다
② 유통업자는 최종 소비자로서가 아닌 재판매 목적으로 물건을 구매한다.
③ 다른 유통업자로부터 물건을 구매하여 재판매하는 과정을 포함한다.
④ 산지수집상, 중개인의 위탁대리인, 산지조합, 유통업체의 바

기출문제연구

수산물 유통은 일반 제품과 다른 수산물의 상품적 특성으로 인하여 독특한 특성을 가진다. 수산물 유통의 특성 3가지를 서술하시오.

▶ 부패성 : 수산물은 강한 부패성과 변질성을 가지고 있어 특별한 유통시설과 유통비용이 발생한다.

가격의 불안전성 ; 수산물은 가격 및 소득에 대한 탄력성이 낮아 공급량에 의한 가격결정이 어렵다.

표준규격화의 어려움 ; 수산물은 어획물의 크기가 다양하고, 품질이 균일하지 못하여 표준규격품의 출하가 어렵다.

이어 등이 이 기능을 수행한다.

2) 판매기능(분배기능)

① 가격별 판매단위의 결정 : 상품의 규격과 포장단위를 결정한다.
② 유통경로의 결정 : 입지선정 활동을 통하여 소비자와 만나는 접점을 결정한다.
③ 판매시점과 가격의 결정 : 재고관리, 일시적 저장 등을 통하여 판매시점을 결정하고 최종소비자의 적정가격을 결정하는 기능
④ 상품의 진열, 광고, 관계마케팅 등 소비자의 구매의욕을 자극하는 역할을 한다.

3) 물적 유통 기능

(1) 장소적 효용가치의 창조 : 수송

생산자와 소비자 사이에 존재하는 장소적 불일치를 물적 이동수단을 통하여 효용가치를 창조한다. 수송은 시장 확장과 관련되며 시장의 크기를 결정하는 요소이다. 이동수단으로 철도, 선박, 자동차, 항공 등이 있다.

① 철도 : 안전성·신속성·정확성이 있으나 융통성이 적고 제한된 통로에만 가능하다.
장거리 수송에 유리하며 단거리 수송의 경우 오히려 비용효율이 떨어진다.
② 선박 : 장거리에 유리하며 대량수송이 가능하나 시간효율이 떨어지고 융통성이 적다.
③ 자동차 : 기동성이 우수하며 단거리 수송에 효율적이다. 도로망의 확대로 융통성이 뛰어나며 수송수단에서 차지하는 비중이 가장 높다.
④ 비행기 : 신속, 정확하다는 장점이 있으나 비용이 많이 들고 항로와 공항의 제한성에 구애받을 뿐만 아니라 오히려 기다리는 시간이 길다는 단점이 있다. 최근 국제 화훼유통과 신선함이 요구되는 고가 농산물 유통에 그 활용도가 높아지고 있다.

(2) 시간적 효용의 창조 : 저장

① 가격조절기능 : 수산물의 계절적 편재성을 극복하기 위한 수단으로서 농산물의 홍수출하 등으로 인한 가격폭락의 위

험을 조절하는 기능을 한다.
② 부패성 방지 : 수확과 판매시기의 불일치를 조절하기 위하여 저온저장창고가 널리 활용되고 있다.
③ 수요의 조절 기능 : 수산물 수요시기를 연중 고르게 유지하는 기능을 한다.
④ 저장의 유형
  ⓐ 운영적 저장 : 중계상이나 판매처에서 적정 재고물량을 확보하기 위한 일시적 저장
  ⓑ 계절적 저장 : 홍수출하시 생산물량의 공급을 조절하기 위한 저장
  ⓒ 비축적 저장 : 정부가 정책적으로 하는 저장으로서 시장물가의 안정을 위한 저장이다.
  ⓓ 투기적 저장 : 오로지 공급시기별 가격차이만을 목적으로 한 저장

(3) 형태적 효용의 창조 : 가공
① 장소적 효용의 지원 : 농산물의 부피와 중량성 약점을 보완하기 위하여
② 시간적 효용의 지원 : 가공을 통한 형태변경으로 저장기간을 연장할 수 있다.
③ 기능성의 지원 : 자연물에 형태변경을 통하여 새로운 생물학적 기능을 추가할 수 있다.

4) 유통조성기능

(1) 표준화
표준화란 유통과정에 참여하는 각 기구 간에 공적으로 합의된 척도를 말한다.
유통시장에서 공정한 거래가 이뤄지는 환경을 조성하여 준다.
• 항목 : 포장, 등급, 보관, 하역, 정보 등

■ 단위화물적재시스템(Unit Load System)
단위 적재란 수송, 보관, 하역 등의 물류 활동을 합리적으로 하기 위하여 여러 개의 물품 또는 포장 화물을 기계, 기구에 의한 취급에 적합하도록 하나의 단위로 정리한 화물을 말한다. 단위적재

를 함으로써 하역을 기계화하고 수송, 보관 등을 일괄해서 합리화하는 체계를 단위적재 시스템이라 하며, 단위적재 시스템에는 팰릿(pallet)을 이용하는 방법 및 컨테이너를 이용하는 방법이 있다. 우리나라에서 사용하는 표준 팰릿(pallet) T11의 규격은 1100mm × 1100mm 이다.

(2) 등급화
등급화란 상품의 크기나 품질, 상태 등의 기준에 따라서 상품을 분류하는 것
농산물의 등급규격은 품목 또는 품종별로 그 특성에 따라 형태, 크기, 색택, 신선도, 건조도 또는 선별상태 등에 따라 정한다.

① 등급화의 효과
  ⓐ 견본거래, 통명거래의 실현 : 물류비용 절감
  ⓑ 자본집적 및 상품의 공동화 실현 : 공동수송, 공동저장, 공동판매, 공동계산 등
  ⓒ 공정거래의 실현 : 등급 간 적정한 가격차별 가능
  ⓓ 소비자의 욕구반영 : 소비자 판단에 따라 등급차별화에 따라 생산정보에 반영

② 등급화가 어려운 이유
  ⓐ 바람직한 등급의 단계가 명확하지 않다. 등급의 차이는 구매하는 소비자가 가격 차이를 인정할 수 있는 정도의 차이를 부여해야 한다.
    ■ 등급단계가 많다 : 등급별 차별화가 불분명할 수 있다. (소비자선호)
    ■ 등급단계가 적다 : 물류비용의 절감을 이룰 수 있다.(생산자선호)
  ⓑ 등급을 결정할 수 있는 공정한 제3자 필요하다.
  ⓒ 정당한 등급 기준을 정하기가 쉽지 않다.
  ⓓ 수산물은 물적 위험에 노출되어 있어서 등급판정 후 최종 소비까지 등급기준을 유지하기가 쉽지 않다.

(3) 유통금융
유통기구에 참여하는 자에게 자금을 조달해주는 것

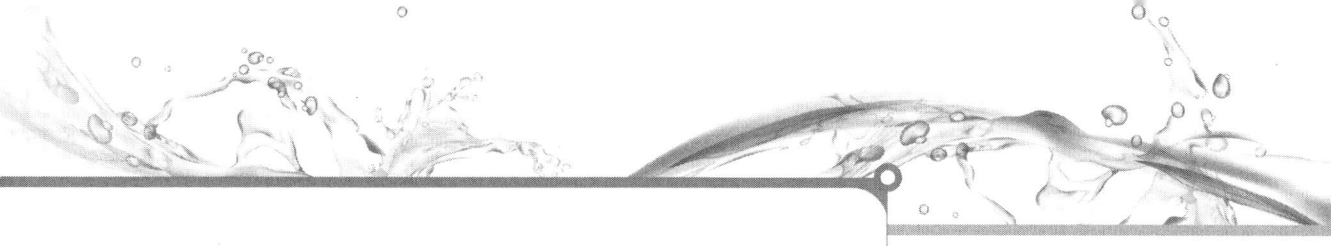

(4) 위험부담

수산물 유통과정 중에 발생할 수 있는 손실을 보전해 주는 것. 유통기구의 한 주체가 떠안아야 할 위험을 제3의 주체에게 전가시키는 것을 위험부담이라 한다.

① 물적 위험 : 수산물의 물적 유통과정 중 발생하는 손실
  예〉 부패, 파손, 감모, 열상, 동해, 풍수해, 화재 등
② 경제적 위험 : 시장가격의 하락으로 인한 손실
  예〉 소비자 기호의 변화, 시장축소, 대체상품, 농산물 가치의 하락

(5) 시장정보

유통과정 중 각 유통기구에 제공되는 정보의 수집, 분석, 분배활동
① 정보의 조건
  ⓐ 완전성 : 필요한 정보가 빠짐없이 구비되어야 한다.
  ⓑ 종합성 : 개개의 정보가 개념적으로 연결되 의미있게 구현된 것
  ⓒ 실용성 : 정보는 활용이 가능하여야 한다.
  ⓓ 신뢰성 : 정보는 믿을 수 있어야 한다.
  ⓔ 적시성 : 정보는 적기에 제공되어야 한다.
  ⓕ 접근성 : 정보는 원하는 주체에게 제공될 수 있어야 한다.
② 정보의 효과
  ⓐ 생산자 : 생산자의 의사결정(품종선택, 생산량, 출하시기, 출하장소 등)에 도움을 준다.
  ⓑ 유통업자 : 저장계획, 수송계획, 판매계획(구매와 재판매), 시장운영 형태 등을 결정하는 데 도움을 준다.
  ⓒ 소비자 : 합리적인 소비에 대한 의사결정을 도와 준다.

5) 유통의 3개 기능

(1) 시간유통

소비자가 원하는 시기에 상품을 공급하는 기능
수산물은 공급은 불안정하지만 소비는 상대적으로 안정적이다. 수산물의 계절적 편재성은 소비자가 원하는 시기에 공급이 이뤄지지 못하게 하는 원인이 된다. 이는 상품의 수요를 감소시키고 때로는 상품성 자체를 상실시키기도 한다.

기출문제연구

수산물 유통은 수산물 생산자와 최종 소비자를 연결시켜주는 중간역할 기능을 지니고 있다. 다음 각 항목의 설명에 적합한 유통기능을 〈보기〉에서 찾아 답란에 쓰시오.

〈보기〉
집적기능, 보관기능, 선별기능, 정보전달기능, 운송기능, 거래기능
① 수산물 생산자와 소비자간의 소유권 거리 및 가치의 거리를 연결시켜 주는 기능
② 수산물 생산시기와 소비시기 사이의 시간의 거리를 연결시켜 주는 기능
③ 소량 분산적으로 이루어지는 수산물을 대도시 소비자나 중간 가공수요대응을 위해 모으는 기능
④ 수산물의 원산지, 냉동·선어 등의 신선도 등 상품에 대한 인식의 거리를 연결시켜 주는 기능

➡ ① 거래기능 ② 보관기능
③ 집적기능 ④ 정보전달기능

기출문제연구

수산물 유통기능은 수산물의 생산과 소비 사이의 여러 가지 거리를 연결시켜 주는 것이다. 각 기능에 해당하는 것을 〈보기〉에서 찾아 쓰시오.

기 능	의 미
운송 기능	(①)의 거리
보관 기능	(②)의 거리
거래기능	(③)의 거리
정보전달 기능	(④)의 거리
집적, 분할 기능	(⑤)의 거리

<보기>
장소, 소유권, 시간, 품질,
인식, 수량

➡ ① 장소 ② 시간 ③ 소유권 ④ 인식 ⑤ 수량

기출문제연구

수산물 유통정보에 관한 설명이다. ( )에 알맞은 용어를 <보기>에서 찾아 쓰시오.

수산물 유통정보는 생산자, 유통업자, 소비자, 정책 입안자, 연구자 등에게 합리적인 의사결정을 하도록 도와준다. 이러한 수산물 유통정보가 그 기능을 충분히 발휘하기 위해서는 정보로서의 기본적인 요건을 갖추어야 한다. 수산물 유통정보가 갖추어야 할 4가지 요건에는 적시성, 정확성, (①), (②)이 있다.

<보기>
적절성, 획일성, 통합성,
극비성

➡ ① 적절성 ② 통합성

유통정보

적시성 : 정보는 유용한 시기에 활용 가능하여야 한다.

정확성 : 정보는 오류가 없는 상태이어야 한다.

적절성 : 정보는 유통과정에 활용 가능한 정도의 양을 가져야 한다.

통합성 : 정보는 분산적이지 않고 구성요소들 간에 서로 모순·갈등·충돌이 없는 소극적 특징만을 가리키는 것이 아니라 그들이 의미 있게 서로 연결되어 상호보조적인 정도가 높아야 한다.

완전성 : 정보는 필요한 요소를 모두 갖추어 부족함이나 결함이 없는

■ 시간유통의 활성화 방안
① 자연적 환경을 극복할 수 있는 생산기술의 개발
② 출하시기를 조절할 수 있는 보관 및 저장기술의 개발
③ 산지직거래, 계약재배 등 소비자가 원하는 시기에 수확할 수 있는 제동의 지원
④ 유통경로의 단순화 등 유통체계의 개선

(2) 공간유통

소비자가 원하는 장소에 상품을 공급하는 기능

물류기능을 통하여 소비자나 2차 가공업자 들이 원하는 장소에 상품이 도달할 수 있게 하는 기능

(3) 대량유통

소비자가 원하는 다양한 상품을 공급할 수 있는 기능

③ 수산물유통시장

1) 수산물유통시장의 종류

(1) 수산물 산지시장
① 수산물 산지시장은 농산물 유통시장과는 달리 위판장단계가 추가되어 있다.
② 위판장은 1차적인 수집기능 뿐만아니라 경매를 통한 분배기능도 담당한다.
③ 수산업협동조합이 운영하는 위판장에서는 도매기능과 소매기능이 공존한다.
④ 대형 소매점은 산지중매인을 통하여 직접 수산물을 공급받기도 한다.
⑤ 산지시장은 어항시설과 양륙시설을 갖추고 1차적인 가격형성을 담당한다.
⑥ 산지위판장을 통하여 신속한 판매 및 대금결제가 이루어지고 있다.
  * 산지시장의 기능
    ㉠ 어획물의 양륙과 진열기능
    ㉡ 거래형성기능

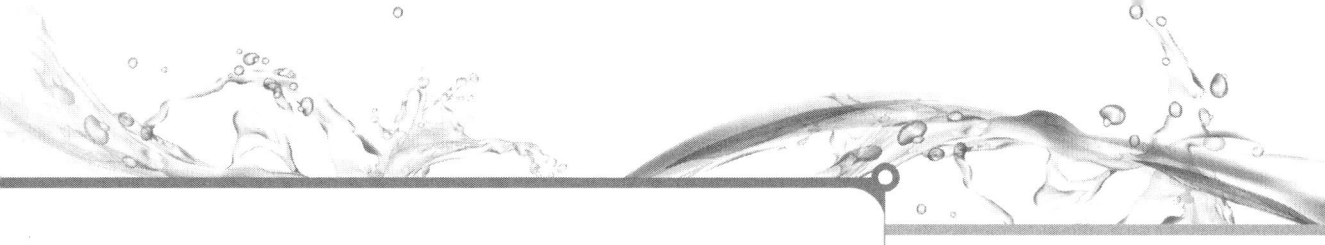

      ⓒ 대금결제기능
      ② 판매기능
       * 산지시장의 구성원별 분류

구성원	기능	소요비용	수단
생산자	출하	출하비용 (위판수수료)	어선. 트럭
산지수협	수집	수집비용 (위판장운용비)	운반선. 위판장 냉동창고
유통업자	수집 및 출하	출하. 배송. 보관비용	냉장차. 활어차 카고트럭. 냉동 창고
가공업자	수집. 가공. 출하	수집. 출하. 보관비용	
물류업자	수송. 보관		

(2) 수산물 도매시장
  ① 수산물도매시장의 정의
      특별시. 광역시. 특별자치시. 특별자치도 또는 시가 수산물을 도매하기 위하여 관할구역에 개설한 시장
  ② 도매시장의 운영
      도매시장 개설자는 적정수의 도매시장법인'시장도매인. 중도매인. 경매사를 두어 도매시장을 운영하게 하여야 한다.
       * 수산물도매시장의 구성원과 역할

구성원	정의	역할
도매 시장 법인	도매시장의 개설자로부터 지정을 받고 수산물을 위탁받아 상장하여 도매하거나 이를 매수하여 도매하는 법인	1. 상장. 진열하는 기능 2. 가격형성기능 3. 금융결제기능
시장 도매인	도매시장의 개설자로부터 지정을 받고 수산물을 매수 또는 위탁받아 도매하거나 매매를 중개하는 법인	1. 위탁받아 입찰. 경매를 통한 판매대행 2. 직접 도매판매
중도 매인	도매시장의 개설자의 허가 또는 지정을 받아 영업하는 자	1. 상장 또는 비상장된 수산물을 매수. 도매하거나 매매중개 2. 선별기능 3. 평가기능 4. 금융결재기능 5. 포장. 보관. 가공처리기능
경매사	도매시장법인 또는 시장도매인의 임명을 받아 수산물을 평가하고 경락자를 결정하는 자	1. 평가기능 2. 경락자 결정 기능
매매 참가인	도매시장개설자에게 신고하고 상장된 수산물을 직접 매수하는 자	1. 직접 경매참가 2. 소비자 정보의 전달
산지 유통인	도매시장개설자에게 등록하고 수산물을 수집하여 시장에 출하하는 자	1. 수집. 출하기능 2. 정보전달기능 3. 산지개발기능

상태이어야 한다.

기출문제연구

수산물 유통효율을 향상시키는 방법에 관한 내용이다. 맞으면 O, 틀리면 조를 표시하시오.

번호	내용
(①)	유통마진을 일정하게 하고, 유통성과를 증가시킨다.
(②)	유통성과 감소 이상으로 유통마진을 감소시킨다.
(③)	유통성과를 일정하게 하고, 유통마진을 증가시킨다.

➡ ① ○ ② ○ ③ ×

유통효율 : 유통마진 대비 유통성과가 크다면 유통이 효율적이다.

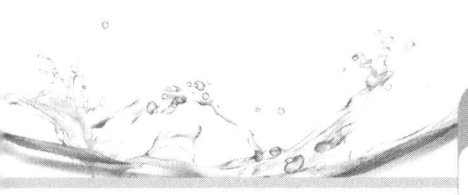

III 수산물품질관리사

기출문제연구

다음은 수산물소비지도매시장 유통주체의 주된 역할을 제시하였다. 각 역할에 해당하는 유통주체를 아래의 〈보기〉에서 찾아 답란에 쓰시오.

〈보기〉
도매시장개설자, 중도매인, 도매시장법인, 경매사, 산지유통인, 매매참가인

① 수산물의 사용 및 효용가치를 찾아내는 선별기능과 경매나 입찰을 통해 가격을 결정하는 역할
② 전국적으로 분산되어 있는 다양한 수산물을 수집하여 소비지 도매시장에 출하하는 역할
③ 도매시장 거래에 자유로이 참가하여 구매할 수 있는 자격을 가진 자로서 대형소매점 등과 직접 접촉을 통해 소비정보를 전달하는 역할
④ 수집상으로부터 출하 받은 수산물을 상장 및 진열하는 기능과 경매사를 통해 가격을 형성하는 역할

➡ ① 중도매인 ② 산지유통인
③ 매매참가인 ④ 도매시장법인

(3) 소비지 도매시장

① 소비지 도매시장의 정의
생산지에서 대도시 등의 소비자에게 수산물을 원활히 공급하기 위하여 대도시를 중심으로 소비지에 개설·운영되는 도매시장

② 소비지 도매시장의 종류
법정도매시장(중앙도매시장, 지방도매시장, 민영도매시장), 공판장, 유사도매시장

③ 소비지 도매시장의 기능
㉠ 물적유통기능 : 수산물의 집하, 분산, 저장, 보관, 하역, 운송 등의 기능
㉡ 수급조절기능 : 수산물의 반입, 반출, 저장, 보관 등을 통해 수산물의 공급량을 조정하고, 가격변동을 통하여 수요량을 조절하는 기능
㉢ 상적유통기능 : 수산물의 가격형성, 대금결제, 금융기능 등 매매와 거래에 관한 기능
㉣ 유통정보기능 : 수산물의 시장동향, 가격정보 등의 수집 및 전달기능

④ 거래관련 수수료

명 목	징수이유	납부자	징수자
	도매시장사용료	도시인 시도인	개설자
	위탁수수료	출하자	도시인 시도인
	중개수수료	매매자	시도인 중매인

★사용료 및 수수료(요율은 농령/해령으로 정한다)

시장사용료	– 사용료의 총액이 거래금액의 5/1000 초과불가(서울시 5.5/1,000 초과불가) – 연간시설사용료는 시설 재산가액 50/1000 초과 × (중도매인의 경우 10/1000) *단, 개설자의 소유시설이 아니면 징수 불가 – 징수시설 예외 중도매인사무실/농산물품질관리실 축산물위생검사사무실/도체등급판정사무실

위탁 수수료	양곡	청과	수산	축산	화훼	약용
	20	70	60	20	70	50
	*위 한도를 넘을 수 없다(거래금액기준 X/1000)					
중개 수수료	중도매인-40/1000 시장도매인(출하자〈-〉매수인)의 각각 징수는 [해당 부류위탁수수료 최고한도의 1/2초과불가]					
정산 수수료	1. 정률제 : 거래건별 거래금액의 4/1,000 2. 정액제 : 1개월에 70만원					

④ 수산물 유통경로

1) 수산물 유통경로의 의의

① 정의

수산물 유통경로란 수산물이 생산자로부터 소비자에게 유통되는 과정에서 유통기능을 수행하는 다양한 유통기구를 거쳐 가는 흐름을 유통경로라 한다.

② 유통경로의 형태
  ㉠ 계통출하 형태 : 생산자가 수협에 판매를 위탁하면 수협이 구성하고 있는 하위단위가 체계를 이뤄 소비자까지 유통시키는 형태
  ㉡ 비계통출하 형태 : 생산자가 수협 외의 유통기구를 경유하여 유통시키는 형태

2) 수산물 유통경로

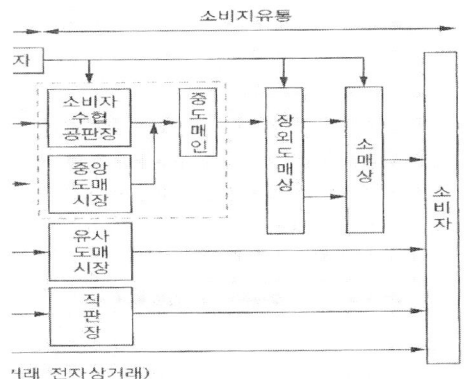

기출문제연구

수산물 유통활동에 관한 내용이다. ( )에 알맞은 용어를 〈보기〉에서찾아쓰시오.

구 분	내 용
(①)	매매 거래에 관한 활동으로 생산물의 소유권 이전 활동
(②)	운송·보관·정보전달 기능을 수행하는 활동으로 생산물 자체의 이전에 관한 활동

〈 보 기 〉
물적유통활동, 가공유통활동,
상적유통활동, 생산유통활동

▶ ① 상적유통활동
  ② 물적유통활동

기출문제연구

연근해 수산물은 일반적으로 어획 후 산지수협 위판장을 경유하여 소비지시장으로 이동된다. 산지수협 위판장의 주요 기능을 3가지만 쓰시오.

▶ 1. 수산물의 양륙 및 배열기능
2. 중계(도매)기능
3. 계통출하 중심기능
4. 거래형성기능
5. 대금결제기능

III 수산물품질관리사

기출문제연구

다음은 연근해어획물 생산자가 수협에 수산물의 판매를 위탁하고, 수협의 책임 하에 공동 판매하는 일반적인 유통경로이다. 괄호 안에 알맞은 용어를 답란에 쓰시오.

> 생산자 → (①) →
> 산지중도매인 → (②) →
> 소비지중도매인 → 도매상 →
> 소매상 → 소비자

➡ ① 산지위판장 ② 소비자도매시장

기출문제연구

과거 우리나라에서는 수산물을 수산관계법령에 의하여 지정된 장소에 양륙하여 판매하도록 하는 의무상장제를 운영하였으나, 1997년 이후 어업생산자가 자신의 수산물에 대하여 판매장소와 가격조건 등을 자유롭게 결정할 수 있도록 하는 임의상장제로 전환하여 시행 중에 있다. 임의상장제의 장점을 2가지만 서술하시오.

➡ ① 다양한 판로선택을 통한 어업인 소득증대
② 수산물 유통단계 축소를 통한 유통마진의 축소 효과

기출문제연구

수산물 유통경로에서 산지시장의 역할을 3가지만 서술하시오.

➡ ㉠ 어획물의 양륙과 진열기능
㉡ 거래형성기능(도매와 소매)
㉢ 대금결제기능(1차적인 가격형성)
㉣ 판매기능(산지위판장 등을 통한 판매)

* 객주 유통경로
① 생산자는 객주로부터 어업의 생산자금을 빌리는 조건으로 생산물의 판매권을 객주에게 양도한다.
② 객주는 자기의 책임 하에 위탁받은 수산물을 판매하고 그에 대한 수수료를 받거나 일정한 조건으로 수산물을 직접 구매하여 판매이익을 얻는다.
③ 객주는 도매시장 밖에서 유통활동을 하며 법정도매시장에서 거래할 수 없다.

3) 유통마진

(1) 유통마진의 개념
① 유통마진은 최종소비자의 수산물구입 지출금액에서 생산농가가 수취한 금액을 공제한 것이다.
② 유통마진은 유통과정에서 증가된 효용의 합과 기능에 대한 대가로 표현된다.
③ 유통마진의 크기를 통하여 유통기관의 효율성을 판단할 수 있다.
④ 유통상품의 성질에 따라서 유통마진의 크기가 달라진다. 보관·수송이 용이하고 부패성이 적은 농산물은 유통마진이 낮고, 부피가 크고 저장·수송이 어려운 농산물은 유통마진이 높다.
⑤ 유통마진은 상품의 유통과정에서 수행되는 모든 경제활동에 수반되는 일체의 비용으로 인건비, 물류비는 물론 제세 공과금 및 감가상각비(감모비) 등도 포함되며, 일반적으로 유통마진은 크게 유통비용과 유통이윤으로 구성된다.

(2) 수산물 유통마진을 유통단계별로 살펴보는 경우
① 유통마진은 유통단계별 상품단위 당 가격차액으로 표시된다.
② 수산물의 유통단계를 수집·도매·소매단계로 구분하면 각 단계별로 유통마진이 구성되고, 각 단계별 마진은 유통업자의 구입가격과 판매가격과의 차액을 말한다.
③ 대부분의 수산물은 소매단계에서 유통마진이 가장 높은 것으로 나타나고 있다.

(3) 수산물 유통마진과 유통능률
유통마진이 작다고 해서 반드시 유통능률이 높다고 할 수 없다.

(4) 유통마진의 구성
① 유통마진의 기본개념

유통마진 = 최종소비자 지불가격 - 생산어민의 수취가격
생산어민의 수취가격 = 최종소비자 지불가격 - 유통마진

② 유통단계별 유통마진

ⓐ 유통마진의 구성

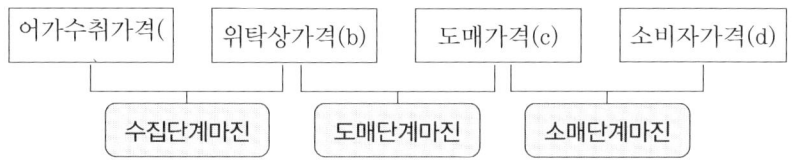

ⓑ 유통마진율
  ㉠ 수집단계마진율 = (위탁상가격−어가수취가격)/위탁상가격×100
  ㉡ 도매단계마진율 = (도매상가격−위탁상가격)/도매상가격×100
  ㉢ 소매단계마진율 = (소비자가격−도매상가격)/소비자가격×100
  ㉣ 총 마진율 = (소비자지불가격−어가최초수취가격)/소비자지불가격×100

③ 수산물의 유통마진율이 높은 이유
  ㉠ 부패성, 부피와 중량성, 규격화·등급화의 곤란
  ㉡ 계절적 편재성 : 출하시기 조절을 위한 비용 발생
  ㉢ 유통경로의 복잡성
  ㉣ 소규모 노동집약적 영어생산
  ㉤ 수산물시장 경쟁구조의 불완전성, 어업인과 일반소비자의 낮은 거래교섭력, 수산물가격의 불안정성에 따른 위험부담 등에 의해 중간상인의 유통이윤이 많다.
  ㉥ 경제발전에 따라 저장, 가공, 포장 등 유통 서비스가 증대하고 그에 따른 비용·이윤이 증대함에 오히려 어가수취율이 저하하는 경향이 있다.

⑤ 유통단계별 유통비용

기출문제연구

선망어선 어업인 A가 고등어를 어획하여 가공하지 않은 상태로 소비자에게 유통되는 경로를 표시한 것이다. ( )에 알맞은 용어를 쓰시오.

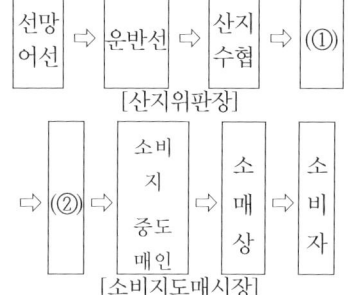

▶ ① 산지중도매인 ② 도매법인

기출문제연구

다음은 고등어 유통과정을 나타낸 것으로 전체 유통마진율과 소매 유통마진율을 계산하시오.

> 어업인 A씨는 부산공동어시장에서 고등어 20마리들이(10kg)의 100상자를 4,000,000원에 경매 받았다. 노량진수산물도매시장을 거친 이 고등어를 화곡동 재래시장의 식료품 가게 주인 B씨가 중도매인으로부터 1상자를 60,000원에 구입하여, 소비자 C씨에게 1마리를 4,000원에 판매하였다. 단, 고등어의 규격과 품질은 동일한 것으로 가정한다.

▶ 전체 유통마진율 : 50%, 소매 유통마진율 : 25%

어업인 A씨(1상자당 40,000원 경매, 중도매인이 구매한 가격)

소매상 B씨(1상자 60,000원 매입)

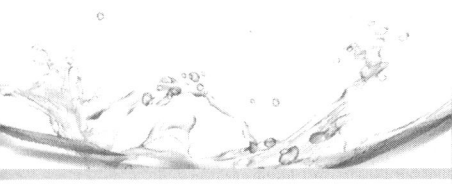

소비자 C씨(20마리 1상자 80,000원 구매)

1. 전체 유통마진율 ;

(80,000-40,000)/80,000 = 50%

2. 소매유통마진율 :

(80,000-60,000)80,000 = 25%

기출문제연구

수산물 유통단계 전부를 지칭하여 계산하는 유통마진율 계산식은 아래와같다.

( )에 알맞은 용어를 〈보기〉에서 찾아 쓰시오.

$$\bigcirc\ 유통마진율(\%) = \frac{소비자구입가격 - (\ \ )}{소비자구입가격} \times 100$$

〈 보 기 〉
중도매인 수취가격, 도매상 판매가격, 생산자 수취가격, 소매상 판매가격

➡ 생산자 수취가격

1) 산지유통비용

① 생산자 비용 : 위판수수료, 양륙비, 배열비
② 중도매인 비용 : 선별.운반.상차비, 포장비(어상자대), 저장.보관비용, 운송비

2) 소비지 유통

① 출하자 비용 : 상장수수료, 위탁수수료, 하차비
② 중도매인 비용
 이적비(경매 후 도매시장 내 판매장까지의 운송비), 재선별.재포장비, 운송비, 배송비

6 주요 수산물의 유통경로

1) 수산물 유통경로의 구분

(1) 계통출하
수산물이 수협 등의 계통조직을 통하여 판매(생산자가 수협에 위탁판매)

(2) 비계통출하
연근해 수산물의 경우 수협 등의 계통조직 이외의 유통기구를 경유하여 판매(산지위판장을 통해 소비지의 도매시장으로 연결).

2) 수산물 유통경로의 종류

(1) 생산자 -〉 위판장 -〉 산지중도매인 -〉 소비지 수협공판장 -〉 소비지중도매인 -〉 도매상 -〉 소매상 -〉 소비자

(2) 생산자 -〉 (위판장 -〉 산지중도매인) -〉 산지유통인 -〉 소비중앙도매시장 -〉 소비지중도매인 -〉 도매상 -〉 소매상 -〉 소비자

(3) 생산자(위탁) -〉 상업자본가(수탁) -〉 유사도매시장 -〉 도매상 -〉 소매상 -〉 소비자

(4) 생산자 -〉 직판장 -〉 소비자

(5) 생산자 -> 전자상거래 -> 소비자

3) 수산물의 가격결정

(1) 위판장 또는 도매시장의 경매
(2) 생산자와 소비자 간의 자유로운 의사결정에 의한 가격결정

경매
1. 영국식 경매 : 공개경매 시스템 중 하나로 호가를 점차 올리면서 최고가격을 제시한 자에게 소유권이 이전되는 경매방식.
2. 네델란드식 경매 : 상품가격이 높은 가격에서 점차 내려가는 방식
3. 한·일식 경매(동시호가식) : 기본적으로 상향식 호가방식이지만 참가자들이 거의 동시에 입찰에 참가하는 방식

---

4) 수산물에 따른 유통경로

(1) 활어 유통

활어는 비계통출하가 일반적이며 산지수집상이 해상에 축양장을 갖추고 생산자로부터 직접 수산물을 수집하여 위판장, 소비지도매시장 또는 소비지소매상에게 판매하는 방식

① 양식산 넙치
  ㉠ 산지에서 산지수집상에 의해 소비지시장으로 직접 출하 (비계통출하)
  ㉡ 유사도매시장을 통하여 소비로 유통
② 자연산 꽃게
  ㉠ 자연산 꽃게는 활어차로 운반되어 이동
  ㉡ 산지위판장을 경유하는 계통출하 비중이 60% 정도이며, 비계통출하는 40% 정도

(2) 선어류의 유통

선어류는 선도 저하가 빠르고, 규격화나 등급화가 제대로 되어 있지 않아서 유통비용이 많이 든다

① 유통경로 : 생산자 -> 위판장 -> 산지중도매인 -> 소비지도매시장 -> 소비지중도매인 -> 소매상 -> 소비자
② 유통구조의 개선 방향 : 생산자 -> 산지거점유통센터 ->

소비지분산물류센터 -> 분산도매물류센터 -> 소비자
③ 고등어 유통경로 : 생산자 -> 산지위판장 -> 산지중도매인 -> 소비지도매시장 -> 소비지중도매인 -> 소매상 -> 소비자
④ 갈치의 유통경로 : 고등어와 동일하나 일부 산지에서는 대형마트와 독점적 거래를 보이기도 한다.

(3) 냉동수산물의 유통경로
① 냉동수산물은 주로 원양수산물이나 수입수산물에서 주로 나타난다.
② 냉동수산물은 선어보다 더 낮은 온도(-18^0C)온도에서 유통되므로 냉동탑차가 이용된다.
③ 냉동수산물은 양육된 뒤에도 바로 소비되지 않고 상당기간 냉동창고에서 보관된다.
④ 냉동수산물은 산지위판장을 경유하지 않고 1차 도매업자에게 입찰방식으로 이전된다.
⑤ 냉동명태 : 원양어업자 -> 1차도매업자 -> 2차도매업자(분산) -> 소비지도매시장 또는 소매상으로 이전 -> 도매상 -> 소매상 -> 소비자
⑥ 냉동오징어
  ㉠ 연근해산 : 어업인 -> 산지위판장 -> 가공업체 또는 -> 산지중도매인 -> 산지도매시장 -> 산지중도매인 -> 도매상 -> 소매상 -> 소비자
  ㉡ 원양산 : 원양선사의 입찰 -> 1차 도매업자 -> 2차 도매업자 -> 도매상 -> 소매상 -> 소비자

(4) 수산물 가공품의 유통경로
① 국내 연근해 수산물 : 가공업자와 생산자의 직거래 또는 산지수집상을 통해 원료를 조달받거나 산지위판장을 통해서도 원료를 공급받는다.
② 원양수산물 : 원양어업회사가 가공공장을 직영하는 경우는 직접 원료를 조달받고, 가공공장이 어업회사와 독립적 관계인 경우 1차 도매업자 또는 2차 도매업자로부터 원료를 조달받는다.
③ 마른멸치 : 멸치의 어획 -> 이송 및 세척 -> 가공선에서

　　자숙 -> 운반선을 통해 육상으로 이동 후 건조 -> 선별 및 포장 -> 산지 경매 -> 출하
　④ 통조림(참치) : 원양어업선 -> 참치공장을 직송 -> 대형마트 또는 소매상 -> 소비자

5) 해조류의 유통경로
국내 연안에서 생산되는 해조류는 영세어업인 또는 산지생산자단체를 통해 1차 가공된 형태로 소비지도매시장에 공급되고 산지중도매인, 도매상, 소매상을 통해 소비자에게 전달된다.

❼ 유통정보

1) 수산물 유통정보의 의의
　(1) 수산물 유통정보의 개념
　　① 수산물 유통과 관련된 데이터(data)의 의미있는 결합으로 제공된 자료.
　　② 수산물 유통시장에서 활동하는 주체들의 의사결정을 도와주는 자료
　　③ 수산물 유통시장의 각 주체들이 보유하고 있는 유통지식
　　④ 정보를 획득개념으로 본다면 정보의 비대칭성을 활용한 이윤추구를 위한 자료
　　⑤ 관찰이나 측정을 통하여 수집한 자료가 시장에서 활용될 수 있도록 가공된 지식

　(2) 수산물 유통정보의 역할
　　① 수산물의 적정가격을 제시해 준다.
　　② 유통비용을 감소시켜 준다.
　　③ 시장내에서 효율적인 유통기구를 발견해 준다.
　　④ 생산계획과 관련된 의사결정을 지원해 준다.
　　⑤ 유통업자의 의사결정을 지원해 준다.
　　⑥ 소비자의 합리적 소비를 지원해 준다.
　　⑦ 수산물 유통정책을 입안하는 데 도움을 준다.

　(3) 유통참가인의 의사결정 요인

① 사회적 요인 : 인구, 성별, 연령, 소득, 계층 등
② 문화적 요인 : 종교, 사상, 지역, 언어, 관습 등
③ 제도적 요인 : 법, 규칙, 고시 등

■ 의사결정 과정

문제인식 ➡ 정보의 탐색 ➡ 문제의 해결 ➡ 검토

2) 유통정보화의 기술

(1) POS 시스템(point of sales system, 판매시점정보관리 시스템)
① 팔린 상품에 대한 정보를 판매시점에서 즉시 기록함으로써 판매정보를 집중적으로 관리하는 체계이다.
② 매장의 주문처리시스템과 관리자의 메인컴퓨터를 온라인으로 연결하여 판매시점의 정보를 실시간으로 통합, 분석, 평가하여 미래의 고객대응능력을 배가시키기 위한 종합적인 판매관리 시스템이다.
③ 상품에 바코드(barcode)나 OCR 태그(광학식 문자해독 장치용 가격표) 등을 붙여놓고 이를 스캐너로 읽어서 가격을 자동 계산하는 동시에 상품에 대한 모든 정보를 수집, 입력시키는 방식이다.
④ 상품 회전율을 높이고 적정 재고량을 유지할 수 있는 등의 이점이 있다.
⑤ 수집된 POS 데이터에 의해 신제품 및 판촉상품의 판매경향, 인기상품 및 무매출 사멸품의 동향, 유사품 및 경합품과의 판매경향, 구입 고객별 분석, 시간대별 분석, 판매가격과 판매량의 상관분석, 그 밖에 진열상태, 대중매체 광고 효과 등을 파악하여, 생산계획 판매계획 광고계획을 세울 수 있다.

(2) EDI(Electronic Data Interchange)
기업간 거래에 관한 데이터와 문서를 표준화하여 컴퓨터 통신망으로 거래 당사자가 직접 전송·수신하는 정보전달 시스템이다. 주문서·납품서·청구서 등 무역에 필요한 각종 서류를 표준화된 상거래 서식 또는 공공서식을 통해 서로 합의된 전자신호로 바꾸어 컴퓨터 통신망을 이용하여 거래처에 전송한다. 데이터를 교환하기 위해서는 표준 포맷으로 공유 프로토콜이 필요하다.

(3) RFID(Radio Frequency Identification)

생산에서 판매에 이르는 전과정의 정보를 초소형칩(IC칩)에 내장시켜 이를 무선주파수로 추적할 수 있도록 한 기술로서, '전자태그' 혹은 '스마트 태그', '전자 라벨', '무선식별' 등으로 불린다. 기존의 바코드는 저장용량이 적고, 실시간 정보 파악이 불가할 뿐만 아니라 근접한 상태(수 cm이내)에서만 정보를 읽을 수 있다는 단점이 있다.

(4) 로지스틱스(logistic)

유통 합리화의 수단으로 채택되어 원료준비, 생산, 보관, 판매에 이르기까지의 과정에서 물적유통을 가장 효율적으로 수행하는 종합적 시스템을 말한다. 예를 들어 원료준비의 측면에서만 물적유통의 합리화를 생각하면 그 후의 과정에서 합리화를 방해하는 요인이 생기기 때문에 전체를 토털시스템으로 구성하려는 것이다.

(5) TPL(Third Party Logistics)

① 생산자와 판매자의 물류를 제3자를 통해 전문적으로 처리하는 것으로 기업이 물류관련 분야 전체업무를 특정 물류전문 업체에 위탁하는 것을 말한다.
② 생산자가 내부에서 직접 행하는 물류는 first party logistics, 생산자와 판매자 양자가 직접 행하는 물류는 second party logistics라고 한다.

(6) EOS(Electronic Ordering System)

자동발주시스템(EOS ; Electronic Ordering System)은 판매에 따라 재고량이 재주문점에 도달하게 되면 컴퓨터에 의해 자동발주가 이루어지는 시스템으로서, 도·소매업자 모두에게 효과가 있다. 컴퓨터 통신망으로 주문을 받아 처리하고 납품 일정까지 짜주는 시스템이다.

(7) 바코드

① 상품의 포장지나 꼬리표에 표시된 희고 검은 줄무늬로 그 상품의 정체를 표시한 것
② 바코드는 제조 또는 그 유통 업체가 제품의 포장지에 8~16

개의 줄로 생산국, 제조업체, 상품 종류, 유통 경로 등을 저장해 놓음으로써, 판매될 때 계산기에 설치된 스캐너(감지기)를 통과하면 즉시 판매량, 금액 등 판매와 관련된 각종 정보를 집계할 수 있다. 바코드를 사용하면 상품의 판매시점 정보 관리, 즉 POS(point of sales)와 재고 관리가 쉽다.

③ 바코드 아래에는 13개의 숫자가 있는데, 그 중 앞쪽 3자리 숫자는 국가별 식별코드로 우리나라는 항상 880으로 시작된다. 다음의 4자리 숫자는 업체별 고유코드, 그 다음의 5자리 숫자는 제조업체 코드를 부여받은 업체가 자사에서 상품에 부여하는 코드이다. 마지막의 한 자리 숫자는 바코드가 정확히 구성되어 있는가를 보장해 주는 컴퓨터 체크디지트로, KAN의 신뢰도를 높여 주게 된다. 한편 가격은 별도로 표시된다.

(8) QR코드

사각형의 가로세로 격자무늬에 다양한 정보를 담고 있는 2차원(매트릭스) 형식의 코드로, 'QR'이란 'Quick Response'의 머리글자이다.

기존의 1차원 바코드가 20자 내외의 숫자 정보만 저장할 수 있는 반면 QR코드는 숫자 최대 7,089자, 문자(ASCII) 최대 4,296자, 이진(8비트) 최대 2,953바이트, 한자 최대 1,817자를 저장할 수 있으며, 일반 바코드보다 인식속도와 인식률, 복원력이 뛰어나다. 바코드가 주로 계산이나 재고관리, 상품확인 등을 위해 사용된다면 QR코드는 마케팅이나 홍보, PR 수단으로 많이 사용된다.

(9) RFID

① 무선인식이라고도 하며, 반도체 칩이 내장된 태그(Tag), 라벨(Label), 카드(Card) 등의 저장된 데이터를 무선주파수를 이용하여 비접촉으로 읽어내는 인식시스템이다.

② RFID 시스템은 태그, 안테나, 리더기 등으로 구성되는데, 태그와 안테나는 정보를 무선으로 수미터에서 수십미터까지 보내며 리더기는 이 신호를 받아 상품 정보를 해독한 후 컴퓨터로 보낸다.

⑧ 전자상거래

1) 전자상거래의 개념
① 협의의 전자상거래란 인터넷상에 홈페이지로 개설된 상점을 통해 실시간으로 상품을 거래하는 것을 의미한다.
② 광의의 전자상거래는 소비자와의 거래뿐만 아니라 거래와 관련된 공급자, 금융기관, 정부기관, 운송기관 등과 같이 거래에 관련되는 모든 기관과의 관련행위를 포함한다.

2) 전자상거래의 특징
① 유통거리가 짧다
② 거래대상지역에 제한이 없다.
③ 시간제약이 없다.
④ 고객정보수집이 쉽다.
⑤ 소자본창업이 가능하다.
⑥ 장소의 제약이 없다.
⑦ 거래인증·거래보안·대금결재 등의 제도보완이 필요하다.

3) 전자상거래의 유형([출처] 다양한 전자상거래 유형 정리|작성자 jgangel)
① B2C(Business to Customer) : 기업과 소비자간의 거래
　이 유형은 기업과 소비자간의 전자상거래로 현재 가장 많은 비중을 차지하는 유형이다. 사전적으로는 기업이 전자적 매체를 통신망과 결합하여 소비자에게 재화나 용역을 거래하는 행위로, 초기에는 전자제품, 의류, 가구 등의 물리적인 제품이 주를 이루었으나, 최근 들어서는 게임, 동영상 등의 디지털 상품을 비롯, 그 거래 물품 영역은 점점 확대/파괴되고 있다.
② B2G(Business to Government) : 기업과 정부간의 거래
　이 유형은 기업과 정부간의 전자상거래 유형으로, 정부가 조달예정 상품을 인터넷가상 상점에 공시하고 기업들이 가상 상점을 통하여 공급할 상품을 확인하고 주요 거래를 성사하는 과정이 전형적인 업무를 이룬다.
③ B2B(Business to Business) : 기업들간의 거래

이는 기업들간의 전자상거래 유형으로, 기업간의 업무 처리를 사람의 이동과 종이서류가 아니고 디지털 매체로 하는 제반 과정을 의미한다. 즉, 불특정 기업들이 공개된 네트워크를 이용하여 이루어지는 마케팅 활동으로, B2B 거래에서는 거래의 주체에 따라 판매자 중심, 구매자 중심, 중개자 중심의 거래로 구성된다고 한다.

④ B2E(Business to Employee) : 기업 내에서의 전자상거래
기업 내의 경영자와 사원간의 유대감과 신뢰감의 향상을 목적으로 하는 것으로, 전자 우편, 게시판 등을 통한 노사간의 대화를 통하여 서로에 대한 신뢰감을 강화하고, 경영 지표, 경영의 투명성 등을 제공하는 것에서 출발한 유형이다. 최근에는 사원들이 기업이 운영하는 혹은 위탁한 인터넷 쇼핑몰을 통해 필요함 물품도 구매할 수 있게 만든 시스템으로 발전하고 있다.

⑤ G2C(Government to Customer) : 정부와 소비자간의 거래
주요 정부 기관과 소비자간에 전자상거래이다. 이는 정부의 행정서비스를 어디서나 온라인으로 서비스를 받게 되는 것으로 각종 증명서의 발급이나 세금 부과, 납부 업무, 사회복지급여의 지급 업무 등이 여기에 해당된다. 인터넷을 통한 여러 가지 민원 서비스 등도 점차 확대되고 있는 실정이지만, 중요한 정보가 범죄에 악용되는 사례가 늘면서 최근에는 다소 주춤한 상황이다.

⑥ G2B(Government to Business) : 정부와 기업간의 전자상거래
이 유형은 정부와 기업간에 이루어지는 전자 상거래를 의미하는 것으로, 정부와 기업이 온라인 회선을 이용하여 각종 세금 또는 조달 업무 등을 수행하는데 활용하고 있다.

⑦ C2C(Customer to Customer) : 소비자와 소비자간의 거래
이 유형은 소비자와 소비자간의 전자상거래로, 소비자끼리 서로 인터넷을 이용하여 일대일의 거래를 하는 것을 의미한다. 주로 경매나 벼룩시장 등을 이용한 중고품 매매가 일반적이며, 대표적인 모델은 미국의 eBay나 우리나라의 옥션(Auction) 등이 있다.

⑧ C2B(Customer to Business) : 소비자와 기업 간의 전자상거래
기존의 B2C 거래는 기업이 거래 주체가 되는 반면, C2B 거

래는 소비자가 거래의 주체가 되는 것이 다르다. 소비자 중심의 전자상거래를 의미하는 것으로 공동 구매, 역경매 등이 여기에 속한다. 소비자가 기업에게 원하는 상품의 가격과 조건을 제시하는 거래 방식으로 최근 들어 많은 각광을 받고 있다. 고객 유치 경쟁이 치열해짐에 따라 최근 대부분의 쇼핑몰에서도 C2B 거래를 도입하고 있기도 하다.

⑨ P2P(Peer - to - Peer) : 개인과 개인간의 전자상거래

이는 기존의 server to client와 상반되는 개념으로, 개인 대 개인이라는 뜻의 네트워크 용어에서 비롯되었다. 즉, 개인 PC와 PC간에 이루어지는 전자상거래를 의미한다. 자료를 중앙 서버에 등록하여 공유하는 것이 아니라 개인의 PC에서 바로 교환하는 방식으로, 대표적인 서비스에는 미국의 냅스터(Napster)와 우리나라의 소리바다 등이 있다.

MEMO

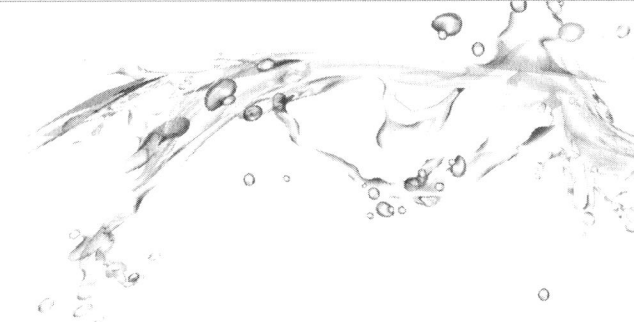

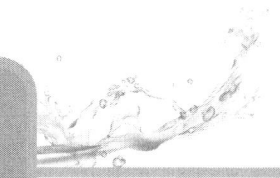

수산물 품질관리 관련 법령

제8장 | 수산물 마케팅 및 거래

❶ 마케팅 이론의 개요

1) 마케팅의 의의

① 생산자가 상품 또는 서비스(용역)를 소비자에게 유통시키는 데 관련된 모든 체계적 경영활동을 말하며, 매매 자체만을 가리키는 판매보다 훨씬 넓은 의미를 지니고 있다.
② 마케팅은 수요를 관리하는 과학이다.
③ 마케팅이란 생산자로부터 소비자나 산업사용자에게로 상품과 용역이 이동되는 과정에 포함된 모든 경제활동을 의미한다.
④ 마케팅이란 조직이나 개인이 자신의 목적을 달성시키기 위하여 교환을 창출하고 유지할 수 있도록 시장을 정의하고 관리하는 과정이다.
⑤ 마케팅이란 기업이 고객을 위하여 가치를 창출하고 고객관계를 구축하여 고객들로 부터 그 대가를 얻는 과정으로 정의될 수 있다.

2) 마케팅의 기능

① 제품관계 : 신제품의 개발, 개량, 포장, 디자인 등
② 시장거래관계 : 시장조사, 수요예측, 판매경로의 설정, 가격정책 등
③ 판매관계 : 판매원 인사, 동기부여, 판매활동 등
④ 판매촉진관계 : 광고, 선전, 판촉, 관계유지 등
⑤ 조정 : 마케팅 각 관련 활동의 종합적 조정을 통한 시너지 효과 창출

3) 마케팅 조사

① 의의
마케팅 리서치란 마케팅에서 발생하는 여러 가지 문제의 해결을 위해 과학적 방법을 응용한 것으로 조사 대상을 구매

자·판매자·소비자로 분류하고 그들의 태도·기호·습관·선호도·구매력 등을 조사한다. 또 상품의 유통경로, 가격책정, 상품의 디자인 등도 고려된다.
② 종류
ⓐ 광고조사 : 광고효과의 평가
ⓑ 시장분석 : 상품의 판매가능성을 예측
ⓒ 성과분석 : 판매·판매성과·시장점유율·비용·이윤 등의 면에서 목적성취도를 분석
ⓓ 물적유통조사 : 유통경로에 따른 제조업자의 효율성을 증대시키기 위한
ⓔ 상품조사 : 상품 사용자의 필요성에서부터 상품포장 디자인 검토
③ 절차
㉠ 예비조사 → ㉡ 문제설정 → ㉢ 조사계획 수립 → ㉣ 자료수집 및 정리 → ㉤ 결과해석 → ㉥ 결과보고

4) 마케팅 관리

① 의의

이윤, 매출성장, 시장점유율 등 조직목표를 효과적으로 달성하기 위하여 고객과의 유익한 교환관계를 개발하고 유지하기 위한 프로그램을 계획, 실행, 통제, 보고 하는 경영관리 활동이다.

② 마케팅관리의 목표
ⓐ 매출극대화
ⓑ 이윤극대화
ⓒ 지속적 성장

② 마케팅 조사방법론

1) 마케팅 조사(시장조사)의 개념 [출처 : goldfarm, www.hunet.co.kr]

① 의의

시장 조사란 과거와 현재상황을 조사, 분석하여 미래를 예측함으로써 시장전략 수립의 지침을 제공하는 미래지향적 활동으로써, 마케팅 의사 결정을 위해 다양한 자료를 체계

적으로 획득하고 분석하는 과정을 말한다. 즉 기업이 추구하는 목적 달성을 위한 수단인 전략이나 정책을 수립하는데 필요한 시장 정보를 얻기 위해 각종 자료를 수집, 분석하는 일련의 과정을 말한다.

시장조사를 구체적으로 나누어보면 목표시장, 경쟁상황, 기업환경에 대한 자료를 수집하고 분석하는 작업이고, 이런 과정을 통해서 나온 정보는 기업의 전략적인 의사결정에 도움을 주게 된다.

② 시장조사의 목적과 활용
  ⓐ 기초자료의 수집 : 시장 성격의 분석 자료로 활용
  ⓑ 판매 가능한 수요를 예측
  ⓒ 계획사업의 경제성 분석
  ⓓ 정보수집

③ 시장조사의 이점
  ⓐ 구매력(Purchasing Power)과 구매습관(Buying Habit)을 알려준다.
  ⓑ 목표시장의 자금규모와 경제적 속성 등을 밝혀준다.
  ⓒ 환경적인 요인에 대한 시장정보는 생산성과 사업운영에 영향을 미치는 경제적 및 정치적 환경, 제도 등을 알려준다.
  ⓓ 현재 및 미래고객과의 커뮤니케이션을 제공한다. 즉, 확실한 시장조사를 하게 되면, 고객들과 직접 대화할 수 있는 효과적이고 목적 지향적인 마케팅 전략을 세울 수 있다.
  ⓔ 시장조사는 사업아이템의 리스크를 최소화 시켜주고, 사업 아이템이 지닌 제반문제가 무엇인지 알려주고 그 문제를 구체화시켜준다.
  ⓕ 시장조사는 유사한 사업에 대한 벤치마킹을 할 수 있도록 도와주며, 사업 프로세스의 추적 및 사업의 성공가능성을 평가할 수 있도록 해 준다.

④ 시장조사의 단점
  ⓐ 대체로 응답자의 마음 심층까지 파고 들어갈 수 없으므로, 얻어진 정보가 피상적일 수 있다.
  ⓑ 주어진 요소 간의 관계를 분석하는 과정에서 오류를 범하기 쉽다 (다양한 요소들의 관계를 고찰할 때 모든 것을 단순화시킬 수도 없고 통제할 수도 없기 때문에 복잡하거나

중요하지만 드러나지 않는 다른 변수를 찾지 못할 수 있다.)
ⓒ 대체로 한번(at single moment in time)에 끝나게 되므로 계속적인 추적 관찰을 통한 자료 수집이 불가능하다.
ⓓ 많은 정보의 수집에 비례해서 비용과 노력이 적게 드는 것이지만, 예상외로 많은 비용과 노력이 들 수도 있다.
ⓔ 많은 시간과 인원을 투입해야 하는 경우도 발생한다.
ⓕ 조사자의 능력, 경험, 기술 등이 문제가 된다.
⑤ 시장을 조사하는 측정 요소
ⓐ 성장 잠재력(시장 매출액/ 수명주기)
ⓑ 조기진입 가능성(진입순서/ 상품과 마케팅 우위)
ⓒ 규모의 경제(누적 매출량/ 학습)
ⓓ 경쟁적 매력도(잠재시장의 점유율/ 경쟁의 정도)
ⓔ 투자(비용/ 기술/ 인력에의 투자)
ⓕ 수익(이익/ ROI)
ⓖ 위험(안정성/ 손실확률)

2) 시장조사 단계

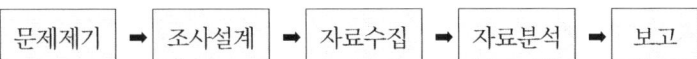

문제제기 ➡ 조사설계 ➡ 자료수집 ➡ 자료분석 ➡ 보고

① 문제제기
조사를 통해 해결해야 할 문제 자체와 그 문제들이 야기된 배경에 대한 분석이 병행되어야 한다.
② 시장조사 설계
ⓐ 조사하는 목적이 무엇인지, 현재 봉착한 문제가 무엇인지, 현재 시점에서 세울 수 있는 가설은 어떠한지 등에 대한 검토
ⓑ 이용될 조사 방법을 제시하고, 조사 시 따라야 할 전반적인 틀을 설정하며, 자료 수집절차와 자료분석 기법을 선택
ⓒ 예산을 편성하고 조사일정을 작성하고, 소요될 인원, 시간 및 비용 고려
ⓓ 시장조사 설계를 평가하고 여러 대안 중 필요한 정보를 제공할 수 있는 방법 채택
③ 자료 수집

ⓐ 1차 자료 : 자신이 직접 수집하는 자료(직접 질문, 전화, 설문조사, 면접 등)
　　ⓑ 2차 자료 : 각종 문헌, 신문이나 잡지, 인터넷 검색엔진 이용
　④ 자료의 분석, 해석 및 전략보완과 수정 후 보고

3) 시장 조사 방법의 유형
① 조사대상의 크기에 따라
　ⓐ 전수조사 : 목표로 하는 조사 대상 모두를 대상으로 실시하는 방법
　ⓑ 표본조사 : 목표 조사 대상 중에서 대표성을 가지는 일부 대상만을 선정하여 실시하는 방법
② 시간적 구분에 따라 : 역사조사, 사례조사, 예측조사, 실태조사
③ 자료수집방법에 따라 : 정량적(quantitative) 조사방법, 정성적(qualitative) 조사방법
④ 조사 설계의 목적에 따라
　ⓐ 탐색(exploration)을 위한 조사연구 : 자유응답식 면접방법을 사용하여 문제의 소재를 발견하는데 주안점을 두므로, 차후에 보다 체계적인 연구를 위한 탐사적 또는 예비적 연구의 성격
　ⓑ 기술(description)을 위한 조사연구 : 어떤 현상을 정확히 측정하려는 것으로서 신문독자조사, 방송시청조사 등으로 조사연구들의 기초적 연구
　ⓒ 인과관계의 설명(causal explanation)을 위한 조사연구 : 어떤 주어진 현상에 관련된 변인들 사이의 인과관계를 규명해서 밝히려는 연구로
　ⓓ 가설검증(hypothesis testing)을 위한 조사연구 : 어떤 계획된 프로그램의 과정과 결과를 검토 또는 평가하기 위한 것
　ⓔ 예측(prediction)을 위한 조사연구 : 어떤 미래의 사상(event)이나 상황에 대한 예측을 위한 것으로 선거결과를 예측하기 위한 여론조사가 대표적임
　ⓕ 지표개발(developing indicator)을 위한 조사연구 : 사회지표의 개발을 위한 TV의 시청률, 광고비의 증가추세를 조사해서 그것을 나타내는 어떤 지표를 개발하는 것

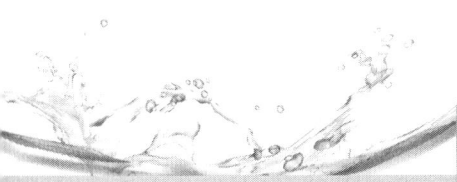

4) 시장조사의 기법

① 관찰법

조사대상이 되는 사물이나 현상을 조직적으로 파악하는 방법이다. 관찰법은 직접 관찰을 통해 정보를 수집하기 때문에 정확한 정보를 수집할 수 있다는 장점을 지니나, 정보 수집과정에 많은 시간과 비용이 소요되며, 관찰 대상자가 관찰을 의식해 평소와 다른 반응을 보이거나 불안을 느끼게 되는 등의 단점을 지닌다.

ⓐ 자연적 관찰법 : 인위적인 통제 없이 자연적인 상태에서 관찰
  ㉠ 일화법(逸話法:anecdotal method)
  ㉡ 수시면접
  ㉢ 참가관찰

ⓑ 실험적 관찰법 : 치밀한 계획과 설계하에 조건상황을 만들고 관찰

② 서베이조사법

서베이조사법은 설문지를 이용하여 조사대상자들로부터 자료를 수집하는 방법으로
  ㉠ 대인면접법(Personal Interview)
  ㉡ 전화면접법(Telephone Interview)
  ㉢ 우편조사법(Mail Survey)

③ 표적집단면접법

면접진행자가 소수(6~12인)의 응답자들을 한 장소에 모이게 한 후, 자연스러운 분위기 속에서 조사목적과 관련된 대화를 유도하고 응답자들이 의견을 표시하는 과정을 통해서 자료를 수집하는 조사방법을 말한다.

■ 심층면접법 과 집단면접법

심층면접법 : 1명의 응답자와 일대일 면접을 통해 소비자의 심리를 파악하는 조사법.

집단면접법 : 4-8인 정도의 피조사자를 한곳에 모아 일정한 문제를 중심으로 자유로운 토론을 행하게 하고 피조사자의 태도나 의견에서 문제점을 파악하려는 것이다.

④ CLT(Central Location Test)조사

응답자를 일정한 장소에 모이게 한 후 다양한 시제품, 광고 카피 등을 제시하고 소비자반응을 조사하여 이를 제품개발이나 광고에 활용하는 방법을 말한다.

⑤ HUT(Home Usage Test)조사

CLT조사와 유사하나, 응답자가 실제상황하에서 제품을 장기간 사용하여 보게 한 후, 소비자반응을 조사하는 방법으로, 가정유치(Home Placement Test)라고도 한다.

⑥ 패널조사

동일표본의 응답자에게 일정기간 동안 반복적으로 자료를 수집하여 특정구매나 소비행동의 변화를 추적하는 마케팅 조사방법을 말한다. 고정된 조사대상의 전체를 패널이라 한다. 본래는 시장조사에서 소비자의 소비행동과 소비태도의 변화 과정을 분석하기 위해서 이용되었는데, 최근에는 여론의 형성과정과 변동과정의 연구에 이용되기도 하고, 직업이동의 궤적(軌跡)을 밝혀내기 위해서 이용되는 등 응용범위가 넓다.

⑦ 시험시장조사

시제품이 완성되고, 상표, 포장, 광고와 같은 마케팅변수들에 대한 의사결정이 어느 정도 이루어진 상태에서 전국적인 출시에 앞서 일부지역에 먼저 제품을 출시하여 소비자들의 반응을 검토하는 시장조사기법을 말한다.

⑧ 델파이법

사회과학의 조사방법 중 정리된 자료가 별로 없고 통계모형을 통한 분석을 하기 어려울 때 관련 전문가들을 모아 의견을 구하고 종합적인 방향을 전망해 보는 기법으로 미래 과학기술 방향을 예측하거나 신제품 수요예측을 위한 사회과학 분야의 대표적인 분석방법중 하나이다. 동일한 전문가 집단에게 수차례 설문조사를 실시하여 집단의 의견을 종합하고 정리하는 연구 기법이다. 예측기법이며 주관(主觀)의 종합에 의한 판정이다.

⑨ 고객의견조사법

잠재고객들에게 실제제품이나 제품개념기술서 혹은 광고 등을 보여주고 구매의사를 물어보는 방법을 말한다.

⑩ 실험조사

신제품에 대한 광고시안을 몇 개의 소비자 집단에 보여주고 그 중에서 소비자의 선호정도 및 기억정도가 가장 높은 광고를 선정하고자 할 때 적합한 마케팅조사방법이다.

⑪ 모의시장시험법
신제품의 수요예측이나 기존제품을 새로운 유통경로나 지역에 진출하는 경우 적절한 마케팅조사방법이다.

⑫ 회기분석법
과거의 상황이 미래에도 비슷하게 되풀이 된다는 가정 하에 불확실한 미래의 의사 결정에 과거의 확실한 데이터를 이용하는 기법을 말한다.

⑬ S.W.O.T 분석법
S.W.O.T는 내부환경분석(나의 상황:경쟁자와 비교)으로 S(Strength, 강점)와 W(Weakness, 약점)와 외부환경분석(나를 제외한 모든 것)으로 O(Opportunities, 기회)와 T(Threats, 위협)의 약자로 남과 나에 대해서 알 수 있는 분석법이다.

③ 상권과 시장진입 전략

1) 상권의 유형

상권이란 상업지구 또는 상점이 고객을 유인할 수 있는 지역으로 표현된다. 이것은 그 상업시설에 있어 잠재적 구매자인 소비자가 살고 있는 지리적 지역의 넓이를 의미한다. 상권의 크기는 그 상업시설이 취급하는 상품의 종류, 구비한 상품의 종류, 가격, 배송, 기타 서비스, 입지조건, 교통편 등에 의해 규정된다.

(1) 규모에 의한 분류
① 지역상권(총상권)
대도시 규모로 분류하며 특정지역 전체가 가지는 상권으로 도시의 행정구역 개념과 거의 일치한다.
② 지구상권
상업이 집중된 상권으로서 특정입지(백화점, 유명전문점, 음식점 등)에 속하는 상업집적이 이루어지는 상권이다. 하나의 지역상권 내에는 여러 개의 지구상권이 있다.
③ 지점상권

점포상권을 의미하며 특정입지의 점포가 갖는 상권의 범위를 말한다.
　　예) 국민은행 사거리, 롯데리아 사거리 등
④ 개별점포 상권
지역상권과 지구상권 내의 개별점포들이 가지는 상권으로 1, 2차 상권에 속하지 않는 나머지 고객을 흡수할 수 있는 상권이다.

(2) 고객 흡입률에 따른 분류
① 1차 상권
점포고객의 60~70%를 포괄하는 상권범위로 도보로 10~30분 정도 소요되는 반경 2~3km지역이며 마케팅 전략 수립 시 가장 중요한 주요 상권이다.
② 2차 상권
점포고객의 15~20%를 포함하는 상권으로 1차 상권 외곽에 위치하여 고객 분산도가 매우 높으며, 1차 상권에 비해 지역적으로 넓게 분산되어 있다.
③ 3차 상권(한계상권)
1·2차 상권에 속해 있지 않은 고객을 포함하는 지역으로 점포고객의 5~10%를 점유하며, 고객의 분포가 매우 넓다.

■ 시장점유율(Market share)과 일상점유율(Life share)
특정 제품이 해당 업종 시장에서 판매되는 전체 물량 중 차지하는 비율로서 사업성과를 측정하는 척도로 사용된다. 일상점유율은 제일기획에서 개발된 용어인데 특정 제품이 고객의 일상생활에서 얼마나 활용되고 있는가를 의미하는 척도이다.

2) 기업의 시장 진입 전략
① 시장침투전략
기존제품을 기존시장 내에서 보다 많이 판매하여 성장을 추구하는 전략이다. 제품 가격을 내리거나 광고나 및 판촉을 증가시키거나 또는 소매상의 점포 수를 늘리는 등의 방법을 통해 기존 고객의 제품 사용률 또는 사용량을 늘리거나(즉, 사용 빈도를 늘리거나 <= 한번 샴푸할 것을 세번한다거나>,

1회 사용량을 증가시키거나, 품질을 개선하거나, 새로운 용도를 개발함으로써), 제품의 비사용자를 사용자로 전환시키거나 심지어 경쟁 상표 구매 고객을 유인하는 방법 등을 통해 시장 침투 전략을 달성할 수 있다.

② 제품개발전략

기존고객들에게 새로운 제품을 개발·판매함으로써 성장을 추구하는 전략으로 제품특징을 추가(휴대폰에 인터넷이나 데이터통신기능을 추가)하거나, 제품계열을 확장(식품회사가 고추장, 된장, 쌈장, 불고기양념 등으로 확장) 또는 차세대 제품의 개발(기존 TV 시장에 PDP, LCD, LED TV개발이나 필름이 필요 없는 디지털카메라 개발 등)이 있다.

③ 시장개발전략

기존 제품을 새로운 시장에 판매함으로써 성장을 추구하는 전략으로 지리적으로 시장의 범위를 확대(맥도날드, 코카콜라 등이 세계적으로 사업영역을 확대)하거나, 새로운 세분시장에 진출(유아용품전문회사가 성인용품 시장으로 사업영역을 확대)하는 것 등이 예이다.

④ 마케팅 전략

1) 마케팅 전략의 3차원

(1) 시장점유 마케팅 전략 – 공급자(생산자)중심

① STP전략

STP란 시장세분화(segmentation), 표적시장(target), 차별화(Positioning)를 표시하는 약자이며, 이 STP전략은 시장점유마케팅 방법 중 하나이다.

② 4P MIX 전략

4P MIX 전략이란 제품(Product), 가격(Price), 유통경로(Place), 홍보(Promotion)의 제 측면에 있어서 차별화 하는 전략을 말한다.

4P [Product, Price, Place, Promotion] MIX

■ 상품(Product)

상품 · 서비스 · 포장 · 디자인· 브랜드 · 품질 등의 요소를 포함한

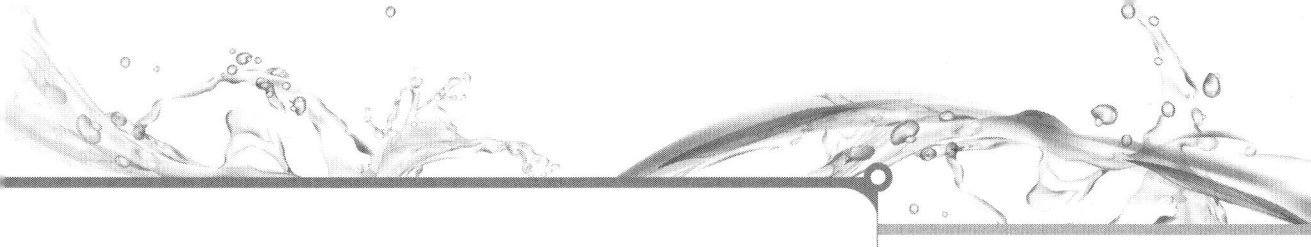

다. 결국 Product는 제품의 차별화를 기할 것인가, 서비스의 차별화를 기할 것인가, 아니면 둘 다 기할 것인가를 따져 보는 것이다.

■ 가격(Price)

제품의 가격이다. 통상 고객이 느끼는 가치(Value)에 비해 Price는 낮게, 생산비용인 Cost보다는 높게 매겨야 한다. 즉, V(가치)>P(가격)>C(비용)라 할 수 있다. 한편, 기업이 설정하는 가격은 이윤 극대화, 판매 극대화, 경쟁자 진입 규제 등 시장 전략에 따라서 달라질 수도 있다.

■ 경로(Place)

기업이 재화나 서비스를 판매하거나 유통시키는 장소를 가리킨다. 제품이 고객에게 노출되는 장소라는 물리적 개념이기도 하면서 동시에 유통경로와 관리 등을 아우르는 공간적 개념까지도 포함한다.

■ 촉진(Promotion)

광고, PR, 인전판매, 다이렉트 마케팅, 판매촉진 등 고객과의 커뮤니케이션을 의미한다. 고객과 이뤄지는 다양한 소통의 방식을 말하며, 기업이 사회적 책임을 앞세워 사회와의 연계성을 강화하는 것도 그 일환이라 할 수 있다.

(2) 고객점유 마케팅 전략 - 수요자(소비자)중심

전통적인 시장접근방식이 공급자 중심이었다는 반성으로부터 소비자를 중심으로 하는 마케팅 페러다임이 고안되기 시작했다. 소비자의 지향점, 소비자의 구매패턴, 소비자의 소비심리에 이르기까지 소비자와의 접점을 창출하려는 고객지향중심의 전략이다.

■ AIDA 원칙

소비자의 구매심리과정(購買心理過程)을 요약한 것이다. Attention, Interest, Desire, Action의 앞글자로 이뤄져 있다. "주의를 끌고, 흥미를 느끼게 하고, 욕구를 일게 한 후 결국은 사게 만든다"는 의미이다. 이 원칙과 함께 AIDMA와 AIDCA 도 널리 주장되고 있는데 M은 기억(memory), C는 확신(conviction)을 뜻한다.

(3) 관계 마케팅 전략 - 공급자와 수요자의 상호작용

관계마케팅(connection marketing, relationship marketing)이

란 종전의 생산자 또는 소비자 중심의 한쪽 편중에서 벗어나 생산자(판매자)와 소비자(구매자)의 지속적인 관계를 통해 상호 이익을 극대화할 수 있도록 하는 관점의 마케팅 전략으로 기업과 고객 간 인간적인 관계에 중점을 두고 있다. 개별적 거래 이기의 극대화보다는 고객과의 호혜관계를 극대화하여 고객과 지속적인 우호관계를 형성한다면 이익은 저절로 수반된다는 마케팅 전략이다.

⑤ STP 전략

STP마케팅이란 마케팅 전략과 계획수립시 소비자행동에 대한 이해에 근거하여 시장을 세분화(Segmentation)하고, 이에 따른 표적시장의 선정(Targeting), 그리고 표적시장에 적절하게 제품을 포지셔닝(Positioning)하는 일련의 활동을 말하는 것으로 이러한 각 단계의 활동의 첫 글자를 따서 부르는 말이다.

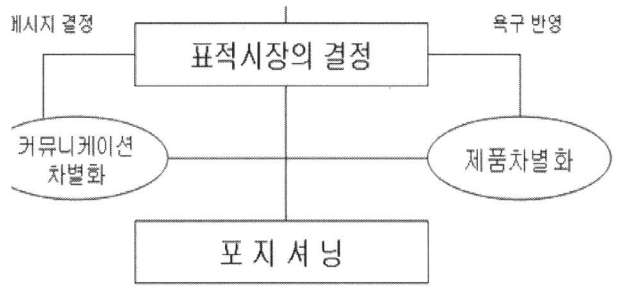

1) 시장세분화 (segmentation)

(1) 시장세분화의 개념 등

① 시장세분화의 개념

시장세분화란 다양한 욕구와 서로 다른 구매능력을 가진 소비자를 욕구가 유사하고 동질적 집단으로 세분하여 세분화된 고객의 욕구를 보다 정확하게 충족시키는 알맞은 제품을 공급하는 것을 말한다.

② 시장 세분화를 하는 목적

ⓐ 시장기회를 탐색하기 위하여

ⓑ 소비자의 욕구를 정확하게 충족시키기 위하여

ⓒ 변화하는 시장수요에 능동적으로 대처하기 위하여

ⓓ 자사와 경쟁사의 강약점을 효과적으로 평가하기 위하여
③ 시장세분화의 이유
  ⓐ 소비자의 욕구가 다양
  ⓑ 기업경영자원은 한계
  ⓒ 경쟁자의 존재

(2) 시장세분화 마케팅전략
① 시장집중전략
  시장세분화에 따른 각 세분시장의 수요크기, 성장성, 수익성을 예측하고 그 중에서 가장 유리한 시장을 표적으로 하고 마케팅전략을 집중해 나가는 전략이다. 주로 자원이 한정되어 있는 중소기업에서 채택되는 경우가 많다.
② 종합주의전략
  세분된 각각의 모든 시장을 시장표적으로 하여 각 시장표적 고객이 정확하게 만족할만한 제품을 설계, 개발하고, 다시 각 시장표적에 맞춘 전략을 실행하는 것이다. 이는 주로 대기업에서 채택되는 형태이다.

(3) 효율적인 세분화 조건
① 측정가능성 : 세분시장의 규모와 구매력을 측정할 수 있는 정도
② 접근가능성 : 세분시장에 접근할 수 있고 그 시장에서 활동할 수 있는 정도
③ 실질성 : 세분시장의 규모가 충분히 크고 이익이 발생할 가능성이 큰 정도
④ 행동가능성 : 세분시장을 유인하고 그 시장에서 효과적인 영업활동을 할 수 있는 정도
⑤ 유효정당성 : 세분화된 시장 사이에 특징·탄력성이 있어야 한다.
⑥ 신뢰성 : 각 세분화시장은 일정기간 일관성 있는 특징을 가지고 있어야한다.

(4) 시장세분화의 이점
① 시장세분화를 통하여 마케팅기회를 정확히 탐지할 수 있다.

② 제품 및 마케팅활동을 목표시장 요구에 적합하도록 조정할 수 있다.
③ 시장세분화 반응도에 근거하여 마케팅자원을 보다 효율적으로 배분할 수 있다.
④ 소비자의 다양한 욕구를 충족시켜 매출액 증대를 꾀할 수 있다.

(5) 시장세분화 기준
① 지리적 세분화 : 국가, 지방, 도, 도시, 군, 주거지, 기후, 입지조건 등
② 사회.경제학적 세분화 : 연령, 성별, 직업, 소득, 교육, 종교, 인종 등
③ 사회심리학적 세분화 : 라이프스타일, 개성, 태도 등
④ 행동분석적 세분화(구매동기) : 추구하는 편익, 사용량, 상표충성도 등

2) 표적시장(target)

① 표적시장의 개념
표적시장이란 일종의 시장영업범위라고 볼 수 있다. 세분화된 시장에서 자신의 상품과 일치되는 수요집단을 확인하거나 기업 혹은 상품의 특성에 일치하는 일부분의 시장(고객층)에 목표를 둔 마케팅전략을 전개시킨다.

■ 표적시장 선택의 평가기준
1. 수요측면 : 시장규모, 성장잠재력, 예상 수익률, 안정성, 가격탄력성, 구매자파워 등
2. 경쟁측면 : 경쟁자의 수, 점유율 분포, 대체상품의 위협, 공급자 파워 등

② 표적시장 선택의 전략

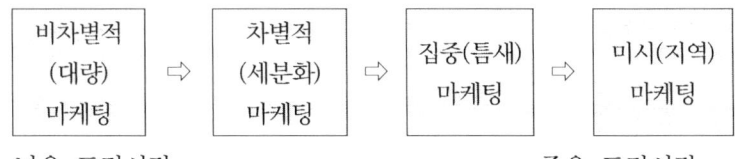

ⓐ 비차별적 마케팅(Mass Marketing)

　　　㉠ 세분시장 간의 차이를 무시하고 하나의 제품으로 전체 시장을 공략
　　　㉡ 소비자들의 차이보다는 공통점에 집중하며 대량유통과 대량광고 방식을 취한다.
　　　㉢ 소비자들의 욕구 차이가 크지 않을 때 유용하다.
　　　㉣ 단일 마케팅믹스를 사용하므로 비용절감의 효과가 있다.(장점)
　　　㉤ 소비자 욕구의 다양화에 대한 대처가 취약하고 소비자를 빼앗길 위험이 있다.(단점)
　　ⓑ 차별적 마케팅(Growth Marketing)
　　　㉠ 여러개의 표적시장을 선정하고 각각의 표적시장에 맞는 전략을 구사한다.
　　　㉡ 제품과 마케팅믹스의 다양성을 추구할 수있다.
　　　㉢ 각 시장마다 다른 제품개발, 관리, 마케팅조사 비용이 발생한다.(단점)
　　　㉣ 각 시장마다 다른 고객의 욕구를 충족시키기 위하여 다양한 제품계열, 다양한 유통경로, 다양한 광고매체를 통하여 판매하기 때문에 총매출액이 증대될 수 있다.(장점)
　　ⓒ 집중적 마케팅(Niche Marketing)
　　　㉠ 기업의 자원이 제한되어 있는 경우 하나 혹은 소수의 작은 시장에서 높은 시장점유율을 누리기 위한 전략
　　　㉡ 특정시장에 대한 독점적 위치 획득 가능
　　　㉢ 한정된 자원으로 기업 마케팅전략을 집중하여 낮은 비용(생산, 유통, 촉진 면에서 전문화로 운영상의 경제성)으로 높은 수익률을 올릴 수 있다.(장점)
　　　㉣ 시장의 기호변화나 강력한 경쟁사의 등장으로 위기에 빠질 수 있다.(단점)
　　　㉤ 한 기업의 성장성을 특정세분시장에만 의존하는 전략이기 때문에 위험성이 뒤따른다.

3) 시장위치 선정 (Positioning : 차별화전략)
　(1) 포지셔닝 전략의 이해
　　① 포지셔닝의 개념
　　　ⓐ 시장위치선정(positioning)

소비자의 마음속에 자사제품이나 기업을 표적시장·경쟁·기업능력과 관련하여 가장 유리한 위치에 있도록 노력하는 과정으로 소비자들의 마음속에 자사제품의 바람직한 위치를 형성하기 위하여 제품효익을 개발하고 커뮤니케이션하는 활동을 말한다.
      ⓑ 시장위치(position)
        제품이 소비자들에 의해 지각되고 있는 모습을 말한다.
    ② 포지셔닝 전략
      ⓐ 소비자 포지셔닝 전략
        소비자가 원하는 바를 준거점으로 하여 자사제품의 포지션을 개발하려는 전략
      ⓑ 경쟁적 포지셔닝 전략
        경쟁자의 포지션을 준거점으로 하여 자사제품의 포지션을 개발하려는 전략
      ⓒ 리포지셔닝(repositioning) 전략
        소비자들이 원하는 바나 경쟁자의 포지션이 변화함에 따라 기존제품의 포지션을 바람직한 포지션으로 새롭게 전환시키는 전략
    ③ 커뮤니케이션 방법에 따른 소비자 포지셔닝 전략의 유형
      ⓐ 구체적 포지셔닝
        소비자가 원하는 바에 대하여 구체적인 제품효익을 근거로 제시
      ⓑ 일반적 포지셔닝
        애매하고 모호한 제품효익을 근거로 제시
      ⓒ 정보 포지셔닝
        정보제공을 통해 직접적으로 접근
      ⓓ 심상 포지셔닝
        심상(imagery)이나 상징성(symbolism)을 통해 간접적으로 접근
    ④ 경쟁적 포지셔닝 전략
      경쟁자를 지명하는 비교광고를 통해 수행되는데 시장선도자를 준거점으로 하고 직접적인 도전을 통해 자신의 상표를 포지셔닝하려는 수단으로 이용
  (2) 포지셔닝 전략의 5단계

① 소비자 분석 단계

　소비자 분석으로 소비자 욕구와 기존제품에 대한 불만족 원인을 파악한다.

② 경쟁자 확인단계

　경쟁자 확인으로 제품의 경쟁 상대를 파악한다. 이때 표적시장을 어떻게 설정하느냐에 따라 경쟁자가 달라진다.

③ 경쟁제품의 포지션 분석단계

　경쟁제품의 포지션 분석으로 경쟁제품이 소비자들에게 어떻게 인식되고 평가받는지 파악한다.

④ 자사제품의 포지션 결정단계

　자사제품의 포지션 개발로 경쟁제품에 비해 소비자 욕구를 더 잘 충족시킬 수 있는 자사제품의 포지션을 결정한다.

⑤ 포지셔닝 확인 및 리포지셔닝 단계

　포지셔닝의 확인 및 리포지셔닝으로 포지셔닝 전략이 실행된 후 자사제품이 목표한 위치에 포지셔닝되었는지 확인한다. 이때 매출성과로도 전략효과를 알 수 있으나 전문적인 조사를 통해 소비자와 시장에 관한 분석을 해야 한다. 또한 시간이 경과함에 따라 경쟁환경과 소비자 욕구가 변화하였을 경우에는 목표 포지션을 재설정하여 리포지셔닝을 한다.

⑤ 마케팅 믹스

1) 마케팅 믹스의 개념

　마케팅 믹스(marketing mix)란 기업이 표적시장에 도달하여 목적을 달성하기 위하여 마케팅의 구성요소를 조합하는 것을 말한다.

2) 마케팅 믹스의 구성요소

① 유통경로(place) : 유통경로 선택, 유통계획 수립 등
② 상품전략(products) : 차별화전략, 포장, 상표, 디자인, 서비스 등
③ 가격전략(price) : 시가전략, 고가전력, 저가전략 등
④ 촉진전략(promotion) : 광고, 홍보, 전시, 시식회 등

기출문제연구

마케팅 믹스는 표적시장의 욕구와 선호도를 효과적으로 충족시켜주기 위하여 기업이 제공하는 마케팅 수단이다. 마케팅 믹스의 4가지 구성요소(4P)에 관하여 설명하시오.

▶ 1. 제품(product) : 어떤 상품을 선정 할 것인가
2. 유통경로(place) : 제품과 소비자가 만나는 지점을 어떻게 설계할 것인가
3. 판매가격(price) : 제품의 가격은 어느 선에서 결정할 것인가(시장 내 경쟁상품과의 가격비교)
4. 판매촉진(promotion) : 소비자의 구매욕구를 자극할 수 있는 판촉전략은 어떻게 진행할 것인가

3) 4P와 4C

4P (기업관점)		4C (고객관점)
유통경로(Place)	⇔	편리성 (Convenience)
상품전략(Products)	⇔	고객가치 (Customer value)
가격전략(Price)	⇔	고객측 비용(Cost to the Customer)
촉진전략(Promotion)	⇔	의사소통(Communication)

(1) 유통경로
사업대상지역의 선정, 즉 입지선정

(2) 상품계획
상품계획 시 고려할 사항으로서는 품질, 설계, 입지조건, 상표 등이 있으며, 상품개발전략으로는 공업화와 규격표준화, 상품의 차별화, 시장의 세분화, 상품의 다양화, 상품의 고급화 등을 들 수 있다.

(3) 가격전략(매가정책)
① 가격수준정책(시가, 저가 또는 고가정책 등)
② 가격신축정책, 단일가격정책 또는 신축가격정책 등
③ 할인 및 할부정책 등

(4) 커뮤니케이션 (communication : 의사소통) 전략
① 홍보 : 주로 보도기관에 뉴스소재를 제공하는 활동(Publicity : 퍼블리시티) 등을 포함하는 넓은 개념
② 광고 : 상품과 서비스에 대한 수요를 자극하고 기업에 대한 호의를 창출하기 위한 커뮤니케이션
③ 인적 판매 : 고객 및 예상고객의 구입을 유도하기 위해 직접 접촉할 때 판매원의 고도의 유연성이 요구되는 개인적인 여러 가지 노력
④ 판매촉진 : 광고, 홍보 및 인적판매를 제외한 단기적인 유인으로서의 모든 촉진활동

4) 판매촉진
(1) 좁은 의미의 판매촉진

광고, 홍보 및 인적판매와 같은 범주에 포함되지 않는 모든 촉진활동

(2) 판매촉진수단
① 가격할인
② 쿠폰사용
③ 환불(rebates):
④ 경연, 경주, 게임 등에서 상품제공
⑤ 경품(프리미엄) 제공
⑥ 견본(샘플) 제공
⑦ 선물 제공

⑥ 상표화

① 상표의 정의
사업자가 자기가 취급하는 상품을 타인의 상품과 식별하기 위하여 상품에 사용하는 표지. 즉, 상품을 업으로서 생산·제조·가공·증명 또는 판매하는 자가 그 상품을 타업자의 상품과 식별하기 위하여 사용하는 기호·문자·도형 또는 이들을 결합한 것을 말한다.

ⓐ 상표명(brand name)
상표 중에서 말로 표현할 수 있는 부분을 말하며 문자, 숫자 혹은 단어로 구성된다.

ⓑ 상표마크(brand mark)
상표 중에서 심벌·디자인·색상 등과 같이 눈으로는 알아볼 수는 있으나 발음할 수 없는 부분을 말한다.

ⓒ 등록상표(trade mark)
이는 법적 보호에 의해 독점적으로 사용할 수 있도록 허가된 상표를 말하며 고유상표는 특허청에 등록하게 하는데 이때 등록상표는 통상 ®로 표시한다.

② 상표명의 특징
ⓐ 상표명은 그 제품이 주는 이점을 표현할 수 있어야 한다.
ⓑ 상표명은 실제적이고, 분명하고, 기억하기 쉬워야 한다.
ⓒ 상표명은 제품이나 기업의 이미지와 일치해야 한다.

기출문제연구

최근 수산물도 브랜드를 가지게 되면서 소비자들의 선호도가 높아지고 있다. 이러한 브랜드가 가지는 유용한 기능에 관한 설명으로 옳으면 O, 틀리면 x 를 표시하시오.

구분	설명
(①)	다른 경쟁상품으로부터 식별하기 쉽게 한다.
(②)	다른 기업의 모방으로부터 보호받을 수 있다.
(③)	상품 상황에 따라 브랜드가 변하는 장점이 있다.

▶ ① O ② O ③ ×

브랜드는 정착과정에서 고비용이 발생하고, 변경하는 데도 고비용이 발생하여 변경이 쉽지 않다.

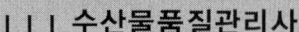

ⓓ 상표명은 법적으로 보호를 받을 수 있어야 한다.
③ 상표의 기능
  ⓐ 상품식별기능
  ⓑ 출처표시기능(제조, 가공, 증명, 판매업자와 관계 등)
  ⓒ 품질보증기능
  ⓓ 광고 선전기능
④ 상표충성도(brand loyalty, brand royalty, 商標忠實度)
  ⓐ 상표충성도의 의의
      특정의 상표를 애용하고 선호하는 소비자의 심리를 말한다. 즉, 고객이 사용 목적에 따라 특정의 상표를 선호하고 이를 반복하여 구매하게 되는 소비자 선호(consumer preference)를 말한다.
  ■ 상표충성도의 일관적 성격(J. Jacoby and D.B. Kyer)
    ㉠ 상표충성도는 하나 또는 그 이상의 상표충성도를 가진다.
    ㉡ 상표충성도는 구매자의 의사결정주체에 있다.
        제품을 구매하려고 할 때 의사결정자는 여하히 상표를 통해서 제품을 구매하든지 구매하지 않든지를 결정한다.
    ㉢ 상표충성도는 일정기간 동안에 표출된다.
        즉, 상표충성도는 단시일 내에 형성되는 것이 아니고 일정기간이 지나면서부터 충성도로 나타나게 된다.
    ㉣ 상표충성도는 편견이 작용한다.
        상표충성도의 형성에 있어서 편견이 개재되어 구매행동으로 나타난다면 합리적인 구매행동이 어려워진다.
    ㉤ 상표충성도는 행동적 반응이 존재한다.
        이는 어떤 사람이 자기는 이 상표를 좋아한다고 반복적으로 언급하면서도 실제의 행동에 있어서는 충성도가 높은 다른 제품을 구매하는 것을 말한다. 이 경우 상표충성도가 명백히 나타난다고 할 수 있다.
    ㉥ 상표충성도는 심리적인 의사결정과정에서 형성된다.
        이 경우는 상표충성도에 내재되어 있는 심리적인 과정들을 외부적으로 나타난 결과만으로 평가한다는 것은 부당하다는 것이다.
  ⓑ 브랜드 파워 또는 브랜드 자산
    ㉠ 차별성을 유지하고 경쟁우위를 유지해 가기 위해서는

브랜드의 힘을 강화해야 한다.
　ⓒ 브랜드 파워(Brand Power : 상표력)의 강화란 그 브랜드만의 가치, 다시 말하면 브랜드 자산(Brand Equity : 상표 자산)을 확립하는 일이다.(김중배·김승욱, 국제마케팅)
　ⓒ 브랜드와 기업 이미지는 융합적 성격을 가진다. 브랜드와 그것에 동반하는 이미지가 기업에 있어서 지속적인 경쟁우위를 얻기 위해 더욱더 중요한 경쟁의 도구가 되고 있다. 이것은 다른 도구와 비교하여 타사에 의해 쉽게 모방되고 추월당할 위험성이 낮기 때문이다.
　ⓔ 브랜드 자산의 확립은 커다란 경쟁전략상의 무기가 될 뿐만 아니라 결과적으로 이익의 유지·향상에 연결되므로 이를 위하여 계속적이고 일관성 있는 광고활동이 불가결하다.

❼ 가격전략

1) 가격의 개념
① 재화의 가치를 화폐 단위로 표시한 것.
② 교환으로서의 가격의 개념
　일상생활적인 뜻의 가격은 상품 1단위를 구입할 때 지불하는 화폐의 수량으로 표시하는 것이 보통이지만, 넓은 뜻의 가격은 상품간의 교환비율을 뜻한다.
　ⓐ 절대가격 : 화폐단위로 표시되는 일상생활적인 뜻의 가격
　ⓑ 상대가격 : 상품간의 교환비율을 나타내는 넓은 뜻의 가격
③ 임금 또는 이자에 의한 보수를 받고 고용 또는 임대되는 노동이나 자본의 값

2) 가격결정자(가격모색자)와 가격순응자
① 가격(결정자)모색자 : 자기 제품에 대한 시장가격을 통제하고 조정할 수 있는 판매자(가공업자, 도매상, 어업기구 제조업자 등)
② 가격순응자
　㉠ 주어진 시장가격에 종속되어 있는 자(수산물 생산자)
　㉡ 수산물 생산자의 가격순응자 탈피노력

ⓐ 산지유통조직의 결성
ⓑ 협동조합의 개입
ⓒ 전문화, 규모화
ⓓ 생산자가 유통활동에 직접 참여(직거래 등)

3) 가격결정

① 가격결정의 개념
이윤을 목적으로 하는 가격형성의 원리. 가격형성이라고도 한다.
ⓐ 경제학의 가격이론경제 : 한계수입과 한계비용이 같을 때 최대이윤이 달성되고 기업은 이 지점에서 가격을 결정한다.
ⓑ 실질적인 가격결정(full-cost principle) : 실제의 기업은 가격을 평균적 비용(원가)에다가 일정한 이윤(마크업)을 더하여 가격을 설정한다는 주장이다.
ⓒ 마케팅이론의 가격 결정 : 가격은 재화 그 자체의 가치로 구성되는 것이 아니라, 여기에 서비스·조언(助言)·발송·신용공여(信用供與)·애프터 케어 등이 부가된 것으로 본다.

4) 가격결정의 방법

(1) 원가기준가격결정법
제품원가를 기준으로 하여 가격을 결정하는 방법이다.
① 원가가산가격결정법(원가 + 비율가산액)
제품의 단위원가에 일정비율의 금액을 가산하여 가격을 결정하는 방법이다.
② 목표가격결정법(총원가 + 목표이익률가산금액)
예측된 표준생산량을 전제로 한 총원가에 대하여 목표이익률을 실현시켜 줄 수 있도록 가격을 결정하는 방법이다.

(2) 수요기준가격결정법
수요에 대한 통제력을 가지는 경우 등에 있어서 수요의 강도를 기준으로 하여 가격을 결정하는 방법이다.
① 원가차별법
특정제품의 고객별·시기별 등으로 수요의 탄력성을 기준으로

하여 둘 혹은 그 이상의 가격을 결정하여 제시하는 방법이다.
② 명성가격결정법
소비자가 가격에 의해서 품질을 평가하는 경향이 특히 강하여 비교적 고급품질이 선호되는 상품에 설정되는 가격. 상품의 명성에 상응하는 정도로 가격을 설정해야 하기 때문에, 품질보다 다소 높은 가격을 설정하는 것이 보통이다. 가격을 너무 높게 혹은 너무 낮게 설정해도 판매량이 증가되지 않는다.
③ 단수가격결정방법(odd price)
상품에 판매가격에 구태여 단수를 붙이는 것으로 매가에 대한 고객의 수용도를 높이고자 하는 것이다. 예로 10,000원의 매가 대신에 9,989원으로 한다면 그 차이는 겨우 11원이지만 절대가격보다 싸다는 감을 소비자가 갖기 쉬우므로 일종의 심리적 가치설정 (psychological pricing)이며 단수에는 짝수보다도 홀수를 쓰는 수가 많다.

(3) 경쟁기준가격결정법

경쟁업자가 결정한 가격을 기준으로 해서 가격을 결정하는 방법이다.
ⓐ 경쟁수준 가격결정법
우세한 관습적 가격에 따른다.(라면, 담배, 짜장면 등)
ⓑ 경쟁수준 이하 가격결정법
가격에 민감한 소비자층을 흡수하기 위해 사용하는 방법이다.(침투가격)
ⓒ 경쟁수준 이상 가격결정법
고소득층을 흡수하기 위해 사용하는 방법이다.(고가품, 사치품 등)

4) 가격전략

(1) 가격전략의 개념(두산백과)

기업이 존속하고 발전하기 위하여는 반드시 그 기업이 취급하거나 생산하는 상품을 판매하여 이윤을 얻어야 한다. 그러므로 기업은 이윤을 얻을 수 있는 범위 안에서 적당한 가격을 선택하여야 한다. 이 선택을 어떻게 할 것인지가 기업의 가격정책이다. 기업은 특히 신제품을 개발한 경우나 생산이나 수요의 조건이 크게 변동한 경우에는 여기에 적응하기 위한 가격결정, 곧 가격전략이 필요하다. 기업의 가격정책은 제품의 한계이윤율과 제품의 품질·서비스·광고·판매촉진·원재료의 구입에도 영향을 끼치는 것으로 중요한 의미를 갖는다.

① 저가격정책 : 수요의 가격탄력성이 크고, 대량생산으로 생산비용이 절감될 수 있는 경우에 유리하다.
② 고가격정책 : 수요의 가격탄력성이 작고, 소량다품종생산인 경우의 가격결정에 유 리하다.
③ 할인가격정책 : 특정상품에 대하여 제조원가보다 낮은 가격을 매겨서 '싸다'는 인상을 고객에게 심어주어 고객의 구매동기를 자극하고, 제품라인의 총매출액 증대를 꾀하는 경우에 사용한다.

(2) 가격정책(전략)의 유형
① 단일가격정책과 탄력가격정책
  ⓐ 단일가격정책 : 동일한 량의 제품을 동일한 조건으로 구매하는 모든 고객에게 동일한 가격으로 판매하는 가격정책을 말한다.
  ⓑ 탄력가격정책 : 동종·동량의 제품일지라도 고객에 따라 상이한 가격으로 판매하는 가격정책을 말한다.(학생가격, 단체할인, 조조할인 등)
② 단일제품가격정책과 계열가격정책
  ⓐ 단일제품가격정책 : 각 품목별로 따로따로 검토하여 가격을 결정하는 정책을 말한다.
  ⓑ 계열가격정책 : 한 기업의 제품이 단일품목이 아니고 많은 제품계열을 포함하는 경우에 규격·품질·기능·스타일 등이 다른 각 제품계열마다 가격을 결정하는 정책을 말한다.
③ 상층흡수가격정책과 침투가격정책
  ⓐ 상층흡수가격정책 : 신제품을 시장에 도입하는 초기에 있어서 먼저 고가격을 설정함으로써 가격에 대하여 민감한 반응을 보이지 않는 고소득층을 흡수하고, 그뒤 연속적으로 가격을 인하시킴으로써 저소득층도 흡수하고자 하는 가격정책을 말한다.

ⓑ 침투가격정책 : 신제품을 도입하는 초기에 저가격을 설정함으로써 신속하게 시장에 침투하여 시장을 확보하고자 하는 가격정책을 말한다.
③ 생산지점가격정책과 인도지점가격정책
　ⓐ 생산지점가격정책 : 판매자가 모든 구매자에 대하여 균일한 공장도가격을 적용하는 정책을 말한다.
　ⓑ 인도지점가격정책 : 공장도가격에 계산상의 운임을 가산한 금액을 판매가격으로 하는 정책을 말한다.
④ 재판매가격유지정책
　제조업자가 자신의 제품이 소매되는 가격을 통제하기 위하여 권장소비자가격이나 희망소비자가격을 중간상인들에게 제시하고 이를 근거로 하여 할인과 공제를 적용한다.

■ 약탈가격과 끼워팔기 가격
ⓐ 약탈가격 : 경쟁자를 시장에서 추방하기 위해서 경쟁자가 감당할 수 없는 제품 가격을 설정하는 것
ⓑ 끼워팔기 가격 : 두 가지 다른 상품을 함께 묶어서 파는 것(프린터+자사토너)

(3) 가격전략의 유형과 구분
① 심리적 가격전략
　ⓐ 단수가격 : 단위가격을 10,000원 등이 아닌 9,900원 등으로 설정해서 소비자들이 심리적으로 저렴하다고 하는 인식을 심는 방법으로서 소매점에서 많이 사용하는 방식이다.
　ⓑ 관습(우세)가격 : 소비자들이 관습적으로 느끼는 가격으로서 소비자들은 이러한 가격수준을 당연하게 생각하는 경향이 있다. 껌이나 라면 등과 같이 흔하고 대량으로 소비되는 상품의 경우에 많이 적용되며 만약 이 관습가격보다 가격을 인상하는 경우 오히려 매출이 감소하고 가격을 설혹 낮게 설정하더라도 매출은 크게 증가하지 않는 경향을 나타낸다.
　ⓒ 명성가격 : 가격이 높을수록 품질이 좋고 제품가격과 자신의 명성이 비례한다고 느끼게 되는 고급제품의 경우에 주로 적용한다.

ⓓ 개수가격 : 고급품질 이미지를 통해 구매를 자극하기 위해 한 개당 얼마라는 식의 개수 가격을 설정하는 방식이다.

② 기타의 가격전략유형 구분

ⓐ 고가전략 : 신상품 도입 시 원가와 상관없이 가격을 높게 설정하여 구매력이 있는 일부 고소득 소비자층에게 판매하는 방식이다.

ⓑ 저가전략 : 처음 판매할 때부터 낮은 가격으로 단기간에 다수의 소비자에게 알려 대량판매를 통해 이익을 올리는 방식이다.

ⓒ 유인(미끼)가격전략 : 소비자를 유인할 때 사용하는 방식으로 특정 제품의 가격을 낮게 책정하여 소비자들이 그 제품을 구매하도록 유인하고 한편 다른 제품가격이 저렴하다는 인상을 심어주어 다른 제품의 판매까지 유도하는 방식이다.

ⓓ 특별가격전략 : 일정기간 동안 제품을 할인해서 판매하는 세일(sale)을 말하며 단기적으로 매출증대와 재고를 감소시키는 효과가 있으나 가격혼돈, 구매연기, 품질의심 등의 역효과 등을 고려해야 한다.

ⓔ 구매조건가격전략 : 현금 또는 신용카드 등 결제수단에 따라 가격을 다르게 책정하는 경우를 말한다.

ⓕ 구매수량가격전략 : 구매하는 수량에 따라 가격을 다르게 책정하는 방법으로 구입수량이 많을수록 단위당 가격을 낮게 책정하는 경우를 말한다.

ⓖ 구매종류가격전략 : 최종소비자, 도매상, 소매상 등 제품 구매자가 누구냐에 따라 가격을 달리 책정하는 방식이다.

ⓗ 계절가격전략 : 계절에 따라 수요가 크게 달라지는 제품의 경우에 사용하는 방식으로 성수기에는 비싸게, 비수기에는 싸게 판매하는 방식이다.

ⓘ 탄력가격전략 : 단일가격전략과 비교되는 것으로 시장상황에 맞춰 가격에 변화를 주는 방식이다.

ⓙ 침투가격전략 : 최초 시장 진입시 저가로 책정했다가 인지도가 올라감에 따라 고가로 전환하는 방식이 일반적이다.

> 수의매매
> 출하자 및 구매자와 협의하여 가격과 수량, 기타 거래조건을 결정하는 방식으로 상대매매라고도 한다.

5) 제품라이프사이클(Product Life Cycle : 상품수명주기)

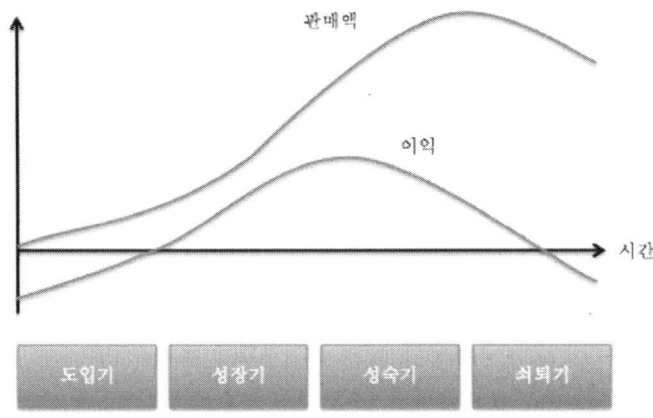

〈출처:http://blog.daum.net/darkbloody〉

(1) 도입기

① 특징
  ⓐ 일반적으로 상당기간 지속되며 완만하거나 평탄한 성장률
  ⓑ 이익은 최저 또는 마이너스
  ⓒ 유통과 촉진에 매출액의 대부분 할당(인지도증진, 시용유도, 유통판촉 등)

② 경쟁과 전략
  ⓐ 경쟁사 소수 또는 없음
  ⓑ 생산제품은 대개 범용스타일
  ⓒ 대개의 경우 고소득층을 겨냥한 고기능성, 고디자인성을 추구해 마진율을 높임
  ⓓ 생산원가, 유통비용, 촉진비용 등의 원인으로 고마진율 채택

(2) 성장기

① 특징
  ⓐ 본격적으로 판매가 증가하는 단계
  ⓑ 혁신자나 조기수용자들의 적극적 재구매 단계
  ⓒ 바이럴 마케팅 [viral marketing] 의 효과가 본격적으로 발휘되는 단계
  ⓓ 손익분기점을 탈피하여 본격적으로 이익이 증대되는 단계

ⓔ 촉진의 효과가 대단위 생산량에 의해 분산되면서 제조원가가 하락하고 이익이 급속히 증가하는 단계
② 경쟁과 전략
ⓐ 경쟁사의 활동이 본격화 되고 유통이 활발히 움직임
ⓑ 대다수 시장에 제품공급이 이뤄짐
ⓒ 각 세분시장에서 치열한 공방전
ⓓ 제품의 품질개선, 새로운 제품 특성 및 제품라인을 추가
ⓔ 새로운 세분시장 침투 및 유통경로 구축
ⓕ 광고내용의 변경 (제품인지 → 사용량 확대 & 브랜드 구축)
ⓖ 소비자유인 및 시장확대를 위해 가격인하
ⓗ 기업은 시장점유율 확대를 위한 투자와 단기순이익 증가를 위한 자금비축 중에 하나를 선택해야 하는 단계

(3) 성숙기
① 특징
ⓐ 소비자가 인지하는 대다수 제품은 수명주기상 성숙기에 위치
ⓑ 성장율(매출) 곡선이 둔화되기 시작하는 시점
ⓒ 성장성숙기 → 안정성숙기 → 쇠퇴성숙기로 구분할 수 있다.
ⓓ 보통 장기간 지속되는 특징 (완만한 곡선으로)
ⓔ 마케팅관리도 대부분 성숙기에 집중
ⓕ 소수의 대기업 및 틈새기업이 시장을 지배
② 경쟁과 전략
ⓐ 추가적인 경쟁사 진입은 거의 없고 기존 경쟁사 중에서 경쟁우위를 확보하지 못한 기업은 하나씩 퇴출
ⓑ 과잉설비의 가동율을 유지하기 위해 생산은 지속
ⓒ 유통경로의 포화상태로 치열한 경쟁이 장기간 지속
ⓓ 단순히 지키는데 급급해서는 안됨, 최선의 방어는 공격
ⓔ 여유 있는 기업은 이때 연구개발비를 과감히 투자
ⓕ 마케팅믹스의 과감한 수정이 필요한 시기

(4) 쇠퇴기
① 특징
ⓐ 기술변화, 소비자 기호변화, 경쟁의 격화로 인한 기업의 피로도 증가

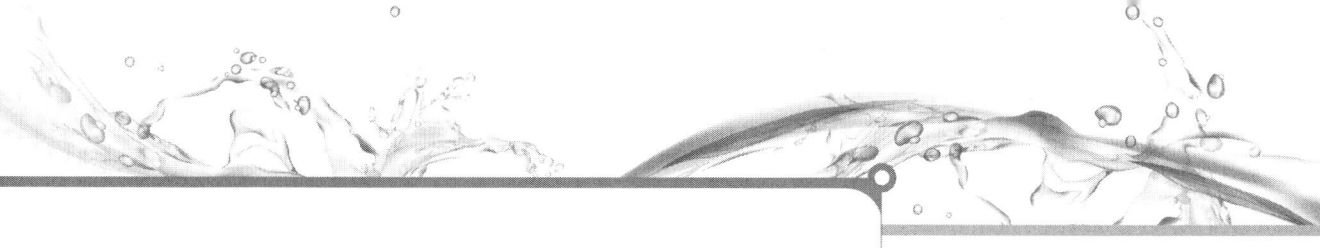

　　ⓑ 성장곡선은(증가율)은 (−)로 떨어짐
　　ⓒ 대체해야 할 신제품 출시시점의 지연 등으로 여러 가지 불이익 동반
　　ⓓ 고객요구수용, 가격조정, 재고조정 등으로 인한 비생산적 업무시간 및 정력 소모
　② 경쟁과 전략
　　ⓐ 경쟁사가 하나씩 시장을 빠져나감
　　ⓑ 더 이상의 촉진전략은 거의 없음
　　ⓒ 시장에 출시되는 제품의 수 감소
　　ⓓ 유지할 것인지 철수할 것인지 판단 필요

□ 수산물 표준규격

[시행 2021. 5. 10.] [국립수산물품질관리원고시 제2021-29호, 2021. 5. 10., 일부개정]

제1조(목적) 이 고시는 「농수산물품질관리법」 제5조, 같은 법 시행령 제42조제6항제2호 및 같은 법 시행규칙 제5조부터 제7조까지에 따라 수산물의 포장규격과 등급규격에 관하여 필요한 세부사항을 규정함으로써 수산물의 상품성 제고와 유통능률 향상 및 공정한 거래 실현에 기여함을 목적으로 한다.

제2조(정의) 이 고시에서 사용하는 용어의 뜻은 다음과 같다.
1. "표준규격품"이란 이 고시에서 정한 포장규격 및 등급규격에 맞게 출하하는 수산물을 말한다. 다만, 등급규격이 제정되어 있지 않은 품목은 포장규격에 맞게 출하하는 수산물을 말한다.
2. "포장규격"이란 포장치수, 포장재료, 포장방법, 포장설계 및 표시사항 등을 말한다.
3. "등급규격"이란 수산물의 품종별 특성에 따라 형태, 크기, 색택, 신선도, 건조도 또는 선별상태 등 품질구분에 필요한 항목을 설정하여 특, 상, 보통으로 정한 것을 말한다.
4. "거래단위"란 수산물의 거래시 사용하는 거래단량의 무게 또는 마릿수를 말한다.
5. "포장치수"란 포장재 바깥쪽의 길이, 너비, 높이를 말한다.
6. "겉포장"이란 수산물의 수송을 주목적으로 한 포장을 말한다.
7. "속포장"이란 수산물의 품질을 유지하기 위해 사용한 겉포장 속에 들어있는 포장을 말한다.
8. "포장재료"란 수산물을 포장하는데 사용하는 재료로써 식품위생법 등 관계 법령에 적합한 골판지, 그물망, PP, PE, PS, PPC

등을 말한다.

제3조(거래단위) ① 수산물의 표준거래단위는 3kg, 5kg, 10kg, 15kg 및 20kg을 기본으로 한다. 다만, 형태적 특성 및 시장 유통여건을 고려한 품목별 표준거래단위는 별표 1과 같다.

② 표준거래단위 이외의 거래단위는 거래 당사자간의 협의 또는 시장 유통여건에 따라 사용할 수 있다.

제4조(포장치수) 수산물의 포장치수는 별표 2에서 정하는 한국산업표준(KS M3808)의 발포 폴리스틸렌(PS) 상자 포장규격과 한국산업표준(KS T1002)에서 정한 수송포장계열치수 T-11형 파렛트(1,100mm×1,100mm) 및 T-12형 파렛트(1,200mm×1,000mm)의 평면 적재효율이 90%이상인 것을 우선 적용하고, 높이는 해당 수산물의 포장이 가능한 적정높이로 한다.

제5조(포장치수의 허용범위) ① 골판지상자, 발포 폴리스틸렌상자(PS)의 포장치수 중 길이, 너비의 허용범위는 ±2.5%로 한다.

② PP(폴리프로필렌) 또는 PE(폴리에틸렌), HDPE(고밀도폴리에틸렌)의 길이, 너비, 높이의 허용범위는 ±0.7%로 한다.

③ 그물망, 직물제포대(PP대), 폴리에틸렌대(PE대)의 포장치수의 허용범위는 길이의 ±10%, 너비의 ±10mm, 지대의 경우에는 각각 길이·너비의 ±5mm로 한다.

④ 속포장의 규격은 사용자가 적정하게 정하여 사용할 수 있다.

제6조(포장재료 및 포장재료의 시험방법) ① 포장재료 및 포장재료의 시험방법은 별표 3에서 정하는 기준에 따른다.

② 포장재료의 압축·인장강도 및 직조밀도 등에서 별표 3에서 정하는 기준과 동등 이상의 강도와 품질이 인정되는 경우 공인검정기관 성적서 제출 등을 통해 국립수산물품질관리원장의 확인을 받아 사용할 수 있다.

제7조(포장방법) 포장은 내용물이 흘러나오지 않도록 하여야 하며, 내용물이 보이도록 개방형으로 포장하는 경우에는 적재하는데 용이하여야 한다. 다만, 별표 5와 같이 포장방법이 달리 정해진 품목은 그 규정에 따른다.

제8조(포장설계) ① 골판지 상자의 포장설계는 KS T1006(골판지상자 형식)에 따른다.

② 별표 5에서 정한 품목의 포장설계는 별지 그림에서 정한 바에 따른다.

제9조(표시방법) 표준규격품의 표시방법은 별표 4에 따른다.

제10조(등급규격) ① 수산물 종류별 등급규격은 별표 5와 같다.

② 등급규격이 정하여진 품목중 발포 폴리스틸렌상자(PS) 포장이 가능한 품목은 별표 2에서 정한 포장규격을 사용할 수 있다.

제11조(표준규격의 특례) ① 포장규격 또는 등급규격이 제정되어 있지 않은 품목은 유사 품목의 포장규격 또는 등급규격을 적용할 수 있다.

② 북어, 굴비 등과 같은 수산가공품을 표준규격품으로 표시하여 출하할 경우에는 별표5의 2. 수산가공품(냉동품 포함)의 등급규격과 포장규격 및 표시사항을 적용할 수 있다.

제12조(재검토기한) 국립수산물품질관리원장은 「행정규제기본법」 및 「훈령·예규 등의 발령 및 관리에 관한 규정」에 따라 이 고시에 대하여 2021년 1월 1일 기준으로 매3년이 되는 시점(매 3년째의 12월 31일까지를 말한다)마다 그 타당성을 검토하여 개선 등의 조치를 하여야 한다.

기출문제연구

수산물 표준규격상 '생굴'의 포장규격을 나타낸 것이다. 다음 ( )에 들어갈 내용을 쓰시오.

> 포장 재료는 KS T1093 (포장용 폴리에틸렌 필름) 중 1종인 저밀도 폴리에틸렌으로 하여 모양은 튜브상을 사용한다. 폴리에틸렌 필름 봉투의 강도는 두께 0.05mm 이상, (①) 170kg/cm2 이상, 신장율 (②)% 이상, 인열강도 (보통) (③) kg/cm 이상으로 한다.

▶ ① 인장강도 ② 250 ③ 170

생굴의 포장규격

PE 필름 : KS T1093(포장용 폴리에틸렌 필름)에 규정된 1종인 저밀도 폴리에틸렌으로 하여 모양은 튜브상을 사용하며 PE 필름 봉투의 강도는 두께 0.05mm 이상, 인장강도 1,670N/㎠ 이상, 신장율 250% 이상, 인열강도(보통) 690N/㎠ 이상으로 한다. 또한 필름은 무착색의 것을 표준으로 한다.

수산물의 종류별 등급 및 포장규격(제10조 관련)

Ⅰ. 수산물(신선어패류)

Ⅰ-1. 생 굴

가. 등급규격

항목	특	상	보통
1개의 무게(g)	3 이상	3 이상	3 이상
다른 크기 및 외상 있는 것의 혼입률(%)	3 이하	5 이하	10 이하
색택(외투막)	경계가 선명하고 밝음	경계가 선명함	육안으로 경계의 구분이 가능함
색택(폐각근)	맑은 진주색을 띰	반투명의 크림색을 띰	연한 회색빛을 띰
냄새	비린내가 거의 없고 상쾌한 바다향이 남	강한 해초향이 남	해초향이 남
형태 및 단단함	단단하고 탄력이 있으며 형태가 온전함	단단하고 형태가 온전함	부드럽고 형태가 온전함
공통규격	• 고유의 색깔과 향미를 가지고 있어야 한		

기출문제연구

수산물 표준규격상 수산물의 종류별 등급규격을 나타낸 것이다. 해당등급에 맞는 규격을 쓰시오.

품명	항목	특	상	보통
북어	1마리의 크기	① 이상	② 이상	30 이상
굴비	(전장, cm)	③ 이상	15 이상	④ 이상

▶ ① 40 ② 30 ③ 20 ④ 15

기출문제연구

A수산물품질관리사가 '굴비'를 수산물 표준규격 기준 조건으로 포장하여 출하하고자 할 때, 등급규격 '상'에 해당하는 굴비제품의 항목별 등급기준을 서술하시오. (단, 공통규격은 제외한다.)

▶ 등급기준

① 1마리의 크기(전장, cm) : 15 이상

② 다른크기의 것의 혼입률(%) : 10 이하

③ 색택 : 양호

다.
- 다른 품종의 것이 없어야 한다.
- 부서진 패각 및 기타 협잡물이 없어야 한다.
- 내용물 중의 수질은 혼탁 되지 아니하여야 한다.

설명	굴형태 폐각근 	외투막 

- 폐각근 : 조개의 관자와 유사하며 단단한 부위
- 외투막 : 굴의 테두리에 있는 검정색의 진한 선

Ⅰ-2. 바지락
가. 등급규격

항목	특	상	보통
1개의 크기 (각장, cm)	4 이상	3 이상	3 이상
다른 크기의 것의 혼입률(%)	5 이하	10 이하	30 이하
손상 및 죽은 패각 혼입률(%)	3 이하	5 이하	10 이하
공통규격	\multicolumn{3}{l}{• 패각에 묻은 모래, 뻘 등이 잘 제거되어야 한다. • 크기가 균일하고 다른 종류의 것이 혼입이 없어야 한다. • 부패한 냄새 및 기타 다른 냄새가 없어야 한다.}		

Ⅰ-3. 꼬막
가. 등급규격

항목	특	상	보통
1개의 크기 (각장, cm)	3 이상	2.5 이상	2 이상
다른 크기의 것의 혼입률(%)	5 이하	10 이하	30 이하

손상 및 죽은 패각 혼입률(%)	3 이하	5 이하	10 이하
공통규격	• 패각에 묻은 모래, 뻘 등이 잘 제거되어야 한다. • 크기가 균일하고 다른 종류의 것이 혼입이 없어야 한다. • 부패한 냄새 및 기타 다른 냄새가 없어야 한다.		

Ⅱ. 수산가공품(냉동품 포함)

Ⅱ-1. 북 어

가. 등급규격

항 목	특	상	보 통
1마리의 크기 (전장, cm)	40 이상	30 이상	30 이상
다른 크기의 것의 혼입률(%)	0	10 이하	30 이하
색 택	우 량	양 호	보 통
공통규격	• 형태 및 크기가 균일하여야 한다. • 고유의 향미를 가지고 다른 냄새가 없어야 한다. • 인체에 해로운 성분이 없어야 한다. • 수분 : 20%이하		

Ⅱ-2. 굴 비

가. 등급규격

항 목	특	상	보 통
1마리의 크기 (전장, cm)	20 이상	15 이상	15 이상
다른 크기의 것의 혼입률(%)	0	10 이하	30 이하
색 택	우 량	양 호	보 통
공통규격	• 고유의 향미를 가지고 다른 냄새가 없어야 한다. • 크기가 균일한 것으로 엮어야 한다.		

Ⅱ-3. 마른문어

가. 등급규격

기출문제연구

수산물 표준규격에서 규정하고 있는 굴비의 등급규격이다. 괄호 안에 올바른 규격을 답란에 쓰시오.

항목	특	상	보통
1마리의 크기(전장, cm)	(①) 이상	15 이상	15 이상
다른크기의 것의 혼입율(%)	0	(②) 이하	30 이하
색택	우량	양호	(③)
공통규격	◆ 고유의 향미를 가지고 다른 냄새가 없어야 한다. ◆ (④)가 균일한 것으로 엮어야 한다.		

➡ ① 20 ② 10 ③ 보통 ④ 크기

기출문제연구

수산물표준규격에서 규정한 '북어'의 등급규격 중 아래 제시된 '크기' 항목에 대한 해당 등급을 선택하고, 공통규격에 해당하는 것은 <보기>에서 찾아 쓰시오.

항목	해당 등급
1마리의 크기가 35cm	1등, 2등, 특, 상

< 보기 >
① 중량이 균일하여야 한다.
② 고유의 향미를 가지고 다른 냄새가 없어야 한다.
③ 인체에 해로운 성분이 없어야 한다.
④ 수분은 30% 이하이어야 한다.

➡ 등급 : 상

공통규격 :

② 고유의 향미를 가지고 다른 냄새가 없어야 한다.

③ 인체에 해로운 성분이 없어야 한다.

항목	특	상	보통
형태	육질의 두께가 두껍고 흡반 탈락이 거의 없는것	육질의 두께가 보통이고 흡반 탈락이 적은 것	육질이 다소 얇고 흡반 탈락이 적은 것
곰팡이, 적분 및 백분	곰팡이, 적분이 피지 아니하고 백분이 다소 있는 것	곰팡이, 적분이 피지 아니하고 백분이 심하지 않은 것	곰팡이, 적분이 피지 아니하고 백분이 다소 심한 것
색택	우량	양호	보통
향미	우량	양호	보통
공통규격	• 크기는 30cm이상이어야 하며 균일한 것으로 묶어야 한다. • 토사 및 기타 협잡물이 없어야 한다. • 수분 : 23%이하		

Ⅱ-4. 새우젓

가. 등급규격

항목	특	상	보통
육질	우량	양호	보통
숙성도	우량	양호	보통
다른종류 및 부서진 것의 혼입률(%)	3 이하	5 이하	10 이하
공통규격	• 고유의 향미를 가지고 다른 냄새가 없어야 한다. • 고유의 색깔을 가지고 변질, 변색이 없어야 한다. • 액즙의 정미량이 20%이하 이어야 한다.		

Ⅱ-5. 멸치젓

가. 등급규격

항목	특	상	보통
육 질	우량	양호	보통

숙성도	우 량	양 호	보 통
향 미	우 량	양 호	보 통
공통규격	• 다른 품종의 것이 없어야 한다. • 고유의 색깔을 가지고 변색, 변질된 것이 없어야 한다. • 부패한 냄새 및 기타 다른 냄새가 없어야 한다.		

Ⅱ-6. 냉동오징어
가. 등급규격

항 목	특	상	보 통
1마리의 무게(g)	320 이상	270 이상	230 이상
다른크기의 것의 혼입률(%)	0	10 이하	30 이하
색 택	우 량	양 호	보 통
선 도	우 량	양 호	보 통
형 태	우 량	양 호	보 통
공통규격	• 크기가 균일하고 배열이 바르게 되어야 한다. • 부패한 냄새 및 기타 다른 냄새가 없어야 한다. • 보관온도는 –18℃ 이하 이어야 한다.		

Ⅱ-7. 간미역
가. 등급규격

항 목	특	상	보 통
파치품(15cm이하)의 혼입률(%)	3 이하	5 이하	10 이하
노쇠엽, 충해엽, 황갈색엽 등의 혼입률(%)	3 이하	5 이하	10 이하
색 깔	우 량	양 호	보 통
공통규격	• 다른 품종의 것이 없어야 한다. • 속줄기가 제거된 것이어야 한다. • 자숙이 적당하고 염분이 균등하며 물빼		

기출문제연구

A수산물품질관리사가 '간미역'의 조사항목을 통해 종합등급을 '상'으로 판정한 오류를 발견하였다. 수산물표준규격에서 규정한 (1)개별등급(①~ ③)과 (2)종합등급(④)을 판정하고, (3)그 이유를 쓰시오. (단, 이유는 각 항목별 개별등급을 포함하여 종합 판정한다.)

▶ (1) ① 특 ② 보통 ③ 상
(2) ④ 보통
(3) 종합판정은 하위가 상위를 지배하므로 가장 낮은 등급인 보통으로 판단한다.

기출문제연구

수산물 표준규격 중 수산물의 종류별 등급규격이 정해져 있다. 등급항목 중 '색택'에 대한 규격이 없는 수산물을 〈보기〉에서 모두 찾아 쓰시오.

〈보기〉
굴비, 마른문어, 생굴, 바지락, 냉동오징어, 새우젓

▶ 새우젓, 바지락

기출문제연구

수산물을 운송하는 Y업체는 수산물 표준규격상 등급규격 항목 중 '1개 또는 1마리의 크기'의 기준에 따라 〈보기〉의 수산물을 3대의 운송차(A~C)에 나눠서 '품목별 운송차 배송계획'대로 운송하고자 한다. 운송할 품목을 포함한 Y업체의 배송계획에 대하여 서술하시오. (답안 예시: A운송차에 '□□', B운송차에 '○○', C운송차에 '△△'(을)를 실어 운송한다.)

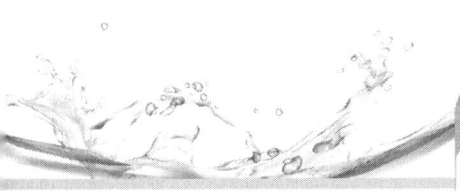

||| 수산물품질관리사

| | 기가 충분한 것이어야 한다.
• 보관온도는 −5℃이하 이어야 한다.
• 수 분 : 63% 이하
• 염 분 : 25% 이상, 40% 이하 |

〈 보 기 〉
신선꼬막, 마른문어, 북어

〈 품목별 운송차 배송계획 〉
. A운송차: 등급별 크기 기준이 모두 동일(공통규격 적용)한 품목
. B운송차: 등급별 크기 기준이 일부 다른 품목
. C운송차: 등급별 크기 기준이 모두 다른 품목

▶ A운송차에 '마른문어', B운송차에 '북어', C운송차에 '신선꼬막'(을)를 실어 운송한다.

등급별 크기 기준(공통규격)

항 목 (고막)	특	상	보통
1개의 크기 (각장, cm)	3 이상	2.5 이상	2 이상

항 목 (북어)	특	상	보통
1마리의 크기(전장, cm)	40 이상	30 이상	30 이상

항 목 (마른문어)	특	상	보통
공통규격	○크기는 30cm이상이어야 하며 균일한 것으로 묶어야 한다. ○토사 및 기타 협잡물이 없어야 한다. ○수분 : 23%이하		

□ 수산물.수산가공품 검사기준(제3조관련)

1. 목적

이 고시는 농수산물품질관리법시행규칙(이하 "규칙"이라 한다) 제110조의 규정에 의하여 수산물·수산물가공품의 검사기준에 대하여 규정함으로써 업무의 공정성과 객관성을 확보함을 목적으로 한다.

2. 정의

어패류	"어·패류"라 함은 어류·패류·갑각류 및 연체류 등의 수산동물을 말한다.
신선.냉장품	"신선·냉장품"이라 함은 얼음 등을 이용하여 신선상태를 유지하거나 동결되지 아니 하도록 10℃이하로 냉장한 수산동·식물을 말한다.
냉동품	"냉동품"이라 함은 수산동·식물을 원형·처리 또는 가공하여 동결시킨 제품을 말한다.
건제품	"건제품"이라 함은 수산동·식물의 수분을 감소시키기 위하여 건조하거나 단순히 삶거나, 굽거나, 염장하여 말린 제품을 말한다.
염장품	"염장품"이라 함은 수산동·식물을 식염 또는 식염수를 이용하여 절이거나 식염 또는 식염과 주정을 가하여 숙성시켜 만든 제품을 말한다.
조미가공품	"조미가공품"이라 함은 수산동·식물에 조미료를 첨가하여 조림·건조 또는 구워서 만든 제품 및 패류 자숙시 유출되는 액의 유효성분을 농축하여 만든 간장류(쥬스류)등의 제품을 말한다
어간유·어유	"어간유·어유"라 함은 수산동물의 간장에서 추출한 유지 또는 이를 원료로 하여 농축한 것(어간유)과 수산동물의 간장을 제외한 어체에서 추출한 유지(어유)를 말한다.
어분·어비	"어분·어비"라 함은 어류 및 기타 수산동물을 자숙·압착·건조하여 분쇄한 것(어분)과 어류 및 기타

	수산동물을 자숙·압착·건조하여 비료로 사용하는 것(어비)을 말한다.
한천	"한천"이라 함은 홍조류중의 한천성분(다당류)을 물리적 또는 화학적 방법에 의하여 추출·응고 및 건조시켜 만든 제품을 말한다.
어육연제품	"어육연제품"이라 함은 어육에 소량의 소금 및 부재료를 넣고 갈아서 만든 고기풀을 가열·응고시켜 만든 탄성 있는 겔 상태의 가공품을 말한다.
통·병조림품	"통·병조림품"이라 함은 수산동·식물을 관 또는 병에 넣어 탈기·밀봉·살균·냉각 등의 가공공정을 거쳐 만든 제품을 말한다.

3. 수산물·수산가공품의 검사기준
   ① 규칙 제110조의 규정에 의한 수산물·수산가공품(이하 "수산물등"이라 한다)의 검사기준은 다음 각호와 같다.
      ㉠ 농수산물품질관리법(이하 "법"이라 한다) 제88조제1항제1호의 규정에 의하여 정부에서 수매·비축하는 수산물등의 검사기준은 수산물 정부비축사업집행지침이 정하는 바에 의한다.
      ㉡ 법 제88조제1항제2호의 규정에 의하여 외국과의 협약 또는 수출상대국의 요청에 의하여 검사가 필요한 수산물등의 검사기준은 별표 1과 같다.
      ㉢ 제1항제1호 및 제2호외의 수산물등에 대하여 검사신청이 있는 경우에는 별표 1의 검사기준을 적용한다.
   ② 별표 1에서 정하여지지 아니한 수산물등의 검사기준은 식품위생법 제7조의 규정에 의하여 식품의약품안전처장이 정하여 고시한 기준·규격을 적용한다.
   ③ 제1항제2호 및 제2항의 규정에도 불구하고 법 제88조제1항제2호의 규정에 의하여 외국과의 협약·수입국(수입자를 포함한다. 이하 같다) 또는 검사신청인이 요구하는 검사기준이 있는 경우에는 그 기준·규격을 우선 적용할 수 있다.

4. 수산물 등의 표시기준
   ① 수산물 등에는 제품명, 중량(또는 내용량), 업소명(제조업소명 또는 가공업소명), 원산지명 등을 표시하여야 한다. 다만, 외국과의 협약 또는 수입국에서 요구하는 표시기준이 있는 경우에는 그 기준에 따라 표시할 수 있다.
   ② 제1항의 규정에도 불구하고 무포장 및 대형수산물 또는 수입국에서 요구할 경우에는 그 표시를 생략할 수 있다.

기출문제연구

수산물 표준규격에 따라 수산물품질관리사가 냉동오징어 1상자를 검품한 결과 색택·선도·형태는 양호하였으며, '1마리의 무게 및 다른 크기 혼입률' 항목의 검품 결과는 다음과 같았다. 항목별 등급과 그 판정 이유를 쓰고, 종합등급을 판정하시오. (단, 주어진 항목 이외에는 종합등급 판정에 고려하지 않는다.)

항목별 검품 결과	판정 등급	판정 이유	종합 등급
1마리의 무게 분포: 280~330 g	①	③	⑤
다른 크기의 것의 혼입률: 18 %	②	④	

※ 판정 이유(③, ④): 수산물 표준규격상 기준과 그 기준에 해당하는 등급을 기재 (답안 예시: ○○○g (%) 이상(이하)에 해당하므로 △등급임)

➡ ① 상

② 보통

③ 특 320 이상에는 미치지 못하고 상 270 이상은 충족

④ 보통 혼입률 30 이하에 해당

⑤ 보통

III 수산물품질관리사

기출문제연구

수산물·수산가공품 검사기준에 관한 고시에서 규정하고 있는 용어의 정의이다. 괄호 안에 올바른 용어와 내용을 답란에 쓰시오.

(①)이라 함은 얼음 등을 이용하여 신선상태를 유지하거나 동결되지 아니 하도록 (②)이하로 냉장한 수산동·식물을 말한다.

➡ ① 신선냉장품 ② 10℃

기출문제연구

수산물· 수산가공품 검사기준에 관한 고시에서 규정하고 있는 용어의 정의이다. (   )에 들어갈 내용을 쓰시오.

(①)이라 함은 어육에 소량의 소금 및 부재료를 넣고 갈아서 만든 고기풀을 (②)시켜 만든 탄성 있는 겔 상태의 가공품을 말한다.

➡ ① 어육연제품 ② 가열·응고

기출문제연구

수산물·수산가공품 검사기준에 관한 고시에서 규정하고 있는 수산물 등의 표시기준 중 제품명, 중량(또는 내용량), 업소명(제조업소명 또는 가공업소명), 원산지명 등의 표시를 생략할 수 있는 경우 3가지를 답란에 쓰시오.

➡ ① 무포장 ② 대형수산물
③ 수입국에서 요구할 경우

수산물·수산가공품 검사기준에 관한 고시
제4조(수산물 등의 표시기준) ① 수산물 등에는 제품명, 중량(또는

1) 관능검사기준
가. 활어·패류

항목	합격
외관	손상과 변형이 없는 형태로서 병·충해가 없는 것
활력도	살아 있고 활력도가 양호한 것
선별	대체로 고르고 이종품의 혼입이 없는 것

나. 신선·냉장품

항목	합격
형태	손상과 변형이 없고 처리상태가 양호한 것
색택	고유의 색택으로 양호한 것
선도	선도가 양호한 것
선별	크기가 대체로 고르고 다른 종류가 혼입되지 아니한 것
잡물	혈액 등의 처리가 잘되고 그 밖에 협잡물이 없는 것
냄새	신선하여 이취가 없는 것

다. 냉동품
  (1) 어·패류

항목	합격
형태	고유의 형태를 가지고 손상과 변형이 거의 없는 것
색택	고유의 색택으로 양호한 것
선별	크기가 대체로 고르고 다른 종류가 혼입되지 아니한 것
선도	선도가 양호한 것
잡물	혈액 등의 처리가 잘 되고 그 밖에 협잡물이 없는 것
건조 및 유소	글레이징이 잘되어 건조 및 유소현상이 없는 것 다만, 건조 및 유소를 방지할 수 있도록 포장한 것은 제외한다
온도	중심온도가 -18℃이하인 것 다만, 횟감용 참치류의 중심온도는 -40℃이하인 것

  (2) 연육

항목	합격

형태	고기갈이 및 연마 상태가 보통이상인 것
색택	색택이 양호하고 변색이 없는 것
냄새	신선하여 이취가 없는 것
잡물	뼈 및 껍질 그 밖에 협잡물이 없는 것
육질	절곡시험 C급 이상인 것으로 육질이 보통인 것
온도	제품 중심온도가 -18℃이하인 것

(3) 해조류

항목	합격
형태	조체발육이 보통이상의 것으로 손상 및 변형이 심하지 아니한 것
색택	고유의 색택을 가지고 변질되지 아니한 것
선별	파치품·충해엽 등의 혼입이 적고 다른 해조 등의 혼입이 거의 없는 것
잡물	토사 및 이물질의 혼입이 거의 없는 것
온도	제품 중심온도가 -18℃이하인 것

(4) 붉은대게 액즙

항목	합격
색택	고유의 색택을 가지고 있는 것
잡물	토사, 패각, 그 밖에 이물이 없는 것
향미	고유의 향미가 양호한 것
온도	제품의 중심온도가 -18℃이하인 것

(5) 어육연제품(찐어묵 등)

항목	합격
형태	고유의 형태를 가지고 손상과 변형이 거의 없는 것
색택	고유의 색택으로 양호한 것
잡물	잡물이 없는 것

내용량), 업소명(제조업소명 또는 가공업소명), 원산지명 등을 표시하여야 한다. 다만, 외국과의 협약 또는 수입국에서 요구하는 표시기준이 있는 경우에는 그 기준에 따라 표시할 수 있다.

② 제1항의 규정에도 불구하고 무포장 및 대형수산물 또는 수입국에서 요구할 경우에는 그 표시를 생략할 수 있다.

기출문제연구

수산물·수산가공품 검사기준에 관한 고시에 규정된 살아있는 '넙치'의 관능검사 항목을 <보기>에서 모두 찾아 쓰시오.

〈보기〉
외관, 냄새, 색택, 선별, 선도, 활력도

▶ 외관, 활력, 선별

기출문제연구

수산물·수산가공품 검사기준에 관한 고시에서 규정하고 있는 '냉장갈치'의 관능검사 항목을 <보기>에서 모두 찾아 쓰고, 각 항목별 합격기준을 쓰시오.

〈보기〉
액즙, 색택, 정미량, 선별, 잡물, 냄새, 활력도, 온도, 형태, 선도

▶ 1. 형태 : 손상과 변형이 없고 처리상태가 양호한 것

2. 색택 : 고유의 색택으로 양호한 것

3. 선도 : 선도가 양호한 것

4. 선별 : 크기가 대체로 고르고 다른 종류가 혼입되지 아니한 것

5. 잡물 : 혈액 등의 처리가 잘되고 그 밖에 협잡물이 없는 것

6. 냄새 : 신선하여 이취가 없는

것

| 탄 력 | 탄력이 양호한 것 |
| 온 도 | 제품의 중심온도가 -18℃이하인 것 |

(6) 의료용 및 사료용 수산물·수산가공품은 (1)의 기준중 선별, 잡물 항목을 제외한다.

라. 건제품
(1) 마른김 및 얼구운김

항목	검 사 기 준				
	특 등	1 등	2 등	3 등	등 외
형 태	길이206mm 이상, 너비189mm 이상이고 형태가 바르며 축파지, 구멍기가 없는 것. 다만, 대판은 길이223mm이상, 너비 195mm이상 인 것	길이206mm 이상, 너비189mm 이상이고 형태가 바르며 축파지, 구멍기가 없는 것. 다만, 재래식은 길이 260mm 이상, 너비 190mm이상, 대판은 길이 223mm이상, 너비 195mm이상 인 것	좌와 같음	좌와 같음	길이 206mm, 너비 189mm 이나 과도하게 가장자리를 치거나 형태가 바르지 못하고 경미한 축파지 및 구멍기가 있는 제품이 약간 혼입된 것. 다만, 재래식과 대판의 길이 및 너비는 1등에 준한다.
색 택	고유의 색택(흑색)을 띠고 광택이 우수하고 선명한 것	고유의 색택을 띠고 광택이 우량하고 선명한 것	고유의 색택을 띠고 광택이 양호하고 사태가 경미한 것	고유의 색택을 띠고 있으나 광택이 보통이고 사태나 나부기가 보통인 것	고유의 색택이 떨어지고 나부기 또는 사태가 전체 표면의 20% 이하인 것
청태의	청태(파래.	청태의 혼	청태의	청태의 혼	청태의 혼입

혼입	매생이)의 혼입이 없는 것	입이 3%이내인 것. 다만, 혼해태는 20% 이하인 것	혼입이 10%이내인 것. 다만, 혼해태는 30% 이하인 것	입이 15% 이내인 것. 다만, 혼해태는 45% 이하인 것	이 15%이내인 것. 다만, 혼해태는 50%이하인 것
향 미	고유의 향미가 우수한 것	고유의 향미가 우량한 것	고유의 향미가 양호한 것	고유의 향미가 보통인 것	고유의 향미가 다소 떨어지는 것
중 량	100매 1속의 중량이 250g 이상인 것	100매 1 속의 중량이 250g이상인 것. 다만, 재래식은 200g이상인 것			
	다만, 얼구운김 중량은 마른김 화입으로 인한 감량을 감안할 수 있다.				
협잡물	토사.따개비.갈대잎 및 그 밖에 협잡물이 없는 것				
결 속	10매를1첩으로 하고 10첩을1속으로 하여 강인한 대지로 묶는다. 다만, 수요자의 요청에 따라 첩단위 또는 평첩의 상태로 포장할 수 있다				
결속 대지 및 문고지	형광물질이 검출되지 아니한 것				

기출문제연구

A수산물품질관리사가 참치회사를 방문하여 참치의 냉동관리 상태 등에 대해 컨설팅을 하고자 한다. 현재 이 참치회사는 횟감용 참치로 판매할 목적으로 6개월간 −20^{0}C (참치 중심온도)로 냉동보관하고 있었다. 이 참치회사에 대한 수산물품질관리사의 컨설팅 내용(향후 대책방안 포함)을 쓰시오. (단, 검사기준에 온도항목만 고려한다.)

▶ 어육의 갈변현상을 방지하기 위해서 장기보관시 −40℃이하로 보관할 필요가 있다.

기출문제연구

국립수산물품질관리원 검사관은 수산물.수산가공품 검사기준에 관한 고시에따라 냉동갈치에 대한 관능검사를 실시한 후 불합격 판정을 하였다. 불합격판정을 받은 항목을 찾고, 그 항목의 합격기준을 쓰시오. (단, 주어진 항목 이외에는 합격.불합격 판정에 고려하지 않는다.)

항목	검사 결과
형태	고유의 형태를 가지고 손상과 변형이 거의 없었음
선별	크기가 대체로 고르고 다른 종류가 다소 혼입되었음
잡물	혈액 등의 처리가 잘되고 그 밖에 협잡물이 거의 없었음
온도	중심온도의 측정결과는 −19℃ 이었음

▶ 불합격 항목과 합격기준

선별 : 크기가 대체로 고르고 다른 종류가 혼입되지 아니한 것

잡물 : 혈액 등의 처리가 잘 되고 그 밖에 협잡물이 없는 것

(2) 마른멸치

항 목	1 등	2 등	3 등
형 태	대멸 : 77mm이상 중멸 : 51mm이상 소멸 : 31mm이상 자멸 : 16mm이상 세멸 : 16mm미만으로서 다른크기의 혼입 또는 머리가 없는 것이 1%이내	대멸 : 77mm이상 중멸 : 51mm이상 소멸 : 31mm이상 자멸 : 16mm이상 세멸 : 16mm미만으로서 다른크기의 혼입 또는 머리가 없는 것이 3%내인	대멸 : 77mm이상 중멸 : 51mm이상 소멸 : 31mm이상 자멸 : 16mm이상 세멸 : 16mm미만으로서 다른크기의 혼입 또는 머리가 없는 것이

III 수산물품질관리사

기출문제연구

A회사는 냉동연육(포장된 제품) 800박스를 국립수산물품질관리원에 관능검사를 신청하였다. 검사신청을 받은 국립수산물품질관리원의 검사관은 수산물품질관리법령상 수산물 및 수산가공품에 대한 검사의 종류 및 방법, 수산물·수산가공품 검사기준에 따라 관능검사를 실시하려고 한다. 이때 관능검사시료는 몇 개를 채점하여야 하는지 쓰고, 관능검사기준 항목 중 형태, 육질, 온도의 합격기준에 관하여 서술하시오.

➡ 1) 시료채점개수 : 5개

2) 합격기준

① 형태 : 고기갈이 및 연마 상태가 보통 이상인 것

② 육질 : 질곡시험 c급 이상인 것을 육질이 보통인 것

③ 온도 : 제품 중심온도가 $-18\,^\circ C$ 이하인 것

기출문제연구

수산물·수산가공품 검사기준에 따른 '냉동해조류'의 관능검사 시 합불판정 항목에 해당하는 것을 <보기>에서 모두 찾아 쓰시오.

<보기>
형태, 탄력, 냄새, 향미, 색택, 선별, 잡물, 온도

➡ 형태, 색택, 선별, 잡물, 온도

	인 것	것	5%이내인 것
색 택	자숙이 적당하여 고유의 색택이 우량하고 기름이 피지 아니한 것	자숙이 적당하여 고유의 색택이 양호하고 기름편 정도가 적은 것	자숙이 적당하여 고유의 색택이 보통이고 기름이 약간 편 것
향 미	고유의 향미가 우량한 것	고유의 향미가 양호한 것	고유의 향미가 보통인 것
선 별	이종품의 혼입이 없는 것	이종품의 혼입이 없는 것	이종품의 혼입이 거의 없는 것
협잡물	토사 및 그 밖에 협잡물이 없는 것		

(3) 마른우무가사리

항목	1등	2등	3등	등 외
원 료	산지 및 채취의 계절이 동일하고 조체발육이 우량한 것	산지 및 채취의 계절이 동일하고 조체발육이 양호한 것	산지 및 채취의 계절이 동일하고 조체발육이 보통인 것	좌와 같음
색 택	고유의 색택으로서 우량하며, 발효로 인하여 뜨지 아니한 것	고유의 색택으로서 양호하며, 발효로 인하여 뜨지 아니한 것	고유의 색택으로서 보통이며, 발효로 인하여 뜨지 아니한 것	고유의 색택으로서 보통이며, 발효에 의하여 뜬 정도가 심하지 아니한 것
협잡물	다른 해조 및 그 밖에 협잡물이 1%이하인 것	다른 해조 및 그 밖에 협잡물이 3%이하인 것	다른 해조 및 그 밖에 협잡물이 5%이하인 것	좌와 같음

(4) 마른톳

항목	1등	2등	3등
원 료	산지 및 채취의 계절이 동일하고 조체발육이 우량한 것	산지 및 채취의 계절이 동일하고 조체발육이 양호한 것	산지 및 채취의 계절이 동일하고 조체발육이 보통인 것
색 택	고유의 색택으로	고유의 색택으로서	고유의 색택으로서

	서 우량하며 변질이 아니된 것	우량하며 변질이 아니된 것	보통이며 변질이 아니된 것
협잡물	다른 해조 및 토사 그 밖에 협잡물이 1%이하인 것	다른 해조 및 토사 그 밖에 협잡물이 3%이하인 것	다른 해조 및 토사 그 밖에 협잡물이 5%이하인 것

(5) 마른어류(어포 포함)

항 목	합 격
형 태	형태가 바르고 손상이 적으며 충해가 없는 것
색 택	고유의 색택이 양호한 것
협잡물	토사 및 그 밖에 협잡물이 없는 것.
향 미	고유의 향미를 가지고 이취가 없는 것

(6) 마른오징어류(문어.갑오징어 등)

항 목	합 격
형 태	1. 형태가 바르고 손상이 없으며 흡반의 탈락이 적은 것 2. 썰거나 찢은 것은 크기가 고른 것
색 택	색택이 보통이며 얼룩이 거의 없는 것
곰팡이 및 적분	곰팡이가 없고 적분이 거의 없는 것
협잡물	토사 및 그 밖에 협잡물이 없는 것
향 미	고유의 향미를 가지고 이취가 없는 것
선 별	크기가 대체로 고른 것

(7) 마른굴 및 마른홍합

항 목	합 격
형 태	형태가 바르고 크기가 고르며 파치품 혼입이 거의 없는 것

기출문제연구

수산물·수산가공품 검사기준에 관한 고시에 규정된 관능검사기준에 관한 설명이다. ( )에 올바른 내용을 쓰시오.

품 목	항 목	합격 기준
냉동 어·패류	온도	중심온도는 (①)^{0}C 이하인 것
냉동 연육	육질	절곡시험 (②)급 이상인 것으로 육질이 보통인 것
마른 돌김	이종품의 혼입	청태 및 종류가 다른 김의 혼입이 (③)% 이하인 것

▶ ① -18 ② C ③ 5%

기출문제연구

수산물.수산가공품 검사기준에 관한 고시에서 정한 '냉동 연육'의 관능검사기준항목에 해당하는 것을 〈보기〉에서 모두 고르시오.

〈보기〉
형태, 향미, 온도,
잡물, 탄력, 육질

▶ 형태, 온도, 잡물, 육질

III 수산물품질관리사

기출문제연구

수산물·수산가공품 검사기준에 관한 고시에서 규정하고 있는 냉동품 중에서 어·패류의 관능검사기준에 관한 설명이다. 괄호 안에 올바른 용어를 답란에 쓰시오.

항목	합격
온도	(①)온도가 -18℃이하인 것 다만, (②) 참치류의 (③)온도는 -40℃ 이하인 것

➡ ① 중심 ② 횟감용 ③ 중심

기출문제연구

수산물·수산가공품 검사기준에 관한 고시에서 규정하고 있는 관능검사기준에서 마른김 및 얼구운김의 형태 항목 중 특등에 해당하는 검사기준이다. 괄호 안에 알맞은 용어 또는 숫자를 답란에 쓰시오.

길이 206mm 이상, 너비 189mm 이상이고 형태가 바르고 (①), 구멍기가 없는 것, 다만 (②)은 길이 223mm 이상, 너비 (③)mm 이상인 것

➡ ① 축파지 ② 대판 ③ 195

기출문제연구

수산물·수산가공품 검사기준에 관한 고시에 규정된 '마른김 및 얼구운김'의 관능검사 항목의 일부이다. ( )에 올바른 내용을 쓰시오.

항목	합격 기준
결속	10매를1첩으로 하고 10첩을 (①)으로 하여 강인한 대지로 묶는다. 다만, 수요자의 요청에 따라 첩단위 또는 평첩의 상태로 포장할 수 있다.
결속대지 및 문고지	(②)이 검출되지 아니한 것

➡ ① 1속 ② 형광물질

색 택	고유의 색택으로 백분이 없고 기름이 피지 아니한 것
협잡물	토사 및 협잡물이 없는 것
향 미	고유의 향미를 가지고 이취가 없는 것

(8) 마른패류(굴·홍합을 제외한 그 밖의 패류)

항목	합격
형 태	형태가 바르고 손상품이 적은 것
색 택	고유의 색택이 양호한 것
협잡물	토사 및 그 밖에 협잡물이 없는 것
향 미	고유의 향미를 가지고 이취가 없는 것

(9) 마른어·패류 분말 또는 분쇄(멸치·굴·홍합 등)

항목	합격
형 태	1. 분말정도가 미세하고 고른 것 2. 분쇄정도가 대체로 고른 것
색 택	고유의 색택으로 유소현상이 없는 것
협잡물	토사 및 그 밖에 협잡물이 없는 것
향 미	고유의 향미를 가지고 이취가 없는 것

(10) 마른해삼류

항목	합격
형 태	형태가 바르고 크기가 고른 것
색 택	고유의 색택이 양호하고 백분이 심하지 아니한 것
협잡물	토사·곰팡이 및 그 밖에 협잡물이 없는 것
향 미	고유의 향미를 가지고 이취가 없는 것

(11) 마른새우류(새우살·겉새우 등 일반갑각류 포함)

항목	합격
형 태	손상이 적고 대체로 고른 것

색택	색택이 양호한 것
협잡물	토사 및 그 밖에 협잡물이 없는 것
향미	고유의 향미를 가지고 이취가 없는 것
선별	이종품의 혼입이 거의 없는 것

(12) 마른상어지느러미(복어지느러미 포함)

항 목	합 격
원료	이종의 지느러미를 혼합하지 아니하고 소형 상어지느러미는 배지느러미 및 뒷지느러미 혼합이 거의 없는 것
형태	형태가 바르고 지느러미 근부에 군살의 부착이 적고 충해.파손·구멍이 없는 것
색택	고유의 색택을 가지고 바래지거나 기름 및 곰팡이가 피지 아니하고 백분이 심하지 아니한 것
협잡물	토사 및 그 밖에 협잡물이 없는 것
향미	이취가 없는 것

(13) 마른다시마

항 목	합 격
원료	조체발육이 양호한 것
형태	정형상태가 대체로 바르고 손상품이 거의 없는 것
색택	1. 고유의 색택(흑녹색 또는 흑갈색)이 양호하고 바래진 정도가 심하지 아니한 것 2. 곰팡이가 없고 백분이 심하지 아니한 것
협잡물	토사가 없고 그 밖에 협잡물이 거의 없는 것
향미	고유의 향미를 가지고 이취가 없는 것

(14) 찐톳

항 목	합 격
형태	줄기(L) : 길이는 3cm이상으로서 3cm미만의 줄기와 잎의 혼입량이 5%이하인 것

기출문제연구

수산물 가공업체에 근무하고 있는 수산물품질관리사가 마른멸치(중멸) 제품을 관능검사한 결과이다. 수산물·수산가공품 검사기준에 관한 고시에서 규정한 관능검사기준에 따라 이 제품에 대한 판정등급을 쓰고, 항목별로 그 판정이유를 서술하시오. (단, 협잡물은 제외하고 다른 조건은 고려하지 않는다.)

항목	검사결과
형태	중멸 : 51mm ~ 55mm, 다른 크기의 혼입 또는 머리가 없는 것이 5%
색택	자숙이 적당하여 고유의 색택이 양호하고 기름편 정도가 적음
향미	고유의 향미가 양호함
선별	이종품의 혼입이 거의 없음

▶ 판정등급 : 3등

판정이유 : 형태(3등), 색택(2등), 향미(2등), 선별(3등)으로 종합판정은 3등급이다.

기출문제연구

수산물·수산가공품 검사기준에 관한 고시에서 관능검사 기준에 따라 마른멸치(중멸)에 대한 관능검사 결과이다. 이 제품에 대한 항목별 등급(①~④)을쓰고 종합등급(⑤) 및 그 이유(⑥)를 서술하시오. (단, 협잡물 등 다른 조건은고려하지 않는다.)

항목	검사 결과	등급
형태	중멸: 51 mm 이상으로서 다른 크기의 혼입 또는 머리가 없는 것이 2%이었음	(①)
색택	자숙이 적당하여 고유의 색택이 우량하고 기름이 피지 아니하였음	(②)
향미	고유의 향미가 양호하였음	(③)
선별	이종품의 혼입이 거	(④)

종합등급	의 없었음
	⑤
이유	⑥

※ 판정이유(⑥): ○○항목은 ○등이고 △△항목은 △등이므로 종합등급은 ◇등으로 판정

➡ ① 2등

② 1등

③ 2등

④ 3등

⑤ 3등

⑥ 선별항목은 3등이고 형태항목은 2등, 색택항목은 1등, 향미항목은 2등이므로 종합등급은 3등으로 판정

기출문제연구

국립수산물품질관리원의 검사관 A씨는 관능검사를 실시하고 다음과 같이 기록하였다. A씨의 관능검사 기록을 바탕으로 수산물·수산가공품 검사기준에 관한 고시에 따라 마른톳의 등급을 판정하고 판정이유와 마른오징어의 합격·불합격을 판정하고 판정이유를 각각 서술하시오(단, 다른 검사항목은 고려하지 않음).

(A씨의 관능검사 기록)
① 마른톳
 • 원료: 산지 및 채취의 계절이 동일하고 조체발육이 우량함
 • 색택: 고유의 색택으로서 우량하며 변질되지 않음
 • 협잡물: 다른 해조 및 토사 그 밖에 협잡물이 2.1%임
② 마른오징어
 • 원료: 흡반의 탈락이 적음
 • 색택: 색택이 보통이며

항목	
	잎 (S) : 줄기를 제거한 잔여분(길이 3cm미만의 줄기 포함)으로서 가루가 섞이지 아니한 것
	파치(B) : 줄기와 잎의 부스러기로서 가루가 섞이지 아니한 것
색 택	광택이 있는 흑색으로서 착색은 찐톳원료 또는 감태 등 자숙시 유출된 액으로 고르게 된 것
선 별	줄기와 잎을 구분하고 잡초의 혼입이 없으며 노쇠 등 여원제품의 혼입이 없는 것
협잡물	토사.패각 등 협잡물의 혼입이 없는 것
취 기	곰팡이 냄새 또는 그 밖에 이취가 없는 것

(15) 마른미역류(가닥미역.썰은미역 등, 썰은간미역 포함)

항 목	합 격
원 료	조체발육이 양호한 것
형 태	1. 형태가 바르고 손상이 거의 없는 것 2. 썰은 것은 크기가 고르고 파치품의 혼입이 거의 없는 것
색 택	고유의 색택으로 양호한 것
협잡물	토사 및 그 밖에 협잡물이 없는 것
향 미	고유의 향미를 가지고 이취가 없는 것

(16) 마른돌김

항 목	합 격
형 태	1. 초제상태가 양호하여 제품의 형태가 대체로 바른 것 2. 구멍기가 심하지 아니한 것
색 택	고유의 색택을 띠고 광택이 양호하며 사태 및 나부끼의 혼입이 거의 없는 것
협잡물	토사.패각 등 협잡물의 혼입이 없는 것
이종품의 혼입	청태 및 종류가 다른 김의 혼입이 5%이하인 것
향 미	고유의 향미를 가지고 이취가 없는 것

(17) 구운김

항 목	합 격
형 태	1. 배소로 인한 파상형 또는 요철형의 혼입이 적은 것 2. 크기가 고르고 구멍기가 심하지 아니한 것
색 택	고유의 색택을 가지고 배소로 인한 변색이 심하지 아니한 것
협잡물	토사 및 협잡물의 혼입이 없는 것
향 미	고유의 향미를 가지고 이취가 없는 것

(18) 게EX분(분말)

항 목	합 격
형 태	분말의 정도가 미세하고 고른 것
색 택	고유의 색택이 양호한 것
협잡물	토사 및 그 밖에 협잡물이 없는 것
향 미	고유의 향미를 가지고 이취가 없는 것

(19) 마른해조류(도박.진도박.돌가사리 등, 그 밖의 갯풀)

항 목	합 격
원 료	조체발육이 양호한 것
색 택	고유의 색택이 양호하고 변색되지 아니한 것
협잡물	다른 해조, 토사 및 그 밖에 협잡물이 3%이하인 것

(20) 마른해조분

항 목	합 격
형 태	분말의 정도가 고른 것
색 택	고유의 색택을 가지며 변질.변색이 아니된 것
협잡물	토사 및 그 밖에 협잡물이 5%이하인 것
취 기	곰팡이 또는 이취가 없는 것

(21) 마른 바랜.뜬갯풀

> 얼룩이 거의 없음
> • 곰팡이, 적분, 협잡물:
>   거의 없음

▶ 1. 마른톳
    ① 등급판정 : 2등
    ② 판정이유 : 협잡물 3% 이하
(1% 이하 : 1등, 5% 이하 : 3등)
2. 마른오징어
    ① 판정 : 불합격
    ② 판정이유 : 곰팡이와 협잡물
            이 없어야 합격

기 출 문 제 연 구

수산물 · 수산가공품 검사기준에서 규정한 '건제품'의 관능검사기준에 관한 내용이다. 다음의 <건제품>을 합불판정과 등급판정별로 구분하고, 해당품목에 공통으로 적용된 검사항목을 <보기>에서 찾아 모두 쓰시오.

<건제품>
마른김, 마른오징어, 마른다시마, 마른멸치

<보기>
향미, 색택, 협잡물, 형태

구분	해당 품목	공통 항목
합불 판정	①	③
등급 판정	②	

① 마른오징어, 마른다시마
② 마른김, 마른멸치
③ 형태, 색택, 향미

　　　　* 검사항목

마른김(형태, 색택, 형태의 혼입, 향미, 중량, 협잡물, 결속)

마른오징어(형태, 색택, 곰팡이 및 적분, 협잡물, 향미, 선별)

마른다시다(원료, 형태, 색택, 협잡물, 향미)

마른멸치(형태, 색택, 향미, 선별, 협잡물)

기출문제연구

A수협에 소속된 B수산물품질관리사는 '마른톳' 생산지에 출장하여 예비검사를 실시한 결과 다음과 같은 검사결과를 작성하였다. 수산물·수산가공품 검사기준에 따른 마른톳의 (1)등급을 판정하고, (2)그 이유를 쓰시오. (단, 이유는 각 항목별 개별등급을 포함하여 종합 판정한다.)

(1) 등급판정 : 3등

(2) 원료(2등), 색택(1등), 협잡물(3등)으로 협잡물이 5%이하인 경우 3등이므로 종합판정 3등

기출문제연구

수산물·수산가공품 검사기준에 관한 고시에 따른 '마른김' 검사 기준의 일부이다. 항목별 해당 등급을 쓰시오.

항목	검사 기준	해당 등급
색택	고유의 색택이 떨어지고 나부기 또는 사태가 전체 표면의 20% 이하인 것	(①)
청태의 혼입	청태의 혼입이 3%이내인 것. 다	(②)

항목	합 격
원료	조체발육이 양호한 것
형태	바랜정도와 뜬형태가 적당한 것
색택	바래거나 뜬 색택이 고른 것
협잡물	협잡물이 1%이하인 것

(2) 그 밖의 건제품

항목	합 격
형태	형태가 바르고 크기가 고른 것
색택	1. 고유의 색택을 가진 것 2. 구운 것은 과열로 인한 흑반이 심하지 아니한 것
협잡물	토사 및 그 밖에 협잡물이 없는 것
향미	고유의 향미를 가지고 이취가 없는 것

마. 염장품
(1) 성게젓

항목	합 격
형태	미숙한 생식소의 혼입이 적고 이종품의 혼입이 거의 없으며 알 모양이 대체로 뚜렷한 것
색택	고유의 색택이 양호한 것
협잡물	토사 및 그 밖에 협잡물이 없는 것
향미	고유의 향미를 가지고 이취가 없는 것

(2) 명란젓 및 명란맛젓

항목	합 격
형태	크기가 고르고 생식소의 충전이 양호하고 파란 및 수란이 적은 것
색택	색택이 양호한 것

협잡물	협잡물이 없는 것
향미	고유의 향미를 가지고 이취가 없는 것
처리	처리상태 및 배열이 양호한 것
첨가물	제품에 고르게 침투한 것

혼입	만, 혼해태는 20% 이하인 것	
향미	고유의 향미가 양호한 것	(③)

➡ ① 등외 ② 1등 ③ 2등

(3) 새우젓

항 목	합 격
형 태	새우형태를 가지고 있어야 하며 부스러진 새우의 혼입이 적은 것
색 택	고유의 색택이 양호하고 변색이 없는 것
협잡물	토사 및 그 밖에 협잡물이 없는 것
향 미	고유의 향미를 가지고 이취가 없는 것
액 즙	정미량의 20%이하인 것
처 리	숙성이 잘되고 이종새우 및 잡어의 선별이 잘된 것

기출문제연구

수산물·수산가공품 검사기준에 관한 고시에서 규정하고 있는 건제품의 합격기준에 관한 내용이다. 합격기준에 적합하면 O, 적합하지 않으면 X를 답란에 쓰시오.

합격기준
① 마른어류(어포 포함)의 형태는 형태가 바르고 손상이 적으며 충해가 약간 있는 것
② 마른굴의 색택은 고유의 색택으로 백분이 없고, 기름이 피지 아니한 것
③ 찐톳 줄기(L)의 형태는 길이가 3cm 이상으로서 3cm 미만의 줄기와 잎의 혼입량이 3%이하인 것

(4) 간미역 (줄기포함)

항 목	합 격
원 료	조체발육이 양호한 것
색 택	고유의 색택이 양호한 것
선 별	1. 줄기와 잎을 구분하고 속줄기는 전개한 것 2. 노쇠엽 및 황갈색엽의 혼입이 없어야 하며 15cm이하의 파치품이 5%이하인 것
협잡물	잡초.토사 및 그 밖에 협잡물이 없는 것
향 미	고유의 향미를 가지고 이취가 없는 것
처 리	자숙이 적당하고 염도가 엽체에 고르게 침투하여 물빼기가 충분한 것

➡ ① X ② O ③ X

① 마른어류 형태 : 형태가 바르고 손상이 적으며 충해가 없는 것

② 마른굴 색택 : 고유의 색택으로 백분이 없고, 기름이 피지 아니한 것

③ 찐톳 줄기(L) : 길이는 3cm 이상으로서 3cm미만의 줄기와 잎의 혼입량이 5%이하인 것

(5) 그 밖의 간해조류

항 목	합 격
원 료	조체발육이 양호한 것

기출문제연구

수산물 · 수산가공품 검사기준에 관한 고시에 규정된 건제품의 관능검사기준에 관한 내용이다. 옳으면 O, 틀리면 ×를 쓰시오.

품목	항목	합격기준	답란
마른 홍합	색택	고유의 색택으로 백분이 없고 기름이 피지 아니한 것	①
마른 해삼류	형태	형태가 바르고 크기가 대체로 고른 것	②
찐롯	형태	줄기(L)의 길이는 3cm이상으로서 3cm미만의 줄기와 잎의 혼입량이 10%이하인 것	③
마른 썰은 미역	형태	크기가 고르고 파치품의 혼입이 거의 없는 것	④

▶ ① O ② × ③ × ④ O

색 택	고유의 색택이 양호한 것
협잡물	잡초.토사 및 그 밖에 협잡물이 없는 것
향 미	고유의 향미를 가지고 있으며 이취가 없는 것
처 리	생원조 그대로 가공한 것은 염도가 적당하고 물빼기가 충분하여야 하며 생원조를 자숙한 것은 과.미숙이 심하지 않고 염도가 적당하며 물빼기가 충분한 것

(6) 간성게

항 목	합 격
형 태	응고도가 적당하여 탄력이 있으며 손상이 거의 없는 것
색 택	고유의 색택이 양호한 것
협잡물	껍질.토사 그 밖에 협잡물이 없는 것
향 미	고유의 향미를 가지고 이취가 없는 것

(7) 어류액젓

항 목	합 격
외 관	침전물이 적으며 액즙의 투명도가 양호한 것
색 택	고유의 색택으로 변색이 없는 것
협잡물	협잡물이 없는 것
향 미	고유의 향미를 가지고 이미.이취가 없는 것

(8) 그 밖의 염장품

항 목	합 격
형 태	형태가 바르고 고른 것
색 택	고유의 색택으로서 변색이 거의 없는 것
협잡물	토사 및 그 밖에 협잡물이 없는 것

| 처 리 | 염도가 적당하고 처리상태가 양호한 것 |

바. 조미가공품

(1) 조미오징어류(문어·갑오징어 등)

항 목	합 격
형 태	1. 동체는 형태가 바르고 손상이 적은 것 2. 늘인 것은 늘인 정도가 고르고 손상이 적은 것 3. 찢은 것은 찢은 정도가 고르고 손상이 적은 것
색 택	1. 색택이 대체로 고르고 곰팡이가 없고 백분이 거의 없는 것 2. 늘인 것은 배소로 인한 반점이 심하지 아니한 것
선 별	1. 이종품과 협잡물의 혼입이 없는 것 2. 늘이고 찢은 정도에 따라 파치품 혼입이 거의 없는 것
향 미	고유의 향미를 가지고 이취가 없는 것
첨가물	1. 육질에 고르게 침투한 것 2. 훈제품의 경우에는 훈연이 고르게 침투한 것

(2) 조미쥐치포(늘인·구운 것 포함)

항 목	합 격
형 태	형태가 바르고 손상품의 혼입이 적은 것
색 택	1. 고유의 색택을 가지고 광택이 있으며, 배소 과정을 거친 제품은 과열로 인한 반점이 심하지 아니한 것 2. 곰팡이가 없으며 백분이 거의 없는 것
선 별	응혈육·착색육·변색품 및 파치품의 혼입이 거의 없는 것
향 미	고유의 향미를 가지고 이취가 없는 것
처 리	피뼈기가 충분하며, 어피·등뼈가 거의 붙어 있지 아니한 것
협잡물	토사 및 이물질의 혼입이 없는 것
첨가물	육질에 고르게 침투한 것

기출문제연구

A수산물품질관리사가 생산지에 출장하여 '마른멸치(대멸)' 무포장 제품 6kg를 생산한 생산어가에게 판매 컨설팅을 하고자 한다. 수산물·수산가공품 검사기준에 따라 3개 박스(A~C)에 대한 항목별 선별결과가 아래와 같을 때 생산어가가 기대할 수 있는 판매금액을 구하시오. (단, 1박스는 2kg 단위로, 모두 판매되었으며, 계산과정과 답을 포함하시오.)

항목	선별 결과	해당 박스
형태	크기는 80mm~90mm이었으며, 다른 크기의 혼입 또는 머리가 없는 것이 0.5%이었음	A, B
	크기는 80mm~90mm이었으며, 다른 크기의 혼입 또는 머리가 없는 것이 4%이었음	C톤
색택	자숙이 적당하여 고유의 색택이 양호하고 기름핀 정도가 적은 것	A, B
	자숙이 적당하여 고유의 색택이 보통이고 기름이 약간 핀 것	C
향미	고유의 향미가 양호한 것	A, B, C

구 분	1등	2등	3등
1박스당 판매금액	3만원	2만5천원	2만원

▶ A, B : 2등급

C : 3등급

판매금액 : A, B 5만원 + C 2만원
= 7만원

기출문제연구

수산물・수산가공품 검사기준에 관한 고시에 규정된 염장품 '명란젓'에 대한 관능검사 기준 중 '형태 항목'의 합격 기준과 관련된 용어를 <보기>에서 찾아 쓰시오. [2점]

<보기>
생식소, 정미량, 조체발육, 이종품, 파란, 잡어

▶ 생식소, 파란

기출문제연구

수산물・수산가공품 검사기준에 관한 고시에서 규정하고 있는 염장품의 관능검사 합격기준에 관한 내용이다. 옳으면 ○, 틀리면 ×를 답란에 표시하시오.

- 성게젓의 형태는 미숙한 생식소의 혼입이 적고 이종품의 혼입이 거의 없으며 알모양이 대체로 뚜렷한 것
- 명란젓 및 명란맛젓의 형태는 크기가 고르고 생식소의 충전이 양호하고 파란 및 수란이 적은 것
- 새우젓의 액즙은 정미량의 50% 이하인 것

▶ ○, ○, ×
새우젓의 액즙은 정미량의 20%이하인 것

기출문제연구

다음은 수산물・수산가공품 검사기준에 관한 고시에서 정한 '새우젓' 합격기준에 맞지 않은 사례이다. 다음에서 옳지 않은 것을 찾아 합격기준에 맞게 고치시오.

새우의 형태를 가지고 있어야 하며, 고유의 색택이 양호하고

---

(3) 조미김(김부각 및 맛김 포함)

항 목	합 격
형 태	형태가 바르고 크기가 고르며 손상이 거의 없는 것
색 택	고유의 색택이 양호한 것
협잡물	토사 및 그 밖에 협잡물이 없는 것
향 미	고유의 향미를 가지고 이취가 없는 것
첨가물	제품에 고르게 침투한 것

(4) 조미어패류(조미하여 얼구운 어류 포함)

항 목	합 격
원 료	종류가 동일하고 육질이 부서지지 아니하며 탄력이 있는 것
형 태	형태가 바르고 크기가 고르며 손상이 없는 것
색 택	품종별 고유의 색택이 양호하고 곰팡이가 없으며 백분이 거의 없는 것
선 별	파치품과 과열로 인한 변색품의 선별이 잘된 것
향 미	고유의 향미를 가지고 이미・이취가 없는 것
협잡물	토사 및 협잡물이 없는 것
첨가물	육질에 고르게 침투한 것

(5) 패류간장(굴・홍합・바지락간장 등)

항 목	합 격
색 택	갈색 또는 흑갈색인 것
협잡물	협잡물이 없는 것
향 미	고유의 향미를 가지고 이취가 없는 것
첨가물	제품에 고르게 혼합된 것

(6) 조미참치(어육)

항 목	합 격
형 태	어육입방체(Dice)의 길이 및 모각이 대체로 고르며, 파치품의 혼입이 거의 없는 것
색 택	고유의 색택을 가지고 백분이 거의 없는 것
협잡물	협잡물이 없는 것
향 미	고유의 향미를 가지고 이취가 없는 것
첨가물	육질에 고르게 침투한 것

(7) 식초담근 순채류

항 목	합 격
형태 및 자숙도	형태가 바르고 자숙이 적당한 것
색 택	고유의 색택이 양호한 것
협잡물	토사 및 협잡물이 없는 것
향 미	고유의 향미를 가지고 있으며 이취가 없는 것
점질물	점질물은 원초에 고르게 덮여져 있고 청등한 것

(8) 조미해조류 (미역줄기.해조무침 등)

항 목	합 격
형 태	자르거나 찢은 정도가 고른 것
색 택	고유의 색택이 양호한 것
협잡물	잡초.토사 및 협잡물이 없는 것
향 미	고유의 향미를 가지고 있으며 이취가 없는 것
첨가물	제품에 고르게 침투한 것

①변색이 없으며, ②고유의 향미를 가지며 이취가 없는 것으로서 ③액즙은 정미량의 40% 이하이고 ④잡어의 선별이 잘된 것이어야 한다.

▶ ③ 정미량의 40% 이하 -> 정미량의 20%이하

기출문제연구

간다시마와 간미역을 생산하는 P는 수산물품질관리사 C에게 수산물.수산가공품 검사기준에 관한 고시에 따른 관능검사 항목에 관하여 자문을 구하고있다.

( )에 알맞은 말을 쓰시오.

> P: 염장품 중에서 간다시마와 간미역의 검사 항목은 동일합니까?
> C: 아니요, 그렇지 않습니다. 간미역의 경우에는 간다시마에 없는 관능검사항목이 있습니다.
> P: 그것이 무엇입니까?
> C: 그것은 ( )(이)라는 검사 항목입니다.

▶ 선별

간미역 (줄기포함) 항목 : 원료, 색택, 선별, 협잡물, 향미, 처리

그 밖의 간해조류 : 원료, 색택, 협잡물, 향미, 처리

기출문제연구

수산물 · 수산가공품 검사기준에 관한 고시에 규정된 '조미쥐치포'의 관능검사 실시 후 박스별 검사 결과를 나타낸 것이다. 합격품에 해당하는 박스를 모두 쓰시오. (단, 관능검사 항목은 형태, 색택, 처리에 한정한다.)

구 분	관능검사 결과
A박스	형태가 바르고 고유 색택을 가지고 있으며 과열로 인한 반점이 없고 피빼기가 충분함
B박스	손상품 혼입이 적고 고유 색택을 가지고 있으며 광택이 없고 과열로 인한 반점이 심하지 않음
C박스	형태가 바르고 고유 색택을 가지고 있으며 백분이 고르게 분포되어 있고, 피빼기가 충분함
D박스	손상품 혼입이 적고 고유 색택을 유지하면서 피빼기가 충분함
E박스	손상품 혼입이 없고 피빼기가 충분하며 전체적으로 백분이 고르게 분포되어 있음

(9) 어육 액즙(다랭이 액즙 등)

항 목	합 격
색 택	갈색 또는 흑갈색인 것
협잡물	협잡물이 없는 것
향 미	고유의 향미를 가지며 이취가 없는 것
첨가물	제품에 고르게 혼합한 것

(10) 다시마 액즙

항 목	합 격
색 택	갈색 또는 흑갈색인 것
협잡물	협잡물이 없는 것
향 미	고유의 향미를 가지며 이취가 없고 Brix도가 33%이상인 것
첨가물	제품에 고르게 혼합한 것

(11) 그 밖의 조미가공품(꽃포 포함)

항 목	합 격
형 태	고유의 형태를 가지고 이종품의 혼입이 없는 것
색 택	고유의 색택이 양호한 것
협잡물	곰팡이 및 협잡물이 없는 것
향 미	고유의 향미를 가지고 이취가 없는 것
첨가물	육질에 고르게 침투한 것

사. 어간유.어유

항목	합격
색택	색택이 투명하고 양호한 것
취기	산패취가 없는 것

아. 어분.어비

(1) 어분.어비

항목	합격
분말정도	어분은 입자가 고르고 어비는 크기가 대체로 고른 것
냄새	암모니아취 및 탄냄새 등 이취가 심하지 아니한 것.
협잡물	협잡물이 거의 없는 것
곰팡이	곰팡이가 없는 것
충해	없는 것

(2) 그 밖의 어분(갑각류껍질 등)

항목	합격
분말	분말정도가 고르며 적당한 것
색택	변색되지 아니한 것
냄새	변패취가 없는 것
협잡물	협잡물이 거의 없는 것

자. 한천

(1) 실한천

▶ A박스, D박스

조미쥐치포 관능검사기준

항목	합격
형태	형태가 바르고 손상품의 혼입이 적은 것
색택	1. 고유의 색택을 가지고 광택이 있으며, 배소 과정을 거친 제품은 과열로 인한 반점이 심하지 아니한 것 2. 곰팡이가 없으며 백분이 거의 없는 것
선별	응혈육.착색육.변색품 및 파치품의 혼입이 거의 없는 것
향미	고유의 향미를 가지고 이취가 없는 것
처리	피빼기가 충분하며, 어피.등뼈가 거의 붙어 있지 아니한 것
협잡물	토사 및 이물질의 혼입이 없는 것
첨가물	육질에 고르게 침투한 것

항목	1등	2등	3등
형 태	300mm이상으로 크기가 대체로 고른 것.		
색 택	백색 또는 유백색으로 광택이 있으며 약간의 담황색이 있는 것	백색 또는 유백색이나 약간의 담갈색 또는 담흑색이 있는 것	백색 또는 유백색이나 담갈색 또는 약간의 담흑색이 있는 것
제정도	급냉.난건.풍건이 없고, 파손품.토사의 혼입이 없는 것	급냉.난건.풍건이 경미하며, 파손품.토사의 혼입이 극히 적은 것	급냉.난건.파손품.토사 및 협잡물이 적은 것

(2) 가루한천 또는 인상한천

항목	1등	2등	3등
색 택	백색 또는 유백색이며 광택이 양호한 것	백색이며 담황색이 약간 있는 것	백색이며 약간의 담갈색 또는 담흑색이 있는 것
제정도	품질 및 크기가 고른 것	품질 및 크기가 대체로 고른 것	품질 및 크기가 약간 고르지 못한 것

(3) 산한천.설한천.그 밖의 한천

항목	1등	2등
형 태	1. 산한천은 길이100mm이상이고 설한천(길이 100mm이하의 것)의 혼입이 5% 이내인 것 2. 그 밖의 한천 : 형태 및 품질이 대체로 고른 것	2. 그 밖의 한천 : 형태 및 품질이 약간 고르지 못한 것
색 택		백색 또는 유백색이나 약간의 황갈색 또는 담황색이 있는 것
협잡물	혼입이 없는것	

차. 어육연제품

(1) 어묵류 (찐어묵·구운어묵·튀김어묵·맛살 등)

항목	합격
성상	1. 색·형태·풍미 및 식감이 양호하고 이미·이취가 없는 것 2. 고명을 넣은 것은 그 모양 및 배합상태가 양호한 것 3. 구운 어묵은 구운색이 양호하며 눋은 것이 없는 것 4. 맛살은 게·새우 등의 형태와 풍미가 유사한 것
탄력	5mm두께로 절단한 것을 반으로 접었을 때 금이 가지 아니한 것
이물	혼합되지 아니한 것

(2) 어육소시지(고명어육소시지, 혼합어육소시지, 고명혼합어육소시지)

항목	합격
성상	1. 색택이 양호한 것 2. 향미가 양호하며 이미·이취가 없는 것 3. 식감이 양호한 것 4. 육질 및 결착이 양호한 것
겉모양	1. 변형되지 아니한 것. 2. 밀봉이 완전한 것. 3. 손상되지 아니한 것. 4. 케이싱과 내용물이 분리되지 아니한 것. 5. 케이싱 결착부에 내용물이 부착되지 아니한 것.
이물	혼합되지 아니한 것

(3) 특수포장어묵

항목	합격
성상	색·형태·풍미 및 식감이 양호하고 이미·이취가 없는 것
탄력	5mm두께로 절단한 것을 반으로 접었을 때 금이 가지 아니한 것
이물	혼합되지 아니한 것
외면 및 용기상태	1. 변형되지 아니한 것 2. 밀봉이 완전한 것 3. 손상되지 아니한 것 4. 케이싱과 내용물이 분리되지 아니한 것 5. 케이싱의 매듭에 내용물이 부착되지 아니한 것

기출문제연구

A수산물품질관리사가 실한천에 대한 품질검사를 위해 관능검사를 실시한 결과 다음과 같았다. 수산물·수산가공품 검사기준에 관한 고시에서 규정하고 있는 실한천 제품에 대한 항목별 등급을 판정(①~②)하고, 종합등급 판정(③)과 그 이유(④)를 쓰시오. [5점]

항목	검사결과	등급
형태	300mm이상으로 크기가 대체로 고르게 되어 있음	1등
색택	백색 또는 유백색이나 약간의 담갈색 또는 담흑색이 있는 것	①등
제정도	제정도 급냉·난건·풍건이 경미하며, 파손품·토사의 혼입이 극히 적은 것	②등
종합등급		③등
종합등급 판정이유		(④)

➡ ① 2 ② 2 ③ 2 ④ 색택과 제정도가 2등급

기출문제연구

수산물·수산가공품 검사기준상 어육연제품에서 '탄력' 검사항목의 합격기준이 아래와 같다. 해당 품목을 <보기>에서 찾아 쓰시오.

항목	합격 기준
탄력	5mm 두께로 절단한 것을 반으로 접었을 때 금이 가지 아니한 것

< 보기 >
찐어묵, 고명어육소시지,
혼합어육소시지, 구운어묵,
특수포장어묵, 맛살

➡ 찐어묵, 구운어묵, 특수포장어묵, 맛살

기출문제연구

수산물·수산가공품 검사기준에 따른 건제품 관능검사에서 '협잡물' 항목의 합격기준에 해당하는 품목을 <보기>에서 찾아 쓰시오.

항 목	합격 기준	해당 품목
협잡물	토사 및 그 밖의 협잡물 3% 이하인 것	①
	토사 및 그 밖의 협잡물 5% 이하인 것	②

〈보기〉
마른굴, 구운김, 마른해조분, 게EX분, 마른해조류

➡ ① 마른해조류　② 마른해조분

2) 정밀검사기준

항 목	기 준	검 사 대 상
1. 중금속		
1) 총수은	0.5mg/kg이하	○ 활, 신선·냉장품, 냉동품, 건제품 ○ 어류, 연체류, 패류, 냉동식용대구머리, 냉동창란(생물로 기준할 때) 　다만, 심해성 어류 및 다랑어류 및 새치류 제외 〔심해성어류 : 쏨뱅이류(적어포함, 연안성어종 제외), 금눈돔, 칠성상어, 얼룩상어, 악상어, 청상아리, 기름치, 곱상어, 귀상어, 은상어, 청새리상어, 흑기흉상어, 다금바리, 체장메기(홍메기), 블랙오레오도리, 스무스오레오도리, 오렌지라피, 붉평치, 먹장어(연안성 제외), 흑점샛돔(은샛돔), 파타고니아이빨고기, 은민대구(뉴질랜드계군에 한함) 등〕 〔다랑어류 및 새치류 : 참다랑어, 남방참다랑어, 날개다랑어, 눈다랑어, 황다랑어, 돛새치, 청새치, 녹새치, 백새치, 황새치, 백다랑어, 가다랑어, 점다랑어, 몽치다래, 물치다래〕
2) 메틸수은	1.0mg/kg이하	○ 심해성어류, 다랑어류, 새치류(생물로 기준할 때) 2009.12.1일부터 시행
3) 납	0.5mg/kg이하 2.0mg/kg이하	○ 어류, 냉동식용대구머리, 냉동창란(생물로 기준할 때) ○ 연체류, 패류(생물로 기준할 때)
4) 카드뮴	2.0mg/kg이하	○ 연체류, 패류(생물로 기준할 때)
2. 동물용의약품 등		○ 어류, 갑각류 및 전복(양식가능 품종으로서 활, 신선·냉장품 및 냉동품)
1) 옥시테트라싸이	0.2mg/kg이하	－ 어류

항 목	기 준	검 사 대 상
클린/ 클로르테트라싸이클린/테트라싸이클린 합으로서		- 갑각류 - 전복
2) 독시싸이클린	0.05mg/kg이하	- 어류
3) 클로람페니콜	불검출	- 어류
4) 스피라마이신	0.2mg/kg이하	- 갑각류
5) 옥소린산	0.1mg/kg이하	
6) 플루메퀸	0.5mg/kg이하	
7) 엔로플록사신/시프로 플록사신 합으로서	0.1mg/kg이하	
8) 설파제의 총합으로서 (설파클로르피리다진, 설파디아진, 설파디메톡신, 설파메톡시피리다진, 설파메라진, 설파메타진, 설파메톡사졸, 설파모노메톡신, 설파티아졸, 설파퀴녹살린, 설파독신, 설파페나졸, 설피속사졸, 설파클로르피라진)	0.1mg/kg이하	- 어류
9) 아목시실린	0.05mg/kg이하	- 어류
10) 암피실린	0.05mg/kg이하	- 갑각류
3. 마비성패독 (PSP)	80㎍/100g이하	○ 해산이매패 및 그 가공품
4. 복어독	10MU/g이하	○ 활, 신선·냉장품, 냉동품 - 복어 육질 및 껍질
5. 타르색소	불검출	○ 신선·냉장품, 냉동품 - 캐비아 및 그 대용품 - 필레 처리한 연어·송어·피조개·성게·명란 ※다만, 관능검사결과 색소를 첨가하지 아니하였다고 인정되는 경우에는 정밀검사를 생략할 수 있다 ○ 명란젓 및 명란맛젓

III 수산물품질관리사

기출문제연구

수산물품질관리사 A씨가 한천의 품질검사를 위하여 보기의 한천 제품에 대하여 젤리(Jelly)강도를 측정한 결과 모두 220g/cm²이였다, 젤리(Jelly)강도 측정 결과만으로 수산물·수산가공품 검사기준에 관한 고시에서 규정하고 있는 정밀검사기준에 따라 각각의 제품에 대한 등급을 판정하여 답란에 쓰시오.

<보기>
① 실한천(C급)
② 실한천(J급)
③ 산한천(J급)

➡ ① 2등 ② 3등 ③ 1등

기출문제연구

수산물·수산가공품 검사기준에서 정한 정밀검사기준상 검사대상이 양식어류, 갑각류, 전복에 대한 동물용의약품 기준에 관한 내용이다. 항생물질 3가지의 잔류량 합으로서 그 기준이 0.2mg/kg이하인 동물용의약품명을 <보기>에서 찾아 쓰시오.

< 보기 >
옥시테트라싸이클린,
테트라싸이클린, 옥소린산,
독시싸이클린,
클로르테트라싸이클린,
암피실린

➡ 옥시테트라싸이클린, 클로르테트라싸이클린, 테트라싸이클린

기출문제연구

A수산물품질관리사는 굴양식장의 생산단계 안전관리를 위하여 관련 검사기관에 검정 의뢰한 결과 다음과 같은 검사결과를 받았다. 이 검사결과에 따라 생산단계부터 안전한 수산물 생산을 위해 수산물품질관리사가 제시할 수 있는 (1)예방법과 (2) 사후관리 방안을 기술하시오. (단,

항 목	기 준	검 사 대 상
6. 세균수	1g중 50,000이하	○생식용 생굴에 한함
	1g중 100,000이하	○냉동품 (생식용에 한함)
7. 분변계대장균	230MPN/100g이하	○생식용 생굴, 냉동품(생식용에 한함)
8. 대장균군	음성	○어육연제품
9. pH	6.0이상	○수출용 냉동굴에 한함
10. 조회분	6.0%이하	○한천
	28.0%이하	○마른해조분
	30.0%이하	○그 밖의 어분 (갑각류 껍질등)
11. 조단백질	3.0%이하	○한천
	7.0%이상	○마른해조분
	35.0%이상	○그 밖의 어분(갑각류 껍질 등)
	45.0%이상	○혼합어분
	50.0%이상	○게엑스분(분말)
12. 조지방	1.0%이하	○어분·어비 (혼합어분 및 그 밖의 어분 제외)
		○게엑스분(분말)
	12.0%이하	○어분·어비, 그 밖의 어분(갑각류 껍질 등)
13. 전질소	0.5%이상	○어류젓혼합액
	1.0%이상	○멸치액젓, 패류 간장(굴·홍합·바지락간장 등)
	3.0%이상	○어육 액즙
14. 엑스분	21.0%이상	○패류간장
	40.0%이상	○어육액즙
15. 비타민A함유량	1g당 8,000 I.U 이상	○어간유

항 목	기 준	대 상	1등	2등	3등
16. 제리강도	C급 (100~300g/cm²이상)	실한천(cm²당)	300g이상	250g이상	100g이상
	J급 (100~350g/cm²이상)	실한천(cm²당)	350g이상	250g이상	100g이상
		가루·인상한천(cm²당)	350g이상	250g이상	150g이상
		산한천(cm²당)	200g이상	100g이상	−

항목	기준	대상
17. 열탕불용해잔사물	4.0%이하	○한천
18. 붕산	0.1%이하	○한천
19. 이산화황(SO2)	30mg/kg미만	○조미쥐치포류, 건어포류, 기타건포류, 마른새우류(두절포함)
20. 산가	2.0%이하	○어간유
	4.0%이하	○어유
21. 염분	3.0%이하	〈어분.어비〉 어분.어비
	12.0%이하	〈조미가공품〉 어육액즙
	13.0%이하	〈염장품〉 성게젓
	15.0%이하	〈염장품〉 간성게
		〈조미가공품〉 패류 간장
	20.0%이하	〈조미가공품〉 다시마 액즙
	23.0%이하	〈염장품〉 멸치액젓, 어류젓 혼합액
	40.0%이하	〈염장품〉 간미역(줄기포함)

항목	기준	대상
22. 수분	1%이하	〈어유.어간유〉 어유.어간유
	5%이하	〈건제〉얼구운김.구운김, 어패류(분말), 게EX분(분말)
	7%이하	〈조미가공품〉 김 (김부각 등 포함)
	12%이하	〈건제〉 어패류(분쇄), 〈어분.어비〉어분.어비, 그 밖의 어분(갑각류 껍질등)
	15%이하	〈건제〉 김, 돌김
	16%이하	〈건제〉 미역류(썰은간미역제외), 찐톳, 해조분
	18%이하	〈건제〉 다시마
	20%이하	〈건제〉 어류(어포함), 굴.홍합, 상어지느러미.복어지느러미 〈조미가공품〉 참치(어육)
	22%이하	〈건제〉 그 밖에 패류(굴.홍합제외), 해삼류 〈한천〉 한천
	23%이하	〈건제〉 오징어류, 미역(썰은간미역에 한함), 우무가사리, 그 밖의 건제품
	25%이하	〈건제〉 새우류, 멸치(세멸 제외), 톳, 도박.진도박.돌가사리 그 밖의 해조류

전량 폐기는 제외한다.

< 검사결과 >
○ 마비성패독: 150 ㎍/100g
○ 세균수: 1g중 150,000
○ 분변계대장균: 4,900MPN/100g
  230MPN/100g이하

▶ (1) 예방법 : 양식장의 수질정화를 위하여 오염수의 오염물질 제거, 수변위의 녹조제거, 물리적 물 순환, 수질 자생력을 위한 용존산소 공급 등

(2) 사후관리 방안 :

마비성패독 80㎍/100g 이하,

세균수 1g중 50,000 이하,

분변계대장균 230MPN/100g 이하가 되도록 관리

기출문제연구

해양수산부는 2018년 수산용 의약품 사용 지도 감독 점검계획에 따라 양식장 98곳에 대해 약품·중금속 검사를 진행한 결과 A양식장의 넙치에서 기준치 이상의 총수은을 확인하였다. 수산물 안전성조사 업무처리 세부실시요령에 따라 해당 양식장에 적용된 (1)총수은의 허용기준치 (2)부가될 수 있는 행정처분, (3)사후 특별 관리에 대해 기술하시오. (단, 위 언급된 넙치 양식장에서 수은은 수조 6개 중 2개에서 검출되었다.)

▶ (1) 총수은의 허용기준치 : 0.5mg/kg 이하

(2) 부가될 수 있는 행정처분 : 폐기명령

(3) 사후 특별 관리 : 조치사항의 이행확인과 교육

기출문제연구

수산물·수산가공품 검사기준에 관한 고시에 규정된 어분·어비의 정밀검사 기준 항목을 <보기>에서 모두 찾아 쓰시오.

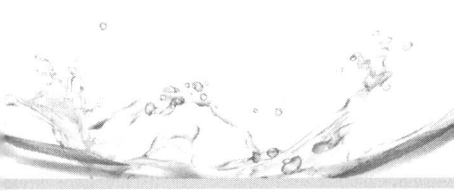

<보기>
pH, 조단백질, 전질소, 염분, 산가, 이산화황, 엑스분

➡ 조단백질, 염분

기출문제연구

A수산물품질관리사는 수산물 안전성조사 업무처리 세부실시요령에 따라 실시된 '냉동 참다랑어'의 중금속 안전성조사의 검사결과 부적합 판정을 홍길동씨가 받았음을 알았다. A수산물품질관리사가 검사결과가 적법하지 않은 것에 대해 검사실시기관에 알리고자 한다. 이의제기 이유를 서술하시오.

품목	수거		생산자명	
	일자	장소	주소	성명
냉동 다랑어	2019. 09. 16	1창고	부산	홍길동

조사결과		허용기준	검토의견
항목	결과		
총수은	0.6mg /kg	0.5mg/kg 이하	부적합
납	0.4mg /kg	0.5mg/kg 이하	적합
카드뮴	0.1mg/ kg	0.2mg/kg 이하	적합

➡ 참다랑어는 총수은 잔류허용기준의 대상품목이 아니다.

기출문제연구

A 수산물품질관리사는 건제품의 품질관리를 위하여 국립수산물품질관리원에 검사를 의뢰하고자 한다. 수산물·수산가공품 검사기준에 관한 고시에서 규정하고 있는 정밀검사기준에 따라 이산화황 (SO2) 검사를 받아야 하는 수산가공품을 <보기>에서 모두 찾아 쓰시오.

	28%이하		<조미가공품> 쥐치포류
			<조미가공품> 어패류(얼구운 어류 포함) 그 밖의 조미가공품(꽃포 포함)
	30%이하		<건제> 멸치(세멸), 뜬.바랜갯풀
			<조미가공품> 오징어류(동체.훈제제외), 백합
	42%이하		<조미가공품> 오징어류(문어.오징어 등)의 동체 또는 훈제
	50%이하		<염장품> 간성게
			<조미가공품> 청어(편육)
	60%이하		<염장품> 성게젓
	63%이하		<염장품> 간미역
			<조미가공품> 조미성게
	68%이하		<염장품> 간미역(줄기), 멸치액젓
	70%이하		<염장품> 어류젓혼합액
	※ 건제품.염장품.조미가공품중 위 기준 이상인 경우 품질보장수단이 병행된 것은 그러하지 아니하다.		
23. 첨가물 및 보존료	식품위생법에 규정된 기준과 규격에 적합할 것		○ 염장품.조미가공품에 첨가물 항목이 게기된 품목과 어육연제품

축산물 및 동물성 수산물과 그 가공식품 중 검출되어서는 아니 되는 물질

독시사이클린 허용기준(0.05mg/kg), 겐타마이신[넙치, 송어](0.1mg/kg)

1. 니트로푸란계 : 푸라졸리돈, 푸랄타돈, 니트로푸라존, 니트로푸란토인, 니트로빈
2. 카바독스
3. 올라퀸독스
4. 클로람페니콜
5. 클로르프로마진
6. 클렌부테롤
7. 콜치산
8. 답손
9. 디에틸스틸베스트롤
10. 에드록시프로게스테론 아세테이트
11. 티오우라실

12. 겐티안 바이올렛
13. 말라카이트 그린
14. 메틸렌 블루
15. 디메트리다졸
16. 이프로니다졸
17. 메트로니다졸
18. 로니다졸
19. 노르플록사신
20. 오플록사신
21. 페플록사신
22. 피리메타민
23. 반코마이신
24. 록사손
25. 아르사닐산

〈보기〉
○ 조미쥐치포류
○ 마른새우류
○ 마른김
○ 실한천
○ 마른미역류
○ 건어포류

▶ 조미쥐치포류, 건어포류, 기타건포류, 마른새우류

이산화황(SO2) : 조미쥐치포류, 건어포류, 기타건포류, 마른새우류(두절포함) 검사기준(30mg/kg미만)

기출문제연구

국립수산물품질관리원은 A 양식장의 송어에 대한 안전성조사 결과 '전량 폐기' 행정처분을 통보하였다. 송어 양식장의 안전성조사 결과, 전량 폐기에 해당하는 유해물질을 〈보기〉에서 모두 찾아 쓰시오.

〈보기〉
○ 클로람페니콜
○ 말라카이트그린
○ 독시싸이클린
○ 니트로푸란
○ 겐타마이신

▶ ① 클로람페니콜, 말라카이트그린, 니트로푸란

기출문제연구

국립수산물품질관리원에서 A양식장의 넙치를 수거하여 정밀검사를 실시한결과 총수은 검사결과가 '0.6 mg/kg'이었다. 수산물 안전성조사 업무처리 요령에 따라 조사기관장이 A양식장 생산자에게 전달한 분석결과 통보사항에 따른 행정처분을 쓰시오. (단, 통보사항은 '적합', '부적합'에서 선택한다.)

▶ 통보사항 : 부적합

행정처분 : 폐기 또는 판매금지

MEMO
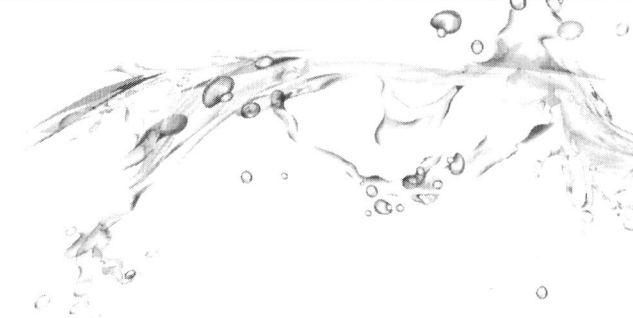

제9장 | 수산물 정밀검사 기술

01 수분

❶ 수분의 정량법

건조감량법, 증류법, 칼피셔법

❷ 건조가열법 (상압가열건조법)

1) 시험법 적용범위 : 식품의 종류, 성질에 따라서 가열온도

　㉮ 동물성 식품과 단백질 함량이 많은 식품 : 98~100℃
　㉯ 자당과 당분을 많이 함유한 식품 : 100~103℃
　㉰ 식물성 식품 : 105℃전후(100~110℃)
　㉱ 곡류 등 : 110℃이상

2) 분석원리

검체를 물의 끓는점보다 약간 높은 온도 105℃에서 상압건조시켜 그 감소되는 양을 수분량으로 하는 방법으로서 가열에 불안정한 성분과 휘발성분을 많이 함유한 식품에 있어서는 정확도가 낮은 결점이 있으나 측정원리가 간단하여 여러 가지 식품에 있어서 많이 이용된다.

3) 장치

　(1) 칭량접시(알루미늄 재료)
　　① 상부직경 55 mm, 하부직경 50 mm, 높이 25 mm : 약 25 g
　　② 상부직경 75 mm, 하부직경 70 mm, 높이 35 mm : 약 35 g
　(2) 유리봉
　　해사(정제) 20 g을 칭량접시에 옆으로 삽입했을 때 적어도 1.5 cm이상 해사로부터 나와 있어야 하며 뚜껑을 닫을 수 있을 정도의 길이일 것.
　(3) 자동조절기가 달린 건조기
　　적어도 ±1℃이내의 온도조절이 가능해야 한다.

기출문제연구

식품공전에서 규정하고 있는 식품의 수분측정법 중 상압가열건조법의 가열온도에 관한 내용이다. 식물성 식품, 동물성 식품과 단백질 함량이 많은 식품에 적합한 가열온도를 보기에서 찾아 답란에 쓰시오.

〈보기〉
80~95℃, 98~100℃,
105℃ 전후(100~110℃), 110℃

▶ ① 식물성 식품 : 105℃ 전후 (100~110℃)

② 동물성 식품과 단백질 함량이 많은 식품 : 98~100℃

이 시험법은 식품의 종류, 성질에 따라서 가열온도를 ㉮ 98~100℃ ㉯ 100~103℃ ㉰ 105℃전후(100~110℃) 및 ㉱ 110℃이상으로 한다.

즉 ㉮는 동물성 식품과 단백질 함량이 많은 식품 ㉯는 자당과 당분을 많이 함유한 식품

㉰는 식물성 식품 ㉱는 곡류 등의 신속법으로 쓰인다.

4) 시험방법

① 미리 가열하여 항량으로 한 칭량접시에 검체 3~5 g을 정밀히 달아(건조가 어려운 검체인 경우에는 20메쉬(mesh) 정제해사 20 g과 유리봉을 넣어 항량이 되게 하고 이에 검체를 넣어 잘 섞은 후 유리봉은 그대로 넣어 둔다)
② 뚜껑을 약간 열어 넣고 각 식품마다 규정된 온도의 건조기에 넣어 3~5시간 건조한 후
③ 데시케이터 중에서 약 30분간 식히고 질량을 측정한다.
④ 다시 칭량접시를 1~2시간 건조하여 항량이 될 때까지 같은 조작을 반복한다.
* 항량 : 화학분석에서 건조 또는 가열을 반복하여 중량이 일정하게 변화하지 않게 되었을 때의 중량을 말한다.

5) 계산방법

$$수분(\%) = \frac{b-c}{b-a} \times 100$$

a : 칭량접시의 질량(g)
b : 칭량접시와 검체의 질량(g)
c : 건조후 항량이 되었을 때의 질량

02 염분(몰 Mohr법)

가. 원리
 질산은(AgNO3)은 염화나트륨(NaCl)과 반응하여 불용성의 염화은(AgCl)을 생성한다.
 AgNO3 + NaCl → AgCl(s) + NaNO3
 종말점에서 은이온은 크롬산칼륨(K2CrO4) 지시약과 반응하여 적갈색의 침전물을 생성한다.
나. 장치 : 뷰렛, 피펫, 부피 플라스크
다. 시약 : 소금물, 0.1M 질산은, 크롬산칼륨 시약

라. 시험방법
① 소금물의 희석 : 5mL의 소금물을 부피 플라스크 내에서 250mL로 희석한다.
② 적정 : 25mL의 희석된 소금물을 피펫으로 취하여 250mL의 코니칼 플라스크에 넣고, 1mL의 크롬산칼륨 지시약을 가하여 0.1M 질산은 용액을 분명한 적갈색이 나타나 세게 흔들어도 지속될 때까지 적정한다. 일치된 결과를 얻기 위하여 반복 실험한다.

마. 계산방법

소금물 원액의 염화나트륨 함량은 다음과 같이 계산한다.
소금물 내 소금의 %(m/v) = 58.5 × 0.1 × T/5
* T = 0.1M 질산은의 평균적정량(mL)

> **기출문제연구**
>
> 식품공전에서 규정하고 있는 일반시험법 중 식염을 측정하는 방법인 회화법에서 사용되는 시약 2가지를 쓰시오.
>
> ➡ ① 크롬산칼륨 ② 질산은
> 소금물 + K_2CrO_4 + $AgNO_3$
> → AgCl(백색침전) + Ag_2CrO_4(크롬산은 : 적갈색침전)

03 염분(회화법)

1) 분석원리

전처리한 검체용액을 비커에 넣고 크롬산칼륨(K_2CrO_4)시액 몇 방울 가한 후 뷰렛 등으로 질산은($AgNO_3$) 표준용액을 적하하면 Cl-은 전부 AgCl의 백색침전으로 되고 또 K_2CrO_4와 반응하여 크롬산은(Ag_2CrO_4)의 적갈색침전이 생기기 시작하므로 완전히 적갈색으로 변하는데 소비되는 $AgNO_3$액의 양으로 정량하는 방법이다.

소금물 + K_2CrO_4 + $AgNO_3$ → AgCl(백색침전)
+ Ag_2CrO_4(크롬산은 : 적갈색침전)

2) 시험방법

식염 약 1 g을 함유하는 양의 검체를 취하여 필요한 경우 수욕상에서 증발건고한 후 회화시켜 이를 물에 녹이고 다시 물을 가하여 500 mL로 한 후 여과하고 여액 10 mL에 크롬산칼륨시액 2~3방울을 가하고 0.02 N 질산은 액으로 적정한다.

3) 계산방법

$$식염 = \frac{b}{a} \times f \times 5.85(w/w\%, w/v\%)$$

a : 검체 채취량(g, mL)
b : 적정에 소비된 0.02 N 질산은액의 양(mL)
f : 0.02 N 질산은 액의 역가

*역가 : 적정(滴定)에 쓰이는 표준용액(標準溶液)의 작용 강도로 이것을 나타내는 데에는 표준 용액 중의 적정시약의 농도(규정농도 등)에 의하는 수도 있으나, 그 표준용액 1ml와 당량(當量)의 피적정물질(被滴定物質) 또는 피적정물질과 관련이 있는 다른 물질의 양(量)을 써서 나타냄. 예를 들면, Cl-의 적정에 쓰이는 질산은 표준용액 1ml가 1.78mg Cl-과 당량일 때, 그 표준용액의 농도를 1ml=1.78mg Cl과 같이 표시.

04 일반세균수

- 냉동식품 : 냉동상태의 검체를 포장된 그대로 40℃이하에서 가능한 한 단시간에 녹이고 용기.포장의 표면을 70% 알콜솜으로 잘 닦은 후 제9. 일반시험법 3. 미생물시험법 3.5.1 일반세균수에 따라 시험한다.
- 세균수 측정법 : 표준평판법, 건조필름법, 자동화된 최확수법

1) 표준평판법

표준한천배지에 검체를 혼합 응고시켜 배양 후 발생한 세균 집락수를 계수하여 검체 중의 생균수를 산출하는 방법이다.

(1) 시험조작

3.3 제조법에 따른 시험용액 1 mL와 10배 단계 희석액 1 mL

씩을 멸균 페트리접시 2매 이상씩에 무균적으로 취하여 약 43~45℃로 유지한 표준한천배지(배지 1) 약 15 mL를 무균적으로 분주하고 페트리접시 뚜껑에 부착하지 않도록 주의하면서 조용히 회전하여 좌우로 기울이면서 검체와 배지를 잘 혼합하여 응고시킨다.

확산집락의 발생을 억제하기 위하여 다시 표준한천배지 3~5 mL를 가하여 중첩시킨다. 이 경우 검체를 취하여 배지를 가할 때까지의 시간은 20분 이상 경과하여서는 아니 된다. 응고시킨 페트리접시는 거꾸로 하여 35±1℃에서 48±2시간(시료에 따라서 30±1℃ 또는 35±1℃에서 72±3시간) 배양한다. **집락수의 계산**은 확산집락이 없고 1개의 평판당 15~300개의 집락을 생성한 평판을 택하여 집락수를 계산하는 것을 원칙으로 한다. 검액을 가하지 아니한 동일 희석액 1 mL를 대조시험액으로 하여 시험조작의 무균여부를 확인한다.

(2) 집락수 산정

배양 후 즉시 집락 계산기를 사용하여 생성된 집락수를 계산한다. 부득이할 경우에는 5℃에 보존시켜 24시간 이내에 산정한다. 집락수의 계산은 확산집락이 없고(전면의 1/2이하 일 때에는 지장이 없음) 1개의 평판당 15~300개의 집락을 생성한 평판을 택하여 집락수를 계산하는 것을 원칙으로 한다. 전 평판에 300개 이상 집락이 발생한 경우 300에 가까운 평판에 대하여 밀집평판 측정법에 따라 계산한다. 전 평판에 15개 이하의 집락만을 얻었을 경우에는 가장 희석배수가 낮은 것을 측정한다.

(3) 세균수의 기재보고

표준평판법에 있어서 검체 1 mL 중의 세균수를 기재 또는 보고할 경우에 그것이 어떤 제한된 것에서 발육한 집락을 측정한 수치인 것을 명확히 하기 위하여 1평판에 있어서의 집락수는 상당 희석배수로 곱하고 그 수치가 표준평판법에 있어서 1 mL 중(1 g 중)의 세균수 몇 개라고 기재보고하며 동시에 배양온도를 기록한다. 숫자는 높은 단위로부터 3단계에서 반올림하여 유효숫자를 2단계로 끊어 이하를 0으로 한다.

기출문제연구

식품공전에서 규정하고 있는 일반세균수를 측정하는 방법 중 표준평판법의 집락수 산정과 세균수의 기재보고에 관한 내용이다. 괄호 안에 알맞은 숫자를 답란에 쓰시오.

- (집락수 산정)
  집락수의 계산은 확산집락이 없고(전면의(1/2 이하일 때에는 지장이 없음) 1개의 평판단 (①)~300개의 집락을 생성한 평판을 택하여 집락수를 계산하는 것을 원칙으로 한다.
- (세균수의 기재보고)
  표준평판법에 있어서 검체 1mL 중의 세균수를 기재 또는 보고할 경우에 숫자는 높은 단위로부터 3단계에서 반올림하여 유효숫자를 (②)단계로 끊어 이하를 (③)으로 한다.

▶ ① 15 ② 2 ③ 0

기출문제연구

생식용 참다랑어를 냉동 저장하고자 하는 A수산물품질관리사는 저장전 참다랑어의 신선도를 확인하기 위하여 식품공전에서 정한 미생물 시험법에 따라 일반 세균수를 측정하고자 한다. (1) 일반세균수를 측정하는 방법 3가지와 수산물·수산가공품 검사기준에 따른 참다랑어의 (2) 세균수 허용기준을 쓰시오.

▶ 1) 일반세균수를 측정하는 방법 : 표준평판법, 건조필름법, 자동화된 최확수법
(2) 세균수 허용기준 : 1g중 100,000이하

ⓐ 15 ~ 300CFU/ plate인 경우

$$N = \frac{\Sigma C}{\{(1 \times n1)+(0.1 \times n2)\} \times (d)}$$

구 분	희석배수 1:100	1:1,000	CFU/g(mL)
집락수	232	33	24,000
	244	28	

$$N = \frac{(232+244+33+28)}{\{(1 \times 2) + (0.1 \times 2)\} \times 10^{-2}}$$

= 537/0.022 = 24,409 ≒ 24,000

ⓑ 15 CFU / plate 이하인 경우

구 분	희석배수 1:10	1:100	CFU/g(mL)
집락수	14	2	120
	10	1	

$$N = \frac{(14+10)}{(1 \times 2) \times 10^{-1}}$$

= 24/0.2 = 120

05 수은

❶ 시험용액의 조제

1) 황산 - 질산환류법

시료(5~10 g)를 분해플라스크에 취하고, 물 10 mL 및 질산 20 mL를 넣어 혼합하여 잠시 방치한 다음 황산 20 mL를 천천히 넣는다. 환류냉각기를 연결하여 주의하면서 NO2의 발생이 끝날 때까지 가열한다. 분해액이 담황색으로 투명하게 되지 않을 때에는 식힌 다음 질산 5 mL를 넣어 다시 가열한다. 필요하면 질산 5 mL의 추가를 되풀이 하여 분해액이 담황색으로 투명하게 되고 NO2의 발생이 끝나면 식힌 다음 물

50mL 및 10% 요소용액 10mL를 넣어서 10분간 끓이고 식혀 과망간산칼륨 1g을 넣고 10분간 때때로 흔들어 섞는다. 자홍색이 없어지면 다시 과망간산칼륨 1 g을 넣고 흔들어 섞는다. 이 조작을 자홍색이 남을 때까지 되풀이 하고 20분간 끓여 액의 자홍색이 없어지면 식힌 다음 과망간산칼륨 1 g을 넣고 다시 20분간 가열한다. 이 때 액의 자홍색이 없어지면 과망간산칼륨의 첨가 및 가열 조작을 다시 2회 되풀이 하고 식혀 용액이 무색투명하게 될 때까지 10% 과산화수소용액을 주의하여 적가한다. 다만, 비색의 경우에는 과산화수소 대신 20% 염산 히드록실아민용액을 이용한다. 식힌 다음 장치의 내부 및 연결부분을 황산(1→100) 20 mL로 씻고 플라스크에 합쳐 일정량으로 하여 시험용액으로 한다. 지방분이 많은 시료는 헥산 20 mL 씩으로 3회 추출하여 수용액을 시험용액으로 한다.

2) 측정

(1) 원자흡광광도법에 의한 정량(환원기화법)

① 분석원리

시험용액을 환원기화장치를 이용하여 흡광도를 측정한다.

② 시약 및 시액

(가) 염화제일주석(SnCl2(II))용액 : 염화제일주석 100g을 100 mL 염산에 녹여 물을 가하여 1,000 mL로 한다.

(나) 수은표준용액 : 염화제이수은 0.135g을 10% 질산 100 mL에 녹이고 물을 가하여 1,000 mL로 한다. 사용시 이 용액을 1% 질산으로 1,000배 희석하여 표준용액으로 한다.

  * 수은표준용액 1 mL = 0.1μL Hg

3) 시험조작

시험용액 및 공시험용액, 염화제일주석용액을 시험용액병에 취하여 환원기화장치에 연결한 다음 다이아프램펌프(diaphram pump)에 의해 공기를 흡수셀 중에 순환시켜 파장 253.7 nm에서 흡광도를 측정한다. 수은표준용액 0, 5, 10, 15, 20 mL에 물을 가해서 100 mL로 하여 시험용액과 같은 조작을 한 다음 각각의 흡광도를 측정하여 작성한 검량선으로부터 수은(Hg)의 함량을 구한다.

기출문제연구

식품공전에서 규정하고 있는 수산물에 대한 규격 중 수은(Hg)의 분석에 관한 내용이다.

괄호 안에 알맞은 용어를 답란에 쓰시오.

> 수은(Hg)의 분석은 (①)환류법으로 시험용액을 조제하고, 시료 중 수은을 환원기화법 또는 (②)법으로 측정한다.

▶ ① 황산-질산 ② 금아말감

(1) 원자흡광광도법에 의한 정량(금아말감법)
① 분석원리
시료 중 수은을 금아말감으로 포집하여 냉원자흡광법으로 측정한다.
② 장치
시료의 연소에서 금아말감에 의한 포집, 냉원자흡광법에 의한 측정까지를 자동화한 수은 측정장치를 쓴다.
③ 시약 및 시액
(가) 수은표준원액 : 염화제이수은 135.4 mg을 10% 질산에 녹여 1,000 mL로 한다(어두운 곳에서 1~2개월까지 보존가능). 1 mL = 100μg Hg
(나) 수은표준용액 : 수은표준 원액을 10% 질산으로 희석하여 0~20μg/mL로 한다(쓸 때에 만든다).
(다) 첨가제
① 산화알루미늄
② 수산화칼슘+탄산나트륨(1:1 혼합물)을 쓸 때에 950℃에서 30분간 활성화시킨다.
④ 시험조작
첨가제1) ㉮ 약 1 g을 도가니에 고르게 펴고 고체 시료는 그 위에 세절 또는 균질화한 시료를 10~300 mg, 액체시료는 0.1~0.5 mL를 첨가제 ㉮에 완전히 스며들게 하고, 그 위에 첨가제 ㉮ 약 0.5 g ㉯ 약 1 g을 차례로 고르게 펴 층을 이루게 한다. 도가니를 연소부에 넣고 공기 또는 산소를 0.521 L/min를 통과하면서 300℃에서 60초간 건조하고 850℃에서 180초간 분해하여 수은을 유지시켜 포집관에 수은을 포집한다. 포집관을 약 700℃로 가열하여 수은증기를 냉원자흡광분석장치에 보내고, 흡광도를 측정하여 A로 한다. 따로 도가니에 첨가제만을 취해 같은 조작을 되풀이하여 흡광도를 측정하여 Ab로 한다. 다음 수은표준용액을 써서 같은 조작을 되풀이하여 얻어진 흡광도에서 검량선을 작성하여 A-Ab 값을 검량선으로부터 시료 중의 수은량을 산출한다.
주1) 장비 사양에 따라 첨가제를 사용하지 않을 수 있으며, 장비 사용설명서를 참고한다.

06 복어독

① 시험법 적용범위

복어와 복어 염장품 및 건조가공품 등에 적용한다.

② 분석원리

껍질과 근육을 균질화한 후 검체 일정량을 비커에 취하여 0.1% 초산용액 또는 초산성 메탄올로 추출하여 수욕 중에서 교반 후 냉각하여 여과한다. 이 액을 마우스에 주입하여 치사시간으로부터 독량을 산출한다.

③ 시약 및 시액

① 물 : 2차 증류수 및 이와 동등한 것
② 초산성 메탄올(pH 3.0) : 초산 20 mL에 메탄올 900 mL을 가하여 초산으로 pH 3.0을 맞춘 후 1 L로 한다
③ 0.1% 초산용액 : 초산 0.1 mL에 물을 가하여 100 mL로 한다.
④ 기타시약 : 특급

④ 시험용액의 조제

1) 추출

(1) 초산 추출법 (복어)

검체는 물과 직접 접촉해서는 아니 되며, 동결상태의 시료는 반동결 상태에서 껍질과 근육을 각각 별도로 분쇄기로 균질화한 후 10 g을 비커에 취하여 0.1% 초산용액 약 25 mL를 가한다. 끓는 수욕 중에서 교반하면서 10분간 가열 후 냉각한다. 원심관에 옮겨 원심분리(5,000 rpm, 5분)하여 추출액을 얻는다. 원심관 내의 잔류물을 0.1% 초산용액으로 세정하고 원심분리(5,000 rpm, 5분)하여 상등액을 추출액과 합한다. 이 액을 여과하고, 0.1% 초산용액으로 50 mL 되게 한 것을 각각의 시험용액으로 한다. 1 mL은 검체 0.2 g

에 해당한다. 각각의 시험용액은 마우스 시험 전까지 냉장보관한다.

(2) 초산성 메탄올 추출법 (복어 염장품 및 건조가공품 등)

껍질과 근육 각각 별도로 잘게 자르고, 분쇄기로 충분히 균질화한 후 검체 약 10 g과 초산성 메탄올 50 mL을 200 mL 둥근바닥플라스크에 넣고 환류냉각장치를 부착시킨다. 이를 미리 70~75℃로 예열된 전열기에서 10분간 가온하여 추출한다. 냉각 후 추출액을 다른 플라스크에 옮기고 초산성 메탄올 50 mL을 가하여 추출하는 과정을 두 번 반복하고 추출액은 모두 합한다. 잔류물을 초산성메탄올 10 mL로 세정하고 이액을 추출액과 합한 후 여과하여 감압농축한다. 농축 한 것에 물 10 mL을 가하여 녹인 후, 분액깔때기에 옮기고 에틸에테르 10 mL을 넣어 흔들어 섞은 후 층을 분리하고 에테르 층은 버린다. 다시 물 층에 에틸에테르 10 mL을 넣는 과정을 반복한다. 물층을 40℃ 이상의 수욕상에서 감압하여 에테르를 제거한 후 물을 가해 20 mL 되게 한 것을 각각의 시험용액으로 한다. 1 mL는 검체 0.5 g에 해당한다. 각각의 시험용액은 마우스 시험 전까지 냉장보관 한다.

⑤ 시험조작 (마우스 시험)

① 마우스ICR계 또는 ddy계의 동일계통의 <u>생후 4주된 19~21 g의 건강한 수컷을</u> 사용한다. 시험에 사용한 마우스는 표 2를 이용하여 마우스 체중에 대해 보정한다.

② 시험시험용액 1 mL을 2마리의 마우스 복강 내에 주사하고 주사 후부터 사망까지의 시간을 초단위로 기록한다. 사망시에는 3마리 이상의 마우스를 취하여 복강 내에 주사하여 반수치사시간(50% lethal time, LT50)을 구한다. 다만, 마우스가 7분 이내에 사망한 경우 7~13분 정도에서 사망하도록 시험용액을 희석하고 마우스 복강 내에 주사하여 반수치사시간(50% lethal time, LT50)을 구한다. 희석시에는 증류수를 사용한다.

⑥ 계산

살아남은 것을 포함한 마우스의 반수치사시간(50% lethal time, LT50)으로부터 표 1에 의한 MU를 구한다. 만일 마우스가 19 g이하 혹은 21 g이상이면 표 2에서 각 마우스체중에 대한 MU를 보정한 후 중앙값을 구하여 다음 식에 의해 검체 1 g 당의 MU를 구한다.

독력(MU/g) = 치사시간 및 체중보정에 의한 MU × 희석배수 × V / S
　　　　S : 검체의 채취량 (g)
　　　　V : 추출(1)법 50 (mL)
　　　　　　추출(2법) 20 (mL)

07 대장균군

대장균군은 Gram음성, 무아포성 간균으로서 유당을 분해하여 가스를 발생하는 모든 호기성 또는 통성 혐기성세균을 말한다. 대장균군 시험에는 대장균군의 유무를 검사하는 정성시험과 대장균군의 수를 산출하는 정량시험이 있다.

　　　　　📖 대장균군 검사 시험법
1. 정성시험
　가. 유당배지법 : 추정시험, 확정시험, 완전시험
　나. BGLB 배지법
　다. 데스옥시콜레이트 유당한천 배지법
2. 정량시험
　가. 최확수법 : 유당배지법, BGLB배지법
　나. 데스옥시콜레이트 유당한천 배지법
　다. 건조필름법

❶ 정성시험

1) 유당배지법

유당배지를 이용한 대장균군의 정성시험은 **추정시험, 확정시험, 완전시험의 3단계**로 나눈다. 3.3 제조법에 따른 시험용액 10 mL를 2배 농도의 유당배지(배지 2)에, 시험용액 1 mL 및 0.1 mL를 유당배지(배지 2)에 각각 3개 이상씩 가한다.

① 추정시험

시험용액을 접종한 유당배지(배지 2)를 35~37℃에서 24±2시간 배양한 후 발효관내에 가스가 발생하면 추정시험 양성이다. 24±2시간 내에 가스가 발생하지 아니하였을 때에 배양을 계속하여 48±3시간까지 관찰한다. 이 때까지 가스가 발생하지 않았을 때에는 추정시험 음성이고 가스발생이 있을 때에는 추정시험 양성이며 다음의 확정시험을 실시한다.

② 확정시험

추정시험에서 가스 발생한 유당배지발효관으로부터 BGLB 배지(배지 3)에 접종하여 35~37℃에서 24±2시간 동안 배양한 후 가스발생 여부를 확인하고 가스가 발생하지 아니하였을 때에는 배양을 계속하여 48±3시간까지 관찰한다. 가스 발생을 보인 BGLB 배지(배지 3)로부터 Endo 한천배지(배지 5) 또는 EMB 한천배지(배지 6)에 분리 배양한다. 35~37℃에서 24±2시간 배양 후 전형적인 집락이 발생되면 확정시험 양성으로 한다. BGLB배지에서 35~37℃로 48±3시간 동안 배양하였을 때 배지의 색이 갈색으로 되었을 때에는 반드시 완전시험을 실시한다.

③ 완전시험

대장균군의 존재를 완전히 증명하기 위하여 위의 평판상의 집락이 그람음성, 무아포성의 간균임을 확인하고, 유당을 분해하여 가스의 발생 여부를 재확인한다. 확정시험의 Endo 한천배지(배지 5)나 EMB한천배지(배지 6)에서 전형적인 집락 1개 또는 비전형적인 집락 2개 이상을 각각 유당배지발효관과 보통한천배지(배지 8)에 접종하여 35~37℃에서 48±3시간동안 배양한다. 이때 가스를 발생한 발효관에 해당되는 한천배지의 집락에 대하여 그람음성, 무아포성 간균이 증명되면 완전시험은 양성이며 대장균군 양성으로 판정한다.

2) BGLB 배지법

3.3 제조법에 따른 시험용액 1~0.1 mL를 2개씩 BGLB 배지(배지 3)에 가한다. 대량의 시험용액을 가할 필요가 있을 때에는 대량의 배지를 넣은 발효관을 사용한다.

시험용액을 넣은 BGLB 배지(배지 3)을 35~37℃에서 48±3시간 배양한 후 가스 발생을 인정하였을 때에는(배지를 흔들 때 거품 모양의 가스의 존재를 인정하였을 때에도) Endo 한천배지(배지 5) 또는 EMB 한천배지(배지 6)에 분리 배양한다. 이하의 조작은 가. 유당배지법의 확정시험 또는 완전시험 때와 같이 행하여 대장균군의 유무를 확인한다.

3) 데스옥시콜레이트 유당한천 배지법

3.3 제조법에 따른 시험용액 1 mL와 10배 단계 희석액 1 mL씩을 멸균 페트리접시 2매 이상씩에 무균적으로 취하고 약 43~45℃로 유지한 데스옥시콜레이트 유당한천배지(배지 9) 약 15 mL를 무균적으로 분주하고 페트리접시 뚜껑에 부착하지 않도록 주의하면서 회전하여 검체와 배지를 잘 혼합한 후 응고 시킨다. 그리고 그 표면에 동일한 배지 또는 보통한천배지를 3~5 mL를 가하여 중첩시킨다. 이것을 35~37℃에서 24±2 시간 배양 한 후 전형적인 암적색의 집락을 인정하였을 때에는 1개 이상의 집락을, 의심스러운 집락일 경우에는 2개 이상을 Endo 한천배지(배지 5) 또는 EMB 한천배지(배지 6)에서 분리 배양한다. 이하의 조작은 가. 유당배지법의 확정시험 또는 완전시험 때와 같이 행하고 대장균군의 유무를 시험한다.

❷ 정량시험

정량시험 : 최확수법(유당배지법, BGLB배지법), 데스옥시콜레이트 유당한천배지법, 건조필름법

1) 최확수법 : 유당배지법, BGLB배지법

<u>최확수란 이론상 가장 가능한 수치</u>를 말하여 동일 희석배수의 시험용액을 배지에 접종하여 대장균군의 존재 여부를 시험하고 그 결과로부터 확률론적인 대장균군의 수치를 산출하여 이것을 최확수(MPN)로 표시하는 방법이다. 최확수는 시험용액 10, 1 및 0.1 mL와 같이 연속해서 3단계 이상을 각각 5개씩(별표 1) 또는 3개씩(별표 2) 발효관에 가하여 배양 후 얻은 결과에 의하여 검체 100

기출문제연구

식품공전상 미생물시험법 중 유당배지를 이용한 대장균군의 정성시험 3단계를 순서대로 쓰시오.

▶ 추정시험-확정시험-완전시험

mL중 또는 100 g중에 존재하는 대장균군수를 표시하는 것이다. 예로 검체 또는 희석검체의 각각의 발효관을 5개씩 사용하여 다음과 같은 결과를 얻었다면 최확수표에 의하여 시험검체 100 mL중의 MPN은 94 로 된다. 이 때 접종량이 1, 0.1, 0.01 mL일 때에는 94×10 = 940으로 한다.

① 유당배지법

3.3 제조법에 따른 시험용액 10, 1, 0.1 mL와 같이 연속해서 3단계 이상을 5개 또는 3개씩의 유당배지(배지 2)에 접종한다. 단, 10 mL를 접종할 때에는 두배농도 유당 배지를 사용하고 0.1 mL 이하를 접종할 필요가 있을 때에는 10배 희석단계액을 각각 1 mL씩 사용한다. 가스발생 발효관 각각에 대하여 추정, 확정, 완전시험을 행하고 대장균군의 유무를 확인한 다음 최확수표로부터 검체 100 mL 또는 100 g중의 대장균군수를 구한다. 이때 시험용액을 가한 배지의 전부 또는 대부분에서 가스발생이 인정되거나 또 최소량을 가한 배지의 전부 또는 대부분이 가스가 발생되지 않도록 접종량과 희석도를 고려하여야 한다

② BGLB배지법

3.3 제조법에 따른 시험용액 10, 1 또는 0.1 mL를 5개 또는 3개씩 BGLB 배지(배지 3)에 각각 접종한다. 단, 10 mL를 접종할 때에는 두배농도 BGLB 배지를 사용하고 0.1 mL 이하를 접종할 필요가 있을 때에는 10배 희석단계액을 각각 1 mL씩 사용한다. 이때 시험용액을 가한 배지의 전부 또는 대부분에서 가스발생이 인정되거나 또 최소량을 가한 배지의 전부 또는 대부분이 가스가 발생되지 않도록 접종량과 희석도를 고려하여야 한다. 이하의 조작은 각 발효관에 대하여 BGLB 배지에 의한 정성시험법에 따라 하고 대장균군의 유무를 확인한 다음 최확수표로부터 검체 100 mL 또는 100 g중의 대장균군수를 산출한다.

2) 데스옥시콜레이트유당한천배지법

3.3 제조법에 따른 시험용액 1 mL와 각 10배 단계 희석액 1 mL에 대하여 이 배지에 의한 정성시험법과 같은 조작으로 35~37℃에서 24±2시간 배양한 후 생성된 집락중 전형적인 집락 또는 의심스러

운 집락에 대하여 정성시험 때와 같은 조작으로 대장균군의 유무를 결정한다. 균수 산출은 3.5.1 일반세균수에 따라 한다.

3) 다. 건조필름법

3.3 제조법에 따른 시험용액 1 mL와 각 10배 단계 희석액 1 mL를 2매 이상씩 대장균군 건조필름배지Ⅰ(배지 54) 또는 대장균군 건조필름배지Ⅱ(배지 70)에 접종한 후, 35±1℃에서 24±2시간 배양한다. 대장균군 건조필름배지Ⅰ에서는 붉은 집락 중 주위에 기포를 형성한 집락수를 계산하고, 대장균군 건조필름배지Ⅱ에서는 청색 및 청녹색의 집락수를 계산하여 그 평균집락수에 희석배수를 곱하여 대장균군 수를 산출한다. 균수 산출 및 기재보고는 3.5.1 일반세균수에 따라 한다.

08 마비성패독

1) 시험법 적용범위

패류, 피낭류, 패류 및 피낭류 통조림, 패류 및 피낭류 염장품, 패류 및 피낭류 건조가공품에 적용한다.

2)

분석원리균질화한 검체를 0.1 N 염산으로 가온 추출한 추출액의 상층액을 시험원액으로 하여 마우스에 주입하고 치사시간으로부터 독량을 계산한다.

3)

① 정제용 유리칼럼 : 크로마토그래피용 활성탄(100 mesh) 50 mL를 안지름 20 mm의 유리칼럼에 충전하여 사용한다.
② pH 측정기 : 표준완충액 pH 4.0, pH 7.0, pH 10.0으로 표준화 시킨 것

4) 시약 및 시액

① 물 : 2차 증류수 및 이와 동등한 것
② 표준원액 : 삭시톡신(100 ㎍/mL) 1 mL을 3.0 mM 염산을 가하여 100 mL 로 한다(1 ㎍/mL)
③ 1% 초산 함유 20% 에탄올용액 : 1 L 메스플라스크에 에탄올 200 mL를 넣고 물 500 mL를 섞은 후 초산 1 mL를 넣고 표시선까지 물로 채운다.
④ 5N 염산 : 물 50 mL에 염산 47.5 mL을 가하고 물을 가해 100 mL로 한다.
⑤ 0.1N 염산 : 5N 염산을 물로 50배 용량으로 희석하거나 물 50 mL에 염산 0.95 mL을 가하고 물을 가해 100 mL로 한다.
⑥ 0.01N 염산 : 1N 염산을 물로 10배 용량으로 희석하거나 물 100 mL에 염산 0.475 mL을 가하고 물을 가해 500 mL로 한다.
⑦ 0.1N 수산화나트륨용액 : 수산화나트륨 0.45 g을 물을 가하여 녹인후 100 mL로 한다.
⑧ 기타 시약 : 특급

5) 시험용액의 조제

① 검체의 손질
  가) 패류, 피낭류패류 및 피낭류의 외부를 물로 깨끗이 씻고 10개체 이상 또는 껍질을 제거한 육이 200 g 이상이 되도록 손질 한다.(패류의 경우 껍데기를 열고 내부의 모래나 이물질을 제거하기 위해 물로 씻은 후 칼로 패육을 취한다.) 이때 가열하거나 약품을 사용해서는 아니 된다. 육 전량을 표준체(20 mesh)에 얹어 5분 동안 물을 뺀 후 균질기로 균질화한다.
  나) 패류 및 피낭류 통조림내용물 전량을 취해 균질화한다(대용량인 경우 표준체(20 mesh)에 얹어 2분간 고형물과 액체를 분리한 후 고형물과 액체의 중량을 측정하고 그 비율에 따라 200 g 이상을 취하여 균질화한다).
  다) 패류 및 피낭류 염장품, 패류 및 피낭류 건조가공품검체 일정량을 분말로 만들거나 가늘게 잘라 균질화한다.

② 추출

가) 패류, 피낭류, 패류 및 피낭류 통조림균질화한 검체 100 g을 비커에 달아 0.1 N 염산 100 mL를 가하고 교반하면서 5 N 염산이나 0.1 N 수산화나트륨용액으로 pH를 3.0으로 조정한다. 강염기성이 되면 독이 파괴되기 때문에 0.1 N 수산화나트륨용액으로 pH을 조정할 때에는 부분적인 파괴를 방지하기 위하여 격렬히 교반하면서 소량씩 적가한다. 혼합액을 5분간 끓이고 실온에서 식힌 후, pH가 3.0이 되도록 조정하고 물을 가하여 200 mL이 되게 한다. 비커에 옮긴 후 교반하고 상층부가 투명해질 때까지 정치하여 상층액을 시험용액으로 한다.

나) 패류 및 피낭류 염장품, 패류 및 피낭류 건조가공품균질화한 검체 20 g을 비커에 달아 0.1 N 염산 100 mL를 가하여 패류의 추출방법에 따라 추출한다. 추출액 중 상층액 25 mL를 분취하여 pH 4.5~5.5로 조정한 다음 분당 3 mL 이하의 유속으로 정제용 유리칼럼을 통과시킨다. 물 100 mL로 칼럼을 세척한 후 1% 초산함유 20% 에탄올용액 150 mL로 용출시킨다. 용출액을 감압 농축하고 잔류물을 0.01 N 염산 10 mL에 녹여 시험용액으로 한다.

6) 시험조작(마우스 시험)

① 마우스ICR계의 또는 ddy계 동일계통의 생후 4주된 19~21 g의 건강한 수컷을 사용한다. 시험에 사용한 마우스는 표 2를 이용하여 마우스체중에 대해 보정한다.

② 시험시험용액 1 mL을 2마리의 마우스 복강 내에 주사하고 주사 후부터 사망까지의 시간을 초단위로 기록한다. 사망 시에는 3마리 이상의 마우스를 취하여 복강 내에 주사하여 반수치사시간(50% lethal time, LT50)을 구한다. 다만, 마우스가 5분 이내에 사망한 경우 5~7분 정도에서 사망하도록 희석하여 반수치사시간(50% lethal time, LT50)을 구한다. 희석시에는 0.1N 또는 0.01N 염산으로 pH 2.0~4.0 되게 조정하여 사용한다.

기출문제연구

수산물·수산가공품 검사기준에 관한 고시에서 규정하고 있는 해산이매패 및 그 가공품에 대한 마비성패독(PSP)의 정밀검사기준을 답란에 쓰시오.

▷ 0.8mg/kg 이하(80㎍/100g 이하)

7) 계산

① CF값 산출표준용액 10 mL에 물을 10, 15, 20, 25 및 30 mL을 각각 가하여 희석한 용액(이 액은 pH가 2.0~4.0이어야 하며, 4.5를 넘어서는 안된다) 1 mL씩을 각각 1마리 마우스에 복강 내 주사하고 주사 후부터 사망까지의 시간을 초단위로 기록하여 치사시간이 5~7분 사이가 되는 용액의 농도를 선택한다. 선택한 농도에 첨가되는 물의 양을 1 mL씩 증감하여 세농도의 희석한 액을 제조한다(표준용액 10 mL에 물 25 mL로 희석한 액이 선택된 경우, 표준용액 10 mL에 물 24 mL, 25 mL 및 물 26 mL을 각각 가하여 제조한다) 이 세농도로 희석한 액 1 mL 씩을 각각 10마리 마우스 시험군에 복강 내 주사하여 치사시간이 5~7분인 시험군의 반수치사시간(50% lethal time, LT50)을 구한다. 만약 10마리 마우스중 치사시간이 5~7분 내에 들지 않는 마우스가 몇 마리 있더라도 10마리 시험군의 반수치사시간(50% lethal time, LT50)이 5~7분에 들 경우에는 이를 반수치사시간(50% lethal time, LT50)으로 한다. 반수치사시간(50% lethal time, LT50)으로부터 표 1에서 1 mL당 MU(Mouse Unit)를 구하고 CF값(1 MU당 ㎍독력)은 다음식에 의해 계산한다.

> CF값(1 MU당 ㎍독력) =
> 희석표준용액의 농도(1 mL당 ㎍독력)/1mL 당 MU

② CF값을 이용한 독력 계산시험용액을 주사하고 살아남은 것을 포함한 각 마우스의 치사시간으로부터 표 1에서 1 mL당 MU를 구하고, 만일 마우스가 19 g이하 혹은 21 g이상이면 표 2에서 각 마우스체중에 대한 MU를 보정한 후 중앙값을 구한다(중앙값을 구할 때 60분 이상 살아있는 마우스의 치사시간에 대한 MU는 0.875이하로 간주).

CF값(1 MU당 ㎍독력)에 마우스체중을 보정한 1 mL당 MU의 중앙값을 곱하여 1 mL당 ㎍독력으로 환산하고 다음 식에 의해 검체 중의 독력을 구한다.

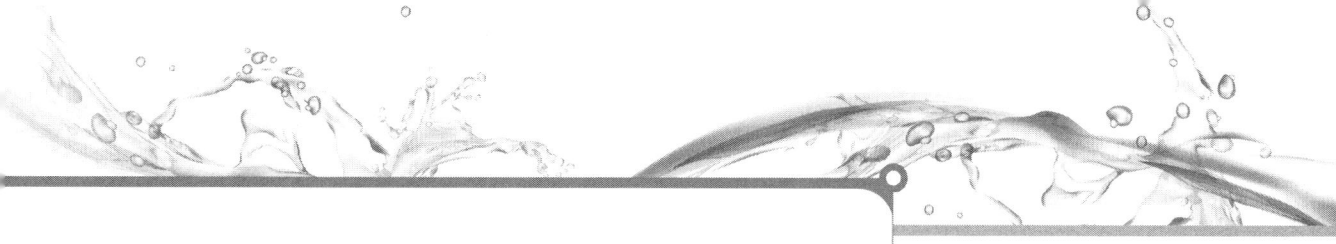

$$독력(\mu g/100\ g) = CF\ 값 \times 치사시간\ 및\ 체중보정에\ 의한\ MU \times 200\ /\ S$$
$$S : 검체의\ 채취량\ (kg)$$

○ 안전성조사 잔류허용기준 및 대상품목(수산물 안전성조사 업무 처리 세부실시요령)

1) 수산물 중금속 검사기준

대상식품	납(mg/kg)	카드뮴(mg/kg)	수은(mg/kg)	메틸수은(mg/kg)
어류	0.5 이하	0.1 이하 (민물 및 회유어류에 한한다) 0.2 이하 (해양어류에 한한다)	0.5 이하 (아래 ㉮의 어류는 제외한다)	1.0 이하 (아래 ㉮의 어류에 한한다)
연체류	2.0 이하 (다만, 오징어는 1.0 이하, 내장을 포함한 낙지는 2.0 이하)	2.0 이하 (다만, 오징어는 1.5 이하, 내장을 포함한 낙지는 3.0 이하)	0.5 이하	-
갑각류	0.5 이하 (다만, 내장을 포함한 꽃게류는 2.0 이하)	1.0 이하 (다만, 내장을 포함한 꽃게류는 5.0 이하)	-	-
해조류	0.5 이하 [미역(미역귀 포함)에 한한다]	0.3 이하 [김(조미김 포함) 또는 미역(미역귀 포함)에 한한다]	-	-
냉동식용 어류머리	0.5 이하	-	0.5 이하 (아래 ㉮의 어류는 제외한다)	1.0 이하 (아래 ㉮의 어류에 한한다)
냉동식용 어류내장	0.5 이하 (다만, 두족류는 2.0 이하)	3.0 이하 (다만, 어류의 알은 1.0 이하, 두족류는 2.0 이하)	0.5 이하 (아래 ㉮의 어류는 제외한다)	1.0 이하 (아래 ㉮의 어류에 한한다)

㉮ 심해성 어류 및 다랑어류 및 새치류

심해성어류 : 쏨뱅이류(적어포함, 연안성어종 제외), 금눈돔, 칠성상어, 얼룩상어, 악상어, 청상아리, 기름치, 곱상어, 귀상어, 은상어, 청새리상어 등

기출문제연구

수산물과 수산특산물의 품질인증 세분기준에서 정하고 있는 수산물과 수산특산물의 품목별 품질기준 중 마른오징어의 중량과 수분 기준을 답란에 쓰시오.

- 중량: (①)g 이상/마리
- 수분: (②)% 이하

➡ ① 60 ② 23.0

2) 패독소 기준

1. 마비성 패독 : 패류, 피낭류(멍게, 미더덕, 오만둥이 등) 0.8mg/kg 이하
2. 설사성 패독 : 이매패류 0.16mg/kg 이하
3. 기억상실성 패독 : 패류, 갑각류 20mg/kg 이하

3) 방사능 검사기준

핵 종	대 상 식 품	기준(Bq/kg, L)
^{131}I	모든식품	100 이하
$^{134}Cs + ^{137}Cs$	영아용 조제식, 성장기용 조제식, 영·유아용 이유식, 영·유아용특수조제식품, 영아용 조제유, 성장기용 조제유, 원유 및 유가공품, 아이스크림류	50 이하
	기타 식품*	100 이하

* 기타식품은 영아용 조제식, 성장기용 조제식, 영·유아용 이유식, 영·유아용 특수조제식품, 영아용 조제유, 성장기용 조제유, 원유 및 유가공품, 아이스크림류를 제외한 모든 식품을 말한다

※ Bq(베크렐Becquerel)

단위 시간당 발생하는 원자핵의 붕괴수로 표시하는 방사선 단위. 1초에 1개의 원자핵이 붕괴할 경우 1Bq이 된다.

4) 수산가공품 세균수 기준

세균수(5) 의 기준은 (장기보존기준)으로 n=5, c=2, m=1,000,000, M=5,000,000 입니다.
대장균(5) 의 기준은 (장기보존기준)으로 n=5, c=2, m=0, M=10입니다.

○ 수산물의 품목별 품질인증 기준

1. 건제품

구분	품 질 기 준
공통 기준	• 원료 : 국산이어야 한다. • 형태 : 손상과 변형이 거의 없고 처리상태 및 비만도 등이 양호하여야 한다.

- 색깔 : 고유의 색깔을 띠고 선명하며 변질·변색이 없고 곰팡이가 없어야 한다.
- 선별 : 크기가 균일하고 파치품의 혼입이 거의 없어야 한다.
- 향미 : 고유의 향미를 가지고 이미, 이취가 없어야 한다.
- 처리 : 머리부, 등뼈, 내장 및 껍질이 잘 제거되고 육질에 혈액이 붙어있지 아니하여야 하며 진공포장 하여야 한다.(꽁치과메기에 한함)
- 협 잡 물 : 토사 및 그밖에 협잡물이 없어야 한다.
- 정밀검사 : 「식품위생법」제7조제1항에서 정한 기준·규격에 적합하여야 한다.

	품목	중량(크기)	수분	혼입율 등
개별 기준	마른오징어	60g이상/마리	23.0%이하	
	덜마른오징어	80g이상/마리	50.0%이하	
	마른옥돔	25cm이상/마리	-	
	마른멸치	대멸 77mm이상/마리 중멸 51mm이상/마리 소멸 31mm이상/마리 자멸 16mm이상/마리 세멸 16mm미만/마리	30.0%이하 (세멸 : 35.0%이하)	- 머리가 없는 것, 또는 크기가 다른 것의 혼입율 5% 미만 - 진균수 : 1g당 1,000이하
	마른한치	40g이상/마리	35.0%이하	
	덜마른한치	60g이상/마리	50.0%이하	
	마른꽃새우	-	20.0%이하	파치품 포함 크기가 다른 것의 혼입율 5%미만
	황태	70g이상/마리 35cm이상/마리	20.0%이하	
	황태포	50g이상/마리 35cm이상/마리	20.0%이하	
	황태채	-	23.0%이하	
	굴비	20cm이상/마리	70.0%이하	
	꽁치과메기	20cm이상/편 절단:7cm이상/편	50.0%이하	- 세균수 : 1g당 100,000이하 - 대장균군 : 1g당 10이하
	마른굴	3g이상/개	20.0%이하	

마른홍합	3g이상/개	20.0%이하	
마른뱅어포	15g이상/장 (길이)265×(너비) 190mm	20.0%이하	구멍기가 거의 없어야 한다

2. 염장품

구분	품 질 기 준				
공통 기준	(해조류) ○원료 : 국산이어야 한다. ○형태 : 발육이 양호하고 손상과 변형이 거의 없어야 한다. ○색깔 : 고유의 색택으로 양호하며 변질 및 변색이 없어야 한다. ○선별 : 크기가 대체로 균일하고 파치품의 혼입이 거의 없어야 한다. ○향미 : 고유의 향미를 가지고 이취가 없어야 한다. ○처리 : 자숙이 적당하고 염도가 엽채에 고르게 침투하여 물빼기가 충분한 것 ○협잡물 : 잡초, 토사 및 그 밖의 협잡물이 없어야 한다. ○정밀검사 : 「식품위생법」제7조제1항에서 정한 기준·규격에 적합하여야 한다. (어 류) ○원료 : 국산이어야 한다. ○색깔 : 고유의 색깔이 우량하고 변질이 없어야 한다. ○형태 : 손상과 변형이 없어야 한다. ○향미 : 선도가 양호하고 부패취 등 이취가 없어야 한다. ○선별 : 크기가 균일하고 파치품의 혼입이 거의 없어야 한다. ○처리 : 내장과 아가미를 제거하고 혈액과 기타 협잡물이 없어야 한다. ○정밀검사 : 「식품위생법」제7조제1항에서 정한 기준·규격에 적합하여야 한다.				
개별 기준	품목	중량(크기)	수분	염분	혼입율 등
	간미역 (또는 염장미역)	-	63.0% 이하	40.0% 이하	노쇠엽, 황갈색엽의 혼입이 없어야 하며, 15cm 이하의 파치품이 3% 미만
	간다시마 (또는 염장다시마)	60cm이상 (뿌리절단면부터 줄기 끝부분까지)	-	-	병충해엽, 혼입율 5%미만

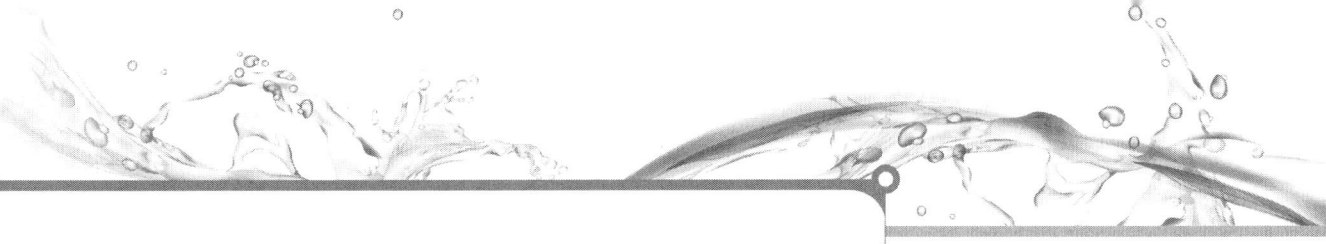

| | 간고등어
(또는
염장고등어) | 300g이상/마리
(가공전 원료 상태의
중량 적용) | – | 5.0%
이하 | – |

3. 해조류

구분	품 질 기 준
공통 기준	• 원료 : 국산이어야 한다. • 색깔 : 고유의 색깔을 띠며 광택이 우량하고 선명하여야 한다. 단, 찐톳은 색깔이 흑색으로서 광택이 우량하며 착색은 찐톳 원료 또는 감태 등 자숙 시 유출된 액으로 균일하게 된 것 • 선별 : 크기가 대체로 균일하고 파치품의 혼입이 거의 없어야 한다. • 향미 : 고유의 향미를 가지고 곰팡이 및 이취가 없어야 한다. • 협잡물 : 잡초, 토사 및 그 밖의 협잡물이 없어야 한다. • 정밀검사 : 「식품위생법」제7조제1항에서 정한 기준·규격에 적합하여야 한다.

	품목	중량	크기	수분	청태혼입 및 구멍끼 등
개별 기준	마른김	250g이상/속	• 개량식 : (길이)210×(너비)190mm • 재래식 : (길이)265×(너비)190mm	15.0% 이하	청태혼입이 5%미만이고 구멍끼가 없어야한다
	마른 돌김	270g이상/속	• 개량식 : (길이)210×(너비)190mm • 재래식 : (길이)265×(너비)190mm	15.0% 이하	청태의 혼입이 5%미만인 것
	얼구운김	원료는 마른김 중량기준 이상이어야 한다 (단, 화입으로 인한 감량을 감안할 수 있다)	원료는 마른김 크기 기준이어야 한다. (단, 화입으로 인한 크기의 감소를 감안할 수 있다)	5.0% 이하	청태혼입이 5%미만이고 구멍끼가 없어야한다
	얼구운 돌김	원료는 마른돌김 중량기준 이상 이어야 한다 (단, 화입으로 인한 감량을 감안할 수 있다)	원료는 마른돌김 크기 기준이어야 한다. (단, 화입으로 인한 크기의 감소를 감안할 수 있다)	5.0% 이하	청태의 혼입이 5%미만 인것

기출문제연구

A수산물품질관리사는 수산물의 품질인증을 신청하기 위하여 횟감용 수산물 중 냉동품에 대하여 품질검사를 실시하였다. 수산물의 품질인증 세부기준에 따라 공통규격에 대한 품질을 아래와 같이 평가한 결과, 인증기준에 적합하지 않은 항목을 찾아 맞게 수정하시오.

(수정 예 : □□ : ○○○ -> △△△)

< 횟감용 냉동품 품질 검사 기록 >

① 원료: 국산 원료를 사용하였다.
② 형태: 고유의 형태를 가지고 손상과 변형이 없다.
③ 건조 및 기름절임(유소) : 표면이 건조되어 있고, 기름기가 보였다.
④ 협잡물: 혈액 등의 처리가 잘 되어 있고 그 밖의 협잡물이 없다.
⑤ 동결포장: -18^0C에서 완만동결하여 위생적인 용기에 포장하였다.

➡ 1. 형태 : 없다 -> 거의 없다
2. 건조 및 기름절임(유소) : 보였다 -> 없어야 한다.
3. 동결포장 : -18^0C에서 완만동결 -> $-35°C$이하에서 급속동결

마른가닥미역	–	–	16.0% 이하	노쇠엽, 병충해엽, 황갈색엽 등의 혼입율 5%미만
마른 썰은미역 (또는 마른자른 미역), 마른 실미역	–	–	16.0% 이하	노쇠엽, 병충해엽, 황갈색 엽 등의 혼입율 5% 미만
마른 다시마	–	엽체길이30cm이상 엽의중량 15g이상	18.0% 이하	–
마른썰은다시마 (또는 마른자른 다시마)	–	–	18.0% 이하	노쇠엽, 파치의 혼입율 5%미만
찐 톳	–	• 줄기 : 길이 3cm이상으로서 3cm미만의 줄기와 잎의 혼입량 3%미만 • 잎 : 줄기를 제거한 잔여분(길이 줄기3cm미만 포함)으로서 가루가 섞이지 아니한것	16.0% 이하	–
마른김 (자반용)	250g이상/장	(길이) 400× (너비) 300mm 이상	15.0% 이하	청태의 혼입이 10%미만인 것
구운김	원료는 마른김, 마른돌김 중량기준 이상이어야 한다. (단, 화입으로 인한 감량을 감안할 수 있다.)	원료는 마른김, 마른돌김 크기 기준 이어야 한다. (단, 화입으로 인한 크기의 감소를 감안할 수 있다)	3.0% 이하	청태의 혼입이 5%미만인 것
파래김	250g이상/장	• 개량식 :	15.0%	파래의

| | | (길이)210×(너비)190mm
• 재래식 :
(길이)265×(너비)190mm | 이하 | 혼입이
10%이상인
것 |

4. 횟감용수산물

 * 횟감용수산물 : 머리, 뼈, 내장 등을 제거하여 최종 소비자가 그대로 섭취할 수 있도록 유통판매를 목적으로 위생 처리하여 용기·포장에 넣은 제품

 가. 신선·냉장품

구분	품 질 기 준
공통 기준	• 원료 : 국산이어야 한다. • 선도 : 선도가 양호하여야 한다. • 향미 : 고유의 향미를 가지고 이미, 이취가 없어야 한다. • 색깔 : 고유의 선명한 색택을 띠어야 한다. • 처리 : 위생적인 장소에서 안전하게 처리되어야 하며, 이물 등의 혼입이 없어야 한다. 다만, 어류는 혈액제거가 잘 되어야 한다. • 보존 : 청결하고 위생적인 용기포장에 넣어 4℃ 이하에서 보존하여야 한다. • 정밀검사 : 「식품위생법」제7조제1항에서 정한 기준·규격에 적합하여야 한다.
개별 기준	• 굴 - 개당 3g 이상이어야 한다. • 우렁쉥이 - 개당 15g 이상이어야 한다.

 나. 냉동품

구분	품 질 기 준
공통 규격	• 원료 : 국산이어야 한다. • 형태 : 고유의 형태를 가지고 손상과 변형이 없고 처리상태가 양호한 것이어야 한다. • 색깔 : 고유의 색택으로 양호한 것이어야 한다. • 선별 : 크기가 대체로 고른 것이어야 한다. • 선도 : 선도가 양호한 것이어야 한다. • 협잡물 : 혈액 등의 처리가 잘되고 그 밖의 협잡물이 없어야 한다. • 건조 및 기름절임(유소) : 그레이징이 잘되어 있고 건조 및 기름절임 현상이 없어야 한다.

- 동결포장 : -35℃이하에서 급속동결하여 위생적인 용기에 포장하여야 한다.
- 정밀검사 : 「식품위생법」제7조제1항에서 정한 기준·규격에 적합하여야 한다.

5. 냉동수산물

구분	품 질 기 준	
공통 기준	• 원료 : 국산이어야 한다. • 형태 : 고유의 형태를 가지고 손상과 변형이 거의 없어야 한다. • 색깔 : 고유의 색깔이 양호하여야 한다. • 선별 : 크기가 대체로 고르고 파치품 혼입이 거의 없어야 한다. • 선도 : 선도가 양호하고 이취가 없어야 한다. • 건조 및 기름절임(유소) : 그레이징이 잘되어 있고 건조 및 기름절임 현상이 거의 없어야 한다. • 동결포장 : -35℃이하에서 급속동결하여 위생적인 용기에 포장하여야 한다. • 정밀검사 : 「식품위생법」제7조제1항에서 정한 기준·규격에 적합하여야 한다.	
개별 기준	품 목	중 량(크기, 체장)
	고등어	30cm이상/마리
	갈 치	가식체장이 60cm이상/마리
	삼 치	50cm이상/마리
	뱀장어	40cm이상/마리
	붕장어	50cm이상/마리
	대 구	40cm이상/마리
	꽃 게	250g이상/마리
	가자미	20cm이상/마리
	참조기	20cm이상/마리
	참 돔	25cm이상/마리
	눈볼대	20cm이상/마리
	전갱이	20cm이상/마리
	오징어	300g이상/마리
	문 어	1000g이상/마리
	꽁 치	25cm이상/마리
	청 어	25cm이상/마리
	새 우	35마리이하/kg
	옥 돔	25cm이상/마리
	굴	3g이상/립

	병 어	20cm이상/마리
	민 어	40cm이상/마리
	홍 어	체반장 25cm이상/마리
	키조개(개아지살)	50g이상/마리
	전 복	150g이상/마리
	주꾸미	50g이상/마리
	붉은대게살(자숙, 각육)	-
	붉은대게살(자숙, 봉육)	-
	명 태	35cm이상/마리

○ 처리
- 필렛(Fillet)제품 : 뼈 제거가 잘 되어야 한다.
- 청크(Chunk)제품 : 일정한 크기로 절단되어야 한다.
 ※ 가식체장 : 입의 앞끝에서 꼬리 폭이 1cm 되는 곳까지의 길이
    체 반 장 : 가오리류의 주둥이 앞끝에서 가슴지느러미 뒤 가장자리 까지의 길이

○ 수산물품질인증 공장심사기준

항 목	심 사 기 준	평가
1. 원료확보	가. 원료 확보가 충분하여 제품생산에 지장이 없는 경우 나. 현재 원료 확보는 충분하지 않으나 계획된 제품을 생산에는 지장이 없는 경우 다. 원료 확보가 미흡하여 제품생산에 다소 차질이 우려되는 경우 라. 위의 "다"에 미달한 경우	수 우 미 양
2. 생산시설 및 자재	가. 해당 수산물의 품질수준 확보 및 유지를 위한 생산기술과 시설·자재를 충분히 갖추고 있는 경우 나. 해당 수산물의 품질수준 확보 및 유지를 위한 생산기술과 시설·자재를 충분히 갖추고 있지는 않으나 품질수준을 확보할 수 있는 경우 다. 해당 수산물의 품질수준 확보 및 유지를 위한 생산기술과 시설·자재는 부족하나 단기간 내에 보완이 가능하여 목표로 하는 품질수준을 확보할 수 있는 경우 라. 위의 "다"에 미달한 경우	수 우 미 양
3. 작업장환경 및 종사자의 위생관리	가. 주변 환경 및 폐기물로부터 오염의 우려가 없으며, 생산시설 및 종업원에 대한 위생관리가 우수한 경우 나. 주변 환경 및 폐기물로부터 오염의 우려가 없으며, 생산시설 및 종업원에 대한 위생관리가 양호한 경우 다. 주변 환경 및 폐기물로부터 오염의 우려가 없고 생산시	수 우 미 양

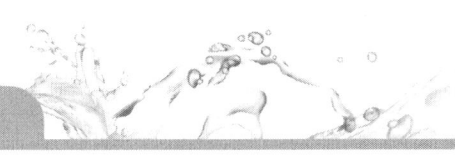

III 수산물품질관리사

기출문제연구

A 수산물품질관리사는 수산물 품질인증심사를 준비하는 B 수산물가공공장에 심사기준 등에 대한 컨설팅을 하고 있다. A수산물품질관리사가 컨설팅 해야 할 수산물 품질인증 세부기준에 따른 공장심사기준 8가지 항목을 서술하시오.

▶ 1. 원료확보
2. 생산시설 및 자재
3. 작업장환경 및 종사자의 위생관리
4. 생산자 자질 및 품질관리상태
5. 자체품질 관리수준
6. 품질관리열의도
7. 출하여건 및 판매처 확보
8. 대외신용도

항 목	심 사 기 준	평가
	설 및 종업원에 대한 위생관리 상태가 다소 미흡하나 단기간에 보완이 가능한 경우 라. 위의 "다"에 미달한 경우	
4. 생산자 자질 및 품질관리상태	가. 생산경력이 5년 이상이고, 건실한 생산자 또는 생산자단체로서 고품질의 제품생산의지가 확고하고 생산제품의 품질관리가 우수한 경우 나. 생산경력이 3년 이상이고, 건실한 생산자 또는 생산자단체로서 고품질의 제품생산의지는 있고 생산제품의 품질관리가 양호한 경우 다. 생산경력이 1년 이상이고, 고품질의 제품생산 의지는 있으나, 생산제품의 품질관리가 아직 충분하지 못한 경우 라. 위의 "다"에 미달한 경우	수 우 미 양
5. 자체품질 관리수준	가. 해당 수산물의 생산·출하과정에서의 자체품질관리체제와 유통 중 이상품에 대한 사후관리체제가 우수한 경우 나. 해당 수산물의 생산·출하과정에서 자체품질관리체제와 유통 중 이상품에 대한 사후관리체제가 양호한 경우 다. 해당 수산물의 생산·출하과정에서 자체품질관리체제와 유통 중 이상품에 대한 사후관리체제가 미흡한 경우 라. 인증기준을 위반하여 인증취소 처분을 받고 2년을 경과하지 아니하거나 위의 "다"에 미달한 경우	수 우 미 양
6. 품질관리 열의도	가. 수산물품질관리사를 고용하여 품질관리하거나 품질관리 교육에 참여한 실적이 있어 우량제품생산 및 출하에 대한 열의가 높은 경우 나. 품질관리 교육에 참여한 실적은 있으나, 우량 제품생산 및 출하에 대한 열의가 보통인 경우 다. 품질관리 교육에 참여한 실적은 있으나, 우량 제품생산 및 출하에 대한 열의가 미흡한 경우 라. 위의 "다"에 미달한 경우	수 우 미 양
7. 출하여건 및 판매처 확보	가. 판매처가 충분히 확보되어 있고, 품질인증품 요청물량을 지속적으로 공급할 수 있으며, 생산계획량 출하에 전혀 지장이 없는 경우 나. 판매처는 충분히 확보되어 있지 않으나, 추가로 판매망 확보가 가능하여 생산계획량 출하에 지장이 없는 경우	수 우 미 양

항 목	심 사 기 준	평가
	다. 판매처의 확보는 미흡하나, 판로개척의 가능성이 있어 생산계획량을 무리 없이 출하할 수 있는 경우 라. 위의 "다"에 미달한 경우	
8. 대외신용도	가. 자체상표를 개발하여 사용한 기간이 3년 이상이며, 대외신용도가 매우 높고 심사일 기준으로 과거 3년 동안 감독기관으로부터 행정처분을 받은 사실이 없는 경우 나. 자체상표를 개발하여 사용한 기간이 1년 이상이며 대외신용도가 높고 심사일 기준으로 과거 2년 동안 행정처분을 받은 사실이 없는 경우 다. 자체상표를 개발 중이거나 대외신용도가 보통이며, 심사일 기준으로 과거 1년 동안 행정처분을 받은 사실이 없는 경우 라. 위의 "다"에 미달한 경우	수 우 미 양

MEMO

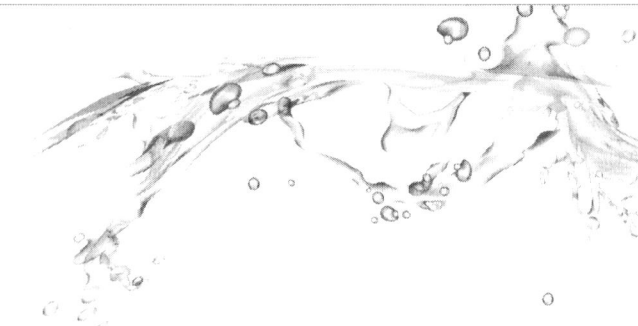

수산물 품질관리 관련 법령

제10장 | 수산특산물

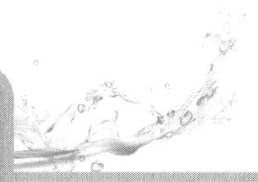

① 조미가공품

구 분	품 질 기 준

공통 기준	○ 원료 : 국산이어야 한다.
	○ 선별 : 토사, 파치품 및 협잡물의 혼입이 거의 없어야 한다.
	○ 향미 : 고유의 향미를 가지고 다른 맛과 이취가 없어야 한다.
	○ 처리 : 피빼기가 충분하고 껍질, 등뼈가 붙어있지 아니한 것이어야 한다.
	○ 조미료 : 식품위생법에 규정된 첨가물 기준 및 규격에 적합하고, 조미액이 육질에 균등하게 침투하여야 한다.
	○ 중금속(생물기준)
	  - 수은 : 0.5mg/kg이하 (어류, 패류, 연체류에 한함)
	  - 납 : 0.5mg/kg이하 (어류에 한함)
	       2.0mg/kg이하 (패류, 연체류에 한함)
	  - 카드뮴 : 2.0mg/kg이하 (패류, 연체류에 한함)
	○ 이산화황 : 0.030g/kg 미만
	○ 마비성패독 : 0.8mg/kg 이하 (이매패류에 한함)
	○ 설사성패독 : 0.16mg/kg 이하 (이매패류에 한함)
	○ 대장균 : 음성

개별 기준	○ 형태
	  - 조미오징어류
	    1. 동체는 형태가 바르고 손상이 적은 것
	    2. 늘인 것은 늘인 정도가 고르고 손상이 적은 것
	    3. 찢은 것은 찢은 정도가 고르고 손상이 적은 것
	  - 조미어포류 : 형태가 바르고 크기가 균등하며 손상품 및 파치품의 혼입이 없어야 한다.
	○ 색택
	  - 조미오징어류
	    1. 색택이 대체로 고르고 곰팡이 및 백분이 거의 없어야 한다.
	    2. 늘인 것은 배소로 인한 반점이 심하지 아니한 것

기출문제연구

식품공전상 건조감량법은 식품의 종류, 성질에 따라 가열온도를 각각 98~100°C, 100~103°C, 105°C 전후(100~110°C,), 110°C 이상으로 구분한다. 다음에 제시된 가열온도에 적합한 수산물을 <보기>에서 모두 찾아 쓰시오.

가열온도	대상품목
98~100°C,	(①)
105°C 전후	(②)

〈보기〉
찐톳, 멸치, 새우,
김, 미역, 오징어

➡ ① 멸치, 새우, 오징어 ② 찐톳, 김, 미역

시험법 적용범위 : 식품의 종류, 성질에 따른 가열온도

㉮ 동물성 식품과 단백질 함량이 많은 식품 : 98~100°C

㉯ 자당과 당분을 많이 함유한 식품 : 100~103°C

㉰ 식물성 식품 : 105°C전후(100~110°C)

㉱ 곡류 등 : 110°C이상

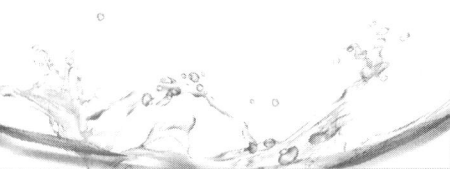

- 조미어포류 : 고유의 색깔을 가지고 광택이 우량하며 곰팡이 및 백분이 없어야 한다.
○ 수분
- 조미오징어류 : 30%이하(동체, 훈제 제외)
  42%이하(동체 또는 훈제)
- 조미쥐치포류 : 25.0%이하
- 조미어포류(얼구운어류 포함) 및 그 밖의 가공품(꽃포 포함) : 28.0%이하

② 해조가공품

1) 마른다시마환

구 분	품 질 기 준

공통 기준	○ 원료 : 국산이어야 한다.
	○ 형태 : 제환 형태가 바르고 크기가 균등하며 손상품의 혼입이 거의 없어야 한다.
	○ 색택 : 고유의 색깔이 양호하고 곰팡이 및 백분이 없어야 한다.
	○ 선별 : 토사 등 이물질의 혼입 및 변색품, 파치품이 없어야 한다.
	○ 향미 : 고유의 향미가 양호하고 다른 맛과 이취가 없어야 한다.
	○ 수분함유량 : 10%이하
	○ 공통규격
	  - 수산물품질관리법에서 정한 마른다시마 수출용검사기준의 합격품 이상 이어야 한다.
	  - 조미료는 식품위생법에 규정된 첨가물기준 및 규격에 적합하고 조미액이 육질에 균등하게 침투하여야 한다.

2) 마른다시마과립

구 분	품 질 기 준
공통 기준	○ 원료 : 국산이어야 한다. ○ 형태(크기) : 20메쉬 체위에 남는 양이 전체의 95%이상 이어야 하며, 10메쉬 체위에 남는 양이 전체의 1%이하 이어야 한다.

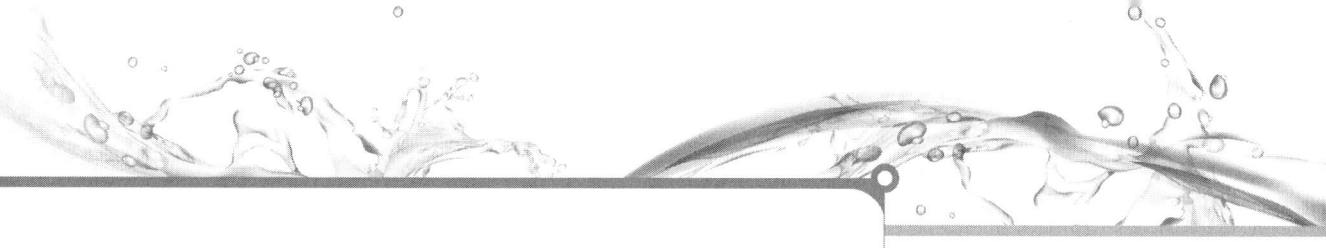

	○색택 : 고유의 색깔이 양호하고 곰팡이 및 백분이 없는 것 ○선별 : 토사 등 이물질의 혼입 및 변색품, 파치품이 없는 것 ○향미 : 고유의 향미가 양호하고 다른 맛과 이취가 없는 것 ○수분함유량 : 10%이하 ○조미료는 식품위생법에 규정된 첨가물기준 및 규격에 적합하고 조미액이 육질에 균등하게 침투하여야 한다.

③ 훈제품

구 분	품 질 기 준
공통 기준	○원료 : 국산이어야 한다. ○선별 : 토사, 파치품 및 협잡물의 혼입이 없어야 한다. ○형태 : 형태가 바르고 크기가 균등하며 손상품 및 파치품의 혼입이 없어야 한다. ○색택 : 고유의 색택으로 양호한 것이어야 한다. ○향미 : 고유의 향미를 가지고 훈연이 육질에 고르게 침투되어야 한다. ○처리 : 위생적인 장소에서 안전하게 처리되어야 하며, 이물등의 혼입이 없어야 한다. ○조미료 : 식품위생법에 규정된 첨가물 기준 및 규격에 적합하고, 조미액이 육질에 균등하게 침투하여야 한다. ○포장 : 진공포장이어야 한다. ○중금속(생물기준) 　- 수은 : 0.5mg/kg이하 (어류, 패류, 연체류에 한함) 　- 납 : 0.5mg/kg이하 (어류에 한함) 　　　　 2.0mg/kg이하 (패류, 연체류에 한함) 　- 카드뮴 : 2.0mg/kg이하 (패류, 연체류에 한함) ○이산화황 : 0.030g/kg미만 ○대장균군 : 1g 당 10이하 ○세균수 : 1g 중 100,000이하 ○동물용의약품 　- 식품위생법에서 정한 항목 및 기준 준용 ○금지물질(양식산 어류) 　- 말라카이트그린 : 불검출

MEMO

부록 1
실전 유형 문제

MEMO

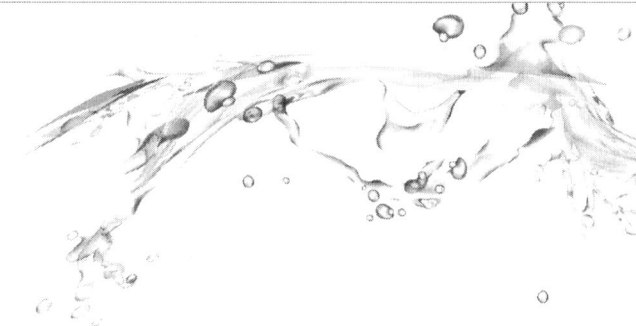

Point! 실전문제 — 1단계 문제 Excercise

■■■ 농수산물품질관리법

1. '표준규격품'에 맞는 2가지 규격은?

   정답 및 해설 포장규격과 등급규격

2. 포장규격이란?

   정답 및 해설 거래단위, 포장치수, 포장방법, 포장재료
   포장설계, 표시사항(거치방재설표)

3. 등급규격이란?

   정답 및 해설 형태, 크기, 색택, 신선도, 건조도, 선별상태 (형크색 신건선)

4. 수산물의 거래시 포장에 사용되는 각종 용기 등의 (무게)를 제외한 내용물의 (무게 또는 마릿수)를 나타내는 용어는?

   정답 및 해설 거래단위

5. 겉포장과 속포장의 목적을 각각 쓰시오.

   정답 및 해설 겉포장(수송), 속포장(구매의 편리)

6. 포장재료 6가지는?

   정답 및 해설 골판지 박스, 그물망, P.P, P.E, P.S, PVC

7. 유전자변형표시대상 수산물의 정기적인 수거.조사는 식품의약품안전처장이 업종, (①),(②) 및 거래형태 등을 고려하여 정하는 기준에 해당되는 업소에 대하여 매년 (③) 실시한다.

   정답 및 해설 ① 규모 ② 거래품목 ③ 1회

8. 수산물의 안전성조사결과 잔류허용기준 등을 초과한 농수산물의 처리방법 3가지는?

   정답 및 해설 출하연기, 용도전환, 폐기

9. 지리적 특성을 가진 우수수산물 및 수산가공품의 (품질향상)과 (지역특화산업 육성) 및 (소비자 보호)를 목적으로 실시하는 제도는?

   정답 및 해설 지리적 표시 등록제도

10. 식품의약품안전처장이나 시.도지사는 수산물의 안전관리를 위하여 수산물 또는 수산가공품의 생산에 이용.사용하는 (4가지 항목) 등에 대하여 안전성조사를 실시하여야 한다.

    정답 및 해설 4가지 항목 : 농지, 어장, 용수, 자재

11. 다음은 지리적표시의 등록거절 사유의 세부기준이다. 다음 괄호 안에 알맞은 내용을 순서대로 쓰시오.

    1. 해당 품목이 지리적표시 대상지역에서만 생산된 농수산물이 아니거나 이를 주원료로 하여 해당 지역에서 (①)된 품목이 아닌 경우
    2. 해당 품목의 (②)이 국내나 국외에서 널리 알려지지 않은 경우
    3. 해당 품목이 지리적표시 대상지역에서 생산된 (③)가 깊지 않은 경우
    4. 해당 품목의 명성·품질 또는 그 밖의 특성이 (④)으로 특정지역의 생산환경적 요인이나 인적 요인에 기인하지 않는 경우
    5. 그 밖에 농림축산식품부장관 또는 해양수산부장관이 지리적표시 등록에 필요하다고 인정하여 고시하는 기준에 적합하지 않은 경우

> **정답 및 해설** ① 가공 ② 우수성 ③ 역사 ④ 본질적

12. 식품의약품안전처장이나 시·도지사는 수산물의 안전관리를 위하여 수산물 또는 수산물의 생산에 이용·사용하는 농지·어장·용수(用水)·자재 등에 대하여 다음 각 호의 조사를 하여야 한다. 다음 괄호 안에 알맞은 말을 쓰시오.

    가. (①)단계: 총리령으로 정하는 안전기준에의 적합 여부
    나. (②)단계 및 (③)단계: 「식품위생법」 등 관계 법령에 따른 잔류허용기준 등의 초과 여부

    > **정답 및 해설** ① 생산 ② 저장 ③ 출하되어 거래되기 이전

13. 다음 괄호 안에 알맞은 말을 쓰시오.

    해양수산부장관은 수산물의 거래 및 수출·수입을 원활히 하기 위하여 수산물의 (①)·(②)·성분·잔류물질 등과 수산물의 생산에 이용·사용하는 농지·어장·용수·자재 등의 (③)·성분 및 (④) 등에 대하여 검정을 실시할 수 있다.

    > **정답 및 해설** ① 품질 ② 규격 ③ 품위 ④ 유해물질

14. 지리적표시의 무효심판을 청구할 수 있는 경우 2가지를 쓰시오.

    > **정답 및 해설**
    > 1. 등록거절 사유에 해당함에도 불구하고 등록된 경우
    > 2. 지리적표시 등록이 된 후에 그 지리적표시가 원산지 국가에서 보호가 중단되거나 사용되지 아니하게 된 경우

15. 지리적표시의 취소심판 청구사유 중 다음 괄호에 알맞은 말을 쓰시오.

    지리적표시 등록 단체 또는 그 소속 단체원이 지리적표시를 (①)함으로써 수요자로 하여금 (②)에 대하여 오인하게 하거나 (③)에 대하여 혼동하게 한 경우

    > **정답 및 해설** ① 잘못 사용 ② 상품의 품질 ③ 지리적 출처

Point 실전문제

16. 농수산물품질관리법상 수산물 이력추적관리의 등록사항 중 양식 수산물 생산자의 등록사항을 보기에서 찾아 쓰시오.

    출하예정지, 생산자 주소, 양식장 위치, 산지위판장, 판매처 소재지, 양식면적, 생산계획량

    정답 및 해설 생산자 주소, 양식장 위치, 양식면적, 생산계획량

17. 다음 빈 칸에 알맞은 말을 쓰시오.

    "물류표준화"란 농수산물의 운송·(①)·하역·포장 등 물류의 각 단계에서 사용되는 기기·용기·설비·(②) 등을 규격화하여 호환성과 연계성을 원활히 하는 것을 말한다.

    정답 및 해설 ① 보관 ② 정보

18. 다음 빈 칸에 알맞은 말을 쓰시오.

    "이력추적관리"란 농수산물(축산물은 제외한다)의 (①) 등에 문제가 발생할 경우 해당 농수산물을 (②)하여 (③)을 규명하고 필요한 조치를 할 수 있도록 농수산물의 생산단계부터 판매단계까지 각 단계별로 정보를 기록·관리하는 것을 말한다.

    정답 및 해설 ① 안전성 ② 추적 ③ 원인

19. 총리령으로 정한 유해물질 7가지를 쓰시오. 단, 식품의약품안전처정이 고시하는 물질 제외

    정답 및 해설 농약, 중금속, 항생물질, 잔류성유기오염물질, 병원성 미생물, 생물독소, 방사능

20. "수산특산물"이란 수산가공품 중 (①)에서 생산하거나 (②)으로 생산한 수산물을 원료로 하여 제조·가공한 제품을 말한다.

    정답 및 해설 ① 특정한 지역 ② 특징적

21. 농수산물품질관리심의회에 설치된 분과위원회로서 법령에 의해 설치할 수 있는 분과위원

회 3가지를 쓰시오.

> **정답 및 해설** ① 지리적표시 등록심의 분과위원회 ② 안전성 분과위원회 ③ 기획·제도 분과위원회

22. 농수산물품질관리심의회의 최대 위원 수와 심의회에 둔 분과위원회의 최대 위원 수를 순서대로 쓰시오.

> **정답 및 해설** 60명, 20명

23. 수산물 표준규격과 관련된 다음 질문에 알맞은 말을 순서대로 쓰시오.
    ① 수산물 표준규격의 제정기준, 제정절차 및 표시방법 등에 필요한 사항을 정하는 기관은?
    ② 수산물 표준규격을 제정, 개정 또는 폐지하는 경우에 그 사실을 고시하는 자는?
    ③ 표준규격품의 사용을 권장하는 지방자치단체장은?

> **정답 및 해설** ① 해양수산부장관 ② 국립수산물품질관리원장 ③ 시·도지사

24. 포장규격은 (①)에 따른 (②)에 따른다. 위 규정이 제정되어 있지 아니하거나 위 규정과 다르게 정할 필요가 있다고 인정되는 경우에는 보관·수송 등 유통 과정의 (③), (④)를 고려하여 그 규격을 따로 정할 수 있다.

> **정답 및 해설** ① 산업표준화법
> ② 한국산업표준
> ③ 편리성
> ④ 폐기물 처리문제

25. 해양수산부장관은 수산물과 수산특산물의 (①)시키고 (②)하기 위하여 품질인증제도를 실시한다.

> **정답 및 해설** ① 품질을 향상
> ② 소비자를 보호

26. (수산물 품질인증의 기준)품질인증을 받기 위해서는 다음 각 호의 기준을 모두 충족해야 한다.

   1. 해당 수산물·수산특산물이 그 산지의 (①)가 높거나 상품으로서의 (②)가 인정되는 것일 것
   2. 해당 수산물·수산특산물의 품질 수준 확보 및 유지를 위한 (③)를 갖추고 있을 것
   3. 해당 수산물·수산특산물의 생산·출하 과정에서의 (④)와 유통 과정에서의 (⑤)를 갖추고 있을 것

   정답 및 해설 ① 유명도
   ② 차별화
   ③ 생산기술과 시설·자재
   ④ 자체 품질관리체제
   ⑤ 사후관리체제

27. 수산물 또는 수산특산물에 대하여 품질인증을 받으려는 자는 품질인증 신청서와 함께 2가지 서류를 첨부하여 국립수산물품질관리원장 또는 품질인증기관으로 지정받은 기관의 장에게 제출하여야 한다. 이 2가지 서류를 쓰시오.

   정답 및 해설 1. 신청 품목의 생산계획서
   2. 신청 품목의 제조공정 개요서 및 단계별 설명서

28. 국립수산물품질관리원장 또는 품질인증기관의 장은 품질인증 심사를 한 결과 부적합한 것으로 판정된 경우에는 지체 없이 그 사유를 분명히 밝혀 신청인에게 알려주어야 한다. 다만, 그 부적합한 사항이 (①)에 보완할 수 있다고 인정되는 경우에는 보완기간을 정하여 신청인으로 하여금 보완하도록 한 후 품질인증을 할 수 있다.

   정답 및 해설 ① 10일 이내

29. 수산물 품질인증품의 표시사항 4가지를 쓰시오.

   정답 및 해설 산지, 품명, 생산자 또는 생산자 집단, 생산조건

30. 수산물 품질인증의 유효기간은 품질인증을 받은 날부터 (①)으로 한다. "품목의 특성상 달리 적용할 필요가 있는 경우"란 생산에서 출하될 때까지의 기간이 (②)인 경우를 말한다. 이 경우 유효기간은 (③)으로 하되 생산에 필요한 기간을 고려하여 국립수산물품질관리원장이 정하여 고시한다.

    정답 및 해설 ① 2년 ② 1년 이상 ③ 3년 또는 4년

31. 다음은 수산물 품질인증의 취소할 수 있는 내용이다. 빈칸에 알맞은 말을 쓰시오.
    1. 거짓이나 그 밖의 부정한 방법으로 인증을 받은 경우
    2. 품질인증의 기준에 (①) 맞지 아니한 경우
    3. 정당한 사유 없이 품질인증품 표시의 시정명령, 해당 품목의 (②) 조치에 따르지 아니한 경우
    4. (③) 등으로 인하여 품질인증품을 생산하기 어렵다고 판단되는 경우

    정답 및 해설 ① 현저하게 ② 판매금지 또는 표시정지 ③ 전업·폐업

32. 다음은 수산물품질인증기관의 심사원과 관련된 내용이다. 질문에 알맞은 말을 쓰시오.
    ① 품질인증기관 심사원 최소 인원수는?
    ② 심사원이 될 수 있는 필요한 자격증?
    ③ 수산물·수산가공품 또는 식품 관련 기업체·연구소·기관 및 단체에서 수산물 및 수산가공품의 품질관리업무를 담당한 경력은?

    정답 및 해설 ① 2명 ② 수산 또는 식품가공분야의 산업기사 이상의 자격증 ③ 5년 이상

33. 수산물품질인증기관의 지정을 취소하여야 하는 4가지 사유를 쓰시오.

    정답 및 해설 1. 거짓이나 그 밖의 부정한 방법으로 품질인증기관으로 지정받은 경우
    2. 업무정지 기간 중 품질인증 업무를 한 경우
    3. 최근 3년간 2회 이상 업무정지처분을 받은 경우
    4. 품질인증기관의 폐업이나 해산·부도로 인하여 품질인증 업무를 할 수 없는 경우

Point 실전문제

34. 수산물 이력추적관리를 등록할 수 있는 자 3가지를 쓰시오.(단, 예외사항은 제외한다.)

    정답 및 해설 생산자, 유통자, 판매자

35. 대통령령으로 정한 수산물 이력추적관리기준 준수 의무 면제자를 3가지 쓰시오.

    정답 및 해설 노점상인, 행상인
    우편 등을 통하여 유통업체를 이용하지 아니하고 소비자에게 직접 판매하는 생산자

36. 수산물이력추적관리제도와 관련된 다음 질문에 알맞은 말을 쓰시오.
    ① 이력추적관리 등록의 유효기간과 품목의 특성상 유효기간을 달리 정할 경우 최대기간은?
    ② 양식수산물의 최대 유효기간은?
    ③ 등록유료기간의 갱신시 유료기간이 끝나기 몇 개월 전까지 갱신신청하여야 하는가?
    ④ 이력추적관리의 표시금지 행정처분시 최대 기간은?

    정답 및 해설 ① 3년, 10년 ② 5년 ③ 1개월 ④ 6개월

37. 수산물이력추적관리의 표시방법 중 송장이나 거래명세표에 등록의 표시를 할 경우 표시내용 2가지를 쓰시오.

    정답 및 해설 표지, 표시항목(이력추적관리번호)

38. 이력추적관리 등록취소 및 표시금지의 기준의 위반행위에 따른 처분기준 중 1차 위반 시 등록취소 사유 2가지를 쓰시오.

    정답 및 해설 1. 거짓이나 그 밖의 부정한 방법으로 등록을 받은 경우
    2. 이력추적관리 표시 금지명령을 위반하여 계속 표시한 경우

39. 법령에 위반하여 '내용물과 다르게 거짓표시나 과장된 표시를 한 경우' 3차위반시 다음 각각에 해당하는 제품의 행정처분 기준을 순서대로 쓰시오.

①　표준규격품
②　품질인증품
③　지리적표시품

정답 및 해설 ① 표시정지 6개월 ② 인증취소 ③ 등록취소

40. 지리적 특성을 가진 수산물 및 수산가공품에 대한 지리적표시 등록제도의 제정목적 3가지를 쓰시오.

정답 및 해설 1. 품질향상 2. 지역특화산업 육성 3. 소비자 보호

41. 다음은 지리적표시의 등록신청시 제출하여야 할 서류이다. 빈칸에 알맞은 말을 쓰시오.

1. 정관(법인인 경우만 해당한다.)
2. (①) (법인의 경우 각 구성원별 생산계획을 포함한다.)
3. 대상품목·명칭 및 (②)에 관한 설명서
4. (③)임을 증명할 수 있는 자료
5. 품질의 특성과 지리적 요인과 관계에 관한 설명서
6. 지리적표시 대상지역의 범위
7. (④)
8. 품질관리계획서

정답 및 해설 ① 생산계획서 ② 품질의 특성 ③ 유명 특산품 ④ 자체품질기준

42. 다음은 지리적 표시의 등록신청시 심의 및 등록절차이다. 각 질문에 알맞은 말을 쓰시오.

① 해양수산부장관은 지리적 표시의 등록 신청을 받으면 몇일 이내에 지리적표시 분과위원회에 심의를 요청하여야 하는가?
② 해양수산부장관이 "상표법" 저촉여부를 확하기 위하여 미리 의견을 청취하여야 하는 기관은?
③ 공고결정의 공고 및 열람기간은?　(공고일부터)
④ 공고결정 공고일부터 이의신청 기간은?
⑤ 등록거절을 통보받은 날부터 심판청구 기간

정답 및 해설 ① 30일 ② 특허청장 ③ 2개월 ④ 2개월 ⑤ 30일

43. 지리적표시품의 표시사항 4가지를 쓰시오.

   정답 및 해설 등록명칭, 지리적표시관리기관 명칭, 등록번호, 생산자 및 생산자 주소(전화)

44. 지리적 표시권은 타인에게 이전하거나 승계할 수 없으나, 해양수산부장관의 사전 승인을 받아 이전하거나 승계할 수 있는 사유 2가지를 쓰시오.

   정답 및 해설 1. 법인 자격으로 등록한 지리적표시권자가 법인명을 개정하거나 합병하는 경우
   2. 개인 자격으로 등록한 지리적표시권자가 사망한 경우

45. 지리적표시권자가 상호 이해당사자간에 그 효력을 주장할 수 없는 사유로서 다음 빈칸에 알맞은 말을 쓰시오.

   1. (①) 다만, 해당 지리적표시가 특정지역의 상품을 표시하는 것이라고 수요자들이 뚜렷하게 인식하고 있어 해당 상품의 원산지와 다른 지역을 원산지인 것으로 혼동하게 하는 경우는 제외한다.
   2. 지리적표시 등록신청서 제출 전에 「상표법」에 따라 등록된 상표 또는 (②)
   3. 지리적표시 등록신청서 제출 전에 「종자산업법」 및 「식물신품종 보호법」에 따라 등록된 품종 명칭 또는 출원심사 중인 품종 명칭
   4. 제32조제7항에 따라 지리적표시 등록을 받은 농수산물 또는 농수산가공품과 동일한 품목에 사용하는 지리적 명칭으로서 (③)에서 생산되는 농수산물 또는 농수산가공품에 사용하는 지리적 명칭

   정답 및 해설 ① 동음이의어 지리적표시 ② 출원심사 중인 상표 ③ 등록 대상지역

46. 다음은 지리적 표시권의 침해간주 사유이다. 빈칸에 알맞은 말을 쓰시오.

   1. 지리적표시권이 없는 자가 등록된 지리적표시와 (①)(동음이의어 지리적표시의 경우에는 해당 지리적표시가 특정 지역의 상품을 표시하는 것이라고 수요자들이 뚜렷하게 인식하고 있어 해당 상품의 원산지와 다른 지역을 원산지인 것으로 수요자로 하여금 혼동하게 하는 지리적표시만 해당한다)를 등록품목과 같거나 비슷한 품목의 제품·포장·용기·선전물 또

는 관련 서류에 사용하는 행위
2. 등록된 지리적표시를 (②)하는 행위
3. 등록된 지리적표시를 위조하거나 모조할 목적으로 (③)하는 행위
4. 그 밖에 지리적표시의 명성을 침해하면서 등록된 지리적표시품과 같거나 비슷한 품목에 직접 또는 간접적인 방법으로 (④)상업적으로 이용하는 행위

정답 및 해설 ① 같거나 비슷한 표시 ② 위조하거나 모조 ③ 교부·판매·소지 ④ 상업적

47. 지리적표시권자는 (①)로 자신의 지리적표시에 관한 권리를 침해한 자에게 손해배상을 청구할 수 있다. 이 경우 지리적표시권자의 지리적표시권을 침해한 자에 대하여는 그 침해행위에 대하여 그 지리적표시가 이미 등록된 사실을 알았던 것으로 (②)한다.

정답 및 해설 ① 고의 또는 과실 ② 추정

48. 해양수산부장관은 지리적표시품에 대하여 시정을 명하거나 판매의 금지, 표시의 정지 또는 등록의 취소를 할 수 있다. 행정처분의 사유로 생산계획의 이행곤란 외 2가지 사유를 쓰시오.

정답 및 해설 1. 등록기준에 미치지 못하는 경우 2. 표시방법을 위반한 경우

49. 지리적표시의 무효심판과 취소심판의 청구기간을 각각 순서대로 쓰시오.

① 무효심판 청구기간
② 취소심판 청구기간

정답 및 해설 ① 무효심판 청구기간 : 청구의 이익이 있으면 언제든지
② 취소심판 청구기간 : 취소 사유가 없어진 날부터 3년이 지난 후에는 청구할 수 없다.

50. 지리적표시심판의 심결에 대한 소송제기기간은 심결 또는 결정의 등본을 송달받은 날부터 몇 일 이내에 제기하여야 하는가?

정답 및 해설 60일

51. 유전자변형수산물에 대하여 식용으로 적합하다고 인정하여 고시하는 자는?

    정답 및 해설 식품의약품안전처장

52. 유전자변형수산물의 표시장소는?

    정답 및 해설 수산물의 포장·용기의 표면 또는 판매장소

53. 식품의약품안전처장은 유전자변형수산물에 대한 거짓표시의 금지의무를 위반한 자에게 공표명령을 내릴 수 있다. 공표명령을 내릴 수 있는 다음 각각에 해당하는 질문에 알맞은 말을 쓰시오.

    정답 및 해설 ① 10톤 이상, 5억원 이상 ② 2회 이상

54. 해양수산부장관은 지리적표시품의 품질수준 유지와 소비자 보호를 위하여 관계 공무원에게 다음 각 호의 사항을 지시할 수 있다. 다음 빈칸에 알맞은 말을 쓰시오.

    1. 지리적표시품의 (①)에의 적합성 조사
    2. 지리적표시품의 (②) 등의 관계 장부 또는 서류의 열람
    3. 지리적표시품의 (③)를 수거하여 조사하거나 전문시험기관 등에 시험 의뢰

    정답 및 해설 ① 등록기준 ② 소유자·점유자 또는 관리인 ③ 시료

55. 수산물의 안전성조사계획수립권자를 다음 각 항목에 맞게 쓰시오.

    ① 안전관리계획의 수립권자
    ② 안전관리계획에 따른 세부추진계획의 수립권자

    정답 및 해설 ① 식품의약품안전처장 ② 시·도지사 및 시장·군수·구청장

56. 식품의약품안전처장이나 시·도지사는 수산물의 안전관리를 위하여 수산물 또는 수산물의 생산에 이용·사용하는 농지·어장·용수(用水)·자재 등에 대하여 다음 각 호의 조사를 하여야 한다. 아래 빈칸에 알맞은 말을 쓰시오.

가. 생산단계: (①)으로 정하는 안전기준에의 적합 여부
나. 저장단계 및 출하되어 거래되기 이전 단계: (②) 등 관계 법령에 따른 잔류허용기준 등의 초과 여부

정답 및 해설 ① 총리령 ②「식품위생법」

57. 수산물 안전성조사의 단계로서 총리령으로 정한 3단계를 쓰시오.

정답 및 해설 1. 생산단계 조사 2. 저장단계 조사 3. 출하되어 거래되기 전 단계 조사

58. 식품의약품안전처장이나 시·도지사는 생산과정에 있는 농수산물 또는 농수산물의 생산을 위하여 이용·사용하는 농지·어장·용수·자재 등에 대하여 안전성조사를 한 결과 생산단계 안전기준을 위반한 경우에는 해당 농수산물을 생산한 자 또는 소유한 자에게 다음 각 호의 조치를 하게 할 수 있다. 빈칸에 적절한 말을 쓰시오.

1. 해당 농수산물의 폐기, (①), 출하 연기 등의 처리
2. 해당 농수산물의 생산에 이용·사용한 농지·어장·용수·자재 등의 (②) 또는 이용·사용의 금지
3. 그 밖에 (③)으로 정하는 조치

정답 및 해설 ① 용도 전환 ② 개량 ③ 총리령

59. 해양수산부장관은 외국과의 (①)을 이행하거나 외국의 일정한 (②)을 지키도록 하기 위하여 (③)을 목적으로 하는 수산물의 생산·가공시설 및 수산물을 생산하는 해역의 위생관리기준을 정하여 고시한다.

정답 및 해설 ① 협약 ② 위생관리기준 ③ 수출

60. 수산물에 위해물이 혼입 또는 잔류하거나 수산물이 오염되는 것을 방지하기 위하여 위해가 발생할 수 있는 생산과정 등을 중점적으로 관리하는 것을 무엇이라 하는가?

정답 및 해설 위해요소중점관리
(Hazard Analysis Critical Control Point)

61. "위해"라 함은 관리하지 아니할 때 인체에 질병 또는 해를 일으킬 수 있는 3가지 요소를 말한다. 3요소를 쓰시오.

   정답 및 해설 미생물학적, 화학적 또는 물리적인 요소

62. 수산물에서 발생할 수 있는 위해를 방지 또는 제거하거나 허용할 수 있는 수준으로 감소시킬 수 있는 단계를 말하는 용어는?

   정답 및 해설 중요관리점(Critical Control Point)

63. "한계기준(Critical Limit)"이라 함은 위해의 발생을 방지하거나 제거 또는 허용할 수 있는 수준으로 감소시키기 위하여 관리하여야 하는 미생물학적, 화학적 또는 물리적인 요소의 ( )을 말한다.

   정답 및 해설 최대값 또는 최소값

64. HACCP을 적용하는 이 고시는 생산·출하전단계수산물 중 다음 각호의 육상어류 양식장에 적용한다.

   1. 수산업법 제 41조 및 동법 시행령 제 27조의 규정에 의하여 (①)한 양식업체
   2. 내수면어업법 제11조 및 동법시행령 제 9조의 규정에 의하여 (②)한 양식업체

   정답 및 해설 ① 육상해수양식어업으로 허가 ② 육상양식업으로 신고

65. 시·도지사는 지정해역을 지정받으려는 경우에는 다음 각 호의 서류를 갖추어 해양수산부장관에게 요청하여야 한다.

   1. 지정받으려는 해역 및 그 부근의 (①)
   2. 지정받으려는 해역의 위생조사 결과서 및 지정해역 지정의 타당성에 대한 (②)의 의견서
   3. 지정받으려는 해역의 오염 방지 및 수질 보존을 위한 지정해역 (③)

   정답 및 해설 ① 도면 ② 국립수산과학원장 ③ 위생관리계획서

66. 해양수산부장관은 지정해역을 지정하는 경우 다음 각 호의 구분에 따라 지정할 수 있으며, 이를 지정한 경우에는 그 사실을 고시하여야 한다.

   1. (①) : 1년 이상의 기간 동안 매월 1회 이상 위생에 관한 조사를 하여 그 결과가 지정해역위생관리기준에 부합하는 경우
   2. (②) : 2년 6개월 이상의 기간 동안 매월 1회 이상 위생에 관한 조사를 하여 그 결과가 지정해역위생관리기준에 부합하는 경우

   정답 및 해설 ① 잠정지정해역 ② 일반지정해역

67. 위험평가대상인 위해요소 3가지 요인을 쓰시오.

   정답 및 해설 화학적 요인, 물리적 요인, 생물학적 요인

68. 위험평가 방법의 과정을 순서대로 쓰시오.

   정답 및 해설 위험성 확인과정 → 위험성 결정과정 → 노출평가과정 → 위해도 결정과정

69. 다음 빈칸에 알맞은 말을 쓰시오.

   다음 각 호의 어느 하나에 해당하는 수산물 및 수산가공품은 품질 및 규격이 맞는지와 유해물질이 섞여 들어오는지 등에 관하여 해양수산부장관의 검사를 받아야 한다.
   1. 정부에서 (①)하는 수산물 및 수산가공품
   2. 외국과의 협약이나 수출 상대국의 (②)에 따라 검사가 필요한 경우로서 해양수산부장관이 정하여 고시하는 수산물 및 수산가공품

   정답 및 해설 ① 수매·비축 ② 요청

70. 수산물 및 수산가공품에 대한 검사의 종류 3가지를 쓰시오.

   정답 및 해설 서류검사, 관능검사, 정밀검사

71. 다음은 관능검사의 대상이다. 빈칸에 알맞은 말을 쓰시오.

Point 실전문제

1) 법 제88조제4항제1호에 따른 수산물 및 수산가공품으로서 외국요구기준을 이행했는지를 확인하기 위하여 품질·포장재·(①) 또는 규격 등의 확인이 필요한 수산물·수산가공품
2) 검사신청인이 (②)를 요구하는 수산물·수산가공품(비식용수산·수산가공품은 제외한다.)
3) 정부에서 (③)하는 수산물·수산가공품
4) 국내에서 소비하는 수산물·수산가공품

정답 및 해설 ① 표시사항 ② 위생증명서 ③ 수매·비축

---

72. 해양수산부장관은 다음의 경우검사의 일부를 생략할 수 있다. 빈칸에 알맞은 말을 쓰시오.

1. (①)에서 위생관리기준에 맞게 생산·가공된 수산물 및 수산가공품
2. 제74조제1항에 따라 등록한 생산·가공시설등에서 위생관리기준 또는 (②)에 맞게 생산·가공된 수산물 및 수산가공품
3. 생략
4. 검사의 일부를 생략하여도 검사목적을 달성할 수 있는 경우로서 (③)으로 정하는 경우

정답 및 해설 ① 지정해역 ② 위해요소중점관리기준
③ 대통령령
* 1. 상대국 요청 2. 비식용

---

73. 수산물 검사관 자격시험에 응시할 수 있는 자는 누구인지 2명을 쓰시오.

정답 및 해설 1. 국가검역·검사기관에서 수산물 검사 관련 업무에 6개월 이상 종사한 공무원
2. 수산물 검사 관련 업무에 1년 이상 종사한 사람

---

74. 다음은 검사판정의 취소사유이다. 빈칸에 알맞은 말을 쓰시오.

1. (①)으로 검사를 받은 사실이 확인된 경우
2. 검사 또는 재검사 결과의 표시 또는 검사증명서를 (②)이 확인된 경우
3. 검사 또는 재검사를 받은 수산물 또는 수산가공품의 포장이나 내용물을 (③)이 확인된 경우

정답 및 해설 ① 거짓이나 그 밖의 부정한 방법 ② 위조하거나 변조한 사실 ③ 바꾼 사실

75. 다음은 수산물에 대한 검사결과를 표시하여야 하는 경우이다. 빈칸에 알맞은 말을 쓰시오.

   1. (①)가 요청하는 경우
   2. 정부에서 수매·비축하는 수산물 및 수산가공품인 경우
   3. (②)이 검사 결과를 표시할 필요가 있다고 인정하는 경우
   4. 검사에 불합격된 수산물 및 수산가공품으로서 제95조제2항에 따라 관계 기관에 (③) 등의 처분을 요청하여야 하는 경우

   정답 및 해설 ① 검사를 신청한 자 ② 해양수산부장관 ③ 폐기 또는 판매금지

76. 검사한 결과에 불복하는 자는 그 결과를 통지받은 날부터 (①) 이내에 (②)에게 재검사를 신청할 수 있다.

   정답 및 해설 ① 14일 ② 해양수산부장관

77. 수산물검사기관은

   1. 검사대상 종류별로 (①) 이상의 검사인력을 확보하여야 한다.
   2. 현장 사무소별 분석실은 (②) 이상의 면적을 갖추어야 한다.

   정답 및 해설 ① 3명 ② 10제곱미터

78. 해양수산부장관은 수산물의 거래 및 수출·수입을 원활히 하기 위하여 다음 각 호의 검정을 실시할 수 있다.

   1. 수산물의 품질·규격·(①)·잔류물질 등
   2. 수산물의 생산에 이용·사용하는 농지·어장·용수·자재 등의 (②)·성분 및 유해물질 등

   정답 및 해설 ① 성분 ② 품위

79. 수산물에 대한 검정결과에 따른 조치 3가지를 쓰시오.

   정답 및 해설 1. 일정기간 출하연기 또는 판매금지 2. 국내 식용으로 판매금지 3. 폐기

80. 다음 각 호에 위반하는 자에게 해당하는 벌칙은?

   1. 검사를 받아야 하는 수산물 및 수산가공품에 대하여 검사를 받지 아니한 자
   2. 검사 및 검정 결과의 표시, 검사증명서 및 검정증명서를 위조하거나 변조한 자
   3. 검정 결과에 대하여 거짓광고나 과대광고를 한 자

   정답 및 해설 3년 이하의 징역 또는 3천만원 이하의 벌금

81. 다음 각 호에 해당하는 공통된 과태료 상한액은?

   1. 양식시설에서 가축을 사육한 자
   2. 제75조제1항에 따른 보고를 하지 아니하거나 거짓으로 보고한 생산·가공업자등
   * [제75조제1항] 해양수산부장관은 생산·가공업자 등으로 하여금 생산·가공시설 등의 위생관리에 관한 사항을 보고하게 할 수 있다.

   정답 및 해설 100만원

82. 다음은 '농수산물의원산지표시에관한법률'의 제정목적이다. 빈칸에 알맞은 말을 쓰시오.

   이 법은 농산물·수산물이나 그 가공품 등에 대하여 적정하고 합리적인 원산지 표시를 하도록 하여 (①)를 보장하고, (②)를 유도함으로써 (③)를 보호하는 것을 목적으로 한다.

   정답 및 해설 ① 소비자의 알권리 ② 공정한 거래 ③ 생산자와 소비자

83. '농수산물의원산지표시에관한법률' 상 '원산지'의 정의는?

   정답 및 해설 "원산지"란 농산물이나 수산물이 생산·채취·포획된 국가·지역이나 해역을 말한다.

84. 원산지의 배합비율의 순위와 표시대상에서 제외되는 것 4가지를 쓰시오.

   정답 및 해설 물, 식품첨가물, 주정(酒精) 및 당류

85. 다음은 원산지의 원료 배합 비율에 따른 표시대상이다. 각 항목의 빈칸에 알맞은 말을 쓰시오.

가. 사용된 원료의 배합 비율에서 한 가지 원료의 배합비율이 (①) 이상인 경우에는 그 원료
나. 사용된 원료의 배합 비율에서 두 가지 원료의 배합비율의 합이 (①) 이상인 원료가 있는 경우에는 배합 비율이 높은 순서의 (②)까지의 원료
다. 가목 및 나목 외의 경우에는 배합 비율이 높은 순서의 (③)까지의 원료

정답 및 해설 ① 98퍼센트 ② 2순위 ③ 3순위

86. 다음 보기 중 원산지 표시대상이 아닌 것을 골라 쓰시오.

갈치, 꽁치, 황태, 낙지, 넙치, 뱀장어, 미꾸라지

정답 및 해설 꽁치, 황태

87. 원산지 표시를 하여야 할 자로서 법 제5조제3항에서 "대통령령으로 정하는 영업소나 집단급식소를 설치·운영하는 자"란 「식품위생법 시행령」제21조에서 정하고 있다. 해당하는 3개의 영업소를 쓰시오.

정답 및 해설 휴게음식점영업, 일반음식점영업, 위탁급식영업

88. 다음은 국산 수산물의 원산지 표시기준이다. 다음 빈칸에 알맞은 말을 쓰시오.

국산 수산물: (①)이나 (②) 또는 (③)으로 표시한다. 다만, 양식 수산물이나 연안 정착성 수산물 또는 내수면 수산물의 경우에는 해당 수산물을 생산·채취·양식·포획한 지역의 시·도명이나 시·군·구명을 표시할 수 있다.

정답 및 해설 ① 국산 ② 국내산 ③ 연근해산

89. 남태평양에서 원양어업의 허가를 받은 어선이 어획하여 국내에 반입한 '참치'의 원산지를 표시하는 방법 2가지 대로 각각 표시하시오.

정답 및 해설 참치(원양산), 참치(원양산, 남태평양)

Point 실전문제

90. 다음은 원산지가 다른 동일 품목을 혼합한 수산물에 대한 원산지 표시방법이다. 빈칸에 알맞은 말을 쓰시오

   1) 국산 수산물로서 그 생산 등을 한 지역이 각각 다른 동일 품목의 수산물을 혼합한 경우에는 혼합비율이 높은 순서로 (①)까지의 시·도명 또는 시·군·구명과 그 혼합 비율을 표시하거나 "국산", "국내산" 또는 "연근해산"으로 표시한다.
   2) 동일 품목의 국산 수산물과 국산 외의 수산물을 혼합한 경우에는 혼합비율이 높은 순서로 (②) 국가(지역, 해역 등)까지의 원산지와 그 혼합비율을 표시한다.

   정답 및 해설 ① 3개 지역 ② 3개

91. 수입 수산물과 그 가공품 및 반입 수산물과 그 가공품의 원산지 표시방법

   가. 수입 수산물과 그 가공품은 「대외무역법」에 따른 (①)의 원산지를 표시한다.
   나. 「남북교류협력에 관한 법률」에 따라 반입한 수산물과 그 가공품은 같은 법에 따른 (②)의 원산지를 표시한다.

   정답 및 해설 ① 통관 시 ② 반입 시

92. 수산물 가공품의 원료에 대한 원산지 표시방법

   가. 원산지가 다른 동일 원료를 혼합하여 사용한 경우에는 혼합 비율이 높은 순서로 (①) 국가(지역, 해역 등)까지의 원료 원산지와 그 혼합 비율을 각각 표시한다.
   나. 원산지가 다른 동일 원료의 원산지별 혼합 비율이 변경된 경우로서 그 어느 하나의 변경의 폭이 최대 (②)이면 종전의 원산지별 혼합 비율이 표시된 포장재를 혼합 비율이 변경된 날부터 (③)의 범위에서 사용할 수 있다.
   다. 사용된 원료(물, 식품첨가물, 주정 및 당류는 제외한다)의 원산지가 모두 국산일 경우에는 원산지를 일괄하여 "국산"이나 "국내산" 또는 (④)으로 표시할 수 있다.

   정답 및 해설 ① 2개 ② 15퍼센트 이하 ③ 1년 ④ 연근해산

93. 포장재에 원산지를 표시하는 경우 각각에 해당하는 글자 포인트를 쓰시오.

   가) 포장 표면적이 3,000㎠ 이상인 경우 : (①)
   나) 포장 표면적이 50㎠ 이상 3,000㎠ 미만인 경우 : (②)
   다) 포장 표면적이 50㎠ 미만인 경우: (③) 다만, (③)의 크기로 표시하기 곤란한 경

우에는 다른 표시사항의 글자 크기와 같은 크기로 표시할 수 있다.
라) 포장재에 원산지표시가 곤란한 경우 일괄 안내표시판을 설치하는 경우 글자 크기는 (④)으로 한다.
마) 살아 있는 수산물의 경우 푯말 또는 안내표시판 등으로 소비자가 쉽게 알아볼 수 있도록 표시하고, 글자 크기는 (⑤)으로 하되, 원산지가 같은 경우에는 일괄하여 표시할 수 있다.

정답 및 해설 ① 20포인트 이상 ② 12포인트 이상 ③ 8포인트 이상 ④ 20포인트 이상 ⑤ 30포인트 이상

94. 포장재에 원산지표시가 곤란하여 일괄 안내표시판을 설치하는 경우 표시판의 규격을 쓰시오.

① 진열대
② 판매장소

정답 및 해설 ① 가로 7cm × 세로 5cm 이상 ② 가로 14cm × 세로 10cm 이상

95. 인쇄매체 이용(신문, 잡지 등)하는 경우 원산지표시방법

1) 표시 위치 : (①)에 표시하거나, (①)에 원산지 표시 위치를 명시하고 그 장소에 표시할 수 있다.
2) 글자 크기 : 제품명 또는 가격표시 글자 크기의 (②)으로 표시하거나, 광고 면적을 기준으로 달리 표시할 수 있다.
3) 글자색 : (③)와 같은 색으로 한다.

정답 및 해설 ① 제품명 또는 가격표시 주위 ② 1/2 이상 ③ 제품명 또는 가격표시

96. 번호에 알맞은 말을 쓰시오.

1. 영업소 및 집단급식소에서 원산지를 표시하는 경우, 음식명 바로 (①)에 표시대상 원료인 수산물명과 그 원산지를 표시한다.
2. 모든 음식에 사용된 특정 원료의 원산지가 같은 경우 그 원료(국내산 넙치)에 대해서 일괄하여 표시하시오. ②
3. 원산지의 글자 크기는 메뉴판이나 게시판 등에 적힌 음식명 글자 크기와 (③) 한다.

4. 원산지가 다른 2개 이상의 동일 품목을 섞은 '회'의 경우(조피볼락 국내산60%, 일본산40%) 원산지를 표시하시오. ④
5. 일본산 참돔을 회로 제공하는 경우 원산지를 표시하시오. ⑤

정답 및 해설 ① 옆이나 밑 ② 우리 업소에서는 "국내산 넙치"만 사용합니다.
③ 같거나 그 보다 커야 ④ 조피볼락회(조피볼락 : 국내산과 일본산을 섞음) ⑤ 참돔회(참돔 : 일본산)

97. 품질인증의 세부기준으로 '공장심사'의 경우 심사결과가 다음 기준에 적합하여야 한다.

1. 전체항목중 "수"로 평가된 항목이 (①) 이상이어야 한다.
2. 전체항목중 "미"로 평가된 항목이 (②) 이하이어야 한다.
3. 전체항목중 "양"으로 평가된 항목이 (③) 한다.

정답 및 해설 ① 5개 ② 2개 ③ 없어야

98. 수산물이력추적관리등록 유효기간 연장의 범위

1. 양식 수산물 : 등록을 신청한 수산물이 양식수산물인 경우 해당품목 통상의 양식기간에 유통기간에 (①)을 추가한 기간으로 한다.
   가. 뱀장어, 메기, 굴, 바지락, 김, 미역, 다시마 : (②)
   나. 넙치, 전복 : (③)
2. 어획 수산물 : 등록을 신청한 수산물이 연근해어장에서 어획되는 수산물인 경우에는 (④)으로 한다.

정답 및 해설 ① 1년 ② 1년 ③ 2년 ④ 1년

99. 다음은 수산물의 이력추적관리등록으로 생산자의 관리단계별 필수사항 기록 여부 심사이다. 생산자(단순가공자 포함)의 경우 생산·입출고정보 필수기록사항 적정성 심사 내용으로 알맞은 말을 쓰시오.

1. 생산정보(단순가공 포함) : 품목, 생산자 성명, 생산자 소재지(전화번호 포함), 양식장 위치 또는 (①)(어획물인 경우에 한한다), 어획장소(해역번호로 표시할 수 있으며, 어획수산물인 경우에 한한다), (②)(양식수산물인 경우에 한한다), 항생제 등 약제사용 내역(양식수산물인 경우에 한한다).
2. 입고정보(단순가공에 한한다) : 생산자 성명, 생산자 소재지(전화번호 포함), (③), 날짜

3. 출하정보 : 날짜, 품목, 출하처 명칭, 출하처 소재지(전화번호 포함), 물량, (④)

정답 및 해설 ① 산지 위판장 주소 ② 양식기간 ③ 물량 ④ 이력추적관리번호

수확 후 품질관리 및 유통관리

1. 다음은 수산물의 사후변화 과정이다. 빈칸에 알맞은 말을 쓰시오.

어획 → 사망 → ① → ② → ③ → 자가소화 → 부패

정답 및 해설 ① 해당작용 ② 사후경직 ③ 해경

2. 젓갈, 액젓, 식해는 수산물의 사후변화과정 중 어떤 현상을 이용한 것인가?

정답 및 해설 자가소화

3. 해당작용이란 (①)이 분해되면서 에너지 물질인(②)와 (③)이 생성되는 과정을 말한다.

정답 및 해설 ① 글리코겐 ② ATP ③ 젖산

4. 수산물의 '해경'현상에 대하여 설명하시오.

정답 및 해설 해경이란 수산물의 사후경직이 지난 후 수축된 근육이 풀어지는 현상이다.

5. 수산물의 '비린내'가 나타나는 현상에 대하여 설명하시오.

정답 및 해설 어패류의 사후 단백질이나 지방성분이 미생물의 작용에 의하여 독성물질이나 악취를 발생시키는데 이때 트리메틸아민옥시드가 트리메탈아민으로 환원되는 과정에서 나는 냄새이다.

6. 어패류의 선도판정법 4가지를 쓰시오.

   정답 및 해설 관능적 방법, 화학적 방법, 물리적 방법, 세균학적방법

7. 어패류의 화학적 판정방법은 분해 생성물의 양을 측정한다. 분해생성물 중 휘발성염기질소, pH, K값 외에 나머지 주요 3가지를 쓰시오.

   정답 및 해설 암모니아, 트리메탈아민, 히스타민

8. 일반적으로 pH를 측정하려고 할 때 초기 부패라 판정할 수 있는 pH값은 적색육 어류 pH (①), 백색육 어류 pH (②)이다.

   정답 및 해설 ① 6.2~6.4 ② 6.7~6.8

9. 어패류의 선도 판정법으로 가장 널리 쓰이는 것은?

   정답 및 해설 휘발성염기질소(VBN)측정법

10. 휘발성염기질소법으로 선도를 판정할 때

    ① 신선한 어육 :   mg/100g
    ② 보통 선도 어육 :   mg/100g
    ③ 부패 초기 어육 :   mg/100g

    정답 및 해설 ① 5~10 ② 15~25 ③ 30~40

11. 통조림의 경우 휘발성염기질소함유량이 (mg/100g 이하)인 것을 사용하는 것이 좋다.

    정답 및 해설 20

12. 휘발성염기질소 유량으로 선도를 판정하기 어려운 어류를 2가지 쓰시오.

    정답 및 해설 상어, 홍어

13. 횟감의 경우 선도판정법으로 효율적인 방법은?

    정답 및 해설 K값 판정법

14. 관능적 방법에 의한 선도를 판정할 때 '아가미'의 판정기준을 쓰시오.

    정답 및 해설
    - 아가미 색이 선홍색이나 암적색
    - 조직은 단단하고 악취가 없을 것

15. 어패류의 선도유지를 위한 저온 저장법으로 주로 사용되는 2가지를 쓰시오.

    정답 및 해설 냉각 저장법, 동결저장법

16. 지방질 함량이 높은 연어, 참치, 정어리, 고등어에 주로 사용되는 저온저장법을 쓰시오.

    정답 및 해설 냉각해수 저장법

17. 동결한 어류의 표면에 입힌 얇은 얼음막(3~5mm)을 (①)라고 한다.

    정답 및 해설 ① 빙의(글레이즈)

18. 다음은 식품의 저장온도이다. 각 단계에 맞는 온도를 쓰시오(℃)

    ① 냉장 ② 칠드 ③ 동결

    정답 및 해설 ① 0~10℃ ② -5~5℃ ③ -18℃ 이하

19. 활어를 수송하는 경우 저온유지, 오물제거 외에도 고려해야 할 사항들이 있다. 그 3가지를 쓰시오.

    정답 및 해설 산소보충, 상처예방, 위생관리

20. 활어 수송시 산소보충법 중 포기법 3가지를 쓰시오.

정답 및 해설 기체주입법, 산소 봉입법, 살수법

21. 수산식품의 저장방법 중 수분활성도를 조절한 저장방법 3가지를 쓰시오.

    정답 및 해설 건조, 염장, 훈제

22. 수산식품에 사용되는 대표적인 식품첨가물인 보존료 3가지를 쓰시오.

    정답 및 해설 소르브산, 소르브산 칼슘, 소르브산 칼륨

23. 산화방지제로 사용되는 첨가물 3가지를 쓰시오.

    정답 및 해설 비타민 C, 비타민 E, BHA, BHT

24. 어패류의 부패 초기에 급속히 증가하며 트리메탈아민, 황화수소 등의 부패취를 생성하는 세균은?

    정답 및 해설 슈도모나스 속 균

25. 어패류의 주요 부패취를 생성하는 물질은?

    정답 및 해설 트리메탈아민, 황화수소, 메틸메르캅탄, 디메틸설파이드

26. 식중독 미생물 원인균으로서 바이러스 형으로 대표적인 것을 쓰시오.

    정답 및 해설 노로바이러스

27. 어패류의 식중독균으로서 ① 세균성 감염형과 ② 세균성 독소형에 해당하는 것을 각각 2가지씩 쓰시오.

    정답 및 해설 ① 장염비브리오균, 살모넬라균 ② 황색포도상구균, 클로스트리듐 보툴리눔균

28. 수산식품의 효소 활성 조절 인자 3가지를 쓰시오.

   정답 및 해설 온도, pH, 기질의 농도

29. 어패류의 자가소화에 관여하는 단백질 분해효소는 단백질을 (① ,와 ②)로 분해하여 조직을 붕괴시키고 미생물의 증식을 촉진시킨다.

   정답 및 해설 ① 펩티드 ② 아미노산

30. 수산물의 저장 중 지질 분해 효소에 의하여 지질이 분해되면 저분자 (①) 이나 (②) 등이 생성되어 식품의 불쾌한 맛이나 냄새, 산패를 촉진시킨다.

   정답 및 해설 ① 지방산 ② 스테롤

31. 효소적 갈변현상의 대표적인 것은 (①)이다. ①은 갑각류에 함유되어 있는 티로시나아제에 의하여 아미노산인 (②)이 (③)으로 변하기 때문이다.

   정답 및 해설 ① 흑변 ② 티로신 ③ 멜라닌

32. 다음 비효소적 갈변현상으로 거의 모든 식품에서 자연발생적으로 일어나는 갈변반응은?

   정답 및 해설 메일러드 반응

33. 지질의 변질을 다른 이름으로 무엇이라 하는가?

   정답 및 해설 산패

34. 산패 측정의 2가지 방법을 쓰시오.

   정답 및 해설 산가, 과산화물가

35. 산패를 억제하는 방법으로 산화방지제인 아스코르브산, 토코페롤, BHA, BHT 등을 사용한다. 그 외 자연적 방법으로 유효한 것을 3가지 쓰시오.

정답 및 해설 1. 산소를 제거하거나 차단한다.
2. 빛을 차단한다.
3. 온도를 낮춘다.

36. 다음은 동결에 의한 변질의 예이다. 빈칸에 알맞은 말을 쓰시오.
    1. 식품을 동결하면 (①)이 발생되고, 냉동저장 중 건조가 일어나 (②)와 (③)이 촉진된다.
    2. 단백질 변성 방지를 위하여 어육에 첨가되는 당류로 대표적인 것을 쓰시오. ④
    3. 건조를 방지하기 위하여 포장을 하거나 (⑤)을 한다.
    4. 횟감용 참치육을 저장하는 적정온도는? ⑥

    정답 및 해설 ① 드립 ② 산화 ③ 갈변 ④ 솔비톨 ⑤ 글레이징 ⑥ -50~55℃

37. 한천과 황태생산에 이용되는 건조법은?

    정답 및 해설 동건법

38. 멸치나 오징어에 이용되는 건조법은?

    정답 및 해설 냉풍 건조법

39. 가다랑어에 활용되는 배건법에 대하여 설명하시오.

    정답 및 해설 수산물을 태우거나 열로 구우면서 수분을 증발시켜 건조시키는 방법

40. 원료를 그대로 또는 간단히 전처리하여 말린 건제품의 종류와 해당 대표적인 수산품을 2가지 쓰시오.

    정답 및 해설 소건품, 마른오징어, 마른미역

41. 수산물을 삶아서 말린 것으로 마른멸치에 활용되는 제품의 종류를 쓰시오.

정답 및 해설 자건품

42. 다음은 훈제품의 일반적인 제조과정이다. 빈칸에 알맞은 말을 쓰시오.

원료의 전처리 → 염지 → (①) → 물빼기 → (②) → (③) → 마무리 손질

정답 및 해설 ① 염 배기 ② 풍건 ③ 훈제처리

43. 염장법의 대표적 3종류를 쓰시오.

정답 및 해설 마른간법, 물간법, 개량 물간법

44. 다음은 담근 시기에 따른 새우젓의 명칭이다. 각각의 명칭을 쓰시오.

① 1~2월에 담근 것
② 3~4월에 담근 것
③ 7~8월에 담근 것

정답 및 해설 ① 동백하젓 ② 춘젓 ③ 자젓

45. 염장어류에 조, 밥 등의 전분질과 향신료 등의 부원료를 함께 배합하여 숙성시켜 만든 것의 명칭①과 대표적인 것은?

정답 및 해설 ① 식해 ② 가자미식해

46. 다음 각각에 알맞은 해조류 가공품의 명칭을 쓰시오.

① 이의 원료는 홍조류로 대표적인 것이 우뭇가사리와 꼬시래기가 있다.
② 이의 원료는 미역, 다시마, 톳 등의 갈조류에 들어 있는 점질성 다당류이다.
③ 이의 원료는 홍조류에 속하는 진두발, 돌가사리 등에 들어 있는 다당류이다.

정답 및 해설 ① 한천 ② 알긴산 ③ 카라기난

47. 다음은 통조림의 일반적인 가공공정이다. 빈칸에 알맞은 말을 쓰시오.

원료선별 → 조리 → (①) → (②) → 밀봉 → (③) → 냉각 → 포장

정답 및 해설 ① 살쟁임 ② 탈기 ③ 살균

48. 통조림의 가공방법에 따른 종류로서 원료 자체를 그대로 삶아서 식염수로 간을 맞춘 통조림으로서 청어리, 꽁치 등에 활용되는 통조림은?

정답 및 해설 보일드 통조림

49. 통조림의 품질변화에 대한 설명이다. 각각에 알맞은 품질변화를 쓰시오.

① 어육의 표면에 벌집모양의 작은 구멍이 생기는 것
② 통조림 내용물에 유리조각 모양의 결정이 나타나는 현상
③ 캔을 열었을 때 육의 일부가 용기의 내부나 뚜껑에 눌러 붙어 있는 현상
④ 어류 보일드 통조림의 표면에 생긴 두부 모양의 응고물

정답 및 해설 ① 허니콤 ② 스트루바이트 ③ 어드히전 ④ 커드

50. DHA의 함량은 대구와 명태에는 (①)에, 고등어와 정어리에는 (②)에, 참치는 머리 특히
(③)에 많다.

정답 및 해설 ① 간 ② 근육 ③ 눈구멍

51. 수심 30m 이하의 바다에서 서식하는 상어의 간유에 많이 함유된 것은?

정답 및 해설 스쿠알렌

52. 냉동 사이클을 쓰시오.

정답 및 해설 압축 → 응축 → 팽창 → 증발

53. 식품 포장재료의 조건 중 작업성, 상품성, 사회성, 경제성 외 고려해야 할 조건 3가지를 쓰

시오.

정답 및 해설 위생성, 보호성, 편리성

54. HACCP의 원칙1①과 원칙2②를 쓰시오.

정답 및 해설 ① 위해요소분석 ② 중요관리점 결정

55. 복어독의 성분은?

정답 및 해설 테트로도톡신

56. 수산물산지시장의 기능 4가지를 쓰시오.

정답 및 해설
1. 어획물의 양륙과 진열기능
2. 거래형성기능
3. 대금결제기능
4. 판매기능

57. 수산물도매시장 등에서 시장의 개설자에게 등록하고 수산물을 수집하여 도매시장 등에 출하하는 유통주체는?

정답 및 해설 산지유통인

58. 경매참가자들이 공개적으로 자유롭게 매수희망가격을 제시하여 최고가격을 제시한 자를 최종 입찰자로 결정하는 경매방식은?

정답 및 해설 상향식 경매(영국식)

59. 소비자가 지불한 가격에서 생산자가 판매한 가격을 제한 상품의 가격을 무엇이라 하는가?

정답 및 해설 유통마진

Point 실전문제

60. 유통마진의 2가지 구성요소를 쓰시오.

    정답 및 해설 유통이윤(상업이윤) + 유통비용

61. 해양수산부가 수산물 유통구조를 개선하기 위해 발표한 개선 종합대책에 따른 유통구조에 알맞은 말을 쓰시오.

    생산자 → ① → ② → ③ → 소비자

    정답 및 해설 ① 산지거점유통센터
    ② 소비지분산물류센터
    ③ 분산도매물류

62. 동결식품의 상품가치를 갖게 하기 위하여 허용되는 경과시간과 그동안 유지되는 품온의 관계를 숫자적으로 처리하는 방법은?

    정답 및 해설 품질유지를 위한 시간-온도 허용한도(T.T.T)

63. 수산물 유통기능 중 시간효용과 장소효용을 창출하는 기능을 순서대로 쓰시오.

    정답 및 해설 저장기능, 수송기능

64. 수협이 개설·운영하는 산지시장으로 어획물 양륙, 1차 가격형성, 배분기능을 지닌 유통기구는?

    정답 및 해설 산지 위판장

65. 수산물도매시장에서 수산부류의 위탁수수료 최고한도는?

    정답 및 해설 60/1,000

66. 활어의 상품가치를 결정하는 요인 3가지를 쓰시오.

> **정답 및 해설** 성장환경, 품종, 시기

67. 다음 보기의 유통비용 중 직접비용을 모두 고르시오.

점포임대료, 자본이자(대출이자), 통신비, 제세공과금 , 감가상각비, 수송비, 포장비, 저장비, 가공비

> **정답 및 해설** 수송비, 포장비, 저장비, 가공비

68. 동일상품에 대해 시장마다(고객에 따라) 상이한 가격을 매겨, 극대이윤창출 목표로 하는 가격정책은?

> **정답 및 해설** 가격차별화 정책

69. 통다음은 마켓팅 과정이다, 빈칸에 알맞은 말을 쓰시오.

(①) → (②) → (③) → 분석 및 이해 → 보고서작성

> **정답 및 해설** ① 문제의 정의
> ② 마케팅 조사설계
> ③ 자료수집

70. STP전략에서 자신의 제품이 소비자에게 지각되어 있는 모습을 무엇이라 하는가?

> **정답 및 해설** 포지셔닝(positioning)

71. 4PMIX의 4P에 해당하는 용어를 모두 쓰시오.

> **정답 및 해설** 제품(Product), 가격(Price), 유통경로, 시장위치(Place), 홍보(Promotion)

72. 고객점유마케팅 중 AIDA의 과정을 쓰시오.

> **정답 및 해설** 주의(Attention), 관심(Interest), 욕망(Desire), 행동(Action)

73. 공급자와 수요자 간의 계속적 관계를 중요시하는 마케팅을 무엇이라하는가?

   정답 및 해설 관계마케팅

74. 가격결정이론 중 고급품목에 대한 고가가격전략에 해당하며 고가의 제품이 품질도 우수할 것이라는 수요자의 심리상태를 반영하는 가격전략은?

   정답 및 해설 명성가격전략

75. 수요의 탄력성이 크고, 대량생산에 의한 생산비용절감이 가능한 경우 채택할 수 있는 가격정책은?

   정답 및 해설 저가격정책

76. 기업환경을 4가지요소를 분석하여 내부적 요소 2가지와 외부적 요소 2가지를 적절하게 결합해서 사업의 방향을 결정하는 분석기법을 무엇이라 하는가?

   정답 및 해설 SWOT분석

77. 모든 사물에 부착된 태그 또는 센서를 초소형 무선장치에 접목하여 이들 간의 네트워킹과 통신으로 실시간 정보를 획득, 처리, 활용하는 네트워크 시스템은?

   정답 및 해설 RFID(Radio Frequency IDentification)

78. 컴퓨터를 이용하여 사무처리나 경영관리 데이터를 처리하는 시스템으로, 모든 데이터를 컴퓨터 입력장치에 넣어 사람의 힘 없이도 컴퓨터가 착오 없이 종합 처리하는 방식은?

   정답 및 해설 EDPS(electronic data process system)

79. 금전등록기와 컴퓨터 단말기의 기능을 결합한 시스템으로 매상금액을 정산해 줄 뿐만 아니라 동시에 소매경영에 필요한 각종정보와 자료를 수집·처리해 주는 시스템의 명칭은?

   정답 및 해설 POS(판매시점 관리 시스템)

80. POS를 통해 얻어지는 상품 흐름에 대한 정보와 계절적인 요인에 의해 소비자 수요에 영향을 미치는 외부 요인에 대한 정보 그리고 실제 재고 수준, 상품 수령, 안전 재고 수준에 대한 정보 등을 컴퓨터를 이용하여 통합분석하여 일정 조건에 해당하는 수준으로 판정되면 기계적으로 발주가 이루어지는 시스템은?

    정답 및 해설 자동 발주 시스템(CAO)(Computer Assisted Ordering)

81. 주문서의 발행을 자동적으로 하는 시스템. 재고 관리 시스템으로서 정량 발주 시스템이 있는데, 그 방식의 하나로서 재고량이 발주점에 이르면 자동적으로 주문서를 출력하는 것은?

    정답 및 해설 자동 주문 시스템(AOS)

82. 기업 내 생산, 물류, 재무, 회계, 영업과 구매, 재고 등 경영 활동 프로세스들을 통합적으로 연계해 관리해 주며, 기업에서 발생하는 정보들을 서로 공유하고 새로운 정보의 생성과 빠른 의사결정을 도와주는 통합시스템을 무엇이라하는가?

    정답 및 해설 ERP(Enterprise Resource Planning, 전사적자원관리)

수산물 표준규격과 품질검사

1. 수산물의 표준거래단위 중 기본거래단위를 쓰시오.

    정답 및 해설 3kg, 5kg, 10kg, 15kg 및 20kg

2. (포장치수)

    수산물의 포장치수는 한국산업규격(KS M3808)에서 정한 발포폴리스틸렌(P.S) 상자의 포장규격 및 한국산업규격(KS A1002)에서 정한 수송포장계열치수 T-11형 파렛트(1,100×1,100mm)의 평면적재효율이 (①)인 것을 우선 적용하고, 높이는 해당 수산물의 포장이 가능한 (②)로 한다.

정답 및 해설 ① 90%이상 ② 적정높이

3. **(포장치수의 허용범위)**
   1. 골판지상자 및 발포폴리스틸렌상자(P.S)의 포장치수 중 길이, 너비의 허용범위는 (①)로 한다.
   2. 그물망, 직물제포대(P.P대), 폴리에틸렌대(P.E대)의 포장치수의 허용범위는 길이의 (②), 너비의 ±10㎜, 지대의 경우에는 각각 길이·너비의 (③)로 한다.

   정답 및 해설 ① ±2.5% ② ±10% ③ ±5㎜

4. 다음 거래단위표에 알맞은 선어류를 쓰시오.

3kg	5kg	10kg			①
3kg	5kg	10kg	15kg		②
3kg	5kg	10kg	15kg	20kg	③

   정답 및 해설 ① 도다리, 화살오징어, 양태, 수조기, 숭어, 쥐치(도화양수조숭쥐) ② 병어, 조피볼락, 서대(병피서) ③ 전어, 문어(전문)

5. 거래단위에 7kg이 포함된 것을 쓰시오.

   정답 및 해설 삼치, 백조기(5/7/10/15/20)
   부세(5/7/10)[삼백7세]

6. 거래단위에 8kg이 포함된 것을 쓰시오.

   정답 및 해설 고등어(5/8/10/15/16/20)
   오징어, 대구(5/8/10/15/20)
   민어(8/10/15/20)
   붕장어(4/8)[오8고대멘붕]

7. 다음 거래단위표에 알맞은 선어류를 쓰시오.

5kg	10kg			①
5kg	10kg	15kg		②
5kg	10kg	15kg	20kg	③
	10kg		20kg	④
	10kg	15kg	20kg	⑤

정답 및 해설 ① 갯장어, 뱀장어

② 놀래미,

③ 명태

④ 참다랑어(*가다랑어15kg/20kg)

⑤ 조기, 가오리, 곰치, 넙치

8. 다음 보기의 패류에 공통된 표준거래단위를 쓰시오.

바지락, 고막, 피조개, 우렁쉥이

정답 및 해설 3kg, 5kg, 10kg

* 바지락 (3/5/10/20)

9. 수산물의 표준포장규격 중 상자 두께를 길이, 너비, 바닥으로 구분하여 쓰시오.

정답 및 해설 길이 및 너비 두께 25mm, 바다 두께 44mm

10. 다음은 표준규격품의 표시방법이다. 항목 중 빈칸에 알맞은 말을 쓰시오.

표준규격품	표시사항			
	품목		①	
	생산자		②	
	무게 (마릿수)	kg(마리)	③	

정답 및 해설 ① 생산지역 ② 출하자 ③ 연락처

11. (북어)

Point 실전문제

북어	특	상	보통
1마리의 크기 (전장, Cm)	40 이상	30 이상	30 이상
다른크기의 것의 혼입율(%)	0	10 이하	30 이하
색 택	우 량	양 호	보 통
공통규격	○형태 및 크기가 균일하여야 한다. ○고유의 향미를 가지고 다른 냄새가 없어야 한다. ○인체에 해로운 성분이 없어야 한다. ○수분 : 20%이하		

정답 및 해설

* 북어 등급규격 정리
1. 항목 : 크혼색
2. 크(433), 혼(0/10/30), 색(우양보)
3. 공통규격(수분20% 이하)

* 포장재 표시사항
  표시사항 : 품명, 산지, 생산자 성명·주소(전화번호), 등급, 무게, 생산년·월, 취급상 유의사항, 가공방법(필요시)

12. (굴비)

굴비	특	상	보통
1마리의 크기 (전장, Cm)	20 이상	15 이상	15 이상
다른크기의 것의 혼입율(%)	0	10 이하	30 이하
색 택	우 량	양 호	보 통
공통규격	○고유의 향미를 가지고 다른 냄새가 없어야 한다. ○크기가 균일한 것으로 엮어야 한다.		

정답 및 해설

* 굴비 정리
1. 항목 : 크혼색
2. 크(20/15/15-북어의1/2), 혼(0/10/30), 색(우양보)

* 항목에 색택(색깔)이 있는 경우
  특상보통은 우양보(북어, 생굴, 굴비, 마른문어, 냉동오징어, 간미역)

13. (마른문어)

마른문어	특	상	보통

형태	육질	두께 두껍고	두께 보통	다소 얇고
	흡반 탈락	거의 없고	적음	적음
곰팡 적분 백분	팡적	×	×	×
	백분	다소 있음	심하지 않음	다소 심함
색택		우량	양호	보통
향미		우량	양호	보통
공통규격		1. 크기 : 30cm 이상, 균일 묶음 2. 토사·협잡물 × 3. 수분 23% 이하		

> **정답 및 해설**
>
> * 마른문어 정리
> 1. 항목 : 형태팡 적백색향
> * 항목에 형태가 있는 것(마른문어, 냉동, 오징어)
> 2. 곰팡이·적분은 毒
>   백분은 다소有 < 심× < 다소 심함
> 3. 형태에서 흡반탈락 (거의× < 적 < 적)
>   육질두께(두껍>보통>다소 얇음)
> 4. 색택, 향미(우양보)
> * 항목에 향미가 있는 경우
>   특상보통은 우양보(마른 문어, 멸치젓)

14. (생굴)

1립 무게	다른 크기 외상혼입	색택	선도	공통
5/5/5↑	3/5/10	우양보	우양보	1. 고유 색향 2. 다른품종× 3. 부서진 패각, 협잡물× 4. 수질혼탁×

> **정답 및 해설** * 항목에 선도가 있는 것 : 우양보(생굴, 냉동오징어)

15. (고막/바지락) 공통규격에 대해

	1개의 크기	다른 크기 혼입률	손상/패각 혼입률	공통 규격
고막	3/2.5/2	5/10/30	3/5/10	

바지락	4/3/3			

정답 및 해설

* 고막/바지락 공통규격
  1. 패각+모래/뻘(잘 제거)
  2. 크기 균일, 별종 혼입 ×
  3. 부패냄새/다른 냄새(他臭) ×

16. (새우젓/멸치젓) 공통규격에 대해

	육 질 숙성도	다른 종 부서진 혼입률	향미	공통 규격
새우젓	우양보	3/5/10	✕	
멸치젓		✕	우양보	

정답 및 해설

	공통규격	
새우젓	고유색깔 변색/변질 ×	1. 고유향미/他臭 × 2. 액즙정미량 20%↓
멸치젓		1. 他種 × 2. 부패臭/他臭 ×

17. (냉동오징어/간미역)

냉동오징어			
1개의 무게	다른 크기 혼입률	색택/선도/형태	공통규격
320 270 230	0/10/30	우양보	1. 크기균일/배열 正 2. 부패臭/他臭 × 3. 보관온도 −18℃↓

간미역		
파치품(15cm↓) 혼입률	葉 (노쇠/충해/황갈색) 혼입률	색깔
3/5/10	3/5/10	우양보
공통규격 : 他種 ×, 속줄기(제거), 자숙(적당)/염분(균등)/물빼기(충분), 수분(63% 이하), 염분(25~40%)		

정답 및 해설 * 혼입률 종합정리

	다른크기	외상
북어	01030	
마른문어	30cm↑	
생굴	3/5/10	3/5/10
바지락	他크기 51030	손상 死패 3510
고막	51030	3510
새우젓	3510	부서짐 3510
멸치젓	000	
냉동오징어	01030	
간미역	15cm↓ 3/5/10	老蟲黃 3/5/10

18. '식품의 영양표시 등' 규정에 의해 반드시 그 명칭과 함량을 표시하여야 하는 영양성분 9가지를 쓰시오.

    정답 및 해설 열량, 탄수화물, 당류, 단백질, 지방, 포화지방, 트랜스 지방, 콜레스테롤, 나트륨

19. '식품의 영양표시 등' 규정에 의해 임의로 표시할 수 있는 영양성분 3가지를 쓰시오.

    정답 및 해설 비타민, 무기질, 식이섬유

20. 제품에 포함된 특수한 영양물질이나 성분을 소비자에게 홍보할 수 있도록 고, (①), 저, (②), (③) 등의 용어를 사용할 수 있다.

    정답 및 해설 무, 감소, 강화

21. 식품의 기준으로서 적합한 원료의 구비조건 3가지를 쓰시오.

    정답 및 해설 안전성, 위생성, 건전성

22. 다음은 식품에 대한 제품검사의 필요성이다.

    (①)이 회사에서 설정한 품질기준에 적합한지 판정
    (②)이 품질기준에 부합하는 제품 생산에 적합한지 판정

정답 및 해설 ① 최종제품 ② 제조공정

23. 제품검사의 방법 2가지를 쓰시오.

    정답 및 해설 전수검사, 시료채취검사

24. 시료채취방법 2가지를 쓰시오.

    정답 및 해설 층별 시료채취, 취락 시료채취

25. 식품의 품질검사방법 3가지를 쓰시오.

    정답 및 해설 영양성분검사, 위생안전성검사, 관능검사

26. 관능검사방법 중 대표적인 것 3가지를 쓰시오.

    정답 및 해설 평점법, 비교법, 순위법

27. 수산물·수산가공품 검사기준에 관한 고시에 따른 '어·패류'의 정의는?

    정답 및 해설 어류·패류·갑각류·연체류 등의 수산동물

28. 신선·냉장품의 냉장온도는?

    정답 및 해설 10℃↓

29. 수산동·식물을 건제품화 하는 방법 4가지를 쓰시오.

    정답 및 해설 건조하기, 삶기, 굽기, 염장 후 건조

30. 수산물 제품에 표시하여야 하는 내용 4가지를 쓰시오.

   정답 및 해설 제품명, 중량(또는 내용량), 업소명, 원산지명

31. 활어·패류의 검사항목의 합격기준을 쓰시오.

   정답 및 해설 외관 : 손상과 변형이 없는 형태로서 병·충해가 없는 것
   활력도 : 살아있고, 활력도가 양호한 것
   선별 : 대체로 고르고 이종품의 혼입이 없는 것

32. 신선·냉장품의 검사항목을 쓰시오.

   정답 및 해설 형태, 색택, 선도, 선별, 잡물, 냄새(형색선도별 잡새)

33. 다음은 신선.냉장품의 검사기준표이다.

항목	합격
형태	손상·변형이 (①), 처리상태가 (②)한 것
색택	고유의 색택으로 (③)한 것
선도	선도가 (④)한 것
선별	크기가 대체로 고르고 다른 종류가 혼입되지 아니한 것
잡물	(⑤) 등의 처리가 잘 되고, 그 밖에 협잡물이 없는 것
냄새	⑥

   정답 및 해설 ① 없고 ② 양호 ③ 양호 ④ 양호 ⑤ 혈액 ⑥ 신선하여 이취가 없는 것

34. 냉동품 중 어·패류의 검사항목을 쓰시오.

   정답 및 해설 형태, 색택, 선도, 선별, 잡물, 온도건조 및 유소(형색선도별 잡놈건유)

35. 다음은 냉동품 중 어.패류의 검사기준표이다.

항목	합격
형태	고유의 형태를 가지고 손상과 변형이 거의 없는 것
색택	①

선도	②
선별	③
잡물	혈액 등의 처리가 잘 되고 그 밖에 협잡물이 없는 것
건조 유소	글레이징이 잘 되어 건조 및 유소현상이 없는 것(다만, 건조 및 유소를 방지할 수 있도록 포장한 것은 제외)
온도	중심온도가 -18℃ 이하인 것 횟감용 참치류의 중심온도는 -40℃ 이하

정답 및 해설 ① 고유의 색택으로 양호한 것

② 선도가 양호한 것

③ (선별) 크기가 대체로 고르고 다른 종류가 혼입되지 아니한 것

36. 다음 보기는 냉동품의 종류이다. 각 질문의 항목에 알맞은 종류를 골라 쓰시오.

    어·패류, 연육, 해조류, 붉은 대게 액즙, 어육연제품
    ① 검사항목 중 '색택'의 합격기준이 '색택이 양호하고 변색이 없는 것"인 것은?
    ② '선별'합격기준으로 '파치품·충해엽 등의 혼입이 적고 다른 해초 등의 혼입이 거의 없는 것'은?
    ③ 검사항목 중 '탄력' 합격기준이 '탄력이 양호한 것'은?
    ④ 검사항목 중 '잡물' 합격기준으로 '뼈 및 껍질 그 밖에 협잡물이 없는 것'은?
    ⑤ '고유의 색택을 가지고 변질되지 아니한 것'은?

정답 및 해설

* 냉동품 제품별 색택 합격기준

어·패류	고유색택+양호
어육연제품	고유색택+양호
연 육	색택양호+변색NO
해조류	고유색택+변질NO
紅대게액즙	고유색택

① 연육 ② 해조류 ③ 어육연제품 ④ 연육 ⑤ 해조류

* 붉은대게액즙만 항목 '향미' 있음
* 연육(육질항목), 어육연제품(탄력)

37. 다음은 건제품 중 마른 김 및 얼구운 김 검사기준표이다. 번호에 적절한 내용을 쓰시오.

항목	검사기준				
	특등	1등	2등	3등	등외

형태	① 대판제외			②
색택	③			④
청태 혼입	청태혼입 없는 것	⑤		
향미			⑥	
중량	⑦		⑦, 다만, 재래식은 200g 이상인 것	
협잡물	토사·따개비·갈대잎 및 그 밖에 협잡물이 없는 것			
결속				
대지 외	결속대지 및 문고지(항목)에서 형광물질이 검출되지 아니한 것			

* 마른 김 중요사항 정리

1. 형태 : 특/1/2/3등에서 크기同/형태바름/축파·구멍×
   기본크기 : 길이206mm이상×너비189mm이상
2. 색택 : 특/1/2/3등 모두 고유색택 띠고 광택은 특/1/2/3등에서 우수선명/우량선명/양호/보통(등외; 고유색택+나부기/사태20%이하)
3. 청태혼입률 : 특/1/2/3/등외에서 0/3/10/15/15
   혼해태 : 0/20/30/45/50

정답 및 해설 ① 길이×너비=206mm×189mm이상 형태가 바르고 축파지·구멍기가 없는 것

  * 대판 : 223×195 이상

  * 1.2.3등 재래식 260×190 이상

② 길이×너비=206×189mm 이나 과도하게 가장자리를 치거나 형태가 바르지 못하고 경미한 축파지·구멍기가 있는 제품이 약간 혼입된 것

③ 고유의 색택(흣색)을 띠고 광택이 우수하고 선명한 것

④ 고유의 색택이 떨어지고 나부기 또는 사태가 전체표면의 20% 이하인 것

⑤ 청태혼입이 3% 이내인 것

  혼해태는 30% 이하

⑥ 고유의 향미가 우량한 것

⑦ 100매1속의 중량이 250g 이상

38. 건제품 마른멸치의 검사항목별 질문에 답하시오.

1. 항목 '형태'에서 1.2.3등에 해당하는 멸치 종류별 크기를 쓰시오.
2. 항목 '형태'에서 다른 크기의 혼입 또는 머리가 없는 것이 1.2.3 등에 맞는 각 기준을 쓰시오.
3. 항목 '색택'에서 1등의 기준을 쓰시오.

4. 항목 '선별'에서 1,2등의 기준을 쓰시오.

5. 항목 '향미'에서 1등의 기준을 쓰시오.

6. 항목 '협잡물'에서 1,2,3 등의 기준을 쓰시오.

정답 및 해설

1. 대멸 77mm 이상, 중멸 51mm 이상, 소멸 31mm 이상, 자멸 16mm 이상, 세멸 16mm 미만

2. 1등(1% 이내), 2등(3% 이내), 3등(5% 이내)

3. 자숙이 적당하며 고유의 색택이 우량하며 기름이 피지 아니한 것

4. 이종품의 혼입이 없는 것

　　*3등(혼입이 거의 없는 것)

5. 고유의 향미가 우량한 것

6. 토사 및 그 밖에 협잡물이 없는 것

39. 다음은 건제품 '마른멸치'의 검사결과표이다. 등급을 판정하고 그 이유를 쓰시오.(단, 제시되지 않은 항목에 대한 기준은 고려하지 않음)

- 형태 : 중멸(51mm 이상)이고, 다른 크기의 혼입 또는 머리가 없는 것이 3% 이내
- 색택 : 자숙이 적당하여, 고유의 색택이 우량하고 기름이 핀 정도가 적은 것
- 선별 : 이종품의 혼입이 거의 없는 것

정답 및 해설 등급판정 : 3등

판정이유 : 형태는 2등, 색택은 2등, 선별은 3등으로 종합판정은 3등

40. 마른 오징어 검사 합격기준으로 알맞은 말을 쓰시오.

항 목	합 격
형 태	형태가 바르고 손상이 없으며, (①), 썰거나 찢은 것은 크기가 고른 것
색 택	색택이 (②)이며, 얼룩이 (③)
곰팡이 적 분	곰팡이가 없고, 적분이 (④)
협잡물	토사 및 그 밖에 협잡물이 없는 것
향 미	고유의 향미를 가지고 (⑤)가 없는 것
선 별	크기가 대체로 고른 것

정답 및 해설 ① 흡반의 탈락이 적은 것 ② 보통 ③ 거의 없는 것 ④ 거의 없는 것 ⑤ 이취

41. 마른 미역류의 원료와 형태 및 색택의 검사 합격기준을 쓰시오.

> **정답 및 해설** 원료 : 조체발육이 양호한 것
> 형태 : 형태가 바르고 손상이 거의 없는 것
> * 썰은 것은 크기가 고르고 파치품의 혼입이 거의 없는것
> 색택 : 고유의 색택으로 양호한 것

42. 다음 표에서 구운 김의 검사항목별 합격기준을 쓰시오.

항 목	합 격
형 태	◆ 배소로 인한 파상형 또는 요철형의 혼입이 적은 것. ◆ (①)
색 택	고유의 색택을 가지고, (②)
협잡물	토사 및 협잡물의 혼입이 (③)
향 미	④

> **정답 및 해설** ① 크기가 고르고 구멍기가 심하지 아니한 것
> ② 배소로 인한 변색이 심하지 아니한 것
> ③ 없는 것
> ④ 고유의 향미를 가지고 이취가 없는 것

43. 염장품 '새우젓'의 검사항목별 합격기준을 쓰시오.

항 목	합 격
형 태	새우의 형태를 가지고 있어야 하며 부스러진 새우의 혼입이 (①)
색 택	②
협잡물	토사 및 그 밖에 협잡물이 없는 것
향 미	고유의 향미를 가지고 이취가 없는 것
액 즙	③
처 리	(④)이 잘 되고 이종새우 및 잡어의 선별이 잘 된 것

> **정답 및 해설** ① 적은 것
> ② 고유의 색택이 양호하고 변색이 없는 것
> ③ 정미량의 20% 이하인 것
> ④ 숙성

44. 마른오징어 검사 합격기준으로 알맞은 말을 쓰시오.

Point 실전문제

항 목	합 격
형 태	형태가 바르고 손상이 없으며, (①), 썰거나 찢은 것은 크기가 고른 것
색 택	색택이 (②)이며, 얼룩이 (③)
곰팡이 적 분	곰팡이가 없고, 적분이 (④)
협잡물	토사 및 그 밖에 협잡물이 없는 것
향 미	고유의 향미를 가지고 (⑤)가 없는 것
선 별	크기가 대체로 고른 것

정답 및 해설 ① 흡반의 탈락이 적은 것 ② 보통 ③ 거의 없는 것 ④ 거의 없는 것 ⑤ 이취

45. 일반 염장품(그 밖의 염장품)에 공통되는 검사의 합격기준을 항목별로 쓰시오.

① 형태
② 색택
③ 협잡물
④ 처리

정답 및 해설 ① 형태가 바르고 고른 것
② 고유의 색택으로서 변색이 거의 없는 것
③ 토사 및 그 밖에 협잡물이 없는 것
④ 염도가 적당하고 처리상태가 양호한 것

46. 조미오징어류의 검사항목 중 '색택' 합격기준을 쓰시오.(단, 늘린 것이 아님)

정답 및 해설 색택이 대체로 고르고 곰팡이가 없고, 백분이 거의 없는 것

47. 조미김의 검사항목 중 '색택' 합격기준을 쓰시오.

정답 및 해설 고유의 색택이 양호한 것

48. 어묵류의 검사항목 중 '일반어묵(고명을 넣지 않음, 굽지 않음, 맛살이 아님)'의 '성상' 합격기준을 쓰시오.

정답 및 해설 색, 형태, 풍미, 식감이 양호하고 이미, 이취가 없는 것

49. 수산물·수산가공품의 정밀검사기준으로 중금속 검사항목을 모두 쓰시오.

   정답 및 해설 총 수은, 메틸수은, 납, 카드뮴

50. 다음 검사대상의 염분①②과 수분③④⑤⑥ 검사기준을 각각 쓰시오.

   ① (조미 가공품) 패류 간장
   ② (염장품) 멸치액젓
   ③ (건제품) 김, 돌김
   ④ (건제품) 오징어류
   ⑤ (건제품) 멸치(세별제외), 새우류
   ⑥ (조미가공품) 오징어류, (건제) 세멸

   정답 및 해설 ① 15.0% 이하
   ② 23.0% 이하
   ③ 15% 이하
   ④ 23% 이하
   ⑤ 25% 이하
   ⑥ 30% 이하

51. 정밀검사 항목으로 음성 판정을 받아야 하는 식중독균 중 리스테리아모노사이토제네스 외 3가지를 쓰시오.

   정답 및 해설 장염비브리오, 살모넬라, 황색포도상구균

52. 수산물 및 수산가공품에 대한 검사의 종류 3가지를 쓰시오.

   정답 및 해설 서류검사, 관능검사, 정밀검사

53. 다음 각 항목에 따른 검사방법을 순서대로 쓰시오.

   ① 검사신청인 또는 외국요구기준에서 분석증명서를 요구하는 수산물 및 수산가공품

② 등록된 생산.가공시설 등에 대한 위해요소중점관리기준에 적합한지 확인
③ 검사신청인이 위생증명서를 요구하는 수산물·수산가공품(식용)

정답 및 해설 ① 정밀검사 ② 서류검사 ③ 관능검사

54. 다음 보기 중 관능검사 대상 항목을 모두 고르시오.

① 지정해역에서 생산하였는지 확인(지정해역에서 생산되어야 하는 수산물 및 수산가공품만 해당한다)
② 정부에서 수매·비축하는 수산물·수산가공품
③ 국내에서 소비하는 수산물·수산가공품
④ 외국요구기준에 따라 수출된 수산물 및 수산가공품에서 유해물질이 검출된 경우 그 수산물 및 수산가공품의 생산·가공시설에서 생산·가공되는 수산물
⑤ 지정해역에서 위생관리기준에 맞게 생산·가공된 수산물 및 수산가공품으로서 외국요구기준을 이행했는지를 확인하기 위하여 품질·포장재·표시사항 또는 규격 등의 확인이 필요한 수산물·수산가공품
⑥ 식용으로서 검사신청인이 위생증명서를 요구하는 수산물·수산가공품

정답 및 해설 관능검사 대상 : ②③⑤⑥
서류검사 : ①
정밀검사 : ④

55. 관능검사를 위한 수산물 및 수산가공품(무포장 제품)의 표본추출시 신청 로트의 크기가 '3톤 이상 5톤 미만'인 경우 관능검사 채점 지점(마리)은?

정답 및 해설

신청 로트(Lot)의 크기	관능검사 채점지점 (마리)
1톤 미만	2
1톤 이상 3톤 미만	3
3톤 이상 5톤 미만	**4**
5톤 이상 10톤 미만	5
10톤 이상 20톤 미만	6
20톤 이상	7

56. 관능검사를 위한 수산물 및 수산가공품(포장 제품)의 표본추출시 신청개수가 100개인 경우 추출개수와 채점개수를 순서대로 쓰시오.

정답 및 해설

신청 개수		추출 개수	채점 개수
	4개 이하	1	1
5개 이상	50개 이하	3	1
51개 이상	**100개 이하**	5	2
101개 이상	200개 이하	7	2
201개 이상	300개 이하	9	3
301개 이상	400개 이하	11	3
401개 이상	500개 이하	13	4
501개 이상	700개 이하	15	5
701개 이상	1,000개 이하	17	5
1,001개 이상		20	6

57. 정밀검사는 외국요구기준에서 정한 검사방법이 있는 경우에는 그 방법으로 하고, 그 방법이 없을 때에는 「식품위생법」 제14조에 따른 (   )에서 정한 검사방법으로 한다. 빈칸에 알맞은 말을 쓰시오.

정답 및 해설 식품 등의 공전(公典)

58. 성상(관능검사)검사시 (①), (②), (③) 항목은 수산물에 공통으로 적용하고 종류별로 검사항목이 정하여진 것은 이를 포함하여 각 채점기준에 따라 채점한 결과가 평균 (④) 이상이고, (⑤) 항목이 없어야 한다.

정답 및 해설 ① 외관(형태) ② 색깔(색택) ③ 선별 ④ 3점 ⑤ 1점

59. 정밀검사를 통하여 '세균수'를 측정하고자 한다. 냉동 상태의 검체를 그대로 (①) 이하에서 가능한 단시간에 녹이고 용기.포장의 표면을 (②)의 알코올 솜으로 잘 닦은 후 일반시험법, (③), 일반세균수에 따라 시험한다.

정답 및 해설 ① 40℃ ② 70% ③ 미생물 시험법

Point 실전문제

60. 다음은 '대장균군에 대한 정밀시험 순서이다.

(①) → (②) → 대장균군 → (③) → 데스옥시콜레이트유당한천배지에 의한 정량법

정답 및 해설 ① 일반시험법 ② 미생물시험법 ③ 정량시험

61. 복어독의 추출방법①과 독력시험법②을 각각 쓰시오.

정답 및 해설 ① 초산추출법 ② 마우스 복강주사

62. 일산화탄소 시험법에서 사용되는 시약 3가지를 쓰시오

정답 및 해설 일산화탄소 표준가스, 황산, n-옥틸알코올

63. 아래는 검출된 일산화탄소의 농도이다.

1. 냉동틸라피아 분석치가 (① µg/kg) 이하인 경우 일산화탄소를 처리하지 않은 것으로 판정한다.
2. 진공 포장한 냉동틸라피아에서 (② µL/L) 이하로 검출된 경우 일산화탄소를 처리하지 않은 것으로 판정하고, (③) 이상 검출되면 일산화탄소를 처리한 것으로 판정한다.
3. 냉동참치의 경우 (④ µg/kg) 이하이면 일산화탄소를 처리하지 않은 것으로, (⑤ µg/kg) 이상이면 일산화탄소를 처리한 것으로 판정한다.

정답 및 해설 ① 20 ② 10 ③ 100 ④ 200 ⑤ 500

64. 알맞은 답은?

1. 히스타민분석을 위하여 사용되는 장치는?
2. 히스타민분석으로 알 수 있는 것은?
3. 히스타민을 추출하기 위하여 사용되는 화학물질은?

정답 및 해설
1. 액체크로마토그래프
2. 부패정도
3. 염산

2단계 문제 [확인학습]

1. 수산물의 표준거래단위(기본)를 쓰시오.

2. 다음 보기의 수산물 중 해당 표준거래단위에 알맞은 것을 골라 쓰시오.

   오징어, 고등어, 갯장어, 전어, 명태, 멸치

①	3kg, 4kg, 5kg, 10kg
②	5kg, 8kg, 10kg, 15kg, 16kg, 20kg
③	3kg, 5kg, 10kg, 15kg, 20kg
④	5kg, 10kg, 15kg, 20kg

3. 다음은 '북어' 10마리 포장 1박스의 등급 조사표이다. 등급을 판정하고 그 이유를 쓰시오.

   ① 등급판정
   ② 판정이유

항목	조사결과
1마리의 크기(전장, cm)	40 이상 : 9마리, 30 이상 : 1마리
다른 크기의 것의 혼입률(%)	10%
색택	우량
공통규격	1. 형태 및 크기가 균일 2. 고유의 향미를 가지고 다른 냄새 없음 3. 인체에 해로운 성분 없음 4. 수분 : 20% 이하

4. '굴비'의 등급규격 항목 중 '공통규격'을 제외한 나머지 항목을 쓰시오.

5. 다음은 '마른문어' 10마리 1박스의 등급규격 조사결과이다. 등급을 판정하고 그 이유를 쓰시오. (단, 주어진 조사결과 이외의 것은 고려하지 아니한다.)

   ① 형태 : 육질의 두께가 두껍고, 흡반탈락이 거의 없음
   ② 곰팡이, 적분이 피지 아니하고, 백분이 심하지 않음
   ③ 색택, 향미 : 우량
   ④ 크기 : 모두 30cm 이상
   ⑤ 수분 : 25% 이하

6. '생굴'의 등급규격상 "특"에 해당하는 1립의 무게(g)와 다른 크기 및 외상이 있는 것의 혼입률(%)을 순서대로 쓰시오.

① 1립의 무게(g)
② 다른 크기 및 외상이 있는 것의 혼입률(%)

7. 다음은 '바지락' 10kg 포장품 등급규격상 조사결과이다. 등급을 판정하고 그 이유를 쓰시오. (단, 조사결과 이외의 것은 판정상 고려하지 않음)
   ① 1개의 크기(각장, cm) 4 이상 9.5kg, 3 이상 0.5kg
   ② 손상된 것 혼입량 0.3kg

8. '새우젓'의 등급규격상 "특"에 해당하는 기준을 다음 항목에 따라 순서대로 쓰시오.
   ① 육질
   ② 숙성도
   ③ 다른 종류 및 부서진 것의 혼입률(%)
   ④ 공통규격 상 액즙의 정미량

9. '멸치젓'의 공통 규격상 품종, 색깔, 냄새의 "특, 상, 보통"에 해당하기 위한 기준을 각각 쓰시오.
   ① 품종
   ② 색깔
   ③ 냄새

10. 다음은 '냉동오징어'의 등급규격표이다. 해당 기준에 맞는 빈칸을 채워 쓰시오. (기입되지 않은 기준은 고려하지 않음)

항목	특	상	보통
1마리의 무게(g)	①		
다른 크기의 것의 혼입률(%)		②	
색택			
선도			③
형태			
공통규격상 보관온도	④		

11. '간미역'의 등급규격상 공통규격 "특, 상, 보통"에 해당하는 다음 각 항목에 맞는 기준을 쓰시오.
   ① 보관온도
   ② 수분

③ 염분

12. 다음 보기는 '식품위생법'상 표시하도록 되어 있는 영양소 중 일부이다. 그 중 임의로 표시할 수 있는 것 3가지를 골라 쓰시오.

    식이섬유, 열량, 탄수화물, 비타민, 무기질, 트랜스지방, 콜레스트롤, 나트륨

13. 제품에 포함된 특수한 영양물질이나 성분을 소비자에게 홍보하기 위하여 특정 용어를 사용할 수 있다. 감소, 강화라는 용어 외에 표시가 가능한 용어를 쓰시오.(단, 영문표기는 쓰지 않아도 됨)

14. 식품에 대한 제품의 시료 검사방법 2가지를 쓰시오.

15. 식품에 대한 품질검사 방법 3가지를 쓰시오.

16. 식품의 품질검사방법 중 관능검사의 대표적 3가지 방법을 쓰시오.

17. 수산물·수산가공품 검사기준의 고시에서 정한 '어패류'의 종류를 쓰시오.

18. '활어·패류'의 관능검사 항목을 쓰시오.

19. 다음은 '신선·냉장품'의 관능검사 기준이다. "합격"에 해당하는 내용으로 빈칸을 채워 쓰시오.

항목	합격
형태	손상과 변형이 없고, 처리상태가 (①)한 것
색택	고유의 색택으로 (②)한 것
선도	선도가 (③)한 것
선별	크기가 (④) 고르고, 다른 종류가 혼입되지 아니한 것
잡물	혈액 등의 처리가 잘 되고, 그 밖에 협잡물이 없는 것
냄새	신선하여 이취가 없는 것

20. 다음 보기는 수산물·수산가공품의 검사기준 중 '냉동품'의 종류이다. 감사항목 중 "선별"이 포함된 것을 모두 고르시오.

    어·패류, 연육, 해조류, 붉은 대게 액즙, 어육연제품

21. '마른김'의 "특등" 검사기준으로 알맞은 내용을 순서대로 쓰시오.

① 형태('대판' 제외)의 길이와 너비
② 중량(100매 1속)
③ 색택

22. '마른김'의 형태 검사기준으로 길이와 너비를 제외한 나머지 기준을 쓰시오.

23. 다음은 '마른 김'의 검사항목 중 '청태의 혼입'에 대한 검사기준을 각 등급별로 빈칸에 알맞은 말을 옳게 쓰시오.(다만, 혼해태의 기준은 제외한다.)
① 특등 ② 1등 ③ 2등 ④ 3등 ⑤ 등 외

24. 다음은 '마른김'의 감사표이다. 등급을 판정하고, 그 이유를 쓰시오.(단, 제시되지 않은 항목 및 검사결과는 고려하지 않는다.)

항목	검사결과
형태	경미한 축파지 및 구멍기가 있음
청태(혼해태)	혼해태의 혼입이 30% 이하
향미	고유의 향미가 우량함

25. 다음은 건제품 '마른멸치(소멸)'의 검사결과표이다. 등급을 판정하고 그 이유를 쓰시오.

항목	검사결과
형태	크기가 31mm 이상 50mm 이하로서 다른 크기의 혼입 또는 머리가 없는 것이 3% 이내임
색택	자숙이 적당, 고유의 색택이 우량, 기름이 피지 않음
향미	고유의 향미가 우량
선별	이종품의 혼입이 거의 없음
협잡물	토사 및 그밖에 협잡물이 없는 것

26. 건제품 '마른오징어'의 검사항목 중 "협잡물, 선별, 향미"를 제외한 나머지 항목을 쓰시오.

27. 다음 보기 중 검사항목에서 "향미"가 포함된 것을 모두 고르시오.
마른 김, 마른 멸치, 마른 톳, 마른 우뭇가사리, 마른 굴, 마른 해삼

28. '마른미역'의 검사항목 중 "형태"의 합격기준을 쓰시오.

29. 다음은 '구운 김'의 관능검사 합격기준표이다. 빈칸에 알맞은 말을 쓰시오.

항목	합격
형태	◆ 배소로 인한 파상형 또는 요철형의 혼입이 (①) ◆ 크기가 고르고 구멍기가 (②)
색택	고유의 색택을 가지고 배소로 인한 변색이 (③)
협잡물	토사 및 협잡물의 혼입이 (④)
향미	고유의 향미를 가지고 이취가 (⑤)

30. 염장품 '새우젓'의 관능검사결과 "불합격" 판정을 받았다. 그 이유를 쓰시오.

　〈검사결과〉
　　◆ 형태 : 새우의 형태를 가지고 있고, 부스러진 새우의 혼입이 적음
　　◆ 색택 : 고유의 색택이 보통이며 변색이 심하지 아니함
　　◆ 협잡물 : 토사 및 그 밖에 협잡물이 없음
　　◆ 향미 : 고유의 향미를 가지고 이취가 없음
　　◆ 액즙 : 정미량이 25%임
　　◆ 처리 : 숙성이 잘 되고 이종새우 및 잡어의 선별이 잘됨

31. '조미김'의 검사항목 중 "형태"와 "색택"의 관능검사 합격기준을 각각 쓰시오.
　① 형태
　② 색택

32. '실한천'의 검사항목 중 "형태"의 3등급 이상 기준을 쓰시오.

33. 정밀검사 항목 중 음성판정이 필요한 식중독균 중 리스테리아모노사이토제네스를 제외한 나머지 세가지를 쓰시오.

34. 포장제품으로서 관능검사 신청개수가 100개인 경우 표본의 추출개수와 채점개수를 각각 쓰시오.
　① 추출개수
　② 채점개수

35. 관능검사시 각 수산물에 공통으로 적용하는 검사항목 3가지를 쓰고 평균 몇 점 이상이어야 하며, 몇 점 항목이 없어야 하는가?
　① 공통검사항목
　② 평균 점수
　③ 불가한 점수

36. 복어독 시험방법으로 추출법과 독력시험법을 각각 쓰시오.
   ① 추출법
   ② 독력시험법

37. 진공포장한 냉동필라피아의 검출된 일산화탄소량에 따른 일산화탄소 처리 유무 판정기준을 각각 쓰시오.(검출량의 단위는 μL/L이며 단위표시는 생략한다)
   ① 일산화탄소를 처리하지 않은 것으로 판정
   ② 일반법에 따라 시험하여 판정
   ③ 일산화탄소를 처리한 것으로 판정

38. 다음은 수산물 정밀검사 히스타민 분석의 원리이다. 빈칸에 알맞은 말을 쓰시오.
   히스타민 분석원리는 히스타민을 (①)으로 추출하여 (②)로 유토체화 한 후 (③)를 이용하여 분석한다.

정답 및 해설

1	3kg, 5kg, 10kg, 15kg, 20kg	2	① 멸치 ② 고등어 ③ 전어 ④ 명태
3	① 등급판정 : 상 ② 판정이유 : 크기 30 이상, 혼입률 10% 이하는 등급 "상"에 해당	4	1마리의 크기, 다른 크기의 혼입률, 색택
5	등급판정 : 등급 없음 판정이유 : 백분이 심하지 않음은 "상"에 해당하나, 수분 25% 이하로서 공통규격 23% 이하에 미치지 못하므로 "보통"에도 미치지 못함	6	① 1립의 무게(g) : 5 이상 ② 다른 크기 및 외상이 있는 것의 혼입률(%) : 3 이하
7	등급판정 : 특 판정이유 : 다른 크기의 혼입률 5% 이하로 "특", 손상된 것 혼입률 3% 이하로 "특"	8	① 육질 : 우량 ② 숙성도 : 우량 ③ 다른 종류 및 부서진 것의 혼입률(%) : 3 이하 ④ 공통규격 상 액즙의 정미량 : 20% 이하
9	① 품종 : 다른 품종의 것이 없어야 한다. ② 색깔 : 고유의 색깔을 가지고 변색, 변질된 것이 없어야 한다. ③ 냄새 : 부패한 냄새 및 기타 다른 냄새가 없어야 한다.	10	① 320 이상 ② 10 이하 ③ 보통 ④ -18°C 이하
11	① 보관온도 : -5°C 이하 ② 수분 : 63% 이하 ③ 염분 : 25% 이상, 40% 이하	12	비타민, 무기질, 식이섬유
13	고, 무, 저	14	전수검사, 시료채취검사

15	영양성분검사, 위생 안전성 검사, 관능검사	16	비교법, 순위법, 평점법
17	어류, 패류, 갑각류, 연체류	18	외관, 활력도, 선별
19	① 양호 ② 양호 ③ 양호 ④ 대체로	20	어패류, 해조류
21	① 형태('대판' 제외)의 길이와 너비 : 길이 206mm 이상, 너비 189mm 이상 ② 중량(100매 1속) : 250g 이상 ③ 색택 : 고유의 색택을 띠고 광택이 우수하고 선명한 것	22	형태가 바르고, 축파지, 구멍기가 없는 것
23	① 특등 : 청태의 혼입이 없는 것 ② 1등 : 청태의 혼입이 3% 이내인 것 ③ 2등 : 청태의 혼입이 10% 이내인 것 ④ 3등 : 청태의 혼입이 15% 이내인 것 ⑤ 등외 : 청태의 혼입이 15% 이내인 것	24	등급판정 : 등외 판정이유 : 형태는 등외, 청태는 30% 이하로 2등, 향미는 1등이다. 따라서 종합판정은 등외임
25	등급판정 : 3등 판정이유 : 형태상 다른 크기의 혼입 또는 머리가 없는 것이 3% 이내인 것은 2등, 선별에서 이종품의 혼입이 없어야 1, 2등에 해당하지만 '거의 없다'하여 3등, 나머지는 1등 기준을 충족하고 있음으로 종합판정은 3등	26	형태, 색택, 곰팡이 및 적분
27	마른 김, 마른멸치, 마른 굴, 마른해삼	28	형태가 바르고 손상이 거의 없는 것 썰은 것은 크기가 고르고, 파치품의 혼입이 거의 없는 것
29	① 적은 것 ② 심하지 아니한 것 ③ 심하지 아니한 것 ④ 없는 것 ⑤ 없는 것	30	색택에서 고유의 색택이 양호하며 변색이 없어야 합격이며 정미량이 20% 이하여야 합격이다.
31	① 형태 : 형태가 바르고 크기가 고르며, 손상이 거의 없는 것 ② 색택 : 고유의 색택이 양호한 것	32	300mm 이상으로 크기가 대체로 고른 것
33	장염비브리오, 살모넬라, 황색포도상구균	34	① 추출개수 : 3개 ② 채점개수 : 1개
35	① 공통검사항목 : 외관(형태), 색깔(색택), 선별 ② 평균 점수 : 3점 ③ 불가한 점수 : 1점	36	① 추출법 : 초산추출법 ② 독력시험법 : 마우스의 복강주사
37	① 일산화탄소를 처리하지 않은 것으로 판정 : 10 이하 ② 일반법에 따라 시험하여 판정 : 10~100미만 ③ 일산화탄소를 처리한 것으로 판정 : 100 이상	38	① 염산 ② 염화단실 ③ 고속액체크로마토그래프

MEMO

Point! 실전문제
3단계 문제 [표준규격/검사]

■■■ 거래단위

* 다음 문항별 보기의 빈칸에 알맞은 말을 쓰시오.

1.

> "포장규격"이란 (①), 포장치수, 포장재료, 포장방법, 포장설계 및 (②) 등을 말한다.

2.

> "등급규격"이란 수산물의 품종별 특성에 따라 (①), 크기, (②), 신선도, 건조도 또는 (③) 등 품질구분에 필요한 항목을 설정하여 특, 상, 보통으로 정한 것을 말한다.

3.

> (①), (②) 등 표준거래단위 이외의 거래단위는 거래 당사자간의 협의 또는 시장 유통여건에 따라 사용할 수 있다.

4. 수산물표준규격상 기본으로 삼는 표준거래단위를 쓰시오.

5. 다음 보기의 수산물 중 각각의 거래단위에 알맞은 것을 골라 쓰시오.

병어, 고등어, 도다리, 멸치, 명태, 전어					
①	3kg	5kg	10kg		
②	3kg	5kg	10kg	15kg	
③	3kg	5kg	10kg	15kg	20kg

6. 고등어와 멸치의 수산물 표준거래단위를 각각 쓰시오.

> ① 고등어
> ② 멸 치

7. 다음 보기의 수산물 중 표준거래단위에 8kg 거래단위가 포함된 것을 모두 골라 쓰시오.

> 화살오징어, 뱀장어, 붕장어, 고등어, 오징어, 대구, 명태, 민어, 가자미

8. 다음 표는 표준규격품의 표시내용이다. 빈칸에 해당하는 내용을 쓰시오.(단, 품종표시는 제외한다)

표준규격품	표시사항		
	품 목	①	
	생산자	②	
	③	연락처	

9. 다음 보기의 수산물(패류) 중 공통된 거래단위를 쓰시오.

> 생굴, 바지락, 고막, 피조개, 우렁쉥이

10. 표준규격상 골판지상자와 그물망을 외에 포장재료를 3가지 쓰시오.

■■■ 등급규격

11. 다음은 '북어'의 등급규격 검사 결과이다. 등급을 판정하고 그 이유를 쓰시오.(주어진 검사 결과 외의 내용은 판정하지 아니한다.)

> ① 1마리의 크기(전장, cm) : 45
> ② 다른 크기의 것 혼입률(%) : 10%
> ③ 색택 : 우량
> ④ 수분 : 15%
> ⑤ 형태 및 크기가 균일함

12. 표준규격상 '굴비'의 등급항목을 쓰시오.(단, 공통규격은 제외)

13. 표준규격상 '북어'와 '굴비'에 공통된 '다른 크기의 혼입률(%)' 특, 상, 보통의 기준규격을 쓰시오.

> ① 특   ② 상   ③ 보통

14. 표준규격상 '굴비'의 표시사항 중 취급상의 유의사항, 생산자 성명, 주소(전화번호)와 품명을 제외한 나머지를 모두 쓰시오.

15. 다음은 '마른문어'의 등급규격표이다. 등급 '특'에 해당하는 내용으로 빈칸을 쓰시오.

항목	특
형 태	육질의 두께가 (①), 흡반탈락이 (②)
곰팡이.적분 및 백분	곰팡이 적분이 피지 아니하고 백분이 (③)
색 택	(④)
향 미	(⑤)
공통규격	◆ 크기는 (⑥)이어야 하며, 균일한 것으로 묶어야 한다. ◆ 토사 및 기타 협잡물이 없어야 한다. ◆ 수분 : (⑦)

16. '생굴'의 표준규격상 등급항목을 쓰시오.(단 공통규격은 제외한다.)

17. '바지락'의 표준규격상 등급규격표이다. 해당 항목의 등급규격을 쓰시오.

항목	특	상	보통
1개의 크기(각장, cm)	①		
다른 크기의 것의 혼입률(%)		②	
손상 및 죽은 패각 혼입률(%)			③
공통규격			

18. 다음은 '새우젓'의 검사표이다. 등급을 판정하고 그 이유를 쓰시오.

① 육질 : 양호
② 숙성도 : 양호
③ 다른 종류 및 부서진 것의 혼입률(%) : 5% 이하
④ 공통규격 : 고유향미, 다른 냄새 없음, 고유 색깔(변질·변색 없음), 액즙의 정미량(20%)

19. '멸치젓'의 표준규격상 등급항목과 각 항목별 '특'의 등급규격을 쓰시오.(단, 공통규격은 제외한다.)

20. '다음 보기의 수산물 중 다른 크기의 혼입이 0%로써 '특'인 것을 모두 고르시오.

북어, 굴비, 생굴, 바지락, 고막, 냉동오징어, 간미역

21. '냉동오징어'의 표준규격상 등급항목 '1마리의 무게(g)' 특, 상, 보통에 해당하는 각각의 등급규격을 쓰시오.

22. '냉동오징어'의 등급항목 중 공통규격상 보관온도는?

23. 수산물 표준규격상 '간미역'의 등급항목 중 혼입률에 포함되는 엽의 종류와 파치품의 기준을 각각 쓰시오.

24. 다음은 '간미역'의 표준규격상 공통규격 항목의 내용이다. 틀린 것이 있으면 정정하여 다시 쓰시오.

> ① 다른 품종의 것이 없어야 한다.
> ② 속줄기가 제거 된 것이어야 한다.
> ③ 자숙이 적당하고, 염분이 균등하며, 물빼기가 충분한 것이어야 한다.
> ④ 보관온도는 0℃ 이하이어야 한다.
> ⑤ 수분 : 60% 이하
> ⑥ 염분 : 25% 이상, 40% 이하

검 사

25. 식품의약품안전청은 '식품위생법'에 따라 국민보건상 필요하다고 인정하는 때에는 판매를 목적으로 하는 식품 및 식품첨가물의 제조·가공·사용·조리·보존의 5가지 방법에 관한 기준과 그 식품 및 식품첨가물의 성분·기구·용기·포장의 제조방법에 관한 규정 등을 정하여 고시하는데 이를 정리해 놓은 기준서를 무엇이라 하는가?(단, 식품첨가물 제외)

26. 식품위생법 제11조 '식품의 영양표시 등' 규정은 제품에 일정량 함유된 영양소의 함량을 표시하도록 하고 있다. 반드시 표시하여야 하는 영양소 중 열량, 탄수화물, 당류, 단백질, 지방, 포화지방 외에 3가지를 쓰시오.

27. 식품의 기준 및 규격의 구성요소 중 '적합한 원료 구비 조건' 3가지를 쓰시오.

28. 다음은 제품의 품질유지를 위한 제품검사의 필요성에 대한 설명이다. 빈칸에 알맞은 말을 쓰시오.

> ① (   )이 회사에서 설정한 품질기준에 적합한지 판정

②( )이 품질기준에 부합하는 제품생산에 적합한지 판정

29. 식품의 제품검사 방법 2가지를 쓰시오.

30. 제품검사를 위한 시료를 채취하는 방법 2가지를 쓰시오.

31. 식품의 품질검사방법 3가지를 쓰시오.

32. 식품의 관능검사시 평점의 척도로서 다음 각 항목에 맞는 평점을 각각 쓰시오.

① 맛이 좋음
② 맛이 없음
③ 맛이 비교적 괜찮음

33. '수산물·수산가공품의 검사기준에 관한 고시'에 따른 '신선·냉장품'의 정의를 쓰시오.

34. 다음은 '수산물·수산가공품의 검사기준에 관한 고시'에 따른 '건제품'의 정의이다. 빈칸에 알맞은 말을 쓰시오.

'건제품'이라 함은 수산·동식물의 수분을 감소시키기 위하여 (①)하거나 단순히 (②), (③), 염장하여 말린 제품을 말한다.

* 이하 문제는 관능검사 검사기준에 관한 것이다.

35. 관능검사기준으로 '활어·패류'의 검사항목 3가지를 쓰시오.

36. 다음은 신선·냉장품의 검사항목과 합격기준이다. 합격기준으로 빈칸에 알맞은 말을 쓰시오.

항 목	합격
형 태	손상과 변형이 없고 처리상태가 양호한 것
색 택	고유색택으로 (①)한 것
선 도	선도가 양호한 것
선 별	크기가 (②) 고르고, 다른 종류가 혼입되지 아니한 것
잡 물	(③) 등의 처리가 잘 되고, 그 밖에 협잡물이 없는 것
냄 새	신선하여 이취가 없는 것

37. 다음 냉동품의 관능검사기준에 따른 합격기준 설명이다. 해당 설명에 맞는 냉동품을 보기에서 골라 쓰시오

> 어·패류, 연육, 해조류, 붉은 대게 액즙, 어육연제품
> ① 선도 : 선도가 양호한 것
> ② 잡물 : 토사, 패각, 그 밖에 이물이 없는 것
> ③ 육질 : 절곡시험 C급 이상인 것으로 육질이 보통인 것

38. '마른 김'의 품질검사 항목 중 '특등'의 검사기준을 쓰시오.(단, 대판은 제외)

39. '마른 김'의 품질검사 항목으로 형태, 색택, 협잡물, 결속, 결속대지 및 문고지를 제외한 항목 3가지를 쓰시오.

40. 다음은 '마른 김'의 검사항목별 '1등'품의 검사기준이다. 빈칸에 알맞은 말을 쓰시오.

항목	"1등' 검사기준
형태	생략
색택	고유의 색택을 띠고 광택이 (①)하고 선명한 것
청태의 혼입	청태의 혼입이 (②) 이내인 것, 다만, 혼해태는 20% 이하인 것
향미	생략
중량	100매 1속의 중량이 (③) 이상인 것 (단, 재래식은 제외)
협잡물	생략
결속	생략
결속대지	(④)이 검출되지 아니한 것

41. 다음은 '마른김'의 검사표이다. 등급을 판정하고 그 이유를 쓰시오.(단, 다른 항목은 판정에서 제외한다.)

- 길이 206mm, 너비, 190mm
- 색택 : 흑색을 띠고 광택이 우수하고 선명함
- 청태의 혼입률 : 5% (단, 혼해태 혼입은 없음)
- 향미 : 고유의 향미가 우수함
- 중량 : 100매 1속의 중량이 260g

42. '마른 멸치'의 품질검사 항목을 모두 쓰시오.

43. '마른멸치'의 '중멸'과 '세멸'의 '1등' 형태 검사기준을 각각 쓰시오.(단, 다른 크기의 혼입 또는 머리가 없는 것의 혼입률은 제외한다)

① 중멸　　② 세멸

44. '마른멸치'의 색택 '1등" 검사기준을 쓰시오.

45. 다음은 '마른멸치 중멸'의 검사결과표이다. 검사등급을 판정하고 그 이유를 쓰시오.

- 형태 : 55mm 이상이고, 다른 크기의 혼입이 3% 이내임
- 색택 : 1등에 해당
- 향미 : 고유의 향미가 양호함
- 선별 : 이종품의 혼입이 거의 없음
- 협잡물 : 토사 및 그 밖의 협잡물이 없음

46. 아래의 '마른오징어' 품질검사 항목별 합격기준을 쓰시오.

① 색택　　② 곰팡이　　③ 향미

47. '구운김'의 등급항목 중 형태의 크기와 구멍기의 합격기준을 쓰시오.

① 크기　　② 구멍기

48. 다음은 '마른 돌김'의 등급항목에 따른 합격기준이다. 옳지 않은 부분을 교정하여 쓰시오.

① 형태 : 초제상태가 우량하여 제품의 형태가 대체로 바른 것
② 색택 : 고유의 색택을 띠고 광택이 양호하며, 사태 및 나부끼의 혼입이 없는 것
③ 협잡물 : 토사·패각 등의 협잡물의 혼입이 거의 없는 것
④ 이종품의 혼입 : 청태 및 종류가 다른 김의 혼입이 3% 이하인 것
⑤ 향미 : 고유의 향미를 가지고 이취가 없는 것

49. '구운 김'의 품질검사 합격기준으로 '색택'항목의 기준을 쓰시오.

50. 다음은 '구운 김'의 품질검사표이다. 합격 또는 불합격을 판정하고 그 이유를 쓰시오.

- 형태 : 배소로 인한 파상형 또는 요철형의 혼입이 적음. 크기가 고르고 구멍기가 약간 있음
- 색택 : 고유의 색택을 가지고 배소로 인한 변색이 약간 있음
- 협잡물 : 토사 및 협잡물의 혼입이 거의 없음
- 향미 : 고유의 향미를 가지고 이취가 없음

Point 실전문제

51. '마른미역'의 품질검사 항목을 쓰시오.

52. 다음 보기의 관능검사 '건제품' 중 검사항목에 '원료'가 포함된 것을 모두 골라 쓰시오.

   마른 김, 마른 멸치, 마른 우뭇가사리, 마른 톳, 마른 어류, 마른 오징어류, 마른 굴, 홍합, 마른 패류, 마른 상어지느러미, 마른 다시다, 마른 미역류, 마른 돌김, 구운 김, 마른 해조류

53. 염장품 '새우젓'의 품질검사 합격기준표이다. 합격기준이 틀리게 설명된 것의 번호를 적고 고쳐 쓰시오.

   ① 형태 : 새우의 형태를 가지고 있어야 하며, 부스러진 새우의 혼입이 없어야 함
   ② 색택 : 고유의 색택이 양호하고 변색이 거의 없어야 함
   ③ 협잡물 : 토사 및 그 밖에 협잡물이 없는 것
   ④ 향미 : 고유의 향미를 가지고 이취가 없는 것
   ⑤ 액즙 : 정미량의 10% 이하인 것
   ⑥ 처리 : 숙성이 잘되고 이종새우 및 잡어의 선별이 잘된 것

54. 조미가공품 중 '조미오징어'의 검사항목 중 '형태'의 손상정도와 '색택'의 곰팡이와 백분 정도의 합격기준을 쓰시오.

   ① 손상   ② 곰팡이   ③ 백분

55. 다음은 '조미김'의 검사결과표이다. 합격 또는 불합격을 판정하고 그 이유를 쓰시오.

   * 형태 : 형태가 바르고 크기가 고르며, 손상이 거의 없음
   * 색택 : 고유의 색택이 양호함
   * 협잡물 : 토사 및 그 밖에 협잡물이 거의 없음
   * 향미 : 고유의 향미를 가지고 이취가 없음
   * 첨가물 : 제품에 고르게 침투됨

56. '실한천'의 형태상 등급 내(3등 이상) 기준을 쓰시오.

57. '어묵류'의 검사항목을 모두 쓰시오.

* 이하 문제는 정밀검사기준에 관한 문제이다.

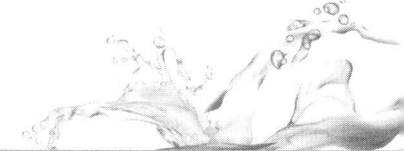

58. 정밀검사기준에 해당하는 중금속의 검사항목을 모두 쓰시오.

59. 염장품 중 '멸치액젓, 어류젓 혼합액'의 염분의 검사기준을 쓰시오.

60. 건제품 중 '구운 김'과 '김, 돌김'의 수분 검사기준을 각각 쓰시오.

① 구운 김　　② 김

61. 정밀검사를 실시해야 하는 대상으로서 검사신청인 또는 외국요구기준에서 (①)를 요구하는 수산물 및 수산가공품과 외국요구기준에 따라 수출된 수산물 및 수산가공품에서 (②)이 검출된 경우 그 수산물 및 수산가공품의 생산·가공시설에서 생산·가공된 수산물이 있다.

■■■ 정답 및 해설

거래단위				
1	① 거래단위 ② 표시사항	2	① 형태 ② 색택 ③ 선별상태	
3	① 5kg 미만 ② 최대 거래단위 이상	4	3kg, 5kg, 10kg, 15kg 및 20kg	
5	① 도다리 ② 병어 ③ 전어	6	① 고등어 : 5kg, 8kg, 10kg, 15kg, 16kg, 20kg ② 멸 치 : 3kg, 4kg, 5kg, 10kg	
7	8kg 포함 오8고대 멘붕 〈고등어 5/8/10/15/16/20 / 오징어 5/8/10/15/~/20 / 대구 / 붕장어 4/8 / 민어 ~/8/10/15/20〉	8	① 생산지역 ② 무게(마릿수) ③ 출하자	
9	3kg	10	P.E대(폴리에틸렌대), P.S대(폴리스티렌대), P.P대(직물제 포대)	
등급규격				
11	등급판정 : 상 판정이유 : 다른 항목은 모두 특 기준을 충족하고 있으나 혼입률 10%는 상에 해당한다.	12	크기(전장), 다른 크기의 혼입률, 색택 〈표: 크기↑ 혼입률↓ 색택 공통규격 / 북어 40/30/30　우/양/보　0/10/30 / 굴비 20/15/15 / 공통규격: 형태 및 크기가 균일하여야 한다. 고유의 향미, 다른 냄새NO. 해로운 성분NO. 수분: 20%이하. 고유의 향미, 다른 냄새NO. 크기가 균일한 것으로 엮어야 한다.〉	
13	① 특 : 0　② 상 : 10이하　③ 보통 : 30이하	14	산지, 생산년.월, 등급, 무게	

번호	내용	번호	내용
15	① 두껍고 ② 거의 없는 것 ③ 다소 있는 것 ④ 우량 ⑤ 우량 ⑥ 30cm 이상 ⑦ 23% 이하	16	1립의 무게(g), 다른 크기 및 외상이 있는 것의 혼입률(%), 색택, 선도
17	① 4 이상 ② 10 이하 ③ 10 이하 | | 크기cm↑ | 혼입률↓ | 공통규격 | |---|---|---|---| | 바지락 | 4/3/3 | 크기5/10/30 傷死 3/5/10 | ○모래/뻘 잘 제거 ○크기 균일 / 다른 종 혼입 NO ○냄새NO(부패한 냄새/다른 냄새) | | 고막 | 3/2.5/2 | | |	18	등급판정 : 상 판정이유 : 육질, 숙성도, 다른 종류 및 부서진 것의 혼입률(%)은 '상'에 해당하고 공통규격에 적합
19	육질 : 우량, 숙성도 : 우량, 향미 : 우량	20	북어, 굴비, 냉동오징어
21	특 : 320 이상 상 :270 이상 보통 : 230 이상	22	−18℃ 이하
23	혼입률 : 노쇠엽, 충해엽, 황갈색엽 파치품 : 15cm 이하	24	④ −5℃ 이하 ⑤ 수분 63% 이하

검사

번호	내용	번호	내용
25	식품공전	26	트랜스지방, 콜레스테롤, 나트륨
27	안전성, 위생성, 건전성	28	① 최종제품 ② 제품공정
29	전수검사, 시료채취검사	30	층별시료채취, 취락시료채취
31	영양성분검사, 위생안전성검사, 관능검사	32	① 맛이 좋음 : 5점 ② 맛이 없음 : 2점 ③ 맛이 비교적 괜찮음 : 4점
33	'신선·냉장품'이란 얼음 등을 이용하여 신선상태를 유지하거나 동결지 아니하도록 10℃ 이하로 냉장한 수산동·식물을 말한다.	34	① 건조 ② 삶거나 ③ 굽거나
35	외관, 활력도, 선별	36	①양호 ② 대체로 ③ 혈액
37	① 선도 : 선도가 양호한 것 - 어·패류 ② 잡물 : 토사, 패각, 그 밖에 이물이 없는 것 - 붉은 대게 액즙 ③ 육질 : 절곡시험 C급 이상인 것으로 육질이 보통인 것 - 연육	38	길이 206mm 이상, 너비 189mm 이상이고, 형태가 바르며 축파지, 구멍기가 없는 것
39	청태의 혼입, 향미, 중량	40	① 우량 ② 3% ③ 250g ④ 형광물질
41	판정 : 2등 판정이유 : 다른 항목은 특등에 해당하고 청태혼입률이 10% 이하에 해당하여 2등 ◆ 길이 206mm, 너비, 190mm - 특등 ◆ 색택 : 흑색을 띠고 광택이 우수하고 선명함 - 특등 ◆ 청태의 혼입률 : 5% - 2등(3%이내여야 특등, 10% 이하인 경우 2등) ◆ 향미 : 고유의 향미가 우수함 - 특등 ◆ 중량 : 100매 1속의 중량이 260g - 250g 이상인 경우 '등외' 이상	42	형태, 색택, 향미, 선별, 협잡물
43	① 중멸 : 51mm 이상 ② 세멸 : 31mm 이상	44	자숙이 적당하여 고유의 색택이 우량하고, 기름이 피지 아니한 것
45	판정 : 3등 판정이유 : 형태 크기는 중멸로서 1등, 다른 크기 등의 혼입이 3% 이내는 2등, 향미는 양호로서 2등, 선별은 이종품의 혼입이 거의 없음으로 3등이다. 따라서 종합판정은 3등	46	① 색택 : 색택이 보통이며, 얼룩이 거의 없는 것 ② 곰팡이 : 곰팡이가 없는 것 ③ 향미 : 고유의 향미를 가지고 이취가 없는 것

47	① 크기 : 크기가 고르고 ② 구멍기 : 구멍기가 심하지 않은 것	48	① 형태 : 초제상태가 우량하여 제품의 형태가 대체로 바른 것(양호하여) ② 색택 : 고유의 색택을 띄고 광택이 양호하며, 사태 및 나부끼의 혼입이 없는 것(거의 없는 것) ③ 협잡물 : 토사, 패각 등의 협잡물의 혼입이 거의 없는 것 (없는 것) ④ 이종품의 혼입 : 청태 및 종류가 다른 김의 혼입이 3% 이하인 것 (5% 이하) ⑤ 향미 : 고유의 향미를 가지고 이취가 없는 것
49	색택 : 고유의 색택을 가지고, 배소로 인한 변색이 심하지 않은 것	50	판정 : 불합격 판정이유 : 구멍기가 심하지 않아야 하고, 변색이 심하지 않으며, 토사 및 협잡물의 혼입이 없는 것이 합격이다.
51	원료, 형태, 색택, 협잡물, 향미	52	마른 우뭇가사리, 마른 상어지느러미, 마른 다시다, 마른 미역류, 마른해조류
53	① 형태 : 새우의 형태를 가지고 있어야 하며, 부스러진 새우의 혼입이 적은 것 ② 색택 : 고유의 색택이 양호하고 변색이 없는 것 ⑤ 액즙 : 정미량의 20% 이하인 것	54	① 손상 : 손상이 적은 것 ② 곰팡이 : 곰팡이가 없음 ③ 백분 : 백분이 거의 없는 것
55	판정 : 불합격 판정이유 : 협잡물이 없어야 합격임	56	300mm 이상으로 크기가 대체로 고른 것
57	성상, 탄력, 이물	58	총 수은, 메탈수은, 납, 카드뮴
59	23.0% 이하	60	① 구운김 : 5% 이하 ② 김 : 15% 이하
61	① 분석증명서 ② 유해물질		

MEMO

Point! 기출문제
4단계 실전모의고사

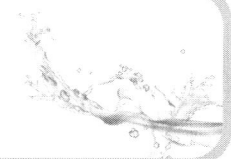

1. 농수산물품질관리법상 총리령으로 정한 유해물질 중 농약, 중금속, 방사능, 생물독소, 그 밖에 식품의약품안전처장이 고시하는 물질 외에 3가지를 쓰시오.

2. 다음은 국립수산물품질관리원 고시 제2013-13호에 따른 "등급규격"의 정의이다. 빈칸에 알맞은 말을 쓰시오.

   "등급규격"이란 수산물의 품종별 특성에 따라 (①), 크기, 신선도, (②) 또는 (③) 등 품질구분에 필요한 항목을 설정하여 특, 상, 보통으로 정한 것을 말한다.

3. 수산물의 품질인증을 받으려는 자는 품질인증신청서와 함께 두가지 서류를 첨부하여 국립수산물품질관원장 또는 품질인증기관의 장에게 제출하여야 한다. 신청품목의 두가지 첨부서류를 쓰시오.

4. 다음 보기 중 농수산물품질관리법에서 정한 각 제도의 기간을 순서대로 쓰시오.

   ① 수산물품질인증의 유효기간------------------------(   )
   ② 양식수산물 이력추적관리 등록의 최대 유효기간--------(   )
   ③ 수산물품질관리사의 자격취소 후 자격시험 응시 결격기간-(   )

5. 다음 지리적표시제도의 실시 목적과 관련된 설명 중 빈칸에 알맞은 말을 쓰시오.

   해양수산부장관은 지리적 특성을 가진 수산물 또는 수산가공품의 (①)과 (②) 및 소비자 보호를 위하여 지리적표시의 등록 제도를 실시한다.

6. 다음은 표준규격품, 이력추적관리수산물, 품질인증품, 지리적표시품에 대한 처분기준이다. 위반행위에 따른 각각의 1차위반시 행정처분기준을 쓰시오.

   ① 표준규격이 아닌 포장재에 표준규격품의 표시를 한 경우
   ② 등록된 이력추적관리수산물이 전입.폐업 등으로 생산이 어렵다고 판단된 경우
   ③ 품질인증품에 대하여 내용물과 다르게 과장된 표시를 한 경우
   ④ 지리적표시품의 의무표시사항이 누락된 경우

7. 유전자변형수산물의 표시대상품목에 관한 다음 설명 중 빈칸에 알맞은 말을 쓰시오.

   유전자변형수산물의 표시대상품목은 (①)에 따른 안전성 평가결과 (②)이 식용으로 적합하다고 인정하여 고시한 품목으로 한다.

Point 실전문제

8. 식품의약품안전처장이나 시·도지사는 수산물의 안전한 관리를 위하여 수산물 또는 수산물생산에 이용·사용하는 농지·어장·용수·자재 등에 대하여 안전성조사를 하여야 한다. 안전성조사를 하여야 하는 유통단계 3가지를 쓰시오.

9. 위해요소중점관리기준을 이행하는 시설을 등록하려는 자는 등록신청서와 함께 다음 각 호의 서류를 첨부하여 국립수산물품질관리원장에게 제출하여야 한다. 다음 각 항목의 빈칸에 알맞은 말을 쓰시오.

① 위해요소중점관리기준 이행시설의 구조 및 설비에 관한 (   )
② 위해요소중점관리기준 이행시설에서 생산·가공되는 수산물·수산가공품의 생산·가공 (   )
③ 위해요소중점관리기준의 (   )
④ 어업의 면허·허가·신고, 수산물가공업의 등록·신고, 식품위생법에 따른 영업의 허가·신고, 공판장·도매시장 등의 개설허가 등에 관한 증명 서류

10. 수산물검사관의 자격시험에 응시할 수 있는 자 2가지를 쓰시오.]

11. 다음은 수산물의 사후변화 과정 중 수산물이 죽은 이후의 변화이다. 빈칸에 알맞은 말을 쓰시오.

생 → 사 → (①) → (②) → (③) → 자가소화 → 부패

12. 어패류의 선도 판정법 3가지를 쓰시오.

13. 어패류의 저온 저장법 중 냉각 저장법 2가지를 쓰시오.

14. 활어의 수송방법 중 활어차 수송법 외에 3가지를 쓰시오.

15. 식중독 미생물 원인균으로 세균성 중 감염형, 독소형과 바이러스형에 해당하는 원인균을 각각 1개씩 쓰시오.

① 감염형(세균성)   ② 독소형(세균성)   ③ 바이러스형

16. 수산물의 훈제방법으로 각각에 알맞은 적정온도를 쓰시오.

① 냉훈법   ② 온훈법   ③ 열훈법

17. 염장품의 염장방법 3가지를 쓰시오.

18. 다음에서 설명하는 명칭을 쓰시오.

> 원료에서 채육하여 수세 및 탈수한 어육에 6% 정도의 설탕과 0.2-0.3% 정도의 중합인 삼염을 첨가하여 냉동한 것으로 계획적인 연제품 생산과 어체 처리시의 폐수 및 이취발생 등의 환경문제를 처리할 수 있는 장점을 가진다.

19. 다음은 통조림의 일반적인 가공공정이다. 빈칸에 알맞은 말을 쓰시오.

> 원료선별 → 조리 → (①) → (②) → 밀봉 → (③) → 냉각 → 포장

20. 다음은 HACCP의 7원칙이다. 빈칸에 알맞은 말을 쓰시오.

> ① 원칙1 : (①)
> ② 원칙2 : (②)
> ③ 원칙3 : 중요관리점 한계기준 결정
> ④ 원칙4 : 중요관리점 모니터링 체계 확립
> ⑤ 원칙5 : 개선조치 방법 수립
> ⑥ 원칙6 : 검증절차 및 방법 수립
> ⑦ 원칙7 : (③)

21. 수산물도매시장(중앙도매시장 또는 지방도매시장)에서 개설자로부터 지정받아 시장을 운영하는 자와 개설자에게 신고하고 경매에 참여할 수 있는 자를 각각 쓰시오.

> ① 운영하는 자   ② 경매참여자

22. 수산물중앙도매시장의 출하자가 지정도매인에게 부담하는 수산부류의 위탁수수료 최고 한도와 매수인이 중도매인에게 부담하는 중개수수료의 최고한도를 각각 쓰시오.(거래금액에 대한 율로서 분수로 표시하시오)

> ① 위탁수수료   ② 중개수수료

23. 산지시장의 생산자가 부담하는 비용의 종류를 3가지 쓰시오.

24. 다음은 수산물의 대표적 유통구조이다. 빈칸에 알맞은 말을 쓰시오.

생산자 → (①) → (②) → 소비지 도매시장 → 소비지 중도매인 → 소매상 → 소비자

25. "고등어"의 표준거래단위를 쓰시오.

26. 수산물의 포장재료 5가지를 쓰시오.

27. 다음은 북어(10마리 포장)의 검사표이다. 등급을 판정하고 그 이유를 쓰시오.(단, 주어진 조건 이외의 사항은 고려하지 않음)

① 크기 : 38cm 1마리, 40cm 이상 9마리
② 색택 : 우량
③ 고유의 향미를 가지고 다른 냄새는 없음
④ 수분 : 18%

28. '멸치젓'의 등급규격 항목 중 공통규격을 제외한 3가지를 쓰시오.

29. 다음은 "굴비(10마리 포장)"의 등급항목별 검사표이다. 등급을 판정하고 그 이유를 쓰시오.

항목	검사결과
1마리 크기(전장, cm)	모두 15 이상
다른 크기의 혼입률	10 이하
색택	양호
공통규격	- 고유 향미 가짐 - 다른 냄새 없음 - 크기가 균일하게 엮임

30. 수산물의 관능검사 평점의 척도 중 "맛이 좋음"과 "맛이 아주 좋음"에 해당하는 평점을 각각 쓰시오.

① "맛이 좋음"   ② "맛이 아주 좋음"

31. '신선·냉장품' 수산물의 관능검사 항목 중 형태, 색택, 선도의 합격기준을 쓰시오.

32. 다음은 '마른김'의 검사항목 중 일부이다. "1등"에 해당하기 위한 기준을 각각 쓰시오.

① 형태(일반판)의 길이와 너비
② 색택(광택)
③ 청태의 혼입

④ 향미
⑤ 중량(100매 1속)

33. 다음은 '마른멸치(중멸)'의 검사항목이다. 각 항목별 '1등'의 기준을 쓰시오.

① 형태(크기)
② 형태(다른 크기의 것의 혼입률)
③ 색택(기름)
④ 향미(고유의 향미)
⑤ 선별(이종품의 혼입)
⑥ 협잡물 : 토사 및 그 밖의 협잡물이 없는 것

34. '새우젓'의 관능검사 항목을 모두 쓰시오.

35. 조미가공품(패류 간장)의 정밀검사 항목 중 염분의 기준을 쓰시오.

36. 다음은 식품공전 중 수산물에 대한 규격(식약처 고시)으로 '세균수'에 대한 설명이다. 빈칸에 알맞은 말을 쓰시오.

냉동 상태의 검체를 포장된 그대로 (① ℃ 이하)에서 가능한 한 단시간에 녹이고 요기.포장의 표면을 (② %) 알코올 솜으로 잘 닦은 후 일반 시험법, (③ 시험법), 일반 세균수에 따라 시험한다.

정답 및 해설

번호	정답	번호	정답
1	① 항생물질 ② 잔류성 유기오염물질 ③ 병원성 미생물	2	① 형태 ② 건조도 ③ 선별상태
3	① 생산계획서 ② 제조공정 개요서 및 단계별 설명서	4	① 2년 ② 5년 ③ 2년
5	① 품질향상 ② 지역특화사업	6	① 시정명령 ② 판매금지 3개월 ③ 표시정지 1개월 ④ 시정명령
7	① 식품위생법 ② 식품의약품안전처장	8	① 생산단계 ② 저장단계 ③ 출하되어 거래되기 이전 단계
9	① 도면 ② 공정도 ③ 이행계획서	10	① 국가검역·검사기관에서 수산물 검사 관련 업무에 6개월 이상 종사한 공무원 ② 수산물검사 관련 업무에 1년 이상 종사한 사람
11	① 해당작용 ② 사후경직 ③ 해경	12	① 화학적 판정법 ② 관능적 판정법 ③ 세균학적 판정법
13	① 빙장법 ② 냉각해수 저장법	14	① 마취 수송법 ② 침술 수면 수송법 ③ 인공 동면 수송법
15	① 감염형(세균성) : 장염비브리오균, 살모넬라균 ② 독소형(세균성) : 황색포도상구균, 클로스트리듐 보툴리눔균 ③ 바이러스형 : 노로바이러스	16	① 냉훈법 : 10~30℃(보통 25℃ 이하) ② 온훈법 : 30~80℃ ③ 열훈법 : 100~120℃
17	① 마른간법 ② 물간법 ③ 개량물간법	18	동결수리미
19	① 살쟁임 ② 탈기 ③ 살균	20	① 위해요소분석 ② 중요관리점 결정 ③ 문서화 및 기록유지
21	① 운영하는 자 : 도매시장법인, 시장도매인 ② 경매참여자 : 매매참가인	22	① 위탁수수료 : 60/1,000 ② 중개수수료 : 40/1,000
23	위판수수료, 양륙비, 배열비	24	① 산지위판장 ② 산지중도매인
25	5kg, 8kg, 10kg, 15kg, 16kg, 20kg	26	골판지 상자, P.E대, P.S대, P.P대, 그물망
27	등급판정 : 상 판정이유 : 다른 조건은 "특"에 해당하지만 다른 크기의 혼입률이 10%로 "상"	28	육질, 숙성도, 향미
29	등급판정 : 상 판정이유 : 공통규격만 등급규격 특, 상, 보통에 합당하고 나머지는 "상"	30	① "맛이 좋음" : 5점 ② "맛이 아주 좋음" : 6점
31	① 형태 : 손상과 변형이 없고, 처리상태가 양호한 것 ② 색택 : 고유의 색택으로 양호한 것 ③ 선도 : 선도가 양호한 것	32	① 형태(일반판)의 길이와 너비 : 길이 206mm 이상, 너비 189mm 이상 ② 색택(광택) : 광택이 우량하고 선명한 것 ③ 청태의 혼입 : 3% 이하 ④ 향미 : 고유의 향미가 우량한 것 ⑤ 중량(100매 1속) : 250g 이상
33	① 형태(크기) : 51mm 이상 ② 형태(다른 크기의 것의 혼입률) : 1% 이내 ③ 색택(기름) : 기름이 피지 않은 것 ④ 향미(고유의 향미) : 우량한 것 ⑤ 선별(이종품의 혼입) : 없는 것	34	형태, 색택, 협잡물, 향미, 액즙, 처리
35	15.0% 이하	36	① 40 ② 70 ③ 미생물

부록 2
기출문제

MEMO

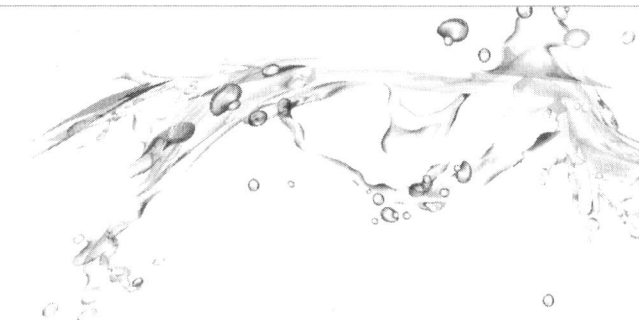

제9회 기출 문제

※ 단답형 문제에 대해 쓰시오. (1~20번 문제)

1. 농수산물 품질관리법상 표준규격에 관한 내용이다. ( )에 알맞은용어를쓰시오. [2점]

> 해양수산부장관은 수산물의 상품성을 높이고 유통 능률을 향상시키며 공정한 거래를 실현하기 위하여 수산물의 (①)규격과 (②)규격을 정할 수 있다.

정답 및 해설 ① 포장규격 ② 등급규격

법 제5조(표준규격) ① 농림축산식품부장관 또는 해양수산부장관은 농수산물(축산물은 제외한다. 이하 이 조에서 같다)의 상품성을 높이고 유통 능률을 향상시키며 공정한 거래를 실현하기 위하여 농수산물의 포장규격과 등급규격(이하 "표준규격"이라 한다)을 정할 수 있다.

2. 농수산물의 원산지 표시 등에 관한 법률상 원산지 표시 등에 관한 설명이다. 옳으면 O, 틀리면 X를 표시하시오. [3점]

구 분	설 명
(①)	"원산지"란 수산물이 생산·채취·포획된 국가·지역이나 해역을 말한다.
(②)	수산물 또는 그 가공품을 판매할 목적으로 보관·진열하는 자는 원산지를 표시하여야 한다.
(③)	원산지 표시를 혼동하게 할 우려가 있는 표시를 하는 자에 대하여 2년 이내에 2회 이상 위반한 자에게 그 위반금액의 5배 이하에 해당하는 금액을 이행강제금으로 부과·징수할 수 있다.

정답 및 해설 ① O ② O ③ ×

법 제2조(정의) "원산지"란 농산물이나 수산물이 생산·채취·포획된 국가·지역이나 해역을 말한다.

법 제5조(원산지 표시) ① 대통령령으로 정하는 농수산물 또는 그 가공품을 수입하는 자, 생산·가공하여 출하하거나 판매(통신판매를 포함한다. 이하 같다)하는 자 또는 판매할 목적으로 보관·진열하는 자는 다음 각 호에 대하여 원산지를 표시하여야 한다.

1. 농수산물
2. 농수산물 가공품(국내에서 가공한 가공품은 제외한다)
3. 농수산물 가공품(국내에서 가공한 가공품에 한정한다)의 원료

법 제14조(벌칙) ①제6조(거짓 표시 등의 금지) 제1항 또는 제2항을 위반한 자는 7년 이하의 징역이나 1억원 이하의 벌금에 처하거나 이를 병과(倂科)할 수 있다.

② 제1항의 죄로 형을 선고받고 그 형이 확정된 후 5년 이내에 다시 제6조제1항 또는 제2항을 위반한 자는 1년 이상 10년 이하의 징역 또는 500만원 이상 1억5천만원 이하의 벌금에 처하거나 이를 병과할 수

있다

3. 농수산물의 원산지 표시 등에 관한 법령상 원산지 표시 등의 위반에 대한처분에 관한 내용이다. ( )에 알맞은 용어를 〈보기〉에서 찾아 쓰시오. [2점]

국립수산물품질관리원 소속 조사공무원 K는 원산지를 표시하지 않은 사유로 갈치 수입업체인 M상사와 갈치를 조리하여 갈치조림을 판매하고 있는 S일반음식점을 적발하였다. 이때 국립수산물품질관리원장은 농수산물의 원산지 표시 등에 관한 법령상 과태료 부과처분 외에 M상사에 대하여 (①) 또는 (②)의 처분을 할 수 있고 S일반음식점에 대하여서는 (①)에 한정하여 처분한다.

〈보 기〉
경고, 표시의 이행명령, 거래행위 금지, 영업정지, 영업허가취소

정답 및 해설 ① 잠정지정해역 ② 일반지정해역

*지정해역의 구분지정

① 잠정지정해역 : 1년 이상의 기간 동안 매월 1회 이상 위생에 관한 조사를 하여 그 결과가 지정해역 위생관리기준에 부합하는 경우

② 일반지정해역 : 2년 6개월 이상의 기간 동안 매월 1회 이상 위생에 관한 조사를 하여 그 결과가 지정해역 위생관리기준에 부합하는 경우

4. 어패류의 사후변화에 관한 설명이다. 옳으면 O, 틀리면 X를 표시하시오. [3점]

구 분	설 명
(①)	해당작용은 호기적인 작용에 의해서 근육 중의 글리코겐이 젖산으로 분해되는 과정이다.
(②)	사후경직은 해당작용 이후에 ATP가 소실되기 때문에 근육이 굳어지는 현상이다.
(③)	자가소화는 젓갈의 제조에 응용되기도 한다.

정답 및 해설 ① ○ ② ○ ③ ○

해당작용 과정

glucose가 분해되어 2분자의 피루브산(pyruvic acid)을 만드는 과정으로 세포질에서 이루어 진다.

① 글리코겐이 분해되면서 에너지 물질인 ATP와 산이 생성되는 과정

② 사후 어체에 산소의 공급이 중단되면서 소량의 ATP와 젖산이 생성된다.

③ 젖산 생성이 많아지면 근육 pH가 낮아지고 근육의 ATP도 분해된다.

④ 젖산의 축적, ATP 분해로 사후 경직이 시작된다.

사후경직

어류가 살아있을 때의 근육에너지인 ATP는 어류가 죽으면 분해되기 시작한다. 그래서 ATP가 분해될 경우에 근육은 수축하고(경직개시) ATP가 거의 소실되면 수축은 정지하고 경직은 최고에 달하게 된다. 경직시에는 ATP는 없어지고 이것의 분해물인 이노신산의 양이 최고가 되면 근육은 가장 여문 상태가 된다. 경직이 완료되면 근육내의 자가소화 효소작용에 의하여 근육 조직은 서서히 파괴되어 근육은 연화되기 시작한다.

자가소화(젓갈)

젓갈은 발효과정에서 어육 자체의 자가소화효소가 미생물에 의해 분해되어 소화흡수가 잘 되고, 단백질이 아미노산, 올리고당, 유기산, 뉴클레오티드, 단당류 등으로 분해되어 고유한 감칠맛과 독특한 풍미를 내며, 비타민 $B_1 \cdot B_2 \cdot$ 칼슘 등이 풍부하다.

5. 냉동굴의 신선도 판정에 관한 설명이다. ( )에 알맞은 측정법 및 기준을 〈보기〉에서 찾아 쓰시오. [2점]

(①)은 수출용 냉동굴의 신선도를 신속하고 정확하게 판정할 수 있는 화학적 선도판정법이고, 이 선도판정법으로 측정한 수출용 냉동굴의 기준은 (②)(으)로 정하고 있다.

〈보 기〉
○ 측정법 : K값 측정법, pH 측정법, TMA 측정법
○ 기준 : 6.0 이상, 5.4 이하, 3 ~ 4 mg/100 g, 10 mg/100 g 이하

정답 및 해설 ① TMA 측정법 ② 3 ~ 4 mg/100 g

트리메틸아민(TMA, trimethylamine) 측정법

㉠ 트리메틸아민은 신선 어육에는 거의 존재하지 않으나 사후 세균에 의해 TMAO가 환원되어 생성되며, 그 증가율이 암모니아 보다 커서 선도판정에 적합하다.

㉡ 일반적인 선도판정 기준(초기부패판정)

- 일반 어류 : 3~4mg/100g
- 대구 : 4~6mg/100g
- 청어 : 7mg/100g
- 다랑어 1.5~2mg/100g

6. 독소형 식중독 원인균 2가지를 〈보기〉에서 찾아 쓰시오. [2점]

<보 기>
병원성 대장균, 장염비브리오균, 클로스트리듐 보툴리눔균,
황색포도상구균, 리스테리아 모노사이트제네스균, 살모넬라

정답 및 해설 황색포도상구균, 보툴리눔균

독소형 식중독

황색포도상구균 식중독, Botulinus 식중독, Cereus 식중독

7. 선수산물의 유통에 관한 일반적 특성을 설명한 것이다. 옳으면 O, 틀리면 X를 표시하시오. [3점]

구 분	설 명
(①)	수산물은 선도 변화가 심하며, 부패성을 갖고 있다.
(②)	수산물은 규격 표준화가 용이하다.
(③)	수산물은 출하시기에 관계없이 가격이 안정적이다.

정답 및 해설 ① ○ ② × ③ ×

수산물의 특성

1) 종류 및 생태적 특성의 다양성

2) 어획 생산량의 불확실

3) 계절적 어획량의 편재성 및 불확실성(가격이 불안정)

4) 부패성으로 인한 보존성이 약함

5) 규격표준화가 어렵다.

8. 수산물의 유통 활동에 관한 설명이다. ( )에 알맞은 용어를 <보기>에서 찾아 쓰시오. [2점]

○ (①)은 생산지와 소비지 등과 같은 장소의 거리를 연결해주는 활동이다.
○ (②)은 수산물 생산 집중 시기와 연중 소비 시기 등과 같은 시간의 거리를 연결해 주는 활동이다.

< 보기 >
보관활동, 운송활동, 하역활동, 정보활동

정답 및 해설 ① 운송활동 ② 보관활동

9. 농수산물 유통 및 가격안정에 관한 법률상 수산물도매시장의 유통주체 중에서 "시장도매인"에 관한 내용이다. ( )에 알맞은 용어를 〈보기〉에서 찾아쓰시오. [3점]

> "시장도매인"은 수산물도매시장의 (①)(으)로부터 지정을 받고 수산물을 (②) 또는 위탁받아 도매하거나 매매를 (③) 하는 영업을 하는 법인을 말한다.

<보기>
도매법인, 개설자, 관리자, 보관, 매수, 중개

정답 및 해설 ① 개설자 ② 매수

법 제2조(정의) "시장도매인"이란 제36조 또는 제48조에 따라 농수산물도매시장 또는 민영농수산물도매시장의 개설자로부터 지정을 받고 농수산물을 매수 또는 위탁받아 도매하거나 매매를 중개하는 영업을 하는 법인을 말한다.

10. 수산물산지위판장에 관한 설명이다. 옳으면 O, 틀리면 X를 표시하시오. [3점]

구 분	설 명
(①)	수산물산지위판장은 수산물 생산자단체와 생산자가 수산물을 소매하기 위해 개설하는 시설이다.
(②)	수산물산지위판장은 시장·군수 및 수협중앙회 회장이 지정하여 고시한 지역이다.
(③)	수산물산지위판장은 어획물의 양륙과 1차적인 가격 형성이 이루어지는 장소(시장)이다.

정답 및 해설 ① × ② × ③ ○

수산물유통의관리및지원에관한법률 제10조(수산물산지위판장의 개설 등)

① 수산물산지위판장(이하 "위판장"이라 한다)은 「수산업협동조합법」에 따른 지구별 수산업협동조합, 업종별 수산업협동조합 및 수산물가공 수산업협동조합(이하 "수협조합"이라 한다), 수산업협동조합중앙회(이하 "수협중앙회"라 한다), 그 밖에 대통령령으로 정하는 생산자단체와 생산자(이하 "생산자단체등"이라 한다)가 시장·군수·구청장의 허가를 받아 개설한다.

② 수협조합, 수협중앙회 또는 생산자단체등(이하 "위판장개설자"라 한다)이 위판장을 개설하려면 위판장개설허가신청서에 업무규정과 운영관리계획서를 첨부하여 시장·군수·구청장에게 제출하여야 한다.

③ 위판장개설자가 개설한 위판장의 업무규정을 변경할 때에는 시장·군수·구청장의 허가를 받아야 한다.

④ 위판장개설자가 개설한 위판장을 폐쇄하려면 시장·군수·구청장의 허가를 받아 3개월 전에 이를 공고하여야 한다.

⑤ 위판장의 위치, 기능 및 특성 등에 따른 위판장의 종류, 위판장의 개설허가절차, 개설허가신청서, 업무규정 및 운영관리계획서 작성 및 제출, 위판장 폐쇄 등에 필요한 사항은 해양수산부령으로 정한다.

11. 수산물·수산가공품 검사기준에 관한 고시에 따른 건제품의 검사항목으로 '향미'가 포함되지 않는 품목을 〈보기〉에서 모두 고르시오. [2점]

<보기>
마른돌가사리, 마른다시마, 마른썰은미역, 마른진도박, 마른돌김

정답 및 해설 마른해조류(도박·진도박·돌가사리 등, 그 밖의 갯풀)

항 목	합 격
원 료	조체발육이 양호한 것
색 택	고유의 색택이 양호하고 변색되지 아니한 것
협잡물	다른 해조, 토사 및 그 밖에 협잡물이 3%이하인 것

12. 수산물·수산가공품 검사기준에 관한 고시에 따른 '마른우무가사리'의 관능검사 등급기준이다. 항목별 해당 등급을 쓰시오. [3점]

항목	등 급 기 준	해당 등급
원료	산지 및 채취의 계절이 같고 조체 발육이 양호한 것	(①)등
색택	고유의 색택으로서 보통이며, 발효로 인하여 뜨지 않은 것	(②)등
협잡물	다른 해조 및 그 밖에 협잡물이 1% 이하인 것	(③)등

정답 및 해설 ① 2 ② 3 ③ 1

마른우무가사리 검사기준

항 목	1등	2등	3등	등 외
원 료	산지 및 채취의 계절이 동일하고 조체 발육이 우량한 것	산지 및 채취의 계절이 동일하고 조체 발육이 양호한 것	산지 및 채취의 계절이 동일하고 조체 발육이 보통인 것	좌와 같음
색 택	고유의 색택으로서 우량하며, 발효로 인하여 뜨지 아니한 것	고유의 색택으로서 양호하며, 발효로 인하여 뜨지 아니한 것	고유의 색택으로서 보통이며, 발효로 인하여 뜨지 아니한 것	고유의 색택으로서 보통이며, 발효에 의하여 뜬 정도가 심하지 아니한 것
협잡물	다른 해조 및 그 밖에 협잡물이 1%이하인 것	다른 해조 및 그 밖에 협잡물이 3%이하인 것	다른 해조 및 그 밖에 협잡물이 5%이하인 것	좌와 같음

13. 수산물 표준규격상 '새우젓'의 항목별 등급규격을 나타낸 것이다. ( )에해당 등급에 맞는 규격을 쓰시오. [3점]

항목	특	상	보통
다른종류 및 부서진 것의 혼입률(%)	3 이하	(①) 이하	(②) 이하
공통규격	○ 고유의 향미를 가지고 다른 냄새가 없어야 한다. ○ 고유의 색깔을 가지고 변질, 변색이 없어야 한다. ○ 액즙의 정미량이 (③)이하 이어야 한다.		

정답 및 해설 ① 5 ② 10 ③ 20%

새우젓 등급규격

항목	특	상	보통
육질	우량	양호	보통
숙성도	우량	양호	보통
다른종류 및 부서진 것의 혼입률(%)	3 이하	5 이하	10 이하
공통규격	• 고유의 향미를 가지고 다른 냄새가 없어야 한다. • 고유의 색깔을 가지고 변질, 변색이 없어야 한다. • 액즙의 정미량이 20%이하 이어야 한다.		

14. 수산물 가공업체를 경영하고 있는 K씨가 수산물품질관리사 L씨에게 수산물·수산가공품 검사기준에 관한 고시에 따른 냉동품의 중심온도에 대하여 문의하고 있다. ( )에 들어갈 내용을 쓰시오. [2점]

K: 저희 회사에서는 냉동고등어와 횟감용 냉동참치를 생산하고 있습니다. 그런데 수산물·수산가공품 검사기준에 관한 고시에 따른 냉동품의 중심온도 규정을 알고 싶습니다.
L: 우선, 냉동고등어 제품의 중심온도 기준은 영하 (①)℃이하 입니다.
K: 그럼, 횟감용 냉동참치도 기준이 동일한가요?
L: 그렇지 않습니다. 횟감용 냉동참치의 중심온도 기준은 영하 (②)℃ 이하 입니다.
K: 그렇군요. 잘 알겠습니다.

정답 및 해설 ① -18 ② -40

냉동품(어.패류)

항목	합격
형태	고유의 형태를 가지고 손상과 변형이 거의 없는 것
색택	고유의 색택으로 양호한 것
선별	크기가 대체로 고르고 다른 종류가 혼입되지 아니한 것

선 도	선도가 양호한 것
잡 물	혈액 등의 처리가 잘 되고 그 밖에 협잡물이 없는 것
건조 및 유소	글레이징이 잘되어 건조 및 유소현상이 없는 것 다만, 건조 및 유소를 방지할 수 있도록 포장한 것은 제외한다
온 도	중심온도가 -18℃이하인 것 다만, 횟감용 참치류의 중심온도는 -40℃이하인 것

15. Y수산물품질관리사가 수산물·수산가공품 검사기준에 관한 고시에서 정한 관능검사 기준에 따라 '냉동다시마'를 검사한 결과 2개 항목이 합격기준에 적합하지 않았다. 합격기준에 적합하지 않은 항목을 찾아 쓰시오. [2점]

항 목	검 사 결 과
형태	조체발육이 보통 이상의 것으로 손상 및 변형이 심하지 않았음
색택	고유의 색택은 아니었으나 변질되지 않았음
선별	파치품·충해엽 등의 혼입이 적고 다른 해조 등의 혼입이 거의 없었음
잡물	토사 및 이물질의 혼입이 거의 없었음
온도	제품 중심온도가 -16℃ 였음

정답 및 해설 색택, 온도

냉동품(해조류)

항 목	합 격
형 태	조체발육이 보통이상의 것으로 손상 및 변형이 심하지 아니한 것
색 택	고유의 색택을 가지고 변질되지 아니한 것
선 별	파치품·충해엽 등의 혼입이 적고 다른 해조 등의 혼입이 거의 없는 것
잡 물	토사 및 이물질의 혼입이 거의 없는 것
온 도	제품 중심온도가 -18℃이하인 것

16. 수산물·수산가공품 검사기준에 관한 고시에 따른 '간미역'의 검사항목의 합격기준이다. ( )에 알맞은 내용을 쓰시오. [4점]

항 목	검 사 결 과
색택	고유의 색택이 (①)한 것
선별	1. 줄기와 잎을 구분하고 속줄기는 절개한 것 2. 노쇠엽 및 황갈색엽의 혼입이 없어야 하며 (②)cm 이하의 파치품이 (③)% 이하인 것
염분	(④)% 이하

정답 및 해설 ① 양호 ② 15 ③ 5 ④ 40.0

간미역 (줄기포함) 검사기준

항 목	합 격
원 료	조체발육이 양호한 것
색 택	고유의 색택이 양호한 것
선 별	1. 줄기와 잎을 구분하고 속줄기는 절개한 것 2. 노쇠엽 및 황갈색엽의 혼입이 없어야 하며 15cm이하의 파치품이 5%이하인 것
협잡물	잡초.토사 및 그 밖에 협잡물이 없는 것
향 미	고유의 향미를 가지고 이취가 없는 것
처 리	자숙이 적당하고 염도가 엽체에 고르게 침투하여 물빼기가 충분한 것

13. 염분		
	3.0%이하	〈어분.어비〉 어분.어비
	12.0%이하	〈조미가공품〉 어육액즙
	13.0%이하	〈염장품〉 성게젓
	15.0%이하	〈염장품〉 간성게
		〈조미가공품〉 패류 간장
	20.0%이하	〈조미가공품〉 다시마 액즙
	23.0%이하	〈염장품〉 멸치액젓, 어류젓 혼합액
	40.0%이하	〈염장품〉 간미역(줄기포함)

17. **식품의 기준 및 규격(식품공전)에서 규정하고 있는 식품의 세균수 측정법에관한 내용이다. 밑줄 친 내용이 옳으면 O, 틀리면 X를 표시하시오. [3점]**

> 세균수 측정법은 일반세균수를 측정하는 표준평판법, 건조필름법, BGLB배지법(①)을 사용할 수 있다. 표준평판법은 표준한천배지(②)에 검체를 혼합응고시켜 배양 후 발생한 세균 집락수를 계수하여 검체 중의 생균수를 산출하는 방법으로 집락수 계산은 확산집락이 없고 1개의 평판당 400개이상(③)의 집락을 생성한 평판을 택하여 계산하는 것을 원칙으로 한다.

정답 및 해설 ① × ② ○ ③ ×

세균수 측정법 : 표준평판법, 건조필름법, 자동화된 최확수법

표준한천배지에 검체를 혼합 응고시켜 배양 후 발생한 세균 집락수를 계수하여 검체 중의 생균수를 산출하는 방법이다.

집락수의 계산은 확산집락이 없고 1개의 평판당 15~300개의 집락을 생성한 평판을 택하여 집락수를 계산하는 것을 원칙으로 한다.

18. 수산물 안전성조사업무 처리요령에서 규정하고 있는 '안전성조사'에 관한내용이다. ( )에 들어갈 내용을 쓰시오. [2점]

> 국립수산물품질관리원 조사공무원은 A양식장의 넙치를 수거하여 안전성조사를 실시하려고 하였다. 조사공무원은 조사 전 A양식장의 생산자에게 생산단계 수산물의 안전성조사 권한을 가진 기관의 장은 (①)임을 알려주었고, 그 권한을 위임받아 업무를 집행하는 조사기관의 장으로 국립수산물품질관리원장, (②)과 시·도지사임을 설명하고 안전성조사를 실시하였다.

정답 및 해설 ① 식품의약품안전처장 ② 국립수산과학원장

농수산물품질관리법 제61조(안전성조사) ① 식품의약품안전처장이나 시·도지사는 농수산물의 안전관리를 위하여 농수산물 또는 농수산물의 생산에 이용·사용하는 농지·어장·용수(用水)·자재 등에 대하여 다음 각 호의 조사(이하 "안전성조사"라 한다)를 하여야 한다.

2. 수산물

가. 생산단계: 총리령으로 정하는 안전기준에의 적합 여부

나. 저장단계 및 출하되어 거래되기 이전 단계: 「식품위생법」 등 관계 법령에 따른 잔류허용기준 등의 초과 여부

19. 수산물 염장품을 생산하고 있는 업체(A~C)가 수산물의 품질인증 세부기준에따라 다음과 같이 공장심사 결과를 받았을 경우 '적합' 판정을 받을 수 있는 업체를 쓰시오. [2점]

심 사 결 과	A업체	B업체	C업체
전체 항목 중 "수"로 평가된 항목	6개	6개	4개
전체 항목 중 "미"로 평가된 항목	1개	0개	3개
전체 항목 중 "양"으로 평가된 항목	0개	1개	0개

정답 및 해설 A업체

농수산물품질관리법 시행규칙 제29조

품질인증 세부기준은 품목별 품질 기준과 공장심사 기준으로 하며 공장심사 기준은 전체 항목 중 "수"로 평가된 항목이 5개 이상이어야 하고 전체항목 중 "미"로 평가된 항목이 2개 이하이어야 하며, 잔체 항목 중 "양"으로 평가된 항목이 없어야 합니다.

20. 수산물의 품질인증 세부기준의 '횟감용수산물'의 성상 채점 기준표에 따라평가를 실시하였다. 다음의 심사 결과에 따른 평가 점수를 쓰시오. (단, 평가점수는 항목별 점수를 합한 값이다.) [2점]

구 분	항 목	심사결과	평가점수
신선·냉장품	색택, 향미	모두 최고 점수	(①)점
냉동품	형태, 색택, 조직감, 향미	모두 최고 점수	(②)점

정답 및 해설 ① 10 ② 20

항목별 최고점수는 5점, 대체로 양호한 것은 4점 또는 3점, 나쁘거나 이미, 이취가 있으면 2점, 현저히 나쁜 경우 1점으로 채점한다.

※ 서술형 문제에 대해 답하시오. (21~30번 문제)

21. 농수산물 품질관리법령상 수산물 생산·가공시설 등에 대한 조사·점검의 주기는 2년에 1회 이상으로 한다. 다만, 일정 요건에 해당되어 조사·점검주기의 단축이 필요한 경우 해양수산부장관은 조사·점검주기를 조정할 수 있다. 일정요건에 해당하는 내용 2가지를 쓰시오. [5점]

정답 및 해설 1. 외국과의 협약 내용 또는 수출 상대국의 요청에 따라 조사·점검주기의 단축이 필요한 경우

2. 감염병 확산, 천재지변, 그 밖의 불가피한 사유로 정상적인 조사·점검이 어려워 조사·점검주기의 연장이 필요한 경우

시행령 제25조(조사·점검의 주기) ① 법 제76조제2항에 따른 생산·가공시설등에 대한 조사·점검주기는 2년에 1회 이상으로 한다.

② 제1항에도 불구하고 해양수산부장관은 다음 각 호의 어느 하나에 해당하는 경우에는 제1항에 따른 조사·점검주기를 조정할 수 있다.

1. 외국과의 협약 내용 또는 수출 상대국의 요청에 따라 조사·점검주기의 단축이 필요한 경우

2. 감염병 확산, 천재지변, 그 밖의 불가피한 사유로 정상적인 조사·점검이 어려워 조사·점검주기의 연장이 필요한 경우

22. 농수산물 품질관리법령상 수산물 및 수산가공품을 대상으로 정밀검사를 필요로 하는 3가지 요건 중 '검사신청인 또는 외국요구기준에서 분석증명서를 요구하는 경우', '외국요구기준에 따라 수출된 수산물 및 수산가공품에서 유해물질이 검출된 경우'외 나머지 1가지 요건을 쓰시오. [5점]

정답 및 해설 관능검사결과 정밀검사가 필요하다고 인정되는 수산물 및 수산가공품

정밀검사

가. "정밀검사"란 물리적·화학적·미생물학적 방법으로 그 적합 여부를 판정하는 검사로서 다음의 수산물·수산가공품을 그 대상으로 한다.
1) 검사신청인 또는 외국요구기준에서 분석증명서를 요구하는 수산물 및 수산가공품
2) 관능검사결과 정밀검사가 필요하다고 인정되는 수산물 및 수산가공품
3) 외국요구기준에 따라 수출된 수산물 및 수산가공품에서 유해물질이 검출된 경우 그 수산물 및 수산가공품의 생산·가공시설에서 생산·가공되는 수산물

23. 수산물을 활용한 비살균 냉동식품의 제조 및 저장을 위한 필수과정 4가지만 쓰시오. [5점]

정답 및 해설 원료 : 위생적 처리, 내장, 아가리 제거, 식품첨가물 등 비사용

살균 : 중심부 온도 63^0C 30분 살균

냉동 온도 유지

위생적 관리

24. 가열살균을 끝낸 수산물 통조림 식품을 급속 냉각하여야 하는 주된 이유 3가지만 쓰시오. [5점]

정답 및 해설 통조림 냉각

㉠ 조직의 연화 및 황화수소(H_2S)가스의 생성 억제
 - 고온 살균 후 급속 냉각하지 않으면 고온에 의한 조직의 연화 및 황화수소가스가 발생해 금속과 결합하여 흑변이 발생한다.

㉡ struvite($Mg(NH_4)PO_46H_2O$)의 생성 억제
 - 무독성 유리모양의 결정으로 인체에 무해하나 소비자 거부감을 주는 struvite 성장을 억제한다.

㉢ 호열성 세균의 발육억제

25. 수산물의 자급률 산출식을 쓰고, 〈보기〉에서 주어진 수치를 적용하여 자급률(%)을 구하시오. [5점]

<보 기>

국내생산량 380만 톤, 수입량 300만 톤, 재고량 25만 톤, 이월량 25만 톤, 수출량 180만 톤

> **정답 및 해설** 자급률 = {(국내생산량380+재고량25+이월량25) - 수출량180} ÷ 550 = 45%
> 국내필요량 = 380 - 180 + 300 + 25 + 25 = 550만톤

26. 수산물·수산가공품 검사기준에 관한 고시에서는 수산물 등에 제품명, 중량, 업소명, 원산지명 등을 표시하도록 하고 있으나, 예외적으로 표시를 생략할 수 있는 경우가 있다. 표시를 생략할 수 있는 경우 3가지를 쓰시오. [5점]

> **정답 및 해설**
> 1. 무포장
> 2. 대형수산물
> 3. 수입국에서 요청하는 경우
>
> 국립농산물품질관리원 고시 제4조(수산물 등의 표시기준) ① 수산물 등에는 제품명, 중량(또는 내용량), 업소명(제조업소명 또는 가공업소명), 원산지명 등을 표시해야 한다. 다만, 외국과의 협약 또는 수입국에서 요구하는 표시기준이 있는 경우에는 그 기준에 따라 표시할 수 있다.
> ② 제1항의 규정에도 불구하고 무포장, 대형수산물 또는 수입국에서 요구할 경우에는 그 표시를 생략할 수 있다.

27. Y수산물품질관리사가 수산물·수산가공품 검사기준에 관한 고시에 따라 '마른멸치' 2 kg를 검사한 결과가 다음과 같았다. '형태' 항목의 크기별 명칭, 등급 판정 및 그 이유를 서술하시오. (단, 주어진 항목만으로 등급을 판정한다.) [5점]

항 목	검 사 결 과
형 태	○ 크기 16 mm 미만: 14 g ○ 크기 16~30 mm: 1,954 g ○ 크기 31~50 mm: 26 g ○ 머리가 없는 것: 6 g

크기별 명칭 및 혼합 비율		등급 판정 및 이유
명칭	비율(%)	
(①)	0.7	등급: (③)
(②)	97.7	
소멸	1.3	이유: (④)
머리가 없는 것	0.3	

※ ④의 판정 이유 작성 방법: 해당 등급의 검사기준을 포함하여 이유작성

> **정답 및 해설** ① 세멸 ② 자멸 ③ 2등 ④ 다른 크기의 혼입 또는 머리가 없는 것이 3%이내(2.3%)인 것

마른멸치

항 목	1 등	2 등	3 등
형 태	대멸 : 77mm이상 중멸 : 51mm이상 소멸 : 31mm이상 자멸 : 16mm이상 세멸 : 16mm미만으로서 다른크기의 혼입 또는 머리가 없는 것이 1%이내인 것	대멸 : 77mm이상 중멸 : 51mm이상 소멸 : 31mm이상 자멸 : 16mm이상 세멸 : 16mm미만으로서 다른크기의 혼입 또는 머리가 없는 것이 3%이내인 것	대멸 : 77mm이상 중멸 : 51mm이상 소멸 : 31mm이상 자멸 : 16mm이상 세멸 : 16mm미만으로서 다른크기의 혼입 또는 머리가 없는 것이 5%이내인 것

28. P수산물품질관리사가 '마른톳' 10 kg에 대하여 관능검사를 실시한 결과가 다음과 같았다. 수산물·수산가공품 검사기준에 관한 고시에 따른 마른톳의 항목별 등급을 쓰고, 종합등급 및 그 이유를 서술하시오. (단, 주어진 항목 이외에는 종합등급 판정에 고려하지 않는다.) [5점]

항 목	검 사 결 과	등 급
원료	산지 및 채취의 계절이 같고 조체발육이 우량하였음	(①)등
색택	고유의 색택으로서 우량하며 변질 되지 않았음	2등
협잡물	다른 해조 350 g, 토사 20 g, 협잡물 30 g이 검출되었음	(②)등
종합등급	(③)등	
판정이유	(④)	

※ ④의 판정 이유 작성 방법: 최하위 등급항목은 ○○항목으로, △등급기준의 □□에 해당하여 종합등급은 ◇등으로 판정

정답 및 해설 ① 1 ② 3 ③ 3 ④ 최하위 등급항목은 협잡물 항목으로, 3등급기준의 5% 이하(4%)에 해당하여 종합등급은 3등으로 판정

마른톳

항 목	1 등	2 등	3 등
원 료	산지 및 채취의 계절이 동일하고 조체발육이 우량한 것	산지 및 채취의 계절이 동일하고 조체발육이 양호한 것	산지 및 채취의 계절이 동일하고 조체발육이 보통인 것
색 택	고유의 색택으로서 우량하며 변질이 아니된 것	고유의 색택으로서 우량하며 변질이 아니된 것	고유의 색택으로서 보통이며 변질이 아니된 것
협잡물	다른 해조 및 토사 그 밖에 협잡물이 1%이하인 것	다른 해조 및 토사 그 밖에 협잡물이 3%이하인 것	다른 해조 및 토사 그 밖에 협잡물이 5%이하인 것

29. 수A수산물품질관리사는 수출용 '실한천'에 대하여 수산물·수산가공품 검사기준에 관한 고시에 따라 검사를 실시한 결과가 다음과 같았다. 실한천의 항목별 등급을 쓰고, 종합등급 및 그 이유를 서술하시오. (단, 주어진 항목 이외에는 종합등급 판정에 고려하지 않는다.) [5점]

항 목	검 사 결 과	등급
형태	300 mm 이상으로 크기가 대체로 고르게 되어 있음	1등
색택	백색 또는 유백색으로 광택이 있으며, 약간의 담황색이 있었음	(①)등
제정도	급냉.난건.풍건이 경미하며, 파손품.토사의 혼입이 극히 적은 것	(②)등
제리강도(C급)	280 g/cm² 이었음	
종 합 등 급	(④)등	

※ ⑤ 판정 이유 작성 방법: 최하위 등급항목은 ○○항목으로, 종합등급은 ◇등으로 판정

정답 및 해설 ① 1 ② 2 ③ 2 ④ 2
⑤ 최하위 등급항목은 제정도, 제리강도 항목으로, 종합등급은 2등으로 판정

실한천

항 목	1 등	2 등	3 등
형 태	300mm이상으로 크기가 대체로 고른 것.		
색 택	백색 또는 유백색으로 광택이 있으며 약간의 담황색이 있는 것	백색 또는 유백색이나 약간의 담갈색 또는 담흑색이 있는 것	백색 또는 유백색이나 담갈색 또는 약간의 담흑색이 있는 것
제정도	급냉.난건.풍건이 없고, 파손품.토사의 혼입이 없는 것	급냉.난건.풍건이 경미하며, 파손품.토사의 혼입이 극히 적은 것	급냉.난건.파손품.토사 및 협잡물이 적은 것

제리강도		1등	2등	3등
C급 (100~300g/cm²이상)	실한천(cm²당)	300g이상	200g이상	100g이상
J급 (100~350g/cm²이상)	실한천(cm²당)	350g이상	250g이상	100g이상
	가루.인상한천(cm²당)	350g이상	250g이상	150g이상
	산한천(cm²당)	200g이상	100g이상	-

30. 수수산물·수산가공품 검사기준에 관한 고시에서 규정하고 있는 '냉동찐어묵'의 관능검사 항목을 〈보기〉에서 모두 찾아 쓰고, 각 항목별 합격기준을 쓰시오.[5점]

<보 기>
선별, 색택, 냄새, 육질, 잡물, 정미량, 탄력

정답 및 해설 색택 : 고유의 색택으로 양호한 것

잡물 : 잡물이 없는 것

탄력 : 탄력이 양호한 것

냉동 어육연제품(찐어묵 등)

항 목	합 격
형 태	고유의 형태를 가지고 손상과 변형이 거의 없는 것
색 택	고유의 색택으로 양호한 것
잡 물	잡물이 없는 것
탄 력	탄력이 양호한 것
온 도	제품의 중심온도가 -18℃이하인 것

제10회 기출 문제

※ 단답형 문제에 대해 쓰시오. (1~20번 문제)

1. 농수산물의 원산지 표시 등에 관한 법령상 식품접객업 및 집단급식소 중 대통령으로 정하는 영업소나 집단급식소를 설치·운영하는 자는 대통령령으로 정하는 수산물이나 그 가공품을 조리하여 판매·제공하는 경우 원산지를 표시하여야 한다. 다음 <보기> 중 원산지를 표시하여야 하는 대상을 3가지만 쓰시오. [3점]

> <보기>
> 냉동가리비, 냉동바지락, 냉동대구, 냉동새우, 냉동전복, 냉동부세

정답 및 해설 냉동가리비, 냉동전복, 냉동부세

원산지표시법 제3조(원산지의 표시대상) ⑤ 법 제5조제3항제1호에서 "대통령령으로 정하는 농수산물이나 그 가공품을 조리하여 판매·제공하는 경우"란 다음 각 호의 것을 조리하여 판매·제공하는 경우를 말한다. 이 경우 조리에는 날 것의 상태로 조리하는 것을 포함하며, 판매·제공에는 배달을 통한 판매·제공을 포함한다.

8. 넙치, 조피볼락, 참돔, 미꾸라지, 뱀장어, 낙지, 명태(황태, 북어 등 건조한 것은 제외한다. 이하 같다), 고등어, 갈치, 오징어, 꽃게, 참조기, 다랑어, 아귀, 주꾸미, 가리비, 우렁쉥이, 전복, 방어 및 부세(해당 수산물가공품을 포함한다. 이하 같다)

9. 조리하여 판매·제공하기 위하여 수족관 등에 보관·진열하는 살아있는 수산물

2. 농수산물 품질관리법령상 수산물검사기관의 지정기준에 관한 내용이다. ( )에 알맞은 내용을 쓰시오. [2점]

> ○ 검사대상 종류별로 (①)명 이상의 검사인력을 확보하여야 한다.
> ○ 검사에 필요한 기본 검사장비와 종류별 검사장비를 갖추어야 하며, 장비 확보에 대한 세부 기준은 (②)이(가) 정하여 고시한다.

정답 및 해설 ① 3명 ② 국립수산물품질관리원장

시행규칙 [별표25] 수산물검사기관의 지정기준(제116조 관련)
1. 조직 및 인력
  가. 검사의 통일성을 유지하고 업무수행을 원활하게 하기 위하여 검사관리 부서를 두어야 한다.
  나. 검사대상 종류별로 3명 이상의 검사인력을 확보하여야 한다.

> 2. 시설
>   검사관이 근무할 수 있는 적정한 넓이의 사무실과 검사대상품의 분석, 기술훈련, 검사용 장비관리 등을 위하여 검사 현장을 관할하는 사무소별로 10제곱미터 이상의 분석실이 설치되어야 한다.
> 3. 장비
>   검사에 필요한 기본 검사장비와 종류별 검사장비를 갖추어야 하며, 장비확보에 대한 세부 기준은 국립수산물품질관리원장이 정하여 고시한다.

3. 농수산물의 원산지 표시 등에 관한 법령상 과징금 및 벌칙에 관한 설명이다. 옳은면 O, 틀리면 X를 표시하시오.[3점]

구 분	설 명
(①)	원산지 표시를 거짓으로 하는 행위 등에 대해 2년 이내에 2회 이상 위반한 자에게 그 위반금액의 10배 이하에 해당하는 금액을 과징금으로 부과·징수할 수 있다.
(②)	원산지 표시를 거짓으로 한 자에게는 7년 이하의 징역이나 1억원 이하의 벌금에 처할 수 있다. 다만, 이를 병과(倂科)할 수 없다.
(③)	원산지 표시를 하지 아니한 자에게는 3천만원 이하의 과태료를 부과한다.

정답 및 해설 ① X ② O ③ X

① 법 제6조의2(과징금) ① 농림축산식품부장관, 해양수산부장관, 관세청장, 특별시장·광역시장·특별자치시장·도지사·특별자치도지사(이하 "시·도지사"라 한다) 또는 시장·군수·구청장(자치구의 구청장을 말한다. 이하 같다)은 제6조제1항 또는 제2항을 2년 이내에 2회 이상 위반한 자에게 그 위반금액의 5배 이하에 해당하는 금액을 과징금으로 부과·징수할 수 있다. 이 경우 제6조제1항을 위반한 횟수와 같은 조 제2항을 위반한 횟수는 합산한다.

② 법 제14조(벌칙) ①제6조제1항 또는 제2항을 위반한 자는 7년 이하의 징역이나 1억원 이하의 벌금에 처하거나 이를 병과(倂科)할 수 있다.

③ 법 제18조(과태료) ① 다음 각 호의 어느 하나에 해당하는 자에게는 1천만원 이하의 과태료를 부과한다.
1. 제5조제1항·제3항을 위반하여 원산지 표시를 하지 아니한 자

4. 농수산물의 원산지 표시 등에 관한 법령상 통신판매의 경우 원산지 표시방법에 관한 설명이다. 옳은면 O, 틀리면 X를 표시하시오.[2점]

구 분	설 명

정답 및 해설 ① O ② O

> 시행규칙 [별표3] 통신판매의 경우 원산지 표시방법
> 1. 일반적인 표시방법
>   가. 표시는 한글로 하되, 필요한 경우에는 한글 옆에 한문 또는 영문 등으로 추가하여 표시할 수 있다. 다만, 매체 특성상 문자로 표시할 수 없는 경우에는 말로 표시하여야 한다.
> 2. 판매 매체에 대한 표시방법
>   나. 인쇄매체 이용(신문, 잡지 등)
>   3) 글자색: 제품명 또는 가격표시와 같은 색으로 한다.

5. 수산물 냉장·냉동품의 품질변화에 관한 발생 메카니즘이다. ( )에 해당되는 것을 <보기>에서 찾아 쓰시오. [3점]

구 분	설 명
(①)	부패와 관계없이 근육이 연화하여 허물어져서 어체 근육의 일부(구더기형) 또는 대부분(팥형)이 액상으로 되는 현상
(②)	특히, 여름철에 다랑어를 어획할 때 심한 몸부림으로 체온이 크게 상승하고 pH가 크게 저하함으로써 근원섬유 단백질이 변성하여 발생되는 현상
(③)	얼음결정의 성장으로 근육단백질이 동결 변성되어 보수력이 떨어져 발생되는 현상

<보기>
녹변육, 스폰지화, 수분증발, 퇴색육, 갈변화, 젤리미트

정답 및 해설 ① 젤리미트 ② 갈변화 ③ 스폰지화
젤리미트 : 어육(魚肉)이 죽 모양으로 Jelly화한 것

6. 염장염 제조를 위한 염장법에 관한 설명이다. ( )에 해당하는 방법을 <보기>에서 찾아 쓰시오. [4점]

구 분	설 명
(①)	수산물에 마른 간을 하여 쌓아 올린 다음 누름돌을 얹어 적당히 가압하여 염장하는 방법으로 기온이 높을 때 또는 선도가 나쁜 수산물을 염장 시 사용한다.
(②)	수산물에 직접 소금을 뿌려 염장하는 방법으로 선상에서 염장하거나 라운드 상태 대형어류의 염장 시 사용한다.
(③)	염장원료를 텀블러에서 교반함으로써 염장하는 방법으로 명란 등의 염지촉진을 위해

(④)	사용한다.
	소금물을 제조하고 여기에 수산물을 담가서 염장하는 방법으로 육상에서 염장하거나 소형어류의 염장 시 사용한다.

<보기>
염수주사법,   물간법,   변압염장법,   개량물간법
마사지법,   마른간법, 압착염장법,   개량마른간법

정답 및 해설 ① 개량물간법 ② 마른간법 ③ 마사지법 ④ 물간법

염장법의 종류

일반법	건염법(마른간법), 습염법(물간법)
	개량법: 개량마른간법, 개량물간법
특수법	변압염장법, 염수주사법, 압착염장법, 가온염지법, 맛사지법

개량물간법
마른간을 한 다음 누름돌을 얹어 가압하여 어체로부터 스며 나온 수분이 포화식염수가 되어 결과적으로 물간이 되도록 하는 방법이다.

마른간법
피염장물에 직접 고체의 식염을 살포하여 염장하는 방법

개량마른간법
물간으로 수산물의 표면에 부착된 세균 및 점질물 등을 제거한 후 마른간으로 염장 효과를 높이는 방법이다.

변압염장법
밀폐가 가능한 용기에 식품을 넣고 용기속을 진공상태로 감압한 후 식품에 있는 기체를 제거하고 소금물을 주입한다.

압착염장법
물간법의 경우, 진한 식염수에 어체를 넣으면 어체가 떠오르기 때문에 누름돌을 얹어서 가압하면서 염장하는 방법.

염수주사법
염장속도를 빠르게 하기 위한 특수 염지법의 하나로 대형의 염수 주사기(brine injector)로 대형 어육에 염수를 주사한 후 일반 염장법으로 염지하는 방법이다.

마사지법
어육을 염분과 직접 접촉하도록 인위적 힘을 가하여 염장하는 방법

7. 수산물의 동결에 관한 설명이다. (   )에 알맞은 용어를 쓰시오. [2점]

○ 수산물을 얼리고자 할 때, 수산물의 온도 중심점에서 시간별 온도를 기록하여 연결한 곡선을 (①)(이)라고 한다.
○ 수산물 동결 시 동결에 의한 온도 차이를 동결 시간으로 나눈 값을 (②)(이)라고 한다.

정답 및 해설 ① 동결곡선 ②

동결곡선 : 동결 중 온도 중심선의 시간대별 온도변화를 기록한 곡선으로 빙결점 이상의 냉각곡선(cooling curve)과 빙결점 이하의 냉동곡선(freezing curve)로 이루어졌다.

8. 우리나라에서 어획된 고등어와 갈치의 유통 실태에 관한 설명이다. 옳으면 O, 틀리면 X를 표시하시오. [2점]

구분	설 명
(①)	선어 고등어는 소비지 유사도매시장을 통해 대부분 비계통 출하 한다.
(②)	연승어업으로 어획된 갈치는 대부분 선어 형태로 수협 위판장을 경유하여 계통 출하한다.
(③)	대형선망어업으로 어획된 고등어는 대부분 냉동 형태로 양륙되어 유통된다.

정답 및 해설 ① X ② O ③ O

계통출하
계통조직(수협조합)을 통해 출하하는 것으로 연안어업의 수산물이나 선어의 경우 유통방법이다.
활어유통
소비지 유사도매시장을 통해 대부분 비계통 출하한다.

9. 수산물 수요의 탄력성에 관한 설명이다. ( )에 알맞은 용어를 <보기>에서 찾아 쓰시오. [2점]

○ 소비자들의 소득이 증가하면 수요도 늘어나는 재화를 (①)라고 한다
○ 다른 조건의 변화가 없을 경우, 고등어의 가격변화에 따른 갈치의 수요 변화를 나타내는 교차탄력성이 0일 때, 고등어와 갈치는 상호 (②)관계이다.

<보기>
열등재, 정상재, 보완재, 대체재, 독립재

정답 및 해설 ① 정상재 ② 독립재

정상재와 열등재

소득이 증가함에 따라 수요가 증가하는 재화를 정상재라 하고, 소득이 증가하지만 오히려 수요는 감소하는 재화를 열등재라 한다.

대체재와 보완재

한 재화의 가격이 상승(하락)할 때 다른 재화의 수요량이 증가(감소)하면 이들 재화는 대체재라고 한다. 한 재화의 가격 상승(하락)이 다른 재화의 수요량을 감소(증가)시키면 이들 재화는 보완재이다.

독립재

A와 B 두 재화간에 어떤 한 재화에 대한 수요가 다른 재화의 가격의 변화에 의해서 전혀 영향을 받지 않는 경우, A와 B는 독립재의 관계에 있다고 한다.

10. 수산물 생산자는 구매자인 소비자들을 대상으로 다양한 판매촉진 활동을 하거나 새로운 판매촉진 활동을 기획한다. ( )에 알맞은 용어를 쓰시오. [2점]

> O 생산자의 마케팅 활동에는 상품, 가격, (①), 촉진 등의 4가지 활동을 기본으로 하고 있다.
> O 마케팅 믹스의 촉진 믹스는 자사 제품의 고객가치를 전달·설득하고, 고객과의 관계 구축을 위해 사용하는 광고, 홍보, 판매 촉진, 공중 관계, (②), 직접 마케팅도구의 조합을 말한다.

정답 및 해설 ① 유통(Place) ② 인적판매

4P Mix

4P란 Product(제품), Price(가격), Place(유통), Promotion(홍보, 촉진)의 앞 글자를 따온 것으로, 기업이 제품이나 서비스를 고객에게 마케팅하기 위해 고려해야 할 요소들을 의미한다

촉진(Promotion)

기업이 마케팅 목표 달성을 위하여 사용하는 광고, 홍보, 인적판매, 판매촉진, PR(공중관계), 직접 마케팅 등의 수단으로 대중들의 원활한 의사소통을 기반으로 구매를 이끌어내는 유인 기법을 말한다

직접 마케팅

소비자들의 직접적인 반응을 유도하기 위하여 다양한 광고 매체를 이용하여 소비자에게 직접 접근하는 마케팅 활동.

11. 수산물 표준규격상 '북어'의 항목별 등급규격을 나타낸 것이다. ( )에 들어갈 내용을 쓰시오. [3점]

항 목	특	상	보 통
1마리의 크기 (전장, cm)	(①) 이상	30 이상	30 이상

다른 크기의 것의 혼입률(%)	0	(②) 이하	30이하
색 택	우 량	양 호	(③)
공통규격	○ 형태 및 크기가 균일해야 한다. ○ 고유에 향미를 가지고 다른 냄새가 없어야 한다. ○ 인체에 해로운 성분이 없어야 한다. ○ 수분: 20% 이하		

정답 및 해설 ① 40 ② 10 ③ 보통

북어의 등급규격

항 목	특	상	보 통
1마리의 크기 (전장, cm)	40 이상	30 이상	30 이상
다른크기의 것의 혼입률(%)	0	10 이하	30 이하
색 택	우 량	양 호	보 통
공통규격	○ 형태 및 크기가 균일해야 한다. ○ 고유의 향미를 가지고 다른 냄새가 없어야 한다. ○ 인체에 해로운 성분이 없어야 한다. ○ 수분: 20% 이하		

12. 수산물 표준규격상 '바지락'의 표준거래 단위를 <보기>에서 모두 고르시오. [2점]

<보기>
3kg,   5kg,   8kg,   10kg,   15kg,   20kg

정답 및 해설 3kg, 5kg, 10kg, 20kg

13. 수산물 표준규격상 '멸치젓'의 등급규격 항목을 <보기>에서 모두 고르시오. **(단, 공통규격은 고려하지 않음)** [3점]

<보기>
숙성도,   형태,   육질,   색택,   선도,   향미

정답 및 해설 육질, 숙성도, 향미

멸치젓 등급규격

항 목	특	상	보 통
육 질	우 량	양 호	보 통
숙성도	우 량	양 호	보 통
향 미	우 량	양 호	보 통
공통규격	○ 다른 품종의 것이 없어야 한다. ○ 고유의 색깔을 가지고 변색, 변질된 것이 없어야 한다. ○ 부패한 냄새 및 그 밖의 다른 냄새가 없어야 한다.		

14. 수산물 표준규격상 '꼬막'의 등급 평가를 나타낸 것이다. 다음 설명이 옳으면 O, 틀리면 X를 표시하시오. [2점]

등급 평가	답란
꼬막 1개의 각장이 2.5cm 이면 등급은 "특"으로 한다	(①)
다른 크기의 것의 혼입율이 30% 이면 등급은 "보통"으로 한다	(②)
손상 및 죽은 조개류의 껍데기 혼입율이 3% 이면 "상"으로 한다	(③)

정답 및 해설 ① × ② ○ ③ ×

꼬막의 등급규격

항 목	특	상	보 통
1개의 크기 (각장, cm)	3 이상	2.5 이상	2 이상
다른크기의 것의 혼입률(%)	5 이하	10 이하	30 이하
손상 및 죽은 조개류의 껍데기 혼입률(%)	3 이하	5 이하	10 이하
공통규격	○ 조개류의 껍데기에 묻은 모래, 뻘 등이 잘 제거되어야 한다. ○ 크기가 균일하고 다른 종류의 것이 혼입이 없어야 한다. ○ 부패한 냄새 및 그 밖의 다른 냄새가 없어야 한다.		

15. 수산물의 품질인증 세부기준 고시에 따른 횟감용수산물 중 신선·냉장품의 품질기준이다. 다음 ( )에 들어갈 내용을 쓰시오. [3점]

구 분	품 질 기 준

공통기준	○ 보존: 청결하고 위생적인 용기포장에 넣어 (①)℃ 이하에서 보존해야 한다
개별기준	○ 굴: 개당 (②)g 이상이어야 한다. ○ 우렁쉥이: 개당 (③)g 이상이어야 한다.

정답 및 해설 ① 4 ② 3 ③ 15

횟감용수산물

* 횟감용수산물: 머리, 뼈, 내장 등을 제거하여 최종 소비자가 그대로 섭취할 수 있도록 유통판매를 목적으로 위생 처리하여 용기·포장에 넣은 제품

가. 신선·냉장품

구 분	품 질 기 준
공통 기준	○일반: 개별기준에 없는 품목은 공통기준을 적용한다. ○원료: 국산 또는 원양산이어야 한다. ○처리: 위생적인 장소에서 안전하게 처리되어야 하며, 이물 등의 혼입이 없어야 한다. 다만, 어류는 혈액제거가 잘 되어야 한다. ○보존: 청결하고 위생적인 용기포장에 넣어 4℃ 이하에서 보존해야 한다. ○성상: 표 4-1.의 신선·냉장품 성상 채점 기준표에 따라 평가한 결과, 총 5점 만점에 평균 3.5점 이상이며, 2점 이하의 항목이 없어야 한다. ○정밀검사: 「식품위생법」 제7조제1항에서 정한 기준 및 규격에 적합해야 한다.
개별 기준	○ 굴 : 개당 3g 이상이어야 한다. ○ 우렁쉥이 : 개당 15g 이상이어야 한다. ○ 냉장붉은대게살(횟감) - 휘발성 염기질소(VBN): 15mg/100g이하

16. 수산물의 품질인증 세부기준 고시에 따른 해조류의 개별기준 중 수분 기준이 '15% 이하'인 품목을 <보기>에서 모두 고르시오. [3점]

<보기>
마른김,   마른돌김,   마른가닥미역,   마른썰은미역,
찐톳,   마른김(자반용),   파래김,   마른다시마

정답 및 해설 마른김, 마른돌김, 마른김(자반용), 파래김

해조류 품질인증 기준

구분	품질기준
개별 기준	○일반: 개별기준에 없는 품목은 공통기준을 적용한다. ○원료: 국산 또는 원양산이어야 한다. ○선별: 크기가 대체로 균일하고 파치품의 혼입이 거의 없어야 한다.

○ 협잡물: 잡초, 토사 및 그 밖의 협잡물이 없어야 한다.
○ 성상: 표 3.의 해조류 성상 채점 기준표에 따라 평가한 결과, 총 5점 만점에 평균 3.5점 이상이며, 2점 이하의 항목이 없어야 한다.
○ 정밀검사: 「식품위생법」 제7조제1항에서 정한 기준 및 규격에 적합해야 한다.

품목	중량	크기	수분	청태혼입 및 구멍기 등
마른김	250g이상/속	○ 개량식 : (길이)210×(너비)190mm ○ 재래식 : (길이)265×(너비)190mm	15.0%이하	-청태의 혼입이 5%미만이고 구멍기가 없어야한다
마른돌김	270g이상/속	○ 개량식 : (길이)210×(너비)190mm ○ 재래식 : (길이)265×(너비)190mm	15.0%이하	-청태의 혼입이 5%미만인 것
얼구운김	원료는 마른김 중량기준 이상 이어야 한다.(다만, 화입으로 인한 감량을 감안할 수 있다)	원료는 마른김 크기 기준 이어야 한다.(다만, 화입으로 인한 크기의 감소를 감안할 수 있다)	5.0%이하	-청태의 혼입이 5%미만이고 구멍기가 없어야한다
얼구운돌김	원료는 마른돌김 중량기준 이상 이어야 한다.(다만, 화입으로 인한 감량을 감안할 수 있다)	원료는 마른돌김 크기 기준 이어야 한다.(다만, 화입으로 인한 크기의 감소를 감안할 수 있다)	5.0%이하	-청태의 혼입이 5%미만인 것
마른가닥미역	-	-	16.0%이하	-노쇠엽, 병충해엽, 황갈색엽 등의 혼입율 5%미만
마른썰은미역 (또는 마른자른미역), 마른실미역	-	-	16.0%이하	-노쇠엽, 병충해엽, 황갈색엽 등의 혼입율 5% 미만
마른다시마	-	엽체 길이 30cm이상 엽의 중량 15g이상	18.0%이하	-
마른썰은다시마 (또는 마른자른다시마)	-	-	18.0%이하	-노쇠엽, 파치의 혼입율 5% 미만
찐톳	-	○ 줄기: 길이 3cm이상으로서 3cm미만의 줄기와 잎의 혼입량 3%미만	16.0%이하	-

		○잎: 줄기를 제거한 잔여분(길이 줄기3cm미만 포함)으로서 가루가 섞이지 아니한것		
마른김 (자반용)	250g이상/장	(길이)400× (너비)300mm 이상	15.0% 이하	-청태의 혼입이 10%미만인 것
구운김	원료는 마른김, 마른돌김 중량기준 이상이어야 한다. (다만, 화입으로 인한 감량을 감안할 수 있다)	원료는 마른김, 마른돌김 크기 기준 이어야 한다. (다만, 화입으로 인한 크기의 감소를 감안할 수 있다)	3.0% 이하	-청태의 혼입이 5%미만인 것
파래김	250g이상/장	○개량식: (길이)210×(너비)190mm ○재래식: (길이)265×(너비)190mm	15.0% 이하	-파래의 혼입이 10%이상인 것

17. 수산물·수산가공품 검사기준에 관한 고시에 따른 '한천'의 정밀검사 항목을 <보기> 에서 모두 고르시오. [2점]

<보기>
조지방,　　　　조단백질,　　　　열탕불용해잔사물, 전질소,　　　　이산화황(SO_2),　　　　붕산

정답 및 해설 조단백질, 열탕불용해잔사물, 붕산

수산물·수산가공품의 검사기준 "정밀검사 항목"

항목	기준	대상
1. pH	6.0 이상	○수출용 냉동굴에 한정함
2. 조회분	6.0% 이하	○한천
	28.0% 이하	○마른해조분
	30.0% 이하	○그 밖의 어분 (갑각류 껍질 등)
3. 조단백질	3.0% 이하	○한천
	7.0% 이상	○마른해조분
	35.0% 이상	○그 밖의 어분(갑각류 껍질 등)
	45.0% 이상	○혼합어분
	50.0% 이상	○게EX분(추출분말)
		○어분·어비(혼합어분 및 그 밖의 어분 제외)
4. 조지방	1.0% 이하	○게EX분(추출분말)
	12.0% 이하	○어분·어비, 그 밖의 어분(갑각류 껍질 등)

항목	기준	대상
5. 전질소	0.5% 이상	○ 어류젓혼합액
	1.0% 이상	○ 멸치액젓, 패류 간장(굴·홍합·바지락간장 등)
	3.0% 이상	○ 어육 액즙
6. 엑스분	21.0% 이상	○ 패류간장
	40.0% 이상	○ 어육액즙
7. 비타민A 함유량	1g 당 8,000 I.U 이상	○ 어간유
8. 제리강도		

			1등	2등	3등
C급 (100~300g/cm² 이상)	실한천 (cm² 당)		300g 이상	200g 이상	100g 이상
J급 (100~350g/cm² 이상)	실한천 (cm² 당)		350g 이상	250g 이상	100g 이상
	가루·인상한천 (cm² 당)		350g 이상	250g 이상	150g 이상
	산한천 (cm² 당)		200g 이상	100g 이상	–

항목	기준	대상
9. 열탕불용해잔사물	4.0% 이하	○ 한천
10. 붕산	0.1% 이하	○ 한천
11. 이산화황 (SO2)	30mg/kg 미만	○ 조미쥐치포류, 건어포류, 기타건포류, 마른새우류(두절포함)
12. 산가	2.0% 이하	○ 어간유
	4.0% 이하	○ 어유
13. 염분	3.0% 이하	〈어분·어비〉 어분·어비
	12.0% 이하	〈조미가공품〉 어육액즙
	13.0% 이하	〈염장품〉 성게젓
	15.0% 이하	〈염장품〉 간성게
		〈조미가공품〉 패류 간장
	20.0% 이하	〈조미가공품〉 다시마 액즙
	23.0% 이하	〈염장품〉 멸치액젓, 어류젓 혼합액
	40.0% 이하	〈염장품〉 간미역(줄기포함)

항목	기준	대상
14. 수분	1% 이하	〈어유·어간유〉 어유·어간유
	5% 이하	〈건제〉얼구운김·구운김, 어패류(분말), 게EX분(분말)
	7% 이하	〈조미가공품〉 김 (김부각 등 포함)
	12% 이하	〈건제〉 어패류(분쇄), 〈어분·어비〉어분·어비, 그 밖의 어분(갑각류 껍질등)
	15% 이하	〈건제〉 김, 돌김
	16% 이하	〈건제〉 미역류(썰은 간미역 제외), 찐톳, 해조분
	18% 이하	〈건제〉 다시마
	20% 이하	〈건제〉 어류(어포포함), 굴·홍합, 상어지느러미·복어지느러미 〈조미가공품〉 참치(어육)
	22% 이하	〈건제〉 그 밖에 패류(굴·홍합제외), 해삼류 〈한천〉 한천
	23% 이하	〈건제〉 오징어류, 미역(썰은 간미역에 한정함), 우무가사리, 그 밖의 건제품
	25% 이하	〈건제〉 새우류, 멸치(세멸 제외), 톳, 도박·진도박·돌가사리 그 밖의 해조류 〈조미가공품〉 쥐치포류
	28% 이하	〈조미가공품〉 어패류(얼구운 어류 포함) 그 밖의 조미가공품(꽃포 포함)
	30% 이하	〈건제〉 멸치(세멸), 뜬·바랜갯풀 〈조미가공품〉 오징어류(동체·훈제제외), 백합
	42% 이하	〈조미가공품〉 오징어류(문어·오징어 등)의 동체 또는 훈제
	50% 이하	〈염장품〉 간성게 〈조미가공품〉 청어(편육)
	60% 이하	〈염장품〉 성게젓
	63% 이하	〈염장품〉 간미역 〈조미가공품〉 조미성게
	68% 이하	〈염장품〉 간미역(줄기), 멸치액젓
	70% 이하	〈염장품〉 어류젓혼합액
	※ 건제품·염장품·조미가공품 중 위 기준 이상인 경우 품질보장수단이 병행된 것은 기준에 적용받지 않는다.	
15. 토사	3.0% 이하	○ 어분·어비(갑각류 껍질 등)

18. 식품의 기준 및 규격(식품공전)에서 정하고 있는 오염물질인 방사능 기준이다. (　　)에 들어갈 내용을 쓰시오. [3점]

Point 실전문제

핵 종	대 상 식 품	기준(Bq/kg, L)
^{131}I	모든 식품	(①) 이하
$^{134}Cs + ^{137}Cs$	영아용 및 성장기용 조제식, 영·유아용 이유식 및 특수조제식품, 아이스크림류 등	(②) 이하
	기타 식품(식용 수산물 포함)	(③) 이하

정답 및 해설 ① 100 ② 50 ③ 100

방사능 기준(식품공전)

핵 종	대 상 식 품	기준(Bq/kg, L)
^{131}I	모든식품	100 이하
$^{134}Cs + ^{137}Cs$	영아용 조제식, 성장기용 조제식, 영·유아용 이유식, 영·유아용특수조제식품, 영아용 조제유, 성장기용 조제유, 원유 및 유가공품, 아이스크림류	50 이하
	기타 식품*	100 이하

* 기타식품은 영아용 조제식, 성장기용 조제식, 영·유아용 이유식, 영·유아용특수조제식품, 영아용 조제유, 성장기용 조제유, 원유 및 유가공품, 아이스크림류를 제외한 모든 식품을 말한다.

19. 수산물·수산가공품 검사기준에 관한 고시에 따른 건제품의 검사 항목으로 '취기(臭氣)'가 포함되는 품목을 <보기>에서 모두 고르시오. [2점]

<보 기>
마른다시마,   찐톳,   마른해조분,   마른굴,   마른해삼류

정답 및 해설 찐톳

검사항목

마른다시마

항목	합격
원료	조체발육이 양호한 것
형태	정형상태가 대체로 바르고 손상품이 거의 없는 것
색택	1. 고유의 색택(흑녹색 또는 흑갈색)이 양호하고 바래진 정도가 심하지 않은 것

	2. 곰팡이가 없고 백분이 심하지 않은 것
협잡물	토사가 없고 그 밖에 협잡물이 거의 없는 것
향미	고유의 향미를 가지고 이취가 없는 것

찐톳

항목	합격
형태	줄기(L): 길이는 3cm 이상으로서 3cm 미만의 줄기와 잎의 혼입량이 5% 이하인 것 잎(S): 줄기를 제거한 잔여분(길이 3cm 미만의 줄기 포함)으로서 가루가 섞이지 않은 것 파치(B): 줄기와 잎의 부스러기로서 가루가 섞이지 않은 것
색택	광택이 있는 흑색으로서 착색은 찐톳원료 또는 감태 등 자숙시 유출된 액으로 고르게 된 것
선별	줄기와 잎을 구분하고 잡초의 혼입이 없으며 노쇠 등 여원제품의 혼입이 없는 것
협잡물	토사·패각 등 협잡물의 혼입이 없는 것
취기(臭氣)	곰팡이 냄새 또는 그 밖에 이취가 없는 것

마른굴

항목	합격
형태	형태가 바르고 크기가 고르며 파치품 혼입이 거의 없는 것
색택	고유의 색택으로 백분(白粉)이 없고 기름이 피지 않은 것
협잡물	토사 및 협잡물이 없는 것
향미	고유의 향미를 가지고 이취가 없는 것

마른해삼류

항목	합격
형태	형태가 바르고 크기가 고른 것
색택	고유의 색택이 양호하고 백분이 심하지 않은 것
협잡물	토사, 곰팡이 및 그 밖에 협잡물이 없는 것
향미	고유의 향미를 가지고 이취가 없는 것

마른해조분

항목	합격
형태	분말의 정도가 고른 것
색택	고유의 색택을 가지며 변질·변색되지 않은 것
협잡물	토사 및 그 밖에 협잡물이 5% 이하인 것
취기	곰팡이 또는 이취가 없는 것

20. 수산물·수산가공품 검사기준에 관한 고시에 따른 '마른김'의 2등 기준 검사 항목의 일부이다. ( )에 들어갈 내용을 쓰시오. [2점]

항 목	검 사 기 준
청태의 혼입	청태의 혼입이 (①)% 이하인 것. 다만, 혼해태는 30% 이하인것
향 미	고유의 향미가 (②)한 것
결속 대지 및 문고지	(③)이 검출되지 않은 것

정답 및 해설 ① 10 ② 양호 ③ 형광물질

마른김 검사기준

항목	검사기준				
	특등	1등	2등	3등	등외
형태	길이206mm 이상, 너비189mm 이상이고 형태가 바르며 축·파지, 구멍기가 없는 것. 다만, 대판은 길이223mm 이상, 너비 195mm 이상인 것	길이206mm 이상, 너비189mm 이상이고 형태가 바르며 축·파지(표면 또는 가장자리가 오그라진 것, 길이 및 폭의 절반 이상 찢어진 것), 구멍기가 없는 것. 다만, 재래식(在來式)은 길이 260mm 이상, 너비 190mm 이상, 대판은 길이 223mm 이상, 너비 195mm 이상인 것	왼쪽과 같음	왼쪽과 같음	길이 206mm, 너비189mm 이나 과도하게 가장자리를 치거나 형태가 바르지 못하고 경미한 축파지 및 구멍기가 있는 제품이 약간 혼입된 것. 다만, 재래식과 대판의 길이 및 너비는 1등에 준한다.
색택	고유의 색택(흑색)을 띠고 광택이 우수하고 선명한 것	고유의 색택을 띠고 광택이 우량하고 선명한 것	고유의 색택을 띠고 광택이 양호하고 사태(색택이 회색에 가까운 검은색을 띠며 광택이 없는 것)가 경미한 것	고유의 색택을 띠고 있으나 광택이 보통이고 사태나 나부기(건조과정에서 열이나 빛에 의해 누렇게 변색된 것)가 보통인 것	고유의 색택이 떨어지고 나부기 또는 사태가 전체 표면의 20% 이하인 것
청태의 혼입	청태(파래·매생이)의 혼입이 없는것	청태의 혼입이 3% 이하인 것. 다만, 혼해태(混海苔)는 20% 이하인 것	청태의 혼입이 10% 이하인 것. 다만, 혼해태는 30% 이하인 것	청태의 혼입이 15% 이하인 것. 다만, 혼해태는 45% 이하인 것	청태의 혼입이 15% 이하인 것. 다만, 혼해태는 50% 이하인 것
향미	고유의 향미가 우수한 것	고유의 향미가 우량한 것	고유의 향미가 양호한 것	고유의 향미가 보통인 것	고유의 향미가 다소 떨어지는 것

항목	특등	1등	2등	3등	등외
중량	100매 1속의 중량이 250g 이상인 것	100매 1속의 중량이 250g 이상인 것. 다만, 재래식은 200g 이상인 것			
	다만, 얼구운김 중량은 마른김 화입(마른김을 건조기에 넣어 건조시킨 것)으로 인한 감량을 감안할 수 있다.				
협잡물	토사·따개비·갈대잎 및 그 밖에 협잡물이 없는 것				
결속	10매를 1첩으로 하고 10첩을 1속으로 하여 강인한 대지(帶紙)로 묶는다. 다만, 수요자의 요청에 따라 첩단위 또는 평첩의 상태로 포장할 수 있다				
결속대지 및 문고지	형광물질이 검출되지 않은 것				

※ 서술형 문제에 대해 답하시오. (21~30번 문제)

21. 농수산물 품질관리법상 "동음이의어 지리적표시"에 대한 용어의 뜻을 쓰시오. [5점]

   정답 및 해설 법 제2조(정의) "동음이의어 지리적표시"란 동일한 품목에 대하여 지리적표시를 할 때 타인의 지리적표시와 발음은 같지만 해당 지역이 다른 지리적표시를 말한다.

22. 현재 우리나라는 산지수산물의 임의상장제(자유판매제)를 원칙으로 하고 있으나, 강제 상장제(의무상장제, 지정판매제)로의 복귀를 요구하는 목소리도 높다. 두 제도의 장점을 각각 3가지만 쓰시오. [5점]

   정답 및 해설 임의상장제 장점 : 어획물 판로의 다변화, 어업인의 수시 자금조달, 세무자료의 비노출, 고가격 수취
   의무상장제 장점 : 안전성 확보(원산지 표시, 위생관리), 어업자원 관리체계 확보(금어기, 금지체장의 준수), 어업질서 확보(불법 조업으로 인한 남획 및 무허가 불법행위), 어업인 정책자금의 균등한 배분

23. 해산어류의 기생충인 고래회충(아니사키스)의 ① 생활사, ② 사람 체내에서의 기생충 형태, ③ 예방법(2가지)을 쓰시오. [5점]

   정답 및 해설 ① 생활사 : 바닷물에 있던 충란에서 나온 제2기 유충은 해산갑각류(제1중간숙주)에 먹혀 갑각류 체내에서 탈피를 통해 제3기 유충이 된다. 유충을 먹은 해산갑각류는 물고기나 오징어(제2중간숙주)에게 먹혀 유충을 전달하고, 이 유충은 물고기의 복강 내 장기나 근육, 피부 밑 등에 자리한다. 그러다 제2중간숙주를 고래, 돌고래, 바다표범 등 바다 포유류가 잡아먹으면 그 위에서 성충으로 성숙하게

된다. 성충은 여기서 다시 충란을 낳아 바닷물로 흘려보낸다.

② 사람 체내에서의 기생충 형태 : 선형으로 긴 실모양

③ 예방법(2가지) :
- 영하 20도 이하에서 24시간 냉동시키거나 또는 70도 이상으로 가열하여 먹는다.
- 생선의 내장 섭취는 피한다.

24. 수산물 유통 단계별 비용 중 산지단계에서 중도매인이 부담하는 비용을 5가지만 쓰시오.[5점]

정답 및 해설 선별비, 운반비, 상차비, 운송료, 포장비, 저장 및 보관비용, 운송비 등

25. 어패류의 사후 변화과정 중 발생하는 자가소화와 부패의 특징을 각각 쓰시오. [5점]

정답 및 해설 자가소화

수산물 조직 내 자가소화효소에 의한 근육 단백질에 변화가 발생하여 근육이 부드러워지는 물리화학적 변화를 의미한다.

부패

(1) 유기물이 미생물에 의해 유익하지 않은 물질로 분해되는 것을 부패라 한다.

(2) 미생물 환경조건인 수분, 온도, 미생물, pH 등에 의해 영향을 받으며 미생물 작용을 억제하면 진행을 늦출 수 있다.

(3) TMAO가 세균에 의하여 TMA으로 환원되어 비린내를 나게 한다.

(4) 이미노산 등 여러 성분이 분해되어 아민류, 지방산, 암모니아 등을 생성하여 부패 냄새의 원인이 된다.

26. 수산물 가공공장에서 '냉동오징어'를 수산물 표준규격으로 포장하여 "특" 등급으로 유통하고자 한다. "특"등급 항목과 그 등급기준을 서술하시오. (단, 공통규격은 제외) [5점]

정답 및 해설

항 목	특
1마리의 무게(g)	320 이상
다른크기의 것의 혼입률(%)	0
색 택	우 량

선 도	우 량
형 태	우 량

냉동오징어 등급규격

항목	특	상	보통
1마리의 무게(g)	320 이상	270 이상	230 이상
다른크기의 것의 혼입률(%)	0	10 이하	30 이하
색 택	우 량	양 호	보 통
선 도	우 량	양 호	보 통
형 태	우 량	양 호	보 통
공통규격	○ 크기가 균일하고 배열이 바르게 되어야 한다. ○ 부패한 냄새 및 그 밖의 다른 냄새가 없어야 한다. ○ 보관온도는 -18℃ 이하여야 한다.		

27. A수산물품질관리사가 수산물의 품질인증 세부기준에 따른 수산물의 품질인증 제품을 생산하기 위하여 염장품 중 '간미역'의 품질검사에 필요한 항목과 그 개별기준을 서술하시오. [5점]

정답 및 해설 수분 : 63.0%이하

염분 : 40.0%이하

혼입율 등 : 노쇠엽, 황갈색엽의 혼입이 없어야 하며, 15cm 이하의 파치품이 3% 미만

28. A업체에서 생산하는 '꽁치과메기' 제품에 대하여 수산물의 품질인증 세부기준에 따라 평가를 실시하여 '부적합'으로 평가되었다. 다음의 개별기준에 따른 평가 결과 중 부적합 항목을 쓰고, 그 이유를 서술하시오. (단, 공통기준은 적합) [5점]

항 목	평 가 결 과
크기(체장) 및 중량	절단: 8cm이상/편
수분	55.0%
혼입율 등	- 세균수: 1g 당 80,000 - 대장균군: 음성 - 머리부: 등뼈, 내장 및 껍질이 잘 제거되고 육질에 혈액이 없으며 진공포장 실시

※ 이유 작성 방법 □□항목이 ㅇㅇ으로 기준 ◇◇ 에 부적합

정답 및 해설 부적합 항목

수분항목이 55.0%로 기준 50.0%이하에 부적합

품 목	크기(체장) 및 중량	수분	혼입율 등
꽁치과메기	20cm이상/편 절단: 7cm이상/편	50.0%이하	- 세균수: 1g 당 100,000 이하 - 대장균군: 1g 당 10 이하 - 머리부, 등뼈, 내장 및 껍질이 잘 제거되고 육질에 혈액이 없으며 진공포장 해야 한다

29. A수산물품질관리사가 수출용 '가루한천'에 대하여 수산물·수산가공품 검사 기준에 관한 고시의 관능검사 기준에 따라 실시한 결과는 다음과 같다. 가루한천의 항목별 등급을 쓰고, 종합등급 및 그 이유를 서술하시오. (단, 주어진 항목 이외에는 종합등급 판정에 고려하지 않음) [5점]

항 목	검 사 결 과	등 급
색택	유백색으로 광택이 양호함	(①)등
제정도	품질 및 크기가 대체로 고른 것임	(②)등
종 합 등 급		(③)등
판 정 이 유		(④)

※ 판정 이유 작성 방법: 최하위 등급항목은 ○○항목으로, 종합등급은 ◇ 등으로 판정

정답 및 해설 ① 1등 ② 2등 ③ 2등
④ 최하위 등급항목은 제정도항목으로, 종합등급은 2등으로 판정

가루한천 검사기준

항목	1등	2등	3등
색택	백색 또는 유백색이며 광택이 양호한 것	백색이며 담황색이 약간 있는 것	백색이며 약간의 담갈색 또는 담흑색이 있는 것
제정도	품질 및 크기가 고른 것	품질 및 크기가 대체로 고른 것	품질 및 크기가 약간 고르지 못한 것

30. 수산물·수산가공품 검사기준에 관한 고시의 관능검사 기준에 따라 '마른멸치(세멸)' 1kg을 검사한 결과이다. 마른멸치의 항목별 등급을 쓰고, 종합등급 및 그 이유를 서술 하시오. (단, 주어진 항목 이외에는 종합등급 판정에 고려하지 않음) [5점]

항 목	검 사 결 과	등 급

형 태	o 크기 16mm 미만: 977g o 크기 16~30mm : 18g o 머리가 없는 것 : 5g	(①)등
색 택	자숙이 적당하여 고유의 색택이 우량하고 기름이 피지 않음	(②)등
향 미	고유의 향미가 우량함	(③)등
종 합 등 급		(④)등
판 정 이 유		(⑤)

※ 판정 이유 작성 방법: 최하위 등급항목은 oo항목으로, 종합등급은 ◇등으로 판정

정답 및 해설 ① 2 ② 1 ③ 1 ④ 2
⑤ 최하위 등급항목은 형태항목으로, 종합등급은 2등으로 판정

마른멸치 검사기준

항목	1등	2등	3등
형태	대멸: 77mm 이상 중멸: 51mm 이상 소멸: 31mm 이상 자멸: 16mm 이상 세멸: 16mm 미만으로서 다른 크기의 혼입 또는 머리가 없는 것이 1% 이하인 것	대멸: 77mm 이상 중멸: 51mm 이상 소멸: 31mm 이상 자멸: 16mm 이상 세멸: 16mm 미만으로서 다른 크기의 혼입 또는 머리가 없는 것이 3% 이하인 것	대멸: 77mm 이상 중멸: 51mm 이상 소멸: 31mm 이상 자멸: 16mm 이상 세멸: 16mm 미만으로서 다른 크기의 혼입 또는 머리가 없는 것이 5% 이하인 것
색택	자숙(煮熟)이 적당하여 고유의 색택이 우량하고 기름이 피지 않은 것	자숙이 적당하여 고유의 색택이 양호하고 기름핀 정도가 적은 것	자숙이 적당하여 고유의 색택이 보통이고 기름이 약간 핀 것
향미	고유의 향미가 우량한 것	고유의 향미가 양호한 것	고유의 향미가 보통인 것
선별	다른 종류의 혼입이 없는 것		다른 종류의 혼입이 거의 없는 것
협잡물	토사 및 그 밖에 협잡물이 없는 것		

MEMO

수산물품질관리사 2차

초판 인쇄 / 2017년 5월 5일
7판 발행 / 2025년 2월 15일
편저 / 사마자격증수험서연구원
발행인 / 이지오
발행처 / 사마출판
주소 / 서울시 중구 퇴계로 45길 19, 402호
등록 / 제2011-000049호
전화 / 02)3789-0909
팩스 / 02)3789-0989

저자와의 협의에 의해 인지 첩부를 생략합니다.

ISBN / 979-11-92118-42-0 13520
정가 30,000원

· 이 책의 모든 출판권은 사마출판에 있습니다.
· 본서의 독특한 내용과 해설의 모방을 금합니다.
· 잘못된 책은 판매처에서 바꿔 드립니다.